面向新工科的电工电子信息基础课程系列教材

教育部高等学校电工电子基础课程教学指导分委员会推荐教材

C语言程序设计简明教程

张 睿 主 编
杨吉斌 副主编
雷小宇 王家宝 李 阳
李志刚 白 玮 王彩玲 编 著

清华大学出版社
北京

内 容 简 介

本书是一本深入浅出,通俗易懂,原理性、趣味性和实用性兼具的 C 语言程序设计教材。本书在全面介绍 C 语言和程序设计等基本知识的基础上,着重从教材的"易读、易学、易用"和培养"计算思维"两个方面,对 C 语言程序设计的知识点进行有效组织与阐述。

本书对计算机知识进行必要的补充,从计算机认知和解决人类世界问题的需求出发,以计算机语言设计者的视角,按照利用计算机解决问题由简单到复杂的顺序,采用"问题驱动"的行文方式依次介绍 C 语言基本数据类型与运算符、数据的输入输出、选择与循环、函数、数组、结构体等内容,将指针知识点巧妙地融入函数、数组和结构体中。全书共 8 章,内容包括:我们与计算机的对话,让计算机学会运算,与计算机面对面地交流,让计算机做复杂的事情,像搭积木一样搭建程序,同类型数据的批量处理问题,人类思维视角下的数据类型,程序写得好关键在算法。

本书配有微课视频,读者扫描书中二维码即可观看,另配有多媒体课件、教案、例题和习题库源代码,免费向任课老师提供。

本书适合作为高等院校各专业的 C 语言程序设计课程教材,尤其适合非计算机专业的程序设计课程教学,也可以供广大计算机爱好者及各类自学人员参考。

本书封面贴有清华大学出版社防伪标签,无标签者不得销售。
版权所有,侵权必究。举报:010-62782989,beiqinquan@tup.tsinghua.edu.cn。

图书在版编目(CIP)数据

C语言程序设计简明教程/张睿主编.--北京:清华大学出版社,2022.1(2024.2重印)
面向新工科的电工电子信息基础课程系列教材
ISBN 978-7-302-59345-4

Ⅰ.①C… Ⅱ.①张… Ⅲ.①C语言－程序设计－高等学校－教材 Ⅳ.①TP312.8

中国版本图书馆 CIP 数据核字(2021)第 207759 号

责任编辑:文 怡 李 晔
封面设计:王昭红
责任校对:胡伟民
责任印制:丛怀宇

出版发行:清华大学出版社
网　　址:https://www.tup.com.cn, https://www.wqxuetang.com
地　　址:北京清华大学学研大厦 A 座　　邮　编:100084
社 总 机:010-83470000　　邮　购:010-83470235
投稿与读者服务:010-62776969, c-service@tup.tsinghua.edu.cn
质量反馈:010-62772015, zhiliang@tup.tsinghua.edu.cn
课件下载:https://www.tup.com.cn,010-83470236

印 装 者:天津安泰印刷有限公司
经　　销:全国新华书店
开　　本:185mm×260mm　　印　张:23.5　　字　数:585 千字
版　　次:2022 年 1 月第 1 版　　　　　　　印　次:2024 年 2 月第 4 次印刷
印　　数:5501~7000
定　　价:59.80 元

产品编号:086739-01

前言

我们的生活已经离不开计算机。计算机作为一种工具,我们无时无刻不在直接或者间接地使用它。它给我们带来了信息化时代,也将引领我们迈进智能化时代。计算机的工作离不开程序,而程序编写离不开计算机语言。如果我们想了解计算机是如何工作的,那么学习和掌握一门计算机语言是一种不错的选择。

C 语言是一门古老且生命力旺盛的计算机高级语言。虽然它的创始人 D. M. Ritchie 先生已经去世,但是 C 语言将继续延续它的辉煌历程,在此向 D. M. Ritchie 先生致敬。

本书的定位是一本面向程序设计初学者的入门级教材。读者通过本书的学习,能够打下扎实的程序设计和计算机语言基础,能够对计算机的"计算"和"存储"有深刻的认知与理解,能够对创新思维的培养和创新意识的萌发有所启迪。本书适合作为高等院校计算机及非计算机专业本科生教材,也可为利用 C 语言从事软件开发工作的开发人员、广大科技工作者和研究人员提供参考。

本书的主要特点如下:

(1) 追本溯源。本书从计算机语言设计者的视角出发,力求讲清楚 C 语言知识的本原以及程序设计方法,帮助读者理解为什么要这样设计 C 语言,以及从现实问题到计算机程序的转换过程中 C 语言的作用,从而使读者能够快速理解与掌握 C 语言,并且能够形成灵活运用 C 语言编写程序的能力。也许,在不久的未来,本书的读者中也有人会成为计算机语言的设计大师。

(2) 通俗易懂。本书补充了必要的计算机知识,内容简明扼要,语言生动活泼,引例具体形象,力求将复杂的知识通过浅显的语言进行表述,从而提高读者的阅读兴趣,减少阅读教材时所产生的"疲劳感",降低读者的阅读学习成本。

(3) 问题牵引。本书秉承"释疑解惑"是学习的最大动力源泉,"创新思维"培育是教学的最本质要求。在介绍 C 语言知识时,通过隐性"提出问题—分析问题—解决问题"的方法,牵引读者参与到 C 语言的设计活动中,力求让他们在不知不觉中学习和掌握 C 语言的有关知识。

(4) 技术创新。本书遵循了"由简入复""以用牵学"的基本原则,循序渐进地培养初学者的程序设计与编写能力。对于指针、函数、数组、结构体和文件 5 个重点和难点知识点分别采用了"分隔"与"融合"相结合的方式各个击破。通过"分隔"降低读者在知识学习时由于知识间的联系所导致知识的复杂性提高,而忽略了对该知识点最本原的理解;通过"融合"强化知识应用时的联系,以补充由于"分隔"所造成的知识点要素的缺失。

(5) 资源丰富。本书提供了微课视频,读者在阅读时可以扫码观看。另配有多媒体

前言

课件、教案、例题和习题库源代码,可免费向任课老师提供。

全书共 8 章,包括:我们与计算机的对话,让计算机学会运算,与计算机面对面地交流,让计算机做复杂的事情,像搭积木一样搭建程序,同类型数据的批量处理问题,人类思维视角下的数据类型,程序写得好关键在算法。

在内容安排上,按照 C 语言基本数据类型和运算符、数据的输入输出、选择与循环语句、函数、数组、结构体的顺序进行组织。将文件操作和输入输出操作提前介绍,在后续知识的学习中,通过对文件操作和输入输出操作的大量练习,掌握程序中数据输入输出的方法以及相关函数的使用。指针知识点不再单独成章。根据指针的作用,将指针的知识点"融合"到基本数据类型、函数、数组和结构体中进行介绍,产生指针知识教学"润物细无声"的效果。对函数与数组进行了合理"分隔",突出函数的特性,以及指针对函数的"破坏"作用。在函数知识掌握后,再学习数组的参数传递就易于掌握了。在结构体内容中,对指针、数组、函数和文件知识点进行综合强化。为了突出算法在程序中的重要作用与地位,单独增加了算法应用的章节。对于非计算机专业或者学时不够,难以讲完全部内容,目录中有"﹡"的章节可以作为选学内容,不作为教学要求。

无论教材的设计如何巧妙,关键在于学习者的决心、毅力和方法。要学会 C 语言,不妨从以下几个方面入手。

1. 掌握基本的计算机知识

要学习 C 语言,首先需要掌握一些计算机的基础知识。计算机是一种简单而又复杂的计算工具。说它简单,是因为它只会对 0 和 1 组成的二进制数进行运算;说它复杂,是因为我们让只会二进制数运算的机器拥有了人类难以企及的计算能力。计算机所体现的一切能力都是由程序所赋予的,而程序则是由程序员使用计算机语言编写而成的。在了解了计算机的基本构造和工作原理之后,我们也许会萌发"好奇心",想进一步了解如何在这样"简单"的机器中实现数据的存储与计算,它又是如何通过计算来解决生活中的问题的。

2. 掌握 C 语言的语法

C 语言是我们与计算机之间进行交流的语言。它与汉语、英语等人类语言之间有相同之处,也有不同之处。人类语言是为了传递信息,表达情感,而 C 语言只是用来描述让计算机进行计算的问题。因此,在学习 C 语言的时候,一方面要掌握 C 语言的基本词汇和语法,这是学习任何一种语言时都必须掌握的基本语言知识;另一方面要理解 C 语言

前言

的特点,在使用C语言的过程中学会C语言,这一点与学习汉语和英语等语言又是相同的。

3. 培养计算思维

要学会用C语言从"计算机的视角"来描述我们所要解决的问题,因为在计算机的世界里只有计算问题。想让它来解决我们世界里的问题,需要先将我们的问题描述为计算机擅长解决的计算问题。这种"计算机的视角"又称为计算思维,它是运用计算机科学的基础概念进行问题求解、系统设计以及人类行为理解等涵盖计算机科学广度的一系列思维活动。

知识学习是一件既令人兴奋又让人痛苦的事情。当我们解决了困惑许久的难题时,会产生理智感,感到莫名的兴奋和激动。它是鼓励我们进一步探索与求知的动力源泉。当我们无法解惑时,又会产生挫败和沮丧情绪。它是我们在探索与求知路上的拦路虎。编者在从事"程序设计"课程教学的活动中,分享到了在课程学习中释疑解惑的同学们的兴奋、喜悦和满足感,也感受到了难以理解课程知识的同学们的茫然、痛苦和不知所措。教材是教育的基石,是学生自我学习、自我成长的最好老师。面对一板一眼、厚重扎实的教科书,很多学生退缩,对课程学习望而却步。子曰:"知之者不如好之者,好之者不如乐之者。"因此,编者萌发了写一本从计算机语言的本原出发,通过问题环环相扣,以具有"故事性""趣味性"的语言吸引读者进入计算机的世界,了解计算机,喜欢计算机,培养塑造自我的计算思维。

非计算机专业的学生需要学习计算机语言吗?这是一个非常难以回答的问题。因为我们每个人与计算机的联系从未如此之紧密。我们学习计算机语言不一定是要从事开发计算机语言、计算机软硬件等计算机专业人员的工作,但是当我们了解了计算机以后,一定会把计算机以及软件系统用得更好,并更好地促进利用计算机在各自领域开展专业化的工作。

本书由张睿任主编,杨吉斌任副主编。第1~7章由张睿执笔,第8章由雷小宇执笔,王彩玲、王家宝、杨吉斌、李志刚、李阳、白玮分别对第2~7章进行了内容完善、习题补充、微课制作以及书稿的校对工作。南京大学的郭延文教授、南京理工大学的黄炎焱教授和陆军工程大学的陈卫卫教授阅读了书稿,并提出了宝贵意见。张子忱、杨义鑫、王梓棋、赵勋、王亚鹏、曾志成、赵昕昕等同学也仔细阅读了书稿,并提出了建议。在此对他们的辛勤付出表示衷心的感谢。

因编者水平有限,教材中疏漏和错误在所难免,欢迎读者给编者发送邮件或在网站

前言

上留言,对教材提出意见和建议。我们会在重印时及时予以更正。

本书配套 MOOC 已在"学堂在线"上线,搜索编者"张睿",即可找到对应的"C 语言程序设计"课程,开始在线学习。

编　者

2024 年 1 月

教学大纲＋教案＋课件＋源代码

目录

第1章　我们与计算机的对话——计算机与C语言 ·············· 1
　1.1　人类梦想与机器伴侣 ··· 2
　　　1.1.1　寻找人类的朋友 ··· 2
　　　1.1.2　创造人类的伙伴 ··· 2
　1.2　人类的助手计算机 ··· 3
　　　1.2.1　困扰人类发展的两个问题 ································· 3
　　　1.2.2　电与二进制引发的技术革命 ····························· 4
　　　1.2.3　计算机的组织结构 ·· 8
　1.3　我们如何与计算机对话 ·· 11
　　　1.3.1　机器语言很难懂 ·· 11
　　　1.3.2　机器语言的进化 ·· 12
　　　1.3.3　C语言与人类语言的区别 ································· 13
　　　1.3.4　我们如何使用C语言 ······································· 16
　1.4　从问题到程序的过程 ··· 21
　　　1.4.1　程序也需要设计 ·· 21
　　　1.4.2　算法的描述很重要 ··· 23
　　　1.4.3　结构化的流程图 ·· 25
　　　1.4.4　让我们开启第一次与计算机对话的旅程 ············· 27
　1.5　本章小结 ·· 32
　1.6　习题 ·· 33

第2章　让计算机学会运算——基本数据类型 ···················· 34
　2.1　教计算机认识整数 ·· 35
　　　2.1.1　十进制与二进制 ·· 35
　　　2.1.2　计算机的数字仓库——存储器 ·························· 36
　　　2.1.3　计算机认识的整数是有限的 ····························· 37
　　　2.1.4　负整数的表示与存储有点不一样 ······················ 38
　　　2.1.5　C语言中的整数类型 ······································· 40
　2.2　教计算机认识小数 ·· 41
　　　2.2.1　小数点很关键 ··· 41
　　　2.2.2　小数的存储与整数不一样 ································ 41

目 录

  2.2.3 计算机存储的小数可能不精确 ·· 43
  2.2.4 计算机认识的小数也是有限的 ·· 44
  2.2.5 C语言中的浮点数类型 ·· 44
 2.3 教计算机认识字符 ··· 45
  2.3.1 图形字符的巧妙表示 ·· 45
  2.3.2 计算机认识的字符也是有限的 ·· 46
  2.3.3 C语言中的字符类型 ·· 46
 2.4 教计算机"记忆"数据 ··· 47
  2.4.1 数据的门牌号——内存地址 ·· 47
  2.4.2 变化的数据是变量 ·· 48
  2.4.3 指针变量的定义 ·· 50
  2.4.4 两种访问变量的方法 ·· 51
  2.4.5 ＊常变量 ··· 54
  2.4.6 不变的数据是常量 ·· 54
 2.5 教计算机认识运算符 ··· 58
  2.5.1 算术运算符与算术表达式 ·· 59
  2.5.2 关系运算符与关系表达式 ·· 62
  2.5.3 逻辑运算符与逻辑表达式 ·· 62
  2.5.4 赋值运算符与赋值表达式 ·· 65
  2.5.5 强制类型转换运算符 ·· 71
  2.5.6 不同数据类型间的混合运算 ·· 72
  2.5.7 ＊位运算符 ··· 73
 2.6 教计算机做简单的运算 ··· 77
  2.6.1 如何书写语句 ··· 77
  2.6.2 如何组织语句 ··· 78
  2.6.3 简单运算举例 ··· 79
 2.7 本章小结 ··· 85
 2.8 习题 ·· 87
第3章 与计算机面对面地交流——数据的输入与输出 ·· 89
 3.1 我们与计算机的交流方式 ··· 90
  3.1.1 人类与计算机理解数据的差异性 ··· 90
  3.1.2 计算机如何输入和输出数据 ·· 91

目录

　　　3.1.3　两种对话方式的选择 …………………………………………… 91
　3.2　通过键盘和显示器与计算机交流 …………………………………………… 92
　　　3.2.1　C语言标准函数库 …………………………………………… 93
　　　3.2.2　通过键盘输入数据 …………………………………………… 94
　　　3.2.3　通过显示器输出数据 …………………………………………… 101
　　　3.2.4　通过键盘和显示器完成一次完整对话 …………………………………………… 104
　3.3　通过文件与计算机交流 …………………………………………… 106
　　　3.3.1　记录我们与计算机之间的对话 …………………………………………… 106
　　　3.3.2　我们可以阅读的文件 …………………………………………… 107
　　　3.3.3　我们无法阅读的文件 …………………………………………… 114
　　　3.3.4　顺序读写与按需读写 …………………………………………… 117
　　　3.3.5　＊文件读写的出错问题 …………………………………………… 121
　　　3.3.6　文件合并示例 …………………………………………… 121
　3.4　本章小结 …………………………………………… 123
　3.5　习题 …………………………………………… 124
第4章　让计算机做复杂的事情——顺序、选择与循环语句 …………………………………………… **126**
　4.1　分步骤完成任务 …………………………………………… 127
　　　4.1.1　控制语句 …………………………………………… 127
　　　4.1.2　按部就班地解决问题 …………………………………………… 128
　4.2　遇到选择该怎么办 …………………………………………… 131
　　　4.2.1　用 if 实现"二选一" …………………………………………… 131
　　　4.2.2　用 switch 实现"多选一" …………………………………………… 137
　4.3　选择结构很有用 …………………………………………… 143
　　　4.3.1　顺序结构是基础 …………………………………………… 144
　　　4.3.2　灵活选用选择语句 …………………………………………… 144
　　　4.3.3　提高程序的可靠性 …………………………………………… 148
　4.4　用循环语句解决重复性计算问题 …………………………………………… 151
　　　4.4.1　发现循环要素 …………………………………………… 152
　　　4.4.2　如何构建循环结构 …………………………………………… 153
　　　4.4.3　如何灵活退出循环 …………………………………………… 162
　　　4.4.4　多重循环结构的实现挺困难 …………………………………………… 166
　4.5　有趣的循环问题举例 …………………………………………… 170

目录

   4.5.1 循环程序的构建 ………………………………………… 170
   4.5.2 用循环实现枚举法 ……………………………………… 173
   4.5.3 循环语句的优化 ………………………………………… 173
 4.6 本章小结 …………………………………………………………… 175
 4.7 习题 ………………………………………………………………… 176

第 5 章 像搭积木一样搭建程序——函数 …………………………………… **178**
 5.1 复杂程序的开发问题 ……………………………………………… 179
   5.1.1 像工业化生产一样开发程序 …………………………… 179
   5.1.2 将程序代码做成积木模块的方法 ……………………… 180
 5.2 对程序模块进行组装 ……………………………………………… 190
   5.2.1 程序模块间的组装问题 ………………………………… 190
   5.2.2 递归思想的程序实现 …………………………………… 196
 5.3 人类永恒的话题"矛盾"：封闭性与开放性 …………………… 202
   5.3.1 不准动我的积木 ………………………………………… 203
   5.3.2 我偏要动你的积木 ……………………………………… 206
 5.4 函数举例 …………………………………………………………… 216
   5.4.1 求三角形的面积 ………………………………………… 216
   5.4.2 利用函数实现简单的文件操作 ………………………… 218
 5.5 本章小结 …………………………………………………………… 220
 5.6 习题 ………………………………………………………………… 221

第 6 章 同类型数据的批量处理问题——数组 ………………………………… **223**
 6.1 如何一次定义多个变量 …………………………………………… 224
   6.1.1 定义一组变量的方法 …………………………………… 226
   6.1.2 数组初始化 ……………………………………………… 227
   6.1.3 引用数组元素 …………………………………………… 228
   6.1.4 特殊的"变量"标识符 ………………………………… 229
 6.2 数组的存储机理 …………………………………………………… 230
   6.2.1 与众不同的数组名 ……………………………………… 231
   6.2.2 "[ ]"运算符的作用 …………………………………… 232
   6.2.3 数组地址不允许改变 …………………………………… 233
   6.2.4 穿马甲的"数组" ……………………………………… 235
 6.3 灵活运用数组 ……………………………………………………… 236

目录

  6.3.1 通过数组处理一批数字 ……………………………………………………… 236
  6.3.2 将字符拼接成字符串 ……………………………………………………… 242
  6.3.3 通过数组名向函数传递数据 ……………………………………………… 251
 6.4 根据维度存储数据的方法 …………………………………………………………… 254
  6.4.1 二维数组的本质 …………………………………………………………… 254
  6.4.2 二维数组初始化 …………………………………………………………… 258
  6.4.3 二维数组使用 ……………………………………………………………… 259
  6.4.4 *更多维度的数组 …………………………………………………………… 262
 6.5 本章小结 ……………………………………………………………………………… 263
 6.6 习题 …………………………………………………………………………………… 264

第7章 人类思维视角下的数据类型——用户自己建立的数据类型 …………… **266**

 7.1 从人类的视角看数据 ………………………………………………………………… 267
  7.1.1 人类需要什么样的数据类型 ……………………………………………… 267
  7.1.2 *自由地命名数据类型 ……………………………………………………… 269
 7.2 有结构的数据类型——结构体 ……………………………………………………… 270
  7.2.1 莫把结构体当变量 ………………………………………………………… 270
  7.2.2 结构体变量的定义与初始化 ……………………………………………… 274
  7.2.3 结构体变量的引用 ………………………………………………………… 277
  7.2.4 *结构体变量的存储 ………………………………………………………… 281
  7.2.5 定义结构体数组 …………………………………………………………… 285
  7.2.6 结构体的应用 ……………………………………………………………… 286
 7.3 "勤俭节约"的数据类型——共用体 ………………………………………………… 289
  7.3.1 存储空间很宝贵 …………………………………………………………… 289
  7.3.2 能省一点是一点 …………………………………………………………… 290
  7.3.3 正确区分结构体与共用体 ………………………………………………… 292
 7.4 "有限取值"的数据类型——枚举类型 ……………………………………………… 293
  7.4.1 事先约定好处多 …………………………………………………………… 293
  7.4.2 *无穷无尽莫找我 …………………………………………………………… 297
 7.5 *用户自己建立数据类型的综合应用 ………………………………………………… 297
  7.5.1 用数组维护有序数据很烦琐 ……………………………………………… 298
  7.5.2 适合描述有序数据的结构——链表 ……………………………………… 304
  7.5.3 数据再多也不怕 …………………………………………………………… 311

目录

   7.5.4 动态链表更灵活 …………………………………………………… 313
  7.6 本章小结 ……………………………………………………………………… 322
  7.7 习题 …………………………………………………………………………… 323
第 8 章 程序写得好关键在算法 …………………………………………………………… 325
  8.1 算法的性能评价 ……………………………………………………………… 326
  8.2 用试商法求解素数 …………………………………………………………… 328
   8.2.1 试商法判定素数 …………………………………………………… 328
   8.2.2 试商法搜索素数 …………………………………………………… 330
  8.3 用数组实现大数求和 ………………………………………………………… 332
   8.3.1 "列竖式"实现大数求和 …………………………………………… 332
   8.3.2 大数求和的程序实现 ……………………………………………… 334
  8.4 用冒泡法实现排序 …………………………………………………………… 337
   8.4.1 冒泡排序的思想 …………………………………………………… 337
   8.4.2 冒泡排序的程序实现 ……………………………………………… 339
  8.5 用二分法实现查找 …………………………………………………………… 341
   8.5.1 二分查找的思想 …………………………………………………… 342
   8.5.2 二分查找的程序实现 ……………………………………………… 342
  8.6 *用递归优化求数列 ………………………………………………………… 345
   8.6.1 "暴力递归"问题 …………………………………………………… 345
   8.6.2 利用"备忘录"优化递归 …………………………………………… 347
  8.7 本章小结 ……………………………………………………………………… 348
  8.8 习题 …………………………………………………………………………… 349
附录 A C 语言中的关键字 ………………………………………………………………… 350
附录 B 常用字符与 ASCII 代码对照表 …………………………………………………… 352
附录 C 运算符的优先级和结合性 ………………………………………………………… 354
附录 D 常用库函数 …………………………………………………………………………… 357
参考文献 ……………………………………………………………………………………… 362

第 1 章 我们与计算机的对话——计算机与C语言

1.1 人类梦想与机器伴侣

人类在地球上诞生,这毋庸置疑。人们一直追问,我们从哪里来,要到哪里去,这是生命存在的意义。众多出类拔萃的哲学家、科学家都尝试着给出答案,并论证他们的推断,有神话说、外星说、基因说等。直到1859年,英国生物学家达尔文出版了《物种起源》(参见图1.1)一书,阐明了生物从低级到高级、从简单到复杂的发展规律,称之为进化论。绝大多数人认可了这一假说,并将它写进教科书。这一理论暂时缓解了我们从哪里来的疑问,但仍然无法回答我们要往哪里去的困惑。没有目标,人类社会发展与进步的源动力又该从哪里来,我们为什么要发展这么快?

图1.1 《物种起源》封面

1.1.1 寻找人类的朋友

在地球上,我们自诩是高级生命,因为我们有思想。植物、微生物、动物,它们有思想吗?我们希望它们有。但是到目前为止,我们还未找到充足的证据证明它们有。我们曾经尝试过与其他形态的生命进行交流。例如,教鹦鹉说话、教狮子表演杂技,甚至教大象计算与画画等。但最终我们不得不放弃,因为动物模拟人类的这些行为,不是为了思想和情感的交流,而只是依靠食物或信号刺激产生的某种条件反射而已。

既然地球上没有类人的智慧生命,那宇宙中有吗?古今中外一直有关于外星人的遐想,但都无法证实外星人真的存在。虽然一直以来,很多人声称自己见证过外星人造访地球,甚至与自己发生过接触,但是大多数专家学者相信人类与外星人所谓不同程度的接触,其实都是心理作用。

1.1.2 创造人类的伙伴

我们又返回了原点,既然找不到,那么就要创造。人类需要一个的伙伴,能够在人类成功时,分享人类的喜悦;能够在人类悲伤时,分担人类的伤感;能够在人类需要帮助时,无私奉献而不求回报。这个伙伴就是机器人。

早在三国时期,蜀汉丞相诸葛亮发明了木牛流马,用于搬运粮草。尽管千百年来人们对其提出各种各样的看法,争论不休,但是木牛流马的传说可谓是人类历史上对机器人畅想的代表作。1920年捷克斯洛伐克作家卡雷尔·恰佩克在他的科幻小说中,根据Robota(捷克文,原意为"劳役、苦工")和Robotnik(波兰文,原意为"工人"),创造出Robot(机器人)这个词。**机器人是一种能够半自主或全自主工作的机器。**它既可以接受人类的指挥,又可以协助甚至取代人类工作。

如机器人诞生于科幻小说之中一样，人们对机器人充满了幻想，参见图1.2。机器人的确可以取代人类的部分工作。对于简单、重复性的工作，机器人的工作效率已经远远超越了人类，例如工厂生产线上的机器人。对于复杂的需要自主判断和决策的工作，机器人却很难胜任。到目前为止，具有与人类相似智能的机器人仍未出现，这是因为机器人的身体构造与人类的生物体结构完全不同。机器人是无机生命体，它的大脑是以"硅"元素为主要成分构成的，"硅"是制作半导体器件的重要元素。而人类是有机生命体，人类大脑是以"碳"元素为主要成分构成的，"碳"是地球上有机生物体的主要组成元素。机器人的大脑与人类大脑的外观对比参见图1.3。由于机器人与人类的身体构造不同，因此导致了它们与人类所感知的世界不同，在它们身上实现人类的智能也就难上加难。机器人与计算机拥有相同的大脑，通过了解计算机的工作原理也可以了解机器人的大脑是如何工作的。

图1.2 机械机器人

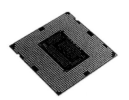

(a) 机器人的大脑　　　　(b) 人类的大脑

图1.3 机器人的大脑与人类的大脑

1.2 人类的助手计算机

计算机俗称电脑，是现代一种用于高速计算的电子计算机器，既可以进行数值计算，又可以进行逻辑计算，还具有存储记忆功能，这是百度百科对计算机的定义。这个定义虽然很笼统，但是有3个关键词能够体现计算机的特点：电子、计算、存储。

例如，手机、电子游戏机、电子阅读器都是计算机。这些事物好像并不用来做计算的，那它们为什么是计算机呢？虽然这些事物表现的功能并不是计算，但是它们都通过计算来实现各自的功能。它们都具备了电子、计算和存储这些计算机所具有的特点。计算机到底是什么？让我们先来了解一下计算机的诞生历程。

微课1.1 计算机

1.2.1 困扰人类发展的两个问题

知识和数据的存储与计算成为困扰人类发展的两个问题，而计算机的出现成为解决这两个问题的利器。人类社会能够高速发展，是因为人类能将前人的思想、文化和知识保存下来，并向后代传承。在语言与文字未出现以前，人类通过结绳记事。当语言文字出现以后，中国古人利用兽骨、竹简、锦帛等载体，用表意文字——汉字记录传承知识。汉字以形声会意的方式，直观而深刻地阐述了博大精深的汉文化，也造就了世界上最难学的语言——汉语。

兽骨、竹简、锦帛在记录文字上有很多缺点，难书写、难保存、价格昂贵，因此古代的很多优秀文化没有流传后世。直到中国人发明了造纸术，使系统性地记录知识成为可能。纸质书籍可以存储大量文字、图片。人类语言的描述可以更加生动、细腻、形象和丰富，使后代可以充分地领悟前人的思想、文化和情怀。书籍已成为传播知识、科学技术和保存文化的主要工具之一。无论是竹简还是纸张，它们保存知识的能力都太弱。西汉时期司马迁著《史记》用了2万多片竹简，大约200公斤，才记录了52万字。1716年出版的纸质《康熙字典》12集，36卷才收录了47 035个汉字。

人类已经积累了多少知识与数据，没有人能够说清楚，但是我们已经充分地感受到知识和数据正在急剧膨胀。在19世纪，人类的知识量大约50年翻一番，20世纪初则缩短为30年，20世纪中叶为20年，到80年代只需3~5年。根据美国詹姆斯·马丁的测算，近十年人类的知识总量已经达到每三年翻一番，到2020年达到每73天翻一番。这些知识已经无法全部用纸质书籍进行记录。如何有效地存储知识成为困扰人类发展的一大难题。

汉语词典中的计算有"核算数目"和"考虑谋虑"两种含义。计算对人类在竞争中占据优势具有重要作用。"夫未战而庙算胜者，得算多也，未战而庙算不胜者，得算少也。多算胜，少算不胜，而况于无算乎！"，这是《孙子兵法》中的名句。意思是将领在作战前筹划计算得越周密，那么在战争中获得胜利的机会就越多。长久以来，人类一直通过自己的大脑利用一些公式进行巧算，或者借助一些工具，例如算盘、计算尺等进行计算，参见图1.4。中国古代的军事家孙膑、张良、诸葛亮都是善算者，他们在战争中获得了决策优势，主导了战争的走向，成为了著名的历史人物。

(a) 算盘　　　　　　　　(b) 计算尺

图1.4　算盘和计算尺

随着人类控制资源的增多，计算量的需求也急剧增大，人类大脑的计算能力难以支撑我们对计算结果的渴望。如何实现高效计算成为困扰人类发展的另一大难题。

1.2.2　电与二进制引发的技术革命

几进制就是逢几进一。例如，二进制、三进制、十进制等。我们采用十进制表示数据，可能跟人类有10根手指有关。玛雅人创造了二十进制，可能与10根脚趾头也有关系。古巴比伦的计数法采用的是六十进制,计算非常烦琐。古埃及数字用符号表示,有的符号是象形的,如用两只鸟来表示十万,参见图1.5。中国大约在商周时期已经有了四则运算。到春秋战国时期,整数和分数的四则运算已经相当完备。其中,出现于春秋时期的乘法歌诀"九九歌"是先进的十进位计数法与简明的中国语言文字相结合的宝贵结晶。

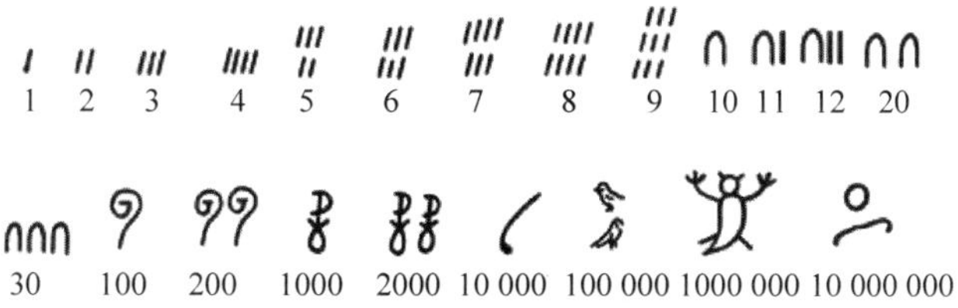

图1.5 古埃及的象形文数字

人类的大脑更容易理解图形化符号,例如用"0,1,2,3,4,5,6,7,8,9"十个图形符号表示的十进制数字。因此,我们习惯以十进制的阿拉伯符号来表示数字,并且设计了十进制数字的运算规则。实际上任何进制都可以用来计数,也都可以进行计算。1679年德国数学家莱布尼茨提出了二进制计数法。二进制在另一个人类发明的事物——计算机的世界中表示数字,计算机对二进制数据的计算能力超越了人类的大脑。

1752年6月,一个著名的风筝实验让美国人本杰明·富兰克林(参见图1.6)举世闻名,因为他发现了电。从此人类由蒸汽时代进入了电气时代。电灯、电话、电报等众多依靠电工作的设备相继出现,人类社会的生产力得到巨大的跃升。

科学技术的发展都离不开数学。1854年,英国数学家乔治·布尔发表了一篇具有里程碑意义的论文,详细描述了一种逻辑代数系统,该系统被称为布尔代数。布尔代数中的运算主要由"与""或""非"三种构成,运算的结果都是1或0。这是二进制数运算的基本规则。

1937年,克劳德·艾尔伍德·香农在麻省理工学院发表了他的硕士论文,在历史上第一次使用电子继电器和开关实现了布尔代数和二进制算术,开创了在机器上实现对数字自动计算的先河。1937年,贝尔实验室的乔治·斯蒂比兹使用继电器制造出一个可完成两位数加法的模型,称为Model-K。人们利用电子器件表示二进制并进行运算的努力一直在持续,直到1946年第一台现代电子计算机ENIAC(Electronic Numerical Integrator and Calculator,电子数字积分器与计算器)诞生(参见图1.7),从此人类社会进入了数字计算机时代。

图1.6 本杰明·富兰克林

图1.7 电子计算机ENIAC

为什么电子器件只能表示二进制数字,而不能表示十进制数字呢?让我们来了解电子器件晶体管的特性。1947年,贝尔实验室的肖克利等人发明了晶体管,晶体管包括由各种半导体材料制成的二极管、三极管等。半导体是介于导体和绝缘体之间的一种材料,硅是制作半导体的重要材料,这正是计算机大脑的主要成分是"硅"元素的原因。

晶体管电路有导通和截止两种状态,如果用它做数字电路中的开关电路,截止就是"关"、导通就是"开",这两种状态可以作为二进制数字的基础。在图1.8中给出了一个晶体管的物理结构示意图。

这是一个三极管,由基极(b)、发射极(e)和集电极(c)组成。通过对基极施加电压或电流的控制,可以使发射极和集电极之间导通和截止,还能实现电流的放大。下面通过一个NPN型三极管电路示意介绍在数字电路中利用晶体管表示二进制数字的原理,参见图1.9。

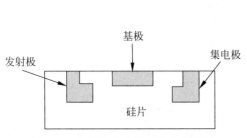

图1.8　晶体管电路物理结构示意图

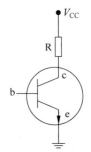

图1.9　晶体管存储二进制
　　　　示意电路图

NPN型三极管中有两个PN结(b极到e极,b极到c极)。PN结在正向偏置条件(即b极电压高于e极)时导通,在负向偏置条件下(即b极电压低于e极)时截止。在如图1.9所示的电路中,通过控制b极的电压,可以使得b、e间的PN结导通,那么c极和e极也会导通,这样c极的电压就是低电平,可以用它表示二进制的数字0。如果控制b极的电压,使得b、e极间的PN结截止没有电流流到e极,那么c极也没有电流通过,这时c极的电压为高电平,可以用它表示二进制数字1。

一个晶体管有导通和截止两种状态,能用于存储0或1两个1位二进制数。两个晶体管组合起来就可以表示2位二进制数。它们的导通和截止状态就有4种组合"00,01,10,11",这4个二进制数可以用来表示十进制的"0,1,2,3"。因此,只要晶体管的数量足够多,就可以表示足够多数位的二进制数了,也就可以表示足够大的十进制数了。

数字可以利用晶体管存储了,下一步就是解决如何对存储在晶体管中的二进制数字进行计算的问题了。人类大脑对"1+2=3"的计算过程,我们至今还不是很清楚。我们无法把人类大脑的计算方式搬到电子器件上实现"01+10=11"。我们只能根据电子设备的物理特性设计出电路并通过电路来实现二进制的加、减、乘、除等算术运算。

香农在电路上实现了"与""或""非"的运算,从而在电路上实现了布尔代数。下面我们来了解一下"与""或""非""异或"4种位运算。

"与"运算用符号"&"表示,它的运算规则是:参与运算的两个二进制数位,只要有一个数值是0,结果就是0,否则结果为1。

"或"运算用符号"||"表示,它的运算规则是:参与运算的两个二进制数位,只要有一个数值是1,结果就是1,否则结果为0。

"非"运算用符号"!"表示,它的运算规则是:参与运算的一个二进制数位,当它的数值是0,经过非运算变为1,当它的数值是1,经过非运算后变为0。

"异或"运算用符号"$\oplus$"表示,它的运算规则是:参与运算的两个二进制数位,只要数值不相同,结果就是1,否则结果为0。

例如,当两个晶体管A、B分别存储了两个二进制数的时候,对它们进行与、或、异或、非运算的运算后,计算结果如表1.1所示。

表1.1 二进制位运算示例

晶体管 A	晶体管 B	$A \& B$	$A||B$	$A \oplus B$	$!A$
0	0	0	0	0	1
0	1	0	1	1	1
1	0	0	1	1	0
1	1	1	1	0	0

上述的"与""或""异或""非"运算可以用电路来实现。我们可以通过二极管与门电路的工作原理来了解电路如何实现"与"运算。二极管是一种具有两个电极的装置,只允许电流由单一方向通过。二极管与门电路结构参见图1.10,其中VD1和VD2是两个二极管,$R1$和$R2$是两个电阻。当E点电压比A和B点高时,电流可以从E端分别通过二极管VD1、VD2流向A、B端;但是当E点电压比A和B点低时,电流却无法从A、B流向E点。

图1.10中的与门电路输入为A、B端的电平,输出为Y端的电平。令5V电压经过电阻$R1$、$R2$后,使E点的电压正好保持在3V。当A、B的输入为低电平,即为二进制0时,A和B端的电压比E点电平低,二极管VD1和VD2单向导通,这样E点的电压会降为0.7V,这是二极管的内在压降值。Y点的电压与E点电压保持一致,也是0.7V,这是一个低电平,表示二进制的0。此时相当于执行了$A\&B=0\&0$,结果是0。当A、B其中一个为高电平,一个为低电平时,总有一个二极管会导通,这样E点和Y点都是低电平,输出二进制0。此时相当于执行了$A\&B=1\&0$或者$0\&1$,结果仍然是0。当A、B同时为高电平时,由于A、B的电压都比E点的高,两个二极管都不导通,这样E点和Y点均保持高电平,输出为二进制1。此时相当于执行了$A\&B=1\&1$,结果是1。同理,利用电路的这种特性,可构建或门电路、非门电路、异或门电路,分别实现"或""非""异或"运算。有了"与""或""异或""非"门电路就可以设计能进行加、减、乘、除运算的电路。例如半加器电路,它的结构参见图1.11。

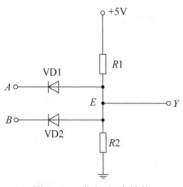
图 1.10　与门电路结构

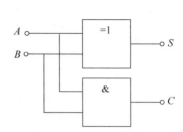
图 1.11　半加器电路结构

半加器电路是不考虑低位进位的电路,可以实现 A、B 两个二进制数位的加法运算。从 A、B 输入要运算的两个加数,"=1"表示异或门电路,用于实现位运算,从 S 端输出位运算结果。"&"表示与门电路,负责完成进位运算,由 C 输出进位结果。当从 A、B 输入不同的值的时候,位半加器的计算结果见表 1.2。

表 1.2　位半加器计算结果

A	B	$C=A\&B$	$S=A\oplus B$	二进制和	十进制和
0	0	0	0	00	0
0	1	0	1	01	1
1	0	0	1	01	1
1	1	1	0	10	2

接着人们又造出了全加器电路,解决了计算进位的问题。人们利用了电的特性,在电路上逐渐实现了二进制的加、减、乘、除运算。从此一个没有生命的电路也能够自动计算了。人类创造了一个能够计算的电路作为计算机的大脑,并将其命名为"CPU"(Central Processing Unit,中央处理器)。到今天为止,这个类似人脑的 CPU 还只能做一件事情——二进制计算。我们将人类世界中的很多信息都转换成了二进制表示,例如图像、文字、语音信息都可以用二进制表示,计算机通过二进制运算能够帮助人类处理很多复杂事情。虽然它能够帮助我们解决很多复杂的问题,但是它仍然只是一个会计算的设备,没有智慧、没有情感,要想成长为人类所期望的伙伴还有很遥远的路程要走。

电与二进制的结合创造了计算机。现在超级计算机的计算能力已经达到每秒运算千万亿次,远远超越了人类大脑的计算能力。计算机解决了人类的计算问题,那数据和知识的存储问题呢?晶体管可以存储数据,但是必须加电。如果断电,晶体管中的数据就消失了。为此我们又发明了磁盘、光盘等介质来持久性存储二进制的数据。

1.2.3　计算机的组织结构

人类身体组织的基本单位是细胞,细胞组成了各种器官。人类通过眼睛、耳朵等器官从外界获取信息。通过大脑的计算来处理信息,并做出决策。通过手、腿运动来执行决策。为维持上述器官的机能，又配套心脏、肺、肝脏、肾脏等器官组成了呼吸系统、消化系统、循环系统等。计算机也需要获取信息、处理信息和反馈信息。它没有类似的运动系统，因此它还不能执行决策。为计算机配上类人骨骼的机械装置，计算机就变成了机器人，不但能计算还能根据计算的结果执行各种决策。例如，美国波士顿动力公司研制的人形机器人——阿特拉斯，参见图1.12。

图1.12 机器人阿特拉斯

计算机的构造比人类的简单，因为它不像人类那样需要维持一个能够产生能量的生命系统，它的能量来自人类提供给它的电。**计算机主要由硬件和软件两部分组成，硬件包括控制器、运算器、存储器、输入设备和输出设备，软件部分由系统软件和应用软件两部分组成。**

输入设备是向计算机输入数据的设备，它是计算机的眼睛和耳朵。人们发明了两种主要的输入设备，即大家所熟知的键盘和鼠标。键盘主要用于输入数字、字母和符号等。鼠标可以获取屏幕的坐标，通过单击的方式，输入控制信息，对计算机的控制操作更加便捷。键盘需要把我们认识的图形符号转换成计算机能够识别的二进制数字，而鼠标则需要把我们单击屏幕的操作转换成二进制数字。

存储器是计算机用来存储数据的设备。计算所需要的输入、过程和结果数据以及指令都需要以二进制数据的形式存储在存储器中。有的存储器利用电能存储数据，只有通电的时候才能够工作，一旦断电数据就会丢失，例如内存条。有的存储器利用磁能存储数据，断电后数据也不会丢失，例如硬盘、U盘。还有的存储设备利用光学特性存储数据，例如光盘。

用内存条存储数据，数据读写的速度快，但是内存条不能够持久地保存数据。用磁盘存储数据，数据读写的速度比内存条要慢，但是它可以持久地保存数据，磁盘的寿命一般是3～5年。用光盘也可以持久地保存数据，但是它的读写速度比磁盘慢，光盘的寿命可以达到十年甚至几十年以上。内存条、硬盘、U盘和光盘参见图1.13。

(a) 内存条　　　　(b) 硬盘　　　　(c) U盘　　　　(d) 光盘

图1.13 内存条、硬盘、U盘和光盘

运算器是计算机中执行各种算术运算和逻辑运算操作的设备。控制器是计算机的中枢神经，协调计算机各部分的工作。运算器和控制器组成了计算机的大脑——CPU，参见图1.14。在CPU中除了有控制器、运算器，还有寄存器。它的寄存器的读写速度更快，需要CPU处理的数据会先从内存条中读取到CPU的寄存器中，处理的结果也会从CPU的寄存器输出到内存条中。

图1.14 CPU的正面和背面

输出设备是用于接收计算机数据的输出显示、打印以及控制的外围设备。常见的输出设备有显示器、打印机、音箱等。通过输出设备计算机将处理后的数据以人或其他设备能够接受的形式输送出来。计算机中的数据是二进制的数据，不适合我们理解，需要转换成数字、字符等图形方式显示出来给我们看，或者转换成声音播放给我们听。显示器是计算机的主要输出设备，从键盘、鼠标输入的数据以及从计算机中输出的数据都可以用图形的方式在显示器上进行显示。

只用上述硬件设备组成的计算机称为裸机。它就像刚出生的婴儿，还做不了什么，需要给它安装上软件系统才能够工作。**计算机的软件是指计算机系统中的程序和文件。程序是一组计算机能够识别和执行的指令，而指令则是一条计算机能够直接执行的、不能再分割的命令。**

早期只有计算机领域的科学家才会编写程序，因为此时的计算机各方面能力都比较弱。要给计算机下指令，必须掌握计算机的组织构造，还得熟练地控制计算机的每一个硬件设备协同工作。起先计算机中的数据存储在穿孔的纸带上。穿孔纸带是早期计算机的输入和输出设备，它将程序和数据转换成二进制数：带孔为1，无孔为0。由光电扫描设备输入计算机中，穿孔纸带参见图1.15。此时计算机中所有的数据都是人工管理的，数据输入输出的效率十分低下，参见图1.16。

图1.15　穿孔纸带

图1.16　人工管理纸带数据

随着磁盘等存储设备的出现，人们又开发了文件管理系统，对计算机中的数据进行管理。**文件是计算机用来存储与管理数据的一种数据组织结构形式。文件管理系统是命名文件及管理文件的系统。**计算机通过文件管理系统先找到文件，接着读取文件中的数据，然后再对数据进行计算，计算的结果也可以存储在文件中。文件管理系统是计算机自动化管理数据的一种有效方式。

计算机在发明之初主要用于科学计算，它是科学家们的专属设备。后来，人们又开发了多媒体技术，**它是利用计算机可以对文字、数据、图形、图像、动画、声音等多种媒体信息进行综合处理和管理，使用户可以通过多种感官与计算机进行实时信息交互的一种技术。**多媒体技术推动了计算机在社会生产生活中的广泛应用，例如企业管理、新闻传播、音视频播放、电子游戏等。

为了提高计算机软硬件资源的利用效率以及各种计算机软件的开发效率，人们又研制了一种特殊的程序软件——操作系统。**操作系统是管理计算机硬件与软件资源的计算机程序。**例如Windows操作系统是微软公司开发的一种操作系统。有了操作系统，普通用户无须关心各种计算机硬件设备是如何组装起来工作的。不同公司开发的计算机硬件设备也可以灵活地组装在一起,工业化的"即插即用"技术在计算机上得以实现,计算机硬件和软件的工业生产实现了社会化分工。计算机硬件的性能越来越强大,普通的计算机程序员也可以自由地开发各种应用程序软件。计算机硬件与软件进入了相互促进的良性循环发展阶段。

硬件是计算机的躯体,软件是计算机的灵魂。软件系统控制着硬件设备的运转,让键盘和鼠标等输入设备接收指令和数据,将其输送到内存条等存储设备中,然后提交给CPU运算,经过CPU计算后的数据可以以文件的形式存储到硬盘中,也可以通过显示器和打印机等输出设备显示给我们看。在这一切活动中,操作系统就像一个计算机的管家在后台按照程序指令完成了所有计算机硬件和软件资源的分配与调度。

1.3 我们如何与计算机对话

我们通过编写程序给计算机下达指令与计算机进行对话。我们该如何描述计算机能够听得懂的指令呢?人类之间可以通过语言或文字进行交流,那么人类与计算机之间也需要通过语言或文字对话。使用人类的语言可以实现人与计算机之间的对话吗?**语言是传递信息的声音,文字是语言的书写符号。有文字一定有语言,有语言却不一定有文字。** 从广义上说,语言是采用一套规则对人类之间的沟通信息进行表达,信息以视觉、听觉或者触觉等人类可以感知的方式进行传递。人类的语言主要借助图

微课1.2 计算机语言

像和声音来表达,例如书写文字和读出文字。人类是碳基生物体,眼睛、耳朵善于捕捉图像和声音,人类的大脑也善于理解图像和声音的含义,但是计算机是硅基无机体,它并没有眼睛、耳朵,它的大脑CPU只善于处理0和1组成的二进制数。我们必须把看到的、听到的或者想要表达的信息,全部转换成0和1组成的二进制数,通过电路传送给计算机。即便计算机接收到了数字,它也不能理解数字背后所表达的含义。

例如,人类各种语言中"妈"字的发音基本类似,汉语的发音"ma",英语的发音"mum"。只要我们发出这个声音,大家都知道指的是伟大的母亲——生养我们的女人。我们能够理解母亲的概念,因为我们在生长过程中与母亲长期在一起,慢慢地理解了母亲的概念。这种理解的过程是无法表述,也是无法传授的。因此,即使告诉了计算机"ma",它也无法理解妈妈的含义,但它可以按照我们的要求把"ma"在计算机中存储起来,也可以显示出来。

因此,我们无法使用人类的语言直接与计算机进行交流。

1.3.1 机器语言很难懂

既然人类的语言计算机无法理解,那就只能依据计算机仅能识别0和1的理解能力,为它量身打造出一种计算机能够理解的语言。虽然这种语言太简单,与我们人类的语言相差太远,但是我们仍然称它是一种语言——计算机语言。**计算机语言是指用于人**

与计算机之间传递信息的语言。计算机可以不理解计算的意义和目的,只要它能够按照我们的指令要求进行计算,给出计算结果就可以了。

最初的计算机语言是直接用二进制数进行描述的,被称为机器语言,它是第一代的计算机语言。**机器语言是计算机可以直接理解和执行的程序语言,它是用二进制代码表示的一种机器指令集合。** 这种机器指令是 CPU 可以直接执行的命令,由操作码和操作数两部分组成。操作码用于指出指令所要完成的操作,即指令的功能;操作数用于表示参与运算的对象以及运算结果。只有计算机领域的专家才能看得懂机器语言,普通人是无法理解机器语言的。

表 1.3 中是一段用机器语言书写的程序,程序的功能是实现"1+2"运算。

表 1.3 "1+2"运算的机器指令

指令	操作码	操作数	操作数	指 令 含 义
1	001	10	00000001	将十进制数 1 存放到地址为 10 的寄存器中
2	002	10	00000010	将十进制数 2 与寄存器 10 中的数相加并存储其中

上面的机器指令中的操作码和操作数是简化示意形式,实际上的机器指令比它还要复杂。如此简单的计算,我们却要给计算机下达两条指令。但是像"1+2+…+987654321"这么复杂的计算,给计算机下的指令仍然是这样的形式。虽然计算量变大了,指令条数变多了,但是计算机算大的数与算小的数没有太大区别,因为计算机每秒可以计算千万亿次,远远超越了人类大脑的计算能力。如果为了指挥计算机工作,整天写这样的机器指令给计算机,我们是难以接受的。机器语言虽然很适合计算机去理解和执行,但是不适合人类大脑的理解。

1.3.2 机器语言的进化

机器指令的表现形式是二进制编码,人类不擅长使用机器语言来编写机器指令,不利于机器语言的推广使用。如果一个中国人和一个英国人遇到了一起,他们该如何交流呢?请一个翻译,就可以解决,当然这个翻译必须懂两国语言。如果计算机与人类之间有一个翻译就好了。于是我们就花费了很大的力气培养了一个翻译。不过这个翻译不是人,而是一段程序软件,它被称为编译器或编译系统。

人类善于使用数字和字符,能否将数字和字符组合起来,设计出人类容易懂,也容易翻译成机器语言的语言呢?科学家们发明了比机器语言容易懂,但是需要编译软件将它翻译成机器语言的第二代计算机语言——汇编语言。**汇编语言是一种用于电子计算机、微处理器、微控制器以及其他可编程器件的低级语言,也称为符号语言。** 汇编语言用助记符代替机器指令的操作码,用地址符号或标号代替指令或操作数的地址。例如,用汇编语言描述"1+2"运算的程序指令见表 1.4。

表 1.4 "1＋2"运算的汇编指令

指令	操作码	操作数	操作数	指 令 含 义
1	MOV	A	1	将十进制数 1 存放到寄存器 A 中
2	ADD	A	2	将十进制数 2 与寄存器 A 中的数相加并存储其中

对比表 1.3 中的机器语言,汇编语言实现了对二进制指令的符号化表示,只要用编译软件将符号翻译成二进制形式的操作码和操作数,就可以将用汇编语言编写的程序转换成用机器语言表示的二进制指令序列。

与机器语言相比,汇编语言更便于记忆和书写,同时又保留了机器语言执行时的高速度和高效率的特点。但是汇编语言仍然不易使用,当程序稍微复杂一些时,用它来编写代码就变得很困难。**虽然机器语言和汇编语言容易被计算机理解,但是它们不容易被人类理解,因此被称为低级计算机语言。**

总之,我们难以用机器语言来描述日常生活中所需要解决的复杂问题,我们还是习惯于用数学语言或自然语言来描述问题。既然我们利用编译软件已经能够开发出比机器语言更容易使用的汇编语言,那是否能把编译软件的翻译功能开发得更强大一些,这样就可以设计出易于人类使用的高级计算机语言呢?例如"1＋2"的计算直接用"1＋2"指令表示。

经过人们不断地努力,PASCAL、FORTRAN、BASIC、C 语言等计算机高级语言相继被研发出来。与机器语言、汇编语言这些低级语言相比,计算机高级语言是更适合于人类理解的计算机语言。

20 世纪 70 年代,美国贝尔实验室的丹尼斯·里奇(参见图 1.17)设计出了一种名称为 C 语言的计算机语言。设计 C 语言的初衷是用它来编写 UNIX 操作系统。C 语言自从被研发出来以后,因为它的功能强大、简单易用,很快就风靡了全世界。直到今天,C 语言仍然是主流的程序设计语言之一。C 语言的历史悠久,因此它有不同的版本,不同的版本之间也存在一定的差异。按年代先后主要有 1989 年的 C89 版本、1999 年的 C99 版本以及 2011 年的 C11 版本,本书以 C89 版本为主。

图 1.17 丹尼斯·里奇

1.3.3 C 语言与人类语言的区别

人类语言一般包括词汇、语法和语音。我们将字词组成短语,再依据一定的语法规则将字词和短语组成句子,将句子组织成段落,将段落组织起来形成文章。文章可以系统地表达人类的某一个思想或主张。字词、短语、句子都可以独立地表达人类的情感。C 语言是否也能参照这种规则进行设计?在设计计算机语言之前,我们必须清楚计算机的能力仅限于计算与存储。C 语言虽然是高级语言,但是它也只能局限于对数值计算的描述和表达。**在计算之前,需要将参与计算的数值先存储到计算机中,然后才能够

微课 1.3 C 语言标识符

进行运算。因此,数据的存储方式也是数据表示的重要组成部分。

C语言也有词汇、语法,但是没有语音,因为计算机无法理解语音。C语言主要用于描述计算指令,因此它需要表示运算符号和运算数。例如,描述"和=被加数+加数"的计算指令,不能用汉字,必须用英文,需要这样写"sum=augend+addend"。为什么要写成英文呢?因为C语言是以英语为母语的计算机科学家创造的。我们多希望它是由中国的计算机科学家所创造的,这样也许用汉语就可以描述程序了。**C语言的字词是由英文字母、数字和下画线"_"组成的,又称为标识符**。这一点与英语单词的组成规则不同。标识符的命名有一定的规则要求,主要是为了编译系统便于识别标识符,具体有两点:**一是数字不能在标识符的首部**,例如,word_3是正确的,而3_word则是错误的;**二是两个标识符的字母大小写不同,则两个标识符不同**,例如,Word和word是两个不同的标识符。C语言对标识符的长度也有规定,例如,C89标准规定标识符号的长度不能超过31个字符。

在英语中,字母按照一定的规则组成了单词,每个单词都被赋予一定的意义,人们不能随意地创造单词。在C语言中也有这样的标识符,它们被赋予了特定的含义,这些标识符称为保留字和关键字。保留字和关键字是指在计算机语言中已经定义过的标识符,使用者不能再定义与保留字和关键字重名的标识符。其中保留字是指在程序中不能够使用但是可能在未来使用的标识符,关键字是指被赋予特殊含义的标识符,可以在程序中使用它们。

在C语言中,关键字共有32个,它们都是小写的,参见表1.5。在后面的章节中,我们将陆续了解和使用这些关键字。

表1.5　C语言的关键字

auto	break	case	char	const	continue	default	do
double	else	enum	extern	float	for	goto	if
int	long	register	return	short	signed	sizeof	static
struct	switch	typedef	union	unsigned	void	volatile	while

除了保留字和关键字以外,我们可以随意地创造C语言的词汇,并赋予它们一定的意义。例如,定义姓名的标识符可以用"name",也可以用"xingming",只要编写程序的人喜欢就好。但是,我们还是提倡在定义标识符时,从它名称的字面上能够反映出它的含义,便于我们对程序代码的阅读和理解。这些用户自定义的标识符都是与数有关系,要么表示一个经常用的数,要么表示用于存储数的存储单元。

例如,可以定义标识符PI表示有限精度的圆周率3.14,定义标识符r表示一个用于存储圆半径数值的存储单元,并存储整数2。

```
#define PI 3.14          //定义PI表示数字3.14
int r = 2;               //定义r表示半径并存储整数2,int是C语言整数类型的一种
```

标识符解决了C语言中词汇的表示问题。我们还需要将这些词汇连接起来表达更丰富的运算含义,而运算符号就是连接这些词汇的重要要素。C语言的运算符号包括**算**

术运算符、关系运算符、逻辑运算符、位操作运算符、赋值运算符、条件运算符、逗号运算符、指针运算符、求字节数运算符和特殊运算符等共10类,其中算术运算符、关系运算符和逻辑运算符的含义基本上与数学中对应的运算符的含义相一致,其他运算符是针对计算机的特点而定义的专门运算符号,我们也需要学会使用这些运算符。

有了运算符号就可以建立表达式。C语言的表达式与人类语言中的短语类似,它还不是语句。C语言的表达式是运算对象和运算符组成的数学表达式,它一定会有一个计算结果,并且结果一定是一个确定的数值。例如,用于计算圆面积的"PI*r*r"就是一个表达式,其中"PI,r"是算数,"*"是乘运算符。当PI是3.14,r是2时,"PI*r*r"表达式的运算结果是12.56。

有了表达式和关键字就可以依据C语言的语法规则来构建C语言的语句。**C语言的语句是用C语言描述的一条基本"指令"**。在机器语言中,机器指令一般不可以再分割,它是一条完整的命令。在C程序中,一条C语句"指令"也类似于机器语言中的一条指令,不可以再分割。尽管一条C语句"指令"经过编译系统有可能翻译成多条机器指令,但是这条C语句中所包含的机器指令要么全部执行,要么全部不执行。因此,在C程序中一条C语句就是一条"指令"。为了避免与机器指令的概念相混淆,在C语言中不再称"指令"为指令,而是称它"语句"。

汉语的语句一般由一个词或句法上有关联的一组词构成,可以表达一种主张、疑问、命令、愿望或感叹,从而分为陈述句、疑问句、感叹句等。组成句子的成分有主语、谓语、宾语、定语、状语、补语等要素。那C语言的语句呢? C语言无法表达情感,它只是用于表达计算本身和描述计算过程。C语言的语句主要包括表达式语句、复合语句、选择语句、循环语句、函数语句。在汉语中,通常可以使用"。""?""!"等符号作为语句的结束符,而在C语言中只用西文符号";"作为语句的结束标识。下面通过一个例子来了解C语言语句与人类语言语句之间的差异性。

"If it is sunny tomorrow, we'll fly kites, otherwise we'll stay at home",这句英文表达的含义是"如果明天是晴天,那么我们去放风筝,否则我们待在家里"。如果用C语言来表述上面的含义,可以这样表示"if(sunny==1) fly_kite=1; else stay_home=1;",该语句的含义是假如sunny的值等于1,那么fly_kite的值等于1,否则stay_home的值等于1。if和else是C语言的关键字,分别表达"假如"和"否则"的语法含义。"sunny,fly_kite,stay_home"是用户自定义的标识符,它们都可以存储一定的数值。sunny的值等于1约定为"晴天",fly_kite的值等于1约定为"放风筝",stay_home的值等于1约定为"待在家里"。这样我们就把人类语言中的语句转换成C语言中用标识符和运算符号表达的语句了。从这个过程中可以看出,我们必须把生活中的问题以可计算的方式表达出来,计算机才能够处理我们世界中的问题。

人类语言的单词本身就表达了一定的含义,但是C语言中的标识符还必须附加一定的数值才有确切意义。在上面的例子中,标识符fly_kite表示放风筝的含义,但是到底去还是不去,要根据fly_kite中存储的数值来决定。C语言中的标识符除了表示单词本身的含义还需要附带数据,因此C语言中标识符的含义往往比人类语言中词汇的含义更为复杂。标识符所携带的数据又需要区分为不同的类型,例如整数、小数等。**C 语言的数据类型主要包括整型、浮点型、字符型、指针、数组、结构体等。**

通过 C 语言与人类语言的对比,可以看出 C 语言来源于英语,但是它比英语要简单得多。人类可以通过语言来表达彼此之间的情感,但是无法向计算机表达情感,C 语言仅仅是用于描述向计算机下达的计算指令。人类语言中的词汇可表达情感的含义,而 C 语言中的标识符主要是用于表示计算机计算或存储所需要的数值。人类语言中的词汇是人类在长期生活中创造并达成的共识,不能随意创造。C 语言中的标识符除了 32 个关键字是为计算机创造并达成共识的标识符,其他的标识符可以由程序编写者根据自己的需要随意创造,标识符本身的含义也由程序编写者指定。

1.3.4 我们如何使用 C 语言

有了 C 语言就可以用它来编写 C 语句,通过对语句进行组织来构建一个程序。在程序中,计算机需要执行的语句可能不止一条,它需要知道语句的执行顺序,即从哪条语句开始执行,执行过程中又要跳转到哪条语句,最后执行完哪条语句后结束。我们为什么不能按顺序地写下语句,让计算机按照语句的先后顺序来执行程序呢?虽然可以按顺序写下语句,但有些语句可能需要重复执行,有的后续语句可能又不需要执行。如果把前面需要重复执行的语句再写一遍,工作又十分烦琐。当计算机执行到某一条语句时,根据当时的条件它有可能需要跳转到前面或者后面的语句继续执行。为此,C 语言还设计了 goto 跳转指令。但是,当跳转指令用得越来越多时,计算机程序变得越来越难以理解与控制,程序出现错误的概率也越来越大。我们需要好好地思考有效组织程序语句的方法,以便于更清楚地理解和编写计算机程序。

微课 1.4　C 程序的编写过程

编写 C 程序的过程就是编写并组织 C 语句的过程。编写一个程序就像写一篇文章,它需要有一定的格式,这样写出的程序代码才容易被人理解。另外,在编写完 C 语言程序之后还需要用编译软件将程序翻译成机器语言,因此编译软件也需要对程序代码的格式进行一定的约定,以提高程序编译的效率。在设计 C 语言时也会同步设计开发 C 语言的编译软件,即为用户提供编写开发 C 程序的环境。例如,Visual C++、VS2010、Code::Blocks 等都是 C 语言的开发环境。不同的 C 语言编译器对 C 语言的实现存在一定的差异性。在本书中,主要介绍利用 VS2010 集成开发环境编写 C 程序。VS2010 是 Microsoft Visual Studio 的 2010 版本,它是美国微软公司所开发的计算机高级程序开发环境。

微课 1.5　C 程序的结构

下面通过在 VS2010 开发环境中编写一个简单的 C 程序来介绍 C 程序的开发过程以及 C 程序的结构。利用 C 语言开发程序的过程主要有以下 4 个步骤。

1. 编辑程序

C程序是在计算机中编写的,C程序本身也是数据,它也需要存储在计算机中。在计算机中,数据是以文件的方式进行存储与管理,因此C程序也需要通过文件来存储。

【例1.1】 在VS2010开发环境中编写一个C程序,程序的功能是在计算机屏幕上输出"Hello world!"。

首先需要在VS2010中创建一个工程项目,例如Hello。在该项目中创建一个名称为Hello.c的文件来存储C程序的代码,参见图1.18。

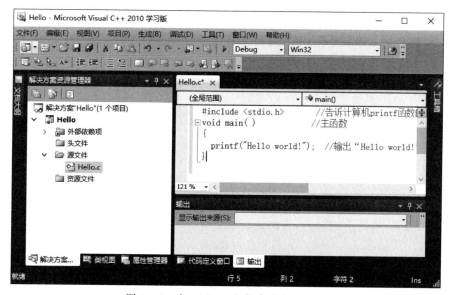

图1.18 在Hello.c文件中输入源程序

工程项目以及源文件的命名建议遵循C语言的标识符命名规则,不建议使用中文字符或者一些特殊字符进行命名。这种存储C程序代码的文件叫源文件,**源文件一般指保存用汇编语言或高级语言所编写的代码的文件**。".c"是源文件的扩展名,它存储的程序称为源程序或源代码。文件的扩展名又称为文件的后缀名,它是操作系统用来标记文件类型的一种机制。如果对C程序源文件命名时,文件的扩展名不是".c",那么编译器在编译源文件时有可能无法识别该源文件。

在Hello.c文件中输入如下程序代码:

```
1    #include <stdio.h>          //包含头文件,对printf函数进行声明
2    int main(void)               //主函数,其中main(void)中的void可以省略
3    {
4        printf("Hello world!");  //利用printf函数输出Hello world!
5        return 0;
6    }
```

main函数又叫主函数,在每个C程序中都有一个唯一的main函数。函数是一组程序语句的集合,它能够实现一个特定功能。在程序中,函数类似于文章中的段落。在写

作一篇文章时,我们一般会根据文章的主题和内容先划分段落,再用句子组成段落,最后把段落组织成一篇文章。每个段落都可以独立地表达一种内容和思想。在文章里面,段落是一种对语句进行有效组织的方式。通过段落可以整理写作思路,撰写内容更长、思想更好的文章。开发程序代码亦是如此。我们可以先对程序的功能进行划分,分别由不同的函数来实现,再用语句组成函数,最后把函数组织成程序。这样也便于编写语句更多、功能更强大的程序。关于函数的概念,将在第 5 章进行详细介绍。

C 程序从 main 函数开始执行,也在 main 函数结束。计算机在执行 C 程序时,执行的第一条语句是 main 函数中的第一条语句,执行的最后一条语句也是 main 函数中的最后一条语句。在 main 函数中有一个"{ }",大括号中所包含的语句是一个程序所要执行的全部语句的集合。在【例 1.1】中,main 函数包含了一条 printf 语句,它的功能是在屏幕上显示"Hello World!"等图形符号。

"//"是行注释。它是程序员在编写程序的时候所书写的注释信息,帮助其他程序员理解这些程序代码的含义。当编译器遇到"//"时会忽略"//"后面的这一行内容,不会把它翻译成机器指令。注释可有可无,根据实际需要添加。建议在程序中要多增加注释,这样便于程序代码的阅读与维护。"//"行注释不能跨行,如果需要多行注释,可以用**块注释"/*…*/"。**在"/*"和"*/"之间的内容是注释内容。在程序代码的调试过程中,可以灵活地使用编译器提供的注释功能来屏蔽和恢复一些程序代码的执行,提高程序调试的效率。程序调试是将编写的程序投入实际运行前,用人工检查或编译软件编译等方法进行代码测试,修正语法错误、逻辑错误和运行错误的过程。

如果程序代码很庞大,一个源文件有可能装不下所有的程序代码,那么可以使用多个源文件来保存程序代码,即**一个 C 程序可以包含多个源文件。**但是无论有多少个源文件,在一个程序中只能有一个 main 函数,因为 main 函数是程序的入口,程序的入口只能有一个。在 C 程序中".c"文件是存储源代码的文件,那么".h"文件存储的是什么呢?**".h"文件叫作头文件,它是一种包含功能函数、数据接口声明的载体文件,主要用于保存程序的声明**,就像说明书。声明的作用是程序向编译器说明这个对象的名称和类型,而不需要为这个对象分配存储空间。

例如在【例 1.1】中,main 函数使用了 printf 函数,需要在 Hello.c 源文件中对 printf 函数进行声明,也就是对 printf 函数进行说明。printf 函数的声明存放在 stdio.h 文件中,但 printf 函数的源代码并不在 stdio.h 文件中。只要在 Hello.c 源文件中利用"♯include <stdio.h>"对 printf 函数的声明进行包含就可以直接使用 printf 函数的功能,而不需要将 printf 函数的源代码再复制到 Hello.c 源文件中。

在一个程序中创建多个源文件的作用只是将 C 程序的源代码分开存放。为了配合源文件的使用,又设计了头文件对不同源文件中的函数等对象进行声明。一个程序到底应该包含多少个头文件和源文件,由程序员根据自己组织程序代码的能力和水平来决定。

2. 编译程序

当程序员编辑完程序代码后就可以使用编译器将 C 语句翻译成机器指令,即编译程序。程序员首先需要使用编译器的编译功能来检查 C 程序的语法是否正确。如果程序通过了 C 语言的语法正确性检查，那么程序员就可以使用编译器的生成功能将 C 语句翻译成二进制的机器指令。例如，对 Hello.c 源程序进行编译，参见图 1.19。

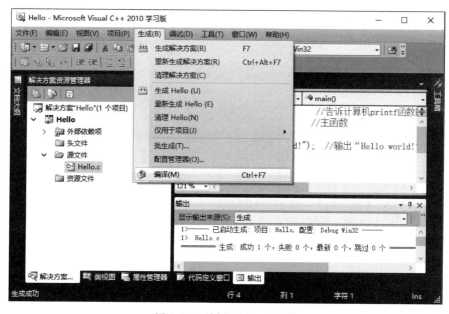

图 1.19　编译 Hello.c 程序

编译系统会通过输出窗口显示编译成功或者提示程序中存在的语法错误信息。**编译系统只能检查程序是否存在语法错误，而无法检查程序是否存在逻辑错误或运行错误**。因此，即使程序通过了编译系统的语法正确性检查，也不能保证程序的运行结果一定是对的。如果程序存在语法错误，则需要回到程序编辑阶段，继续修改程序，然后再次编译程序，重复这样的过程，直到程序通过编译为止。

我们很难保证程序只编辑一次就能够通过编译，但是只要仔细地学习 C 语言的知识，保持严谨、细致的态度，做大量的编程练习，通过训练就可以减少出错的机会。源程序经过编译后，生成的机器指令被存在另一类文件中，这类文件被称为目标文件，扩展名为".obj"。

3. 连接程序

程序通过编译后会被翻译成机器指令。一个程序可以存放在多个源文件中，每个源文件经编译后都会生成一个目标程序文件。我们需要**将所有目标文件打包组装成一个计算机可执行的程序文件——可执行文件，它的扩展名为".exe"的文件**。把所有编译后得到的目标模块连接装配起来，再与标准库函数相连接成一个整体的过程叫作程序连接。程序在连接过程中也可能会出现错误，需要重新编辑源代码或查找编译环境是否存在问题。程序连接成功后，编译系统就生成一个计算机可以执行的 Hello.exe 文件，参见图 1.20。Hello.exe 文件中包含的程序就是机器语言编写的二进制指令。

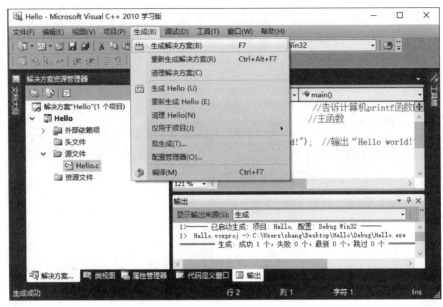

图 1.20　生成 Hello.exe 文件

4. 执行程序

当程序连接完成后，计算机就可以执行程序了。在编译系统中，可以直接运行程序，参见图 1.21。也可以双击 Hello.exe 文件运行程序。需要注意的是，程序能够执行，并不能代表程序的功能一定是正确的，需要对程序的输出结果进行分析。如果输出结果不正确，还需要返回到程序编辑阶段，重复编辑、编译和连接的过程，直到程序能够输出正确的结果为止。

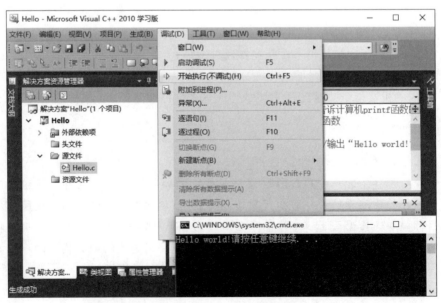

图 1.21　执行 Hello.exe 文件

1.4 从问题到程序的过程

人类为了实现与计算机之间的良好交流,设计了高级计算机语言——C 语言。C 语言虽然是高级语言,但是它仍然很简单,只能够对算术运算、关系运算、逻辑运算等简单数学运算进行描述。C 语言本身并没有包含解决人类实际问题的方法,需要我们根据 C 语言的特点和计算机的特点,设计出适合计算机通过运算来解决实际问题的方法,并用 C 语言将这种方法描述出来。

1.4.1 程序也需要设计

让计算机解决简单问题时,编写程序的工作也是简单的。让计算机解决复杂问题时,解决问题的步骤会变得繁杂,程序量也会变大,编写程序也会变得困难。盖高楼大厦时需要工程设计来提高楼宇的质量和建设效率,编写大型程序时也需要进行类似的程序设计,提高程序代码的质量和编写效率。

在长期的程序编写实践活动中,人们不断总结经验教训,并对程序设计过程进行了规范。程序设计的过程可以分为分析问题、设计算法、编写程序、测试程序、编写文档 5 个环节。

1. 分析问题

当问题比较复杂时,我们会采用"分而治之"的策略,**把大问题分解成小问题,把小问题再分解成更小的问题,直到分解的问题容易求解**。这种分解的策略,在程序设计中又被称之"自顶向下"的结构化程序设计方法。不需要分解的小问题可以通过编写独立的程序模块来解决,这又称为"模块化"的程序设计思想,函数就是这种思想的具体实现。用函数把程序中能够实现某一个特定功能的代码组合到一起,形成代码模块,就像各种形状的积木模块。小朋友可以根据想象,将各种形状的积木模块组装到一起,建立一个实物模型。程序员也可以将各种代码模块组装起来,建立更大型的程序。

2. 设计算法

无论大问题怎么分解,最终分解的小问题还是需要解决的。计算机还没有智能,它无法自动地求解问题。我们需要把解决问题的每一步都用可计算的方式详细地描述出来。如果问题可以被描述出来,那就说明我们找到了一个能让计算机解决问题的方法,又称之为算法。Pascal 语言之父尼古拉斯·沃斯(参见图 1.22)提出了"算法+数据结构=程序",他因此获得了图灵奖,这说明算法在程序设计中具有十分重要的地位。从广义上来说,**算法就是解决问题的步骤和方法**。对计算机来说,算法必须是能够用程序来实现的方法。

图 1.22 尼古拉斯·沃斯

对于同一个问题来说可能会有很多种不同的解决方法,我们该如何为计算机挑选可用的算法呢?对于计算机来说,有效的算法应具备以下几个特点:

1)有穷性

一个算法应该包含有限的操作步骤,而不能是无限的。算法应该是计算机在有限的时间内能够执行完毕的。如果一个算法需要计算机执行几十年甚至是几百年,那人类可等不及。

2)可行性

算法的每一个步骤都应该能够表示为计算机可以计算的内容,这意味着算法可以转换为程序上机运行,并且能够有效地执行,得到确切的结果。在生活中我们解决问题的方法,计算机并不一定都能够直接使用,需要对这些方法进行转换。例如,在求解二元一次方程时,经常会使用加减消元法,我们用于手工计算的加减消元法的算法描述,对于计算机来说是无效的,必须把手工计算过程的每一步转换成计算机可以执行的步骤。

3)确定性

算法的每一个步骤都应该是确定的,不能是模棱两可的,都可以得到一个确切的结果。例如,"如果明天天气不错,我们就去放风筝了。"其中"天气不错"不是很明确,是指晴天、阴天还是有风的天气?需要以量化的方式一一明确。

4)零个或多个输入

对计算机来说,算法是用来处理数据的,因此算法有输入数据和输出数据。一个算法应该有零个或多个输入数据。零个输入数据的意思是在初始条件中已经为算法指定了数据,不需要再输入数据了。

5)一个或多个输出

算法给出问题求解的结果,因此它会给出一个或多个输出数据。如果一个算法没有输出数据,那么这个算法是没有意义的。

在 C 语言里面并没有算法,算法在哪里呢?算法依赖于我们所学到的数学知识、计算机知识和专业领域知识。如果我们要用计算机程序解决物理领域的问题,就必须拥有物理知识;如果要解决化学领域的问题,就必须拥有化学知识。如果一个程序员没有物理领域的知识,他是否能够编写出解决物理问题的程序代码呢?能,只要有人能够将算法描述出来。即使这个程序员没有相关领域的知识,他也能根据算法编写出程序。这就像盖楼房,施工工人并不会设计楼房,但是只要给出施工图纸以及建造过程,工人也可以盖出高楼大厦。程序员也可以根据算法编写出计算机程序,因此算法的描述变得十分重要。

3. 编写程序

在算法设计完成以后,程序员可以利用计算机程序语言将算法编写成程序。编写程序的过程包括了对源程序进行编辑、编译、连接以及执行的过程。

4. 测试程序

在程序正式投入使用前需要对程序进行测试,执行程序并对程序的运行结果进行分析，以确保程序能够按照预定方式正确地运行。程序能够运行并不代表程序是正确的，因为每次运行程序时输入的测试数据并不一定全面。我们需要用科学的方法挑选输入的测试数据样本，对程序的运行进行测试，对结果进行全面分析，确保程序准确、可信和可靠。

5．编写文档

程序是提供给用户使用的软件，如同产品应当提供产品说明书一样，正式提供给用户使用的程序，应该向用户提供程序说明文档。文档的内容一般包括程序名称、程序功能、运行环境、程序的装入和启动以及使用注意事项等。

1.4.2 算法的描述很重要

算法描述是对解决问题的步骤和方法进行描述。算法描述是为了方便人们之间的算法交流。在编写程序之前，如果能够对算法进行充分地研究，然后再编写程序，可以避免程序编写的盲目性，提高程序编写的效率。算法可以采用自然语言、流程图、计算机语言和伪代码等方式进行描述。

1．自然语言

微课 1.6　算法的描述

用人类的语言描述算法是一种很自然的选择。大家不需要学习新的知识就可以看懂算法的描述。

【**例 1.2**】　用自然语言描述"1＋2＋3＋…＋100"求和计算的算法。

步骤 1，令 sum＝0，augend＝1；

步骤 2，令 sum＝sum＋augend；

步骤 3，令 augend 的值增加 1；

步骤 4，如果 augend 的值小于或等于 100，则跳转到步骤 2，否则继续；

步骤 5，输出 sum 的值。

这是一个简单的算法，用自然语言描述相对容易理解。如果算法的步骤很多，跳转语句很多，就很难理解用自然语言描述的算法的实现过程。另外，自然语言不够严谨，有可能会产生歧义。比如"小花对小红说她的妈妈不在家。"，到底是谁的妈妈不在家？

对于我们的大脑来说，图和表比文字更直观更易于理解，能否用图来表示算法？

2．流程图

流程图是以特定的图形符号，附加文字说明表示算法的图。它是一种表示解决问题步骤的好方法。在算法设计中用到的流程图符号主要包括开始/结束框、输入输出框、执行框、选择框和流程线等，参见图 1.23。

【**例 1.3**】　用流程图描述"1＋2＋3＋…＋100"求和计算的算法。

算法流程图参见图 1.24。

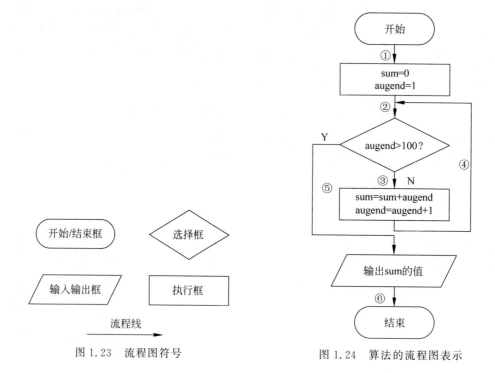

图 1.23 流程图符号　　图 1.24 算法的流程图表示

算法从开始框开始,由流程线①到达执行框,执行 sum=0,augend=1。接着由流程线②到达选择框,判断 augend>100 的条件是否成立。如果条件不成立,就由流程线③到达执行框,执行 sum=sum+augend,augend=augend+1。接着由流程线④再次达到选择框,重复上述过程,直至 augend>100 成立后,由流程线⑤到达输出框,输出 sum 的值,最后由流程线⑥到达结束框。与【例 1.2】用自然语言描述的算法相比,流程图更加直观、易于理解。

3. 计算机语言

程序员比较擅长使用计算机语言,因此有时也会用计算机语言来描述算法。用计算机语言描述的算法适合于程序员之间的交流。计算机语言描述的算法可以直接作为程序的一部分,但是它不适合不懂计算机语言的人理解。

【例 1.4】　用 C 语言描述"1+2+3+…+100"求和计算的算法。

```
1    int sum = 0, augend = 1;
2    while (augend < = 100)
3    {
4        sum = sum + augend;
5        augend = augend + 1;
6        printf(" % d",sum);
7    }
```

4. 伪代码

既然自然语言不够严谨,而计算机语言又太难懂,那么可以采用介于二者之间相对严谨又相对容易懂的方法。**伪代码是介于计算机语言和自然语言之间用文字和符号来描述算法的一种方法**。伪代码不能直接运行。

【例 1.5】 用伪代码描述"1＋2＋3＋…＋100"求和计算的算法。

```
begin
sum ← 0
augend ← 1
while augend ≤ 100
sum ← sum + augend
augend ← augend + 1
end while
end
```

1.4.3 结构化的流程图

在使用流程图描述算法时,如果对流程线的使用没有严格的限制,让它可以随使用者的心意随意地流转,那么流程图描述的过程将有可能变得毫无规律。例如,C 语言中 goto 语句的作用就像是可以随意流转的流程线,它可以随意地跳转到程序中任何一个有标号的语句处执行。

goto 语句的一般形式是:

goto 标号;

其中,标号是按标识符规定书写的符号,放在某一语句行的前面,标号后加半角冒号":"。语句标号起标识语句的作用,与 goto 语句配合使用。goto 语句可以跳转到标号处,执行标号位置之后的程序语句。

例如下面的 goto 语句让程序永远无法停止运行。

```
x:                          //x 是标号
  goto y;                   //跳转到标号 y 处
printf("Hello World");
y:
  goto x;                   //跳转到标号 x 处
```

当程序执行到语句"goto y;"时,goto 语句让程序跳转到标号 y 处,接着执行语句"goto x;"又跳转回 x 标号处继续执行"goto y;"。程序就在标号 x 和标号 y 处来回跳转,永远也不会停止,永远也不会执行到 printf 语句。过多使用 goto 语句容易引起逻辑混乱,因此,在编写 C 程序时不建议使用 goto 语句。

为了提高算法设计的质量,使得算法描述及其程序实现语句便于理解与阅读,1966 年 Bohra 和 Jacopini 提出了使用**顺序结构**、**选择结构**和**循环结构** 3 种基本结构来描述算法,

凡是能够实现这3种结构的计算机语言被称为结构化程序设计语言，C语言就是这样语言。

下面通过C语言的语句来介绍这3种基本结构，参见图1.25。

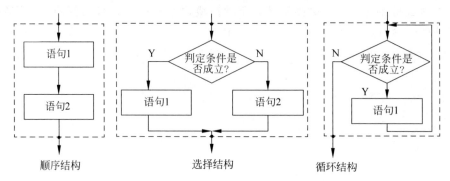

图1.25　结构化程序的三种语句组织形式

1. 顺序结构

在顺序结构中，组成程序的语句由前向后依次顺序执行，每条语句只被执行一次。 顺序结构能够描述解决问题步骤的先后关系。它是按照解决问题步骤的前后顺序，依次写下语句的程序结构。顺序结构是最简单的程序结构。

例如，

augend = 1;
addend = 2;
sum = augend + addend;

这3条求和语句组成了顺序结构。

2. 选择结构

在选择结构中，预先设置了判定条件，根据条件的判断结果有选择地执行程序语句。 在生活中，我们每时每刻都在做选择，每一个选择都在创造属于我们自己的美丽人生。虽然我们无法预知选择后的结果，但是每一个选择都影响着我们的未来。在程序中，每个选择的判定条件及其结果都是已知的，这一点与我们在生活中的选择不太一样。我们在生活中遇到的选择有时是未知的，有时也无法预先知道选择后的结果。面对未知的选择，计算机是无法进行自主选择的。我们必须事先为它设置好选择的判定条件，并且每个选择项对应的执行过程要预先编写成代码，计算机会根据判定条件的计算结果来执行相应的选择项。选择结构能够使得计算机具有一定的判断能力。

C语言的if语句可以实现选择结构。例如，

if (sunny == 1) fly_kite = 1;
else stay_home = 1;

其中,"sunny==1"是判定条件,判断 sunny 的数值是否与 1 相等,"fly_kite=1;"和"stay_home=1;"两条语句就是选择执行的结果。计算机每次只能根据判定条件是否成立选择执行其中的一条语句,但是这两条语句都有机会被执行到。

3. 循环结构

在循环结构中,预先设置了判定条件,根据判定条件来选择是否重复执行程序的语句。 重复计算是我们最不喜欢、也不擅长做的事情,但它是计算机最擅长做的事情,因此循环结构是最能发挥计算机特长的程序结构。

C 语言的 while 语句实现了循环结构。例如,通过 while 语句让计算机完成"1+2+…+100"的重复计算工作,程序代码如下:

```
sum = 0;
augend = 1;
while (augend <= 100)               //进入循环的判定条件
{
    sum = sum + augend;             //循环体,完成累加求和运算
    augend = augend + 1;            //每次求和运算后,加数增加 1
}
```

其中,while 是循环语句的关键字,"augend<=100"是循环的进入条件,"{}"中的语句是循环体,即循环执行的语句。

循环语句和选择语句虽然都有判定条件,但是选择结构中的语句最多只被执行一次,而循环结构中的语句则可能被执行多次。循环结构可以减少程序中重复代码的书写。

顺序结构、选择结构和循环结构可以使算法和程序具有结构化特性,从图 1.25 中可以看出,这 3 种结构有以下共同特点:

(1) 只有一个入口和一个出口。

从 3 种结构的外部来看,它们都只有一个入口和一个出口,也就是说,流程接入结构的路径是确定的,流程从结构中流出的路径也是确定的。对它们进行组合形成更复杂结构时,结构之间的连接点非常清楚,结构之间的关系也会非常明确。

(2) 结构中的每一个部分都会有机会执行到。

从 3 种结构的内部来看,它们内部的每一个部分都有机会被执行到,不会存在流程不会经过的路径,也就是说,算法或者程序不会存在无效的内容。

(3) 结构中不存在无终止的循环。

对于算法和程序来说,不能够存在无终止的循环流程,也就是常说的"死循环"。在程序中,"死循环"是指靠自身控制无法终止的程序。"死循环"意味着算法无法输出结果,问题无法解决。

1.4.4 让我们开启第一次与计算机对话的旅程

前面已经谈论了很多关于计算机的话题。谈到了计算机发明的原因,人类希望计算

机能够成为我们的伙伴。可惜计算机的构造与人类相差太远,计算机的电子特性决定了它只认识由 0 和 1 组成的二进制数,它能够完成的工作就是对二进制数的计算和存储。

为了能与计算机交流,我们发明了二进制的机器语言,给计算机下达指令,这些指令的集合就是程序。机器语言太难懂,我们又发明了高级计算机语言,高级计算机语言更适合于人类理解,人类适合用高级计算机语言给计算机下命令。借助编译器,可以将高级语言程序翻译成机器语言程序,人与计算机之间的交流也越来越顺畅了。也许有一天,当编译器足够强大时,我们可以直接用人类的语言对计算机下达命令。但是无论如何,计算机语言永远无法与人类语言相媲美,它仅仅描述了简单的适合于计算的"词汇","诗和远方"对于计算机来说完全无法理解。

一切让计算机做的事情,我们都必须亲力亲为,一步一步地教给它应该怎么做,而且要用它可以理解的计算方式表达出来。我们正做得越来越好,因为我们清楚地了解了计算机的构造,可以把我们要解决的问题都一步一步地通过算法描述了出来。凡是需要计算机解决的问题,我们都设计出了算法。从表面上来看,计算机能够完成播放电影、处理文字等不属于计算的工作,但实际上是我们把这些表面上不是计算的问题都转换成了计算问题。

为了有效地编写大型的复杂程序,我们又开始研究程序设计的问题,提出了分析问题、设计算法、编写程序、测试程序和编写文档等工程化的程序设计管理方法。面对成千上万的程序语句,我们又提出了模块化、结构化的思想,对程序语句进行分割组合,便于程序员对程序的管理与控制。

关于计算机、计算机语言和程序的知识有很多,我们需要把所有的知识都了解透彻,才开始我们与计算机的对话之旅吗?不需要。我们可以一边与计算机对话,一边学习与计算机相关的知识。

下面通过程序来指挥计算机解决一个实际问题。这个问题是让计算机从人群中挑选出身高最高的人。

1. 分析问题

计算机并不能理解高与矮的概念,但是它能够完成数值大小的比较运算。我们可以把所有人的身高数值输入计算机中,让它对身高数值的大小进行比较,得到最大值。最大值身高数值对应的人就是身高最高的人,这样计算机就能够解决从人群中挑选出身高最高的人的问题了。

2. 算法设计

思路有了,每一步该怎么做呢?我们需要设计算法,并把它描述出来。如何从一堆数值中,挑选出最大的数值呢?如果这个方法想不出来,那就没有办法让计算机来解决这个问题了。我们需要依靠自身的知识找到解题的方法。

当一堆数字摆在我们面前,数量比较少时,我们的大脑可以快速地挑选出最大的数值。大脑是怎么挑选出来的?平时我们并没有仔细想过,反正是挑出来了。如果数字比较多了,我们一下子挑选不出来,我们会不断地去找一个目前我们发现的最大数,看看后面还有没有比这个数更大的数。如果没有,那么它就是最大的数。如果有,那么新的数就成为最大数,重复这样的过程,一直到我们仔细地看过了每个数。

计算机无法完成从几个数里面,凭感觉一下子找到最大的数。它每次只能比较两个数,即使是3个数,它也需要比较两次。我们需要根据它的特点来设计一个方法。可以先假定第一个数最大,然后用下一个数跟它比较,如果下一个数比它大,那么下一个数就变成最大的数了,否则最大的数不变。这样一直把所有的数都比较一遍就可以找出最大的数了。

从上面的例子中,我们可以发现,对于人类来说,当数字少和数字多时判断最大数的方法是不同的。但是,对计算机来说,它的判断方法都是一样的。我们不会通过两两比较的方法把所有的数都比较一遍来挑选最大值,因为我们的大脑可以同时比较几个数的大小,但是计算机不能使用我们的方法。因此,我们设计的算法必须是计算机适用的方法。当然,我们的大脑也可以执行这样的算法,只不过运算速度比计算机慢。

我们为计算机找到了两两比较求最大值的算法。为了便于将这种方法转换成计算机程序的实现,先用流程图来描述这个算法,参见图 1.26。为了简化描述,假设只从 3 个人中挑选出身高最高的人。

用 height1、height2 和 height3 分别表示 3 个人的身高,用 num 和 max 分别表示身高最高的人的序号和身高值。算法开始后,执行过程①输入 3 个人的身高数据。顺序执行过程②,此时假设身高的最大值 max 是第 1 个人的身高值,令 max＝height1,num＝1。执行过程③,让 max 与第 2 个人的身高值进行比较,如果 max＜height2 成立,意味着第 2 个人的身高比第 1 个人的高,此时的 max 的值应变更为第 2 个人的身高 height2 的值,执行过程④,令 max＝height2,num＝2。否则,跳过流程④,仍然保持第 1 个人的身高值是最大值。过程③和④是一种选择结构。顺序执行过程⑤和⑥,重复与③和④类似的过程,对第 3 个人的身高进行比较,最后执行过程⑦输出身高最高的人的身高和序号。

3. 编写程序

下面用 C 程序对流程图中的算法进行实现。在 VS2010 中创建源文件 FindTallestMan.c。

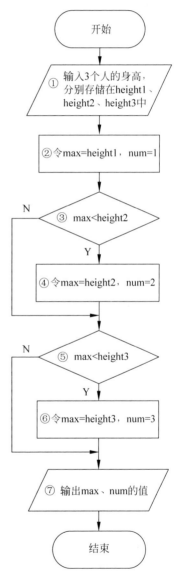

图 1.26 求 3 个数最大值算法的流程图

程序代码如下：

```
1    #include <stdio.h>
2    int main()
3    {
4        float height1,height2,height3,max;
5        int num;
6        scanf("%f,%f,%f",&height1,&height2,&height3);        //①
7        max = height1;                                        //②
8        num = 1;                                              //②
9        if (max < height2)                                    //③
10       {
11           max = height2;                                    //④
12           num = 2;                                          //④
13       }
14       if (max < height3)                                    //⑤
15       {
16           max = height3;                                    //⑥
17           num = 3;                                          //⑥
18       }
19       printf("身高最高的是第%d个人,他的身高是%f米。\n",num,max);  //⑦
20       return 0;
21   }
```

代码注释中的编号对应图1.26所示的流程图。对上述代码进行编译参见图1.27。

图1.27　在VS2010中编译程序代码

4．测试程序

当程序代码通过编译并生成可执行文件之后，程序就可以运行了。可以输入不同的数据,检查程序是否正确。例如,分别输入"1.7,1.8,1.9""1.8,1.9,1.7""1.9,1.8,1.7"3组数据,通过抽样输入数据的方式来检验程序的功能是否是正确的。

5. 编写文档

对于简单的程序,一般不需要编写文档,对于这个程序也可以编写一个小文档,如表1.6所示。

表1.6 程序文档

文档明细	具体内容	备注
程序文件名称	FindTallestMan.c	源文件
程序的功能描述	找出3个数中最大的数及其位置	
输入数据格式	小数,小数,小数	例如,1.9,1.8,1.7
输出数据格式	身高最高的是第X人,他的身高是Y米	由程序输出X和Y

从问题到程序实现的一般过程参见图1.28。

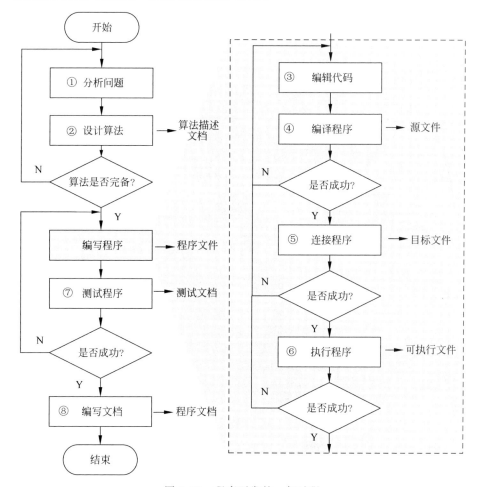

图1.28 程序开发的一般过程

1.5 本章小结

　　计算机是人类的一项伟大发明与创造。利用电路的物理特性，计算机能够自动地计算与存储二进制数据。虽然它只能够计算与存储二进制数据，但是将我们的世界数字化表示之后输入到计算机的世界中，计算机表现出了超强的处理能力。它不但可以计算与存储数据，而且可以处理文本、图像、语音等多媒体信息。计算机是按照我们事先编写的程序代码来执行我们下达的所有指令。当计算机出现错误时，一般不是它的问题，很可能是我们下达了不正确的指令。

　　如果想成为一名优秀的程序员，首先要弄清楚计算机的基本构造与工作原理，学会将我们世界的问题用计算机可以理解的数据表示出来，并设计出适合于计算机执行的算法，这是一个自我培养计算思维的过程。C语言是一个计算机语言工具，C程序是用C语言所书写的一篇给计算机阅读的"文章"。在使用C语言不断编写C程序的过程中，我们会逐渐掌握这个工具，而最终的收获是我们深刻地认识了计算机并拥有了最宝贵的计算思维。

　　本章的知识点参见图1.29。

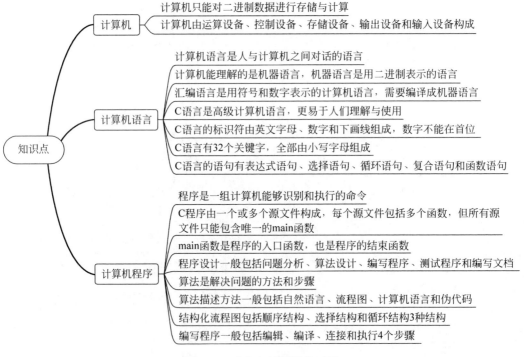

图1.29　我们与计算机的对话

1.6 习题

1. 阐述计算机的组成结构以及各部分的功能。
2. 什么是计算机语言？机器语言、汇编语言和计算机高级语言有哪些区别？
3. 什么是指令？什么是程序？什么是结构化程序设计？
4. 什么是算法？算法的描述方法有哪些？它们各有什么特点？
5. 简述算法与程序之间的关系。
6. 简述程序的基本结构。
7. 编写程序的一般步骤有哪些？每个步骤完成什么任务？
8. 开发程序的一般过程是什么？
9. 为什么说 C 语言是结构化程序设计语言？
10. 分别用自然语言和流程图描述求 100！的算法。
11. 用流程图描述解决下列问题的算法。

(1) 判断一个整数 n 能否同时被 3 和 5 整除。

(2) 有 3 个数 a、b、c，按从小到大的顺序进行排序。

12. 用 VS2010 创建一个名称为 newproject 的工程项目，并在项目中新建一个名称为 new.c 的源文件。在源文件中编写一个 C 程序，实现运行时输出：

Hello China!

13. 编写一个 C 程序，运行时输出以下图形：

```
 ***     *    *    *****    *     *         *
  *      *    *      *     * *    * *      * *
  *    *******       *    *   *   *   *   *   *
  *      *    *      *    *****   *    * *    *
 ***     *    *    *****    *     *     *       *
```

第 2 章

让计算机学会运算——基本数据类型

站在计算机的视角来观察我们的世界，也许更容易帮助我们理解和学习计算机语言。如果要让计算机学会运算，首先需要教它认识人类世界中的运算数、运算符以及运算规则，而且在运算的过程中，它还需要记住这些运算数，然后才能够进行运算。

人类世界中的数一般用阿拉伯数字进行表示，我们通过学习可以认识这些十进制数，并且能够利用它们来表示和演算数学问题。但是，计算机却无法"认识"十进制数。我们需要将十进制数转换成二进制数，并且设计二进制数的运算规则。这样计算机才能够学会运算，并通过二进制运算来帮助我们解决十进制数的计算问题。由于计算机的硬件存储空间是有限的，因此它只能存储有限整数和有限小数，对于无理数和无限循环小数只能用近似的有限小数进行表示。

2.1 教计算机认识整数

教会计算机认识数就是解决数在计算机中的表示与存储问题。相对而言，整数比小数更容易在计算机上表示与存储。在介绍整数在计算机中的表示和存储之前，首先来了解一下十进制数与二进制数之间的转换问题。

微课2.1 整数的表示

2.1.1 十进制与二进制

十进制计数法俗称"逢十进一"，十进制数相邻的两个数位之间的进率是十。二进制则俗称"逢二进一"，二进制数相邻的数位之间的进率是二，**它是以 2 为基数的计数系统，二进制数只用 0 和 1 两个数字来表示**。计算机只能够识别二进制数，因此在计算机中表示与存储整数需要采用二进制计数法。

1．十进制转换成二进制

如何将十进制的整数转换成二进制的整数呢？可以采用"除 2 取余，逆序排列"的方法。具体步骤是：用 2 整除十进制整数，得到一个商和余数；再用 2 去除商，又会得到一个商和余数，如此进行下去，直到商小于1；最后把先得到的余数作为二进制数的低位有效位，后得到的余数作为二进制数的高位有效位，依次排列起来就可以得到该十进制整数的二进制表示形式。例如，将十进制整数"125"转换成二进制整数"1111101"，转换过程参见图 2.1。

2．二进制转换成十进制

二进制整数又如何转换成十进制整数呢？十进制整数等于每个数位的值乘以该数位对应的权值之和。例如，数"125"的值的计算方式是：

$$125 = 1 \times 100 + 2 \times 10 + 5 \times 1 = 1 \times 10^2 + 2 \times 10^1 + 5 \times 10^0$$

假设十进制数第 N 个数位上的值是 X，由于它的权值是 10^{N-1}，因此数位 X 表示的

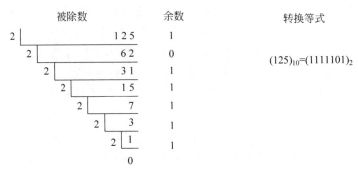

图 2.1 十进制转换成二进制

数值大小是 $X \times 10^{N-1}$。只要把每个数位上的值都这样计算出来,然后累加求和就可以得到十进制整数的值。也可以按照上述方法计算二进制整数的值,只不过二进制整数的第 N 个数位上的权值是 2^{N-1}。例如,可以通过上述方法将二进制整数"1111101"转换成十进制整数。

$$1 \times 2^{7-1} + 1 \times 2^{6-1} + 1 \times 2^{5-1} + 1 \times 2^{4-1} + 1 \times 2^{3-1} + 0 \times 2^{2-1} + 1 \times 2^{1-1} = 125$$

在理解了二进制数与十进制数的转换方法之后,大家可以尝试去理解八进制与十进制、十六进制与十进制整数之间的转换方法。八进制整数每个数位上数字的取值范围是"0、1、2、3、4、5、6、7",十六进制整数每个数位上数字的取值范围是"0、1、2、3、4、5、6、7、8、9、A、B、C、D、E、F",其中 A~F 分别表示十进制整数 10~15,大小写均可。

2.1.2 计算机的数字仓库——存储器

二进制数每个数位的取值是 1 或者 0,通过若干个 1 和 0 的组合可以表示任意一个整数。在计算机中,二进制数是如何表示和存储的呢?计算机中的存储器可以表示和存储二进制数。有了存储器,计算机就有了记忆功能。**计算机的存储器分为两种:一种是主存储器,简称内存;另一种是辅助存储器,又称为外部存储器,简称外存。**内存采用半导体器件制成,通电后能够存储二进制数,断电后它就不能工作了。内存的优点是数据存取的速度比较快,缺点是内存的硬件价格昂贵,从而导致它的存储容量一般比较小,而且当计算机断电后内存中的数据会丢失。

为了弥补内存的不足,人们又发明了外存。外存一般采用磁介质和光介质材料制作。例如,用磁性材料做成的硬盘,可以用磁场的不同方向分别表示 1 和 0。用有机材料做成的光盘,其基板上涂有专用的有机染料,烧录前后对光的反射率不同,可以用光的不同反射率分别表示 1 和 0。外存具有价格低、存储容量大、断电后数据不会丢失等优点,缺点是数据存取的速度慢。外存与内存的优缺点正好互补。我们不得不惊叹,世间没有十全十美的事物,但是它们却可以相辅相成。

在计算机中,程序对内存和硬盘两种存储设备进行了合理的配置使用。在程序运行的时候,计算机将程序的指令和当前要使用的数据存储在内存中,以实现 CPU 对数据的高效访问。将程序中不需要立即使用或者需要保存的数据存储在硬盘中，当程序退出运行以后，数据仍然会在计算机中持久地存储。

无论是内存还是硬盘，它们能够存储的数值的范围总是有限的。我们需要合理地分配、使用这些设备的存储空间，这样才能够充分地发挥计算机的数据处理能力。

2.1.3 计算机认识的整数是有限的

计算机存储器的容量是有限的，那么它到底能存储多大的数呢？在内存中，1 个比特(bit)可以表示两种(即 2^1)状态，可以用来表示十进制数 0 和 1。2 个比特可表示 4 种(即 2^2)状态，可以表示十进制数 0、1、2、3。N 个比特可以表示 2^N 种状态，可以表示十进制数 0，1，…，2^N-1。例如 $N=8$，可以表示 $2^8=256$ 种状态。如果用它来表示十进制非负整数，可以表示的数值范围是 0～255，共 256 个整数，参见图 2.2。

0	0	0	0	0	0	0	0	0
0	0	0	0	0	0	0	1	1
…								
1	1	1	1	1	1	1	1	255

图 2.2　8 个比特表示非负整数

由于没有考虑整数的符号，所以这种二进制整数的表示方法又称为无符号整数的表示方法。

当数较大时，为了阅读方便，我们习惯对数的数位进行分隔。例如，在十进制数中加入千位分隔符，即在数中加入一个符号“,”，以免因数的位数太多而难以阅读。例如数“一百万”可以表示为“1,000,000”。

二进制数主要是给计算机“阅读”的，它也存在同样的问题。在计算机中，人们习惯将 8 比特作为存储二进制数的一个基本单元，即称 8 比特为 1 字节(Byte)，用字节对二进制数进行分割。**字节是用于计量计算机存储容量的一种基本单位。**

为了让计算机能够区分每个字节，对字节进行了编号。**字节的编号又称为字节地址或者内存地址**。这样每个字节都被赋予了唯一的地址。内存地址从整数 0 开始编号，地址的最大值与内存的大小有关。在程序中，内存地址一般用十六进制整数表示。例如，在内存中用 1 字节的内存单元存储整数 65，参见图 2.3。这个字节的第 1 个比特在内存中的位置会被记录下来。假设它的编号是 2000(十进制)，即 0x7D0(十六进制)是这个字节的地址，计算机通过这个地址可以找到这个字节，从而找到整数 65。

截至 2021 年，市场上个人计算机的内存条配置一般不会超过 64GB，64GB 一共有 $2^{39}=549\ 755\ 813\ 888$ 比特。如果只用它来存储 1 个数，那么可以表示的最大正整数是 $2^{549\ 755\ 813\ 888}-1$，这是一个非常大的数。在日常生活中，我们一般不会遇到这么大的数。当然，也不可能用 64GB 的内存空间只来存储 1 个数。

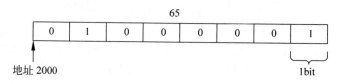

图 2.3 内存的地址

在计算机中存储数的时候，应该根据它的数值大小为它分配合适的字节数。如果分配的字节数过多，那么它能够存储的数值范围远远地超过了要存储的数的大小，从而会造成存储资源浪费。如果分配的字节数过少而要存储的数很大，则又有可能存储不了这个整数。因此，为了提高计算机存储空间的利用率，以及结合日常生活中实际的数的计算范围，在 C 语言中将计算机可以表示的最大整数的存储空间限定为 8 字节。8 字节能够存储的自然数范围为 $0 \sim 2^{64}-1$，可存储的最大整数大约是 180 京（1 京 $=10^{16}$）。

2.1.4 负整数的表示与存储有点不一样

整数有正整数、0 和负整数，如何表示整数的符号位呢？当前计算机用字节的最高位的 1 比特来表示符号位：0 表示正数，1 表示负数。引入符号位并没有减少可以表示的数的个数，但是数的绝对值却缩小了近一半。**在数前面增加 1 位符号位的二进制数表示法称为原码表示法，此时的二进制码是数的原码。**

例如，用 1 字节的原码表示有符号的整数，参见图 2.4。1 字节的原码可以表示的整数范围是 $-127 \sim 127$。用最左边的 1 比特表示符号位，用剩下的 7 比特表示数值。当符号位是 0 时，最大的正整数是 2^7-1，即 127。当符号位是 1 时，最小的负整数是 $-(2^7-1)$，即 -127。原码中的 -0 和 $+0$ 的数学意义都是 0，但是从二进制存储的角度来看，却有两种不同的表示。在二进制的原码中包含了符号位，这不利于运算器的设计，因此人们又设计了二进制数的补码表示法。

| **0** | 0 | 0 | 0 | 0 | 0 | 0 | 0 | 0 |
| **0** | 0 | 0 | 0 | 0 | 0 | 0 | 1 | 1 |

...

0	1	1	1	1	1	1	1	127
1	0	0	0	0	0	0	0	0
1	0	0	0	0	0	0	1	−1

...

| **1** | 1 | 1 | 1 | 1 | 1 | 1 | 1 | −127 |

图 2.4 1 字节存储有符号整数

在计算机系统中,整数一律用二进制补码来表示和存储。**正整数的补码是其原码本身,负整数的补码是对原码中除符号位以外的数位,按位取反再加1**。利用补码可以将原码的加法运算和减法运算都统一到补码的加法运算上,这样可以简化运算器的设计。

例如,用1字节的补码表示有符号的整数,参见图2.5。

| 0 | 0 | 0 | 0 | 0 | 0 | 0 | 0 | 0 |
| 0 | 0 | 0 | 0 | 0 | 0 | 0 | 1 | 1 |

...

0	1	1	1	1	1	1	1	127
1	0	0	0	0	0	0	0	−128
1	1	1	1	1	1	1	1	−1

...

| 1 | 0 | 0 | 0 | 0 | 0 | 0 | 1 | −127 |

图2.5　1字节有符号整数按照补码存储

从图2.5中可以看出,1字节可以表示的整数范围是−128～127。对比图2.4的原码表示,可以发现补码的负整数比原码的负整数多了一个负数−128。这是因为−0的原码与−128的补码相同。

下面通过一个例子来介绍如何通过补码将原码的减法运算转换成补码的加法运算。例如,计算"6+5"和"6−5",参见图2.6。

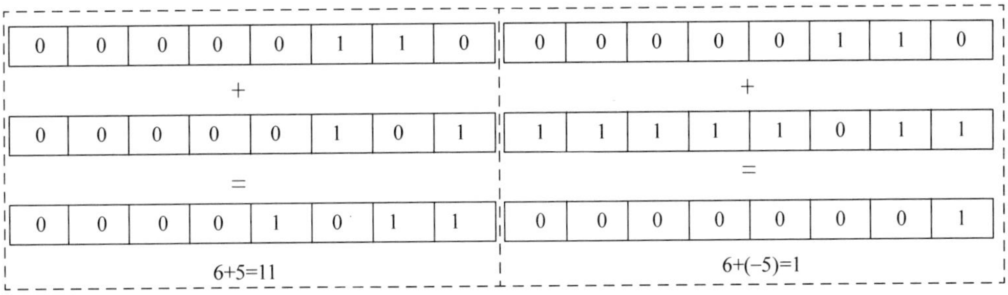

0	0	0	0	0	1	1	0		0	0	0	0	0	1	1	0
+									+							
0	0	0	0	0	1	0	1		1	1	1	1	1	0	1	1
=									=							
0	0	0	0	1	0	1	1		0	0	0	0	0	0	0	1
6+5=11									6+(−5)=1							

图2.6　"6+5"和"6−5"的二进制补码运算

将"6−5"的减法运算转换成了"6+(−5)"的加法运算,其中"−5"按照补码表示为"11111011"。无论是"6+5"还是"6+(−5)",参与运算的两个二进制数都是逐个数位进行加运算,包括符号位也参与加运算。在"6+(−5)"的计算中,符号位运算后产生了进位并变成了0。由于1字节只有8比特,符号位的进位无法保存,自然丢失,这又称为运算溢出。而这种溢出后剩下的二进制数值正好是"6−5"的计算结果1。

补码表示法统一了二进制数的符号位和数值位,使得符号位可以和数值位一起直接参与运算,这也为后面设计乘法器、除法器等运算器件提供了极大的方便。补码概念的引入和当时运算器设计的背景有很大的关系。从二进制运算设计者的角度来看,既要考虑二进制整数和小数的表示、数值范围和精确度等问题,又要考虑二进制数据的存储和处理所需要的硬件代价。因此,使用补码来表示机器数得到了广泛的应用,也就不难理解了。

2.1.5 C语言中的整数类型

在 C 语言中,通过整数类型(简称整型)来定义计算机表示与存储整数的方式。按照存储字节的多少,整型可以分为 2 字节整型、4 字节整型和 8 字节整型 3 种。每种类型依据有无符号位,又可分为有符号整型和无符号整型 signed(可以省略)和有符号整型 unsigned。因此整型共有 6 种。程序员可以根据要存储的整数的大小范围来选择合适的整数类型,C 语言的整数类型参见表 2.1。

表 2.1 C 语言中的整数类型

字节数	是否有符号位	数 据 类 型	取 值 范 围
2	无符号整数	unsigned short	$0 \sim 2^{16}-1$ ($0 \sim 65\,535$)
	有符号整数	short	$-2^{15} \sim 2^{15}-1$ ($-32\,768 \sim 32\,767$)
4	无符号整数	unsigned int	$0 \sim 2^{32}-1$ ($0 \sim 4\,294\,967\,295$)
	有符号整数	int long	$-2^{31} \sim 2^{31}-1$ ($-2\,147\,483\,648 \sim 2\,147\,483\,647$)
8	无符号整数	unsigned long long	$0 \sim 2^{64}-1$ ($0 \sim 18\,446\,744\,073\,709\,551\,615$)
	有符号整数	long long	$-2^{63} \sim 2^{63}-1$ ($-9\,223\,372\,036\,854\,775\,808 \sim 9\,223\,372\,036\,854\,775\,807$)

1. 短整型

2 字节的整型是短整型。有符号短整型用 short int 表示,可以简写为 short,它可以表示的整数范围为 $-32\,768 \sim 32\,767$。无符号短整型用 unsigned short int 表示,可以简写为 unsigned short,它可以表示的整数范围为 $0 \sim 65\,535$。

2. 基本整型和长整型

4 字节的整型是基本整型或长整型。在 Windows 10 操作系统中,基本整型和长整型是一样的。有符号基本整型和长整型分别用 int 和 long int 表示,其中 long int 中的 int 可以省略,直接用 long 表示。有符号的基本整型或长整型可以表示的整数范围为 $-2\,147\,483\,648 \sim 2\,147\,483\,647$。无符号的基本整型和长整型分别用 unsigned int 和 unsigned long 表示,可以表示的整数范围是 $0 \sim 4\,294\,967\,295$。

3. 双长整型

8 字节的整型是双长整型。有符号的双长整型用 long long int 表示,其中 int 也可以省略,直接用 long long 表示。有符号的双长整型可表示的整数范围为 $-9\,223\,372\,036\,854\,775\,808 \sim 9\,223\,372\,036\,854\,775\,807$。无符号的双长整型用 unsigned long long 表示,可表示的整数范围为 $0 \sim 18\,446\,744\,073\,709\,551\,615$。

2.2 教计算机认识小数

小数是实数的一种特殊的表现形式,分数也可以用小数表示,因此在计算机中实数统一用小数进行表示。十进制小数由整数、小数点和小数3部分组成,二进制小数可以参照十进制小数的格式进行表示,也由二进制整数、小数点和二进制小数部分组成。如果这样表示二进制小数,那么在计算机硬件上很难实现对二进制小数的存储。小数的数值不同,小数点的位置一般也不相同。如果小数点的位置不固定,那么如何在计算机硬件上表示小数呢?

微课2.2 小数的表示

2.2.1 小数点很关键

在数学中,小数可以用科学计数法表示为 $a \times 10^b$(即形如 $a\mathrm{E}b$ 的指数形式),其中 $1 \leqslant |a| < 10$,b 是指数。说到指数,历史上有很多有趣的故事。传说在古印度有位国王要赏赐一位宰相,他问宰相想要什么?宰相拿出一张国际象棋的棋盘笑着说:"我只求您给我一些麦粒。在第一个格子里放1粒(2^0),第二个格子里放2粒(2^1),第三个格子里放4粒(2^2),……,在第 N 个格子里放 2^{N-1} 粒,直到每个格子的麦粒放好。"国王以为这太简单了,于是就爽快地答应了。国际象棋的棋盘共有64个格,按照宰相的要求,需要的麦粒数为等比数列 $2^0, 2^1, \cdots, 2^{63}$ 的和,总共需要的麦粒大概是 1.84×10^{11} 吨。等到真要履行这个诺言时国王却不得不反悔了。

1.84×10^{11} 也可以写成 0.184×10^{12},还可以写成 184×10^9。用指数形式表达的小数,小数点可以浮动,因此在计算机中又将小数称为浮点数,同时采用以基数2替代基数10的科学计数法。

2.2.2 小数的存储与整数不一样

在计算机中,直接采用二进制整数的方法来表示与存储小数显然是行不通的。用二进制表示的小数要能够容易在计算机的硬件上实现加、减、乘、除等算术运算。我们还是先看看十进制的小数如何通过对每个数位数字的计算得到小数的数值。

例如,
$$19.625 = 1 \times 10^1 + 9 \times 10^0 + 6 \times 10^{-1} + 2 \times 10^{-2} + 5 \times 10^{-3}$$
如果把它转换成二进制,可以先将整数部分19转换成二进制整数10011,
$$(19)_{10} = 1 \times 2^4 + 0 \times 2^3 + 0 \times 2^2 + 1 \times 2^1 + 1 \times 2^0 = (10011)_2$$
再把小数部分0.625转换成二进制的小数部分101,
$$(0.625)_{10} = 1 \times 2^{-1} + 0 \times 2^{-2} + 1 \times 2^{-3} = 0.5 + 0 + 0.125 = (101)_2$$
最后得到19.625的二进制为10011.101。采用基数为2的指数形式可以表示为

1.0011101×2^4。

二进制小数被转换成指数形式后,整数部分都为1,无须体现出来,所以干脆将其截去,只保留小数点后面的二进制,这部分称为尾数。对于1.0011101,保留的尾数就是0011101。在十进制中,一个小数乘以10,小数点会向右移动一位。在二进制中,一个二进制小数乘以2,小数点也会向右移动一位。

在计算机中,如果按照指数的方式存储一个二进制小数,需要存储哪些信息呢?小数有正有负,需要像整数那样存储符号位;小数有尾数,尾数体现了小数的具体数字内容;小数有指数部分,指数值保存了小数点的位置信息。因此采用指数方式存储一个二进制小数需要携带符号位、尾数和指数3部分信息。

如果用4字节来存储二进制小数,一般用1比特存储符号位,8比特存储指数部分,23比特存储尾数部分,参见图2.7。

| 符号位(1比特) | 尾数部分(23比特) | 指数部分(8比特) |

图2.7 4字节存储小数时的比特分配

下面按照上述方式对19.625的二进制小数 1.0011101×2^4 进行表示。计算出来的尾数是0011101,而计算机实际存储的尾数是00111010000000000000000[①]。首先它是正数,因此它的符号位是0,指数部分是4,指数部分的二进制形式应该是00000100。由于指数部分也可能是负整数,还需要对负数进行补码转换,为了省去对负数进行补码转换的环节,设置指数部分存储的数值为无符号整数。指数占用8比特,能表示的数值范围是0~255,采用取中间值127,指数在写入内存前先加上127,读取时再减去127,这样当指数是负数的时候,存储的值仍然是正数。由于 1.0011101×2^4 的指数部分是4,写入时就是4+127=131,131的二进制是10000011。19.625的二进制表示参见表2.2。

表2.2 19.625的二进制表示

符号位(1比特)	尾数(23比特)	指数(8比特)
0	00111010000000000000000	10000011

不同的操作系统对于存储指数部分和尾数部分的字节数划分可能存在一定的差异性,如果指数部分比特数位多,表示的数值范围就会大一些,那么尾数就会少,表示的数的精度就会下降。在Windows 10操作系统中,对于23比特的尾数,它能表示的精度是多少呢?由于二进制小数首位的1会省略掉,因此虽然位数是23比特,但实际可以表示24比特位数的数值,即 $2^{24}=16777216$。又因为 $10^7<16777216<10^8$,因此它的有效位数最多是7位。值得注意的是,此处的有效位数扩展到小数时则是包括小数点前和小数点后的所有数值位数总和。例如,12345.6789的有效数位到小数点后第2位,无法精确表示第3位,由于二进制小数在存储时不存储整数部分的1,因此通常所说的小数点后保留

---

① 二进制数00111010000000000000000,从右至左为低位比特到高位比特。

6 位有效数字,指的是小数点前仅 1 位(此时小数点后有 6 位)的表示形式。

2.2.3 计算机存储的小数可能不精确

在上面的示例中,虽然 19.625 可以转换成二进制的小数,但是并不是所有的十进制小数都可以准确地转换成二进制小数。一般采用"乘 2 取整法"将十进制的小数部分转换成二进制的小数部分,具体步骤是:小数部分乘以 2,取整数部分,依次从左往右放在小数点后,直至小数点后为 0。19.625 的小数部分 0.625 转换成二进制是 101。下面通过"乘 2 取整法"展示其转换过程:

0.625×2=1.25,取整数部分 1。0.25×2=0.5,取整数部分 0。0.5×2=1,取整数部分 1。最后得到 0.625 的二进制表示 101。有的十进制小数无法精确地转换成二进制小数。例如,0.2 的转换过程参见图 2.8。

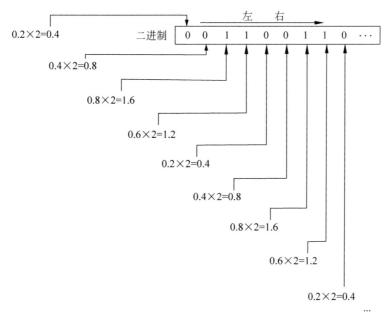

图 2.8 小数 0.2 无法精确转成二进制

二进制序列无限循环,无法到达结果为 0 的时刻。此时该怎么办? 只能取到一定的二进制位数后停止计算,然后舍入。这样 0.2 的尾数就是 00110011001100110011001,最后一位 1 采用了舍弃。现在将这个二进制数再转换成十进制数,看它是否等于 0.2? 为了简化演示,取其二进制形式中尾数的前 12 位进行计算,结果如下:

$0 \times 2^{-1} + 0 \times 2^{-2} + 1 \times 2^{-3} + 1 \times 2^{-4} + 0 \times 2^{-5} + 0 \times 2^{-6} + 1 \times 2^{-7}$
$+ 1 \times 2^{-8} + 0 \times 2^{-9} + 0 \times 2^{-10} + 1 \times 2^{-11} + 1 \times 2^{-12}$
$= 0 + 0 + 0.125 + 0.0625 + 0 + 0 + 0.007\,812\,5 + 0.003\,906\,25 + 0$
$\quad + 0 + 0.000\,488\,281\,25 + 0.000\,244\,140\,625$
$= 0.199\,951\,171\,875$

如果继续将尾数的后 11 位的值再累加上去,得到的十进制数的精度会增加,但是也只能得到一个接近 0.2 的小数。如果小数点后只保留一位小数,通过四舍五入的方法,可以得到近似值 0.2。

通过上面的例子,可以看出在计算机中十进制小数和二进制小数之间的转换可能会存在一定的误差。虽然这种误差在一定的范围内是可以接受的,但是我们还是要清楚地知道像 0.2 这样的小数,在计算机中的存储是 0.199…。

2.2.4 计算机认识的小数也是有限的

计算机存储与表示整数的范围是有限的,计算机存储与表示小数的范围同样是有限的。如果想要存储范围更大、精确度更高的小数,那么该怎么办呢?只能通过增加更多的字节来解决这个问题。在计算机中,还可以使用 8 字节来存储小数。此时它的符号位占 1 比特,指数部分占 11 比特,尾数部分占 52 比特。它能够表示的小数的范围扩大了,精度也提高了,绝对有效数位是 15 位,相对有效数位是 16 位。

要不要增加更多的字节数呢?如果再增加字节数,虽然可以表示的数的范围和精度能够进一步扩大,但是需要投入更多的硬件资源,带来的收益却不大。

2.2.5 C 语言中的浮点数类型

在 C 语言中,通过浮点数类型,又简称浮点型来定义计算机表示与存储小数的方式。按照存储字节的多少,浮点型分为 4 字节的单精度浮点型、8 字节的双精度浮点型和 16 字节的长双精度浮点型。

1. 单精度浮点型

4 字节的浮点型叫单精度浮点型,用 float 表示。二进制小数的存储包括符号位、指数和尾数三部分,符号位用 1 比特表示,但是指数和尾数的位数由各个 C 语言的编译系统自行定义。在 VS2010 编译系统中,float 类型的指数部分占 8 位,尾数部分占 23 位,因此 float 的绝对有效数字精度是 6 位,相对有效位是 7 位。

2. 双精度浮点型

8 字节的浮点型叫双精度浮点型,用 double 表示。double 的绝对有效数字精度是 15 位,相对有效位是 16 位。

3. 长双精度浮点型

16 字节的浮点型叫长双精度浮点型,用 long double 表示。long double 的绝对有效数字精度是 18 位,相对有效位是 19 位。

由于浮点型的存储方式与整型不同,它的符号位无法复用,因此浮点型不区分有符号和无符号类型。浮点型的字节数与精度以及表示范围参见表 2.3。

表 2.3 浮点型的字节数与精度和表示范围的关系

类　　型	字节数	有效数位	数值范围(绝对值)
float	4	6～7	0 以及 1.2×10^{-38}～3.4×10^{38}
double	8	15～16	0 以及 2.3×10^{-308}～1.7×10^{308}
long double	16	18～19	0 以及 3.4×10^{-4932}～1.1×10^{4932}

用有限的存储单元不可能完全精确地存储一个实数。例如,double 类型能表示的最小正数是 2.3×10^{-308},不能表示绝对值小于此值的数。double 类型能存储的范围参见图 2.9,即可表示的数值范围为 -1.7×10^{308}～-2.3×10^{-308}、0 以及 2.3×10^{-308}～1.7×10^{308}。

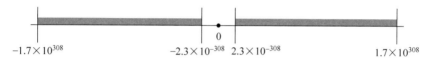

图 2.9 double 类型的数值范围表示

2.3 教计算机认识字符

发明计算机是为了帮助人类进行科学计算。计算机的物理构造设计也是为了满足二进制数的算术运算,这种物理结构能处理文字吗? 计算机需要认识文字吗? 计算机能够理解文字吗?

科学家们一直在努力想让计算机具有理解文字和语言的能力,让它能够听懂我们的语言并按照语言所表达的意思去执行指令。但是到目前为止,计算机还做不到这一点。主要原因是计算机的物理结构无法存储和表示人类文字所携带的信息。计算机只能做到识别文字,但是并不能理解这些文字的含义。例如,我

微课 2.3 字符的表示

们可以让计算机识别"我爱你。"和"我喜欢你。"是不同的两句话,但是并不能让它理解这两句话是表达了一个人对另外一个人的好感,并且好感程度存在一定差异的信息,从而也就无法进一步根据这些信息来指导它的行为。

目前,我们可以做到在计算机里面存储和显示文字,但是无法让计算机理解这些文字的真正含义。除了文字,计算机还需要认识数字、运算符、标点符号以及其他一些功能性符号。文字和这些符号统称为字符。

2.3.1 图形字符的巧妙表示

字符是图形符号。例如,英文字母"A,B,…,Z"、数字"0,1,2,…,9"、算术运算符"+、-、*、/"等。如何用二进制表示这些符号呢? 我们很难直接用二进制数字 1 和 0 来表示这些字符。我们还是回到计算机擅长处理的数上来做文章,将符号与数关联起

来。例如将字母"A"这个图片和数 65 关联在一起,让计算机存储字母"A"时,只需要存储 65 这个数就可以了。如果让计算机输出 65 对应的字符,计算机就去找与 65 相关联的字母"A"的图片,把它显示在计算机的屏幕上就可以了。

将计算机需要认识的字符用 0~127 的数给它们编上序号,通过数让计算机认识相应的字符,于是就有了一张字符到数的关联表,这就是 ASCII(American Standard Code for Information Interchange,美国信息交换标准代码)编码表。**ASCII 是基于拉丁字母的一套编码系统,主要用于显示现代英语和其他西欧语言**,参见附录 B。

由于计算机发明者的母语是英语,所以这 128 个标准字符可以满足英文的表达需要,那中文怎么办?汉字的结构与英文字母完全不同,汉字的复杂程度也远远高于英文。1980 年,中国国家标准总局公布了《信息交换用汉字编码字符集——基本集》(简称汉字标准交换码,GB2312—80),共收录汉字 6763 个、非汉字图形字符 682 个,合计 7445 个字符。

2.3.2 计算机认识的字符也是有限的

计算机认识的整数、小数都是有限的,那字符呢?世界上有很多种语言,不同的语言都需要设计相应的字符编码表。例如,英文使用的 ASCII 编码有 128 个标准字符,中文使用的汉字编码字符集基本集有 7445 个。同一种语言也有不同的编码方式,中文简体字与繁体字的编码就不同,例如 GB2312—80 是中文简体字编码集,Big-5 是中文繁体字编码集。

与整数和小数相比,字符的数量相对较小,对存储空间的要求也较小。例如,ASCII 编码只需要 1 字节就可以存储。如果用 1 字节存储有符号整数,能够存储的数值区间是 −128~127,只使用 0~127 就可以表示 128 个字符。对于 7445 个汉字字符的编码,则需用 2 字节来存储。

2.3.3 C 语言中的字符类型

在 C 语言中,通过字符类型,又称字符型来定义计算机表示与存储字符的方式。字符型实际上是 1 字节的整型。其中有符号字符型用 signed char 表示,无符号字符型用 unsigned char 表示。char 类型表示的整数范围为 −128~127,unsigned char 表示的整数范围为 0~255。

在计算机中,字符型主要用于存储字符数据。虽然在生活中字符是不用于计算的,但是在计算机中它是一个整数,因此也可以对字符型数据进行运算。例如要计算字符 Z 和字符 A 中间差了几个字符,可以直接用 'Z' − 'A' = 90 − 65 = 25,得到它们之间相差了 25 个字符。

C 语言也是采用 ASCII 编码集中的一组字符来构建它的语句。常用的字符有以下几种:

(1) 英文字母：大写字母 A～Z，小写字母 a～z。

(2) 数字：0～9。

(3) 专门符号：! " # & ' ( ) , * + - . / % : ; > = < ? [ ] \ ^ _ ` { } | ~。

(4) 空格符：空格、水平制表符、垂直制表符、换行符、换页符、回车符、退格符等。

(5) 不能显示的字符：空字符、警告字符等。

在计算机中，用这些字符撰写英文文章或者编写程序基本够用了。整型、浮点型和字符型是 C 语言的基本数据类型，需要注意的是，不同版本的操作系统和编译系统中 C 语言的基本数据类型有一定的差异。

2.4 教计算机"记忆"数据

现在我们已经了解了计算机是如何认识整数、小数和字符，接下来需要让计算机记住这些数据，也就是把数据存储到计算机中。在计算机仓库中，最重要的一个存储部件是内存。由于内存资源很宝贵，程序员需要精打细算地为数据分配合理的存储空间。既不能让很小的数占用了很大的存储空间，又不能为很大的数分配太小的存储空间导致它存不下。

程序员需要根据不同数据的特点，为数据选定合适的数据类型。计算机会根据选定的数据类型在内存中为数据分配存储空间并选用相应的数据存储方法。计算机如何在内存中找到数据的存储位置呢？根据数据在内存中的地址找到数据的存储位置。

2.4.1 数据的门牌号——内存地址

内存好比港口的码头。在码头上有很多仓库，为了方便地查找仓库，可以按照仓库位置排列的顺序从整数 0 开始为仓库编号，每个编号对应一个仓库。要从指定的仓库中存取货物，只需要给出仓库编号就可以按照编号顺序找到相应的仓库了。当程序运行的时候，所有的数据都存放在内存中。内存是以字节为单位的连续存储空间，可以按照字节的位置顺序连续用整数编号，每一个整数编号都对应着一个字节单元的位置，这个编号被称为内存单元的地址。只要给出一个地址，计算机就可以找到地址相对应的内存单元所存储的数据。

地址也是一种数据，它的数据类型被称为指针类型。指针是 C 语言的一个非常重要的概念。不同的操作系统，指针类型的字节数不同。在 32 位操作系统中，指针类型占用 4 字节；在 64 位操作系统中，指针类型占用 8 字节。指针与无符号整型的存储方式相同。

如果让计算机在内存中存储和读取数据，需要告诉它数据的内存地址。数据的存储地址由操作系统分配与管理。在程序员选定了数据的类型之后，计算机会根据该数据的类型，在内存中为它分配相应的字节数，并按照数据类型的表示方法把这个数据存储起来。当我们需要访问这个数据的时候,又是如何再找到这个数据呢?我们需要提供这个数据在内存中的地址,计算机才能帮助我们再次找到这个数据。地址是一个整数值,不容易记住,因此可以为存储这个数据的地址指定一个用符号描述的名称,然后将这个名称与地址再关联在一起。这样,当程序员给出存储这个数据的地址名称后,计算机可以先根据地址名称找到地址,然后再根据地址找到存储的数据。在程序中这种访问数据的实现方法就是变量机制。地址的名称就是变量名。

2.4.2 变化的数据是变量

在数学中,变量又叫变数,是指没有固定的值,可以改变的数。**在程序中,变量是指其所存储的数值可以改变的量**。它们都是可变化的,但是程序中的变量是有存储空间的。

1. 变量的概念

在程序中,变量对应内存中的一块存储区域,其存储的数值是可以变化的。变量有以下特点:

(1) 变量都有一个名字,便于程序员在编写程序的时候对变量所占内存区域的引用。

(2) 变量是有数据类型的,数据类型决定了计算机为其分配多少个存储字节及其数据的存储形式。

(3) 变量都有一个地址,这个地址是系统为其分配的存储空间的第一个字节的地址,便于计算机根据变量地址找到这个存储空间。

微课 2.4 变量

(4) 变量存储的数据是可以改变的。我们可以改变变量中存储的数据,但是不能改变它所存储数据的类型。

假设需要存储程序设计课程的成绩,成绩数据范围在 0~100。unsinged char 数据类型可以表示 0~255 的非负整数,可以选用 1 字节的 unsinged char 数据类型来存储成绩数据。虽然此时这种数据类型最节约存储空间,但是不建议这样做,因为字符型主要表示和存储与字符有关的数据,而不是用来做算术运算的。我们可以选择 unsigned short 数据类型,用 2 字节来存储成绩数据。虽然这样做有点浪费,但是可以避免产生一些不必要的混淆。如果选用 unsigned int 数据类型,用 4 字节来存储成绩那就过于浪费了。现在需要为存储这个数据的内存地址进行变量命名,可以选用成绩的英文单词 grade 或者中文缩写 cj 为其命名。一般建议变量的命名与它所存储的数据内容有一定的联系,这样便于程序员在程序编写的时候能够做到见名知意。

当程序运行时,计算机会在内存中寻找尚未存储数据的 2 字节的内存单元,假设第 2000 字节和第 2001 字节的内存尚未使用,此时计算机可以把这两个字节的内存空间分配给变量 cj。对 cj 变量存储数据的示意参见图 2.10。cj 是变量的名称，90 是变量的值，2000 是它的地址，其中 90 是 unsigned short 类型，也可以修改为任意一个合法的 unsigned short 类型的整数值，如 100。

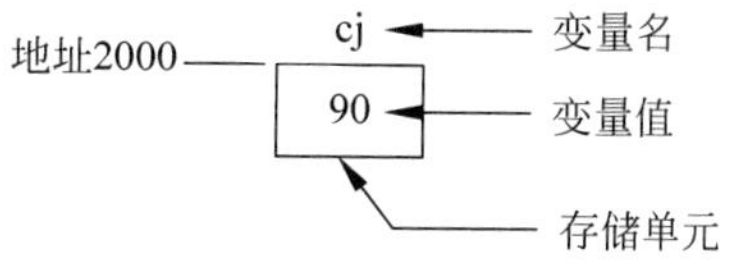

图 2.10　变量存储数据示意

变量名到内存地址存在映射关系，参见表 2.4。在映射表中，只需要将首字节的地址 2000 存储在映射表就可以了。

表 2.4　变量与地址映射表

变量的名称	变量的地址	变量的名称	变量的地址
cj	2000	…	…

根据 cj 是短整型，可以知道它占用 2 字节，2001 字节也属于它的存储空间，参见表 2.5。在 2000～2001 字节中，存储了成绩数据 100 的无符号二进制整数。

表 2.5　内存地址与存储字节的对应关系

内存地址	字节	内存地址	字节
0	…	2000	01100100
1	…	2001	00000000
…	…		

2. 变量的定义

在 C 语言中，变量必须先定义，后使用。先定义就是给变量起名字并明确它所能够存储的数据的类型。这样计算机可以为它分配内存地址与存储空间。后使用是指在程序中通过引用该变量的名称来使用变量的存储空间存取数据。

定义变量的一般形式是：

数据类型 变量名称;

采用这种形式一次可以定义一个变量，例如

　　char x;　　　　　　　　　　//定义 char 类型的变量 x

也可以采用下面的形式一次性定义多个变量

数据类型 变量名称 1,…,变量名称 n;

例如，

　　char x, y, z;　　　　　　　//连续定义 char 类型的变量 x，变量 y 和变量 z

在生活中，我们的名字都有一定的美好寓意，给孩子起名字是一件隆重的事情，但是也需要遵守一定的规则。在程序中，程序员给变量起名字也需要遵循一定的规则：一是变量的名称要符合标识符的命名规则，二是便于程序员记忆与使用。

C 语言规定标识符中只允许出现英文字母、数字和西文下画线(_),其中英文字母区分大小写,数字不能排在首位。除变量外,函数的命名也要遵循标识符的命名规则。

例如,存储课程成绩的变量的名称可以使用英文单词 grade,也可以用拼音 chengji,或者缩写 cj。如果写成 0_cj 就不正确了,因为标识符命名规则中明确了数字在不能够出现在变量名称的首位。

3. 变量的初始化

在定义变量的同时对其进行赋值操作,这个过程称为变量的初始化。 变量初始化就是在定义变量的时候为变量赋一个初始值,又称为默认值。初始化的一般形式是:

数据类型 变量名称 = 默认值;

例如,

```
float cj = 90;
```

在定义变量的时候,提倡对变量进行初始化,防止在使用变量的时候变量中没有数值。

2.4.3 指针变量的定义

指针是一种数据类型,如果要存储一个变量的地址,那么需要定义指针变量。

1. 指针变量的定义

指针变量的定义与其他变量的定义方式有所区别。指针变量定义的一般形式是:

数据类型 * 变量名称;

符号"*"用于定义该变量的数据类型是指针类型。符号"*"的作用相当于其他变量定义时的数据类型。那么符号"*"前面的**数据类型**又有什么用呢?**该数据类型不是用来定义指针变量的数据类型,而是说明指针变量中所存储的地址对应的变量的数据类型,因此它又称为指针变量的基类型。** 为什么在定义指针变量的时候还需要说明它存储的地址所对应的变量的数据类型呢?虽然指针变量内存储了变量的地址,但是这个地址是该变量首字节的地址。根据这个地址无法确定从首字节开始需要再继续读取几个字节的数据,也无法决定以何种形式解析这些字节中存储的数据内容。因此,定义指针变量时需要指定指针变量的基类型,即它存储的地址所对应的变量的数据类型。

在定义指针变量时,符号"*"前后可以有空格也可以省略空格。例如,

```
int * p1;              //未省略空格
char * p2;             //省略了符号"*"前后的空格
float * p3;            //省略了符号"*"后的空格,提倡使用这种写法
```

也可以一次性定义多个指针变量。例如，

```
double * p4, * p5;            //定义两个double类型的指针变量
```

2. 指针变量的初始化

指针变量的初始化与变量的初始化方式相同，它的初始值可以是空指针值或者某个已定义的变量的地址。空指针值是整数 0，表示这是一个非法的地址值，因为 0 是整个内存地址的开始值，此处是用户程序访问的禁区。如果一个指针变量的值是 0，那么它就是空指针，即空指针中没有存储合法的地址值。例如，

```
char a, * p1 = &a;            //char类型指针变量p1中存储了变量a的地址
int * p2 = 0;                 //int类型指针变量p2中存储了空指针值0
```

2.4.4 两种访问变量的方法

当定义完变量以后就可以使用变量了。程序员可以通过引用变量的名称来访问变量，也可以通过变量的地址来访问变量。下面分别介绍这两种访问变量的方式。

1. 直接访问变量的方法

通过引用变量的名称可以访问变量中存储的数值，这是一种直接访问变量的方式。

【例 2.1】 定义用于存储课程成绩的变量，并根据变量名称引用成绩变量。

程序代码如下：

```
1    int main()
2    {
3        short cj;              //定义变量
4        cj = 92;               //引用变量,存储整数值92
5        return 0;
6    }
```

在 main 函数中定义了成绩变量，它的名字是 cj，数据类型是 short。采用程序调试方式运行程序，参见图 2.11。当第 3 行代码执行后，变量 cj 获得了 2 字节的存储空间。在监视窗口中观察 cj 的值是 23857，但是在程序中并没有给它赋值。这是怎么回事呢？这是因为当一个 short 类型变量的存储空间还未使用时，系统默认它存储的数值是十六进制数 0XCCCC，编译系统按照 short 类型解释 0XCCCC 后显示的结果是 23857。执行第 4 行代码为变量 cj 赋值，存入成绩 92。程序执行后，从如图 2.12 所示的监视窗口中，可以看到此时变量 cj 中存储的数值是 92。

如果在定义完变量后，并未对变量进行初始化，就直接使用它，将会产生错误。系统为未初始化的变量默认赋值 0XCCCC，但是这个数值是无用的。如果计算机使用它进行计算，将会产生错误的计算结果，因此计算机会阻止我们对未初始化的变量进行引用。

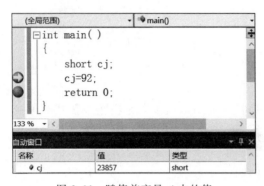
图 2.11　赋值前变量 cj 中的值

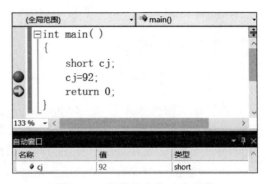
图 2.12　赋值后变量 cj 中的值

【例 2.2】　对未初始化的变量进行引用，程序运行时产生错误。

程序代码如下：

```
1    int main()
2    {
3        short cj,grade;         //定义变量
4        grade = cj;             //引用未初始化的变量cj
5        return 0;
6    }
```

在第 3 行代码中定义了变量 cj，但是并没有对它进行初始化。在第 4 行代码中将变量 cj 中的数值赋值给变量 grade。在代码编译时，出现了警告"warning C4700：使用了未初始化的局部变量 cj"，参见图 2.13。虽然存在警告的程序能够通过编译，但是在程序运行的过程中出现了运行时的错误，参见图 2.14。错误信息是"The variable 'cj' is being used without being initialized."，这句英文的意思是"变量 cj 未初始化就被使用了"。

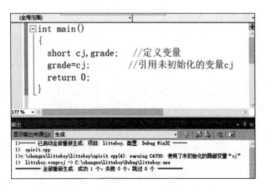
图 2.13　未初始化变量的警告提示

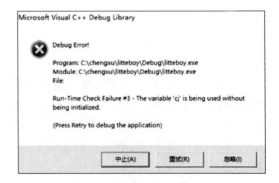
图 2.14　未初始化变量导致运行错误

2. 间接访问变量的方法

根据变量的地址也能够访问变量的数值，这是一种间接访问变量的方式。间接访问是指先要获取变量的地址，然后再根据地址找到变量。在 C 语言中，提供了取地址运算

符"&"和指针运算符"*"来完成间接访问变量的操作。"&"运算符的作用是获取变量的地址,"*"运算符的作用是根据地址找到这个变量。运算符"&"和"*"可以看作是一对互逆运算符。

在定义指针变量的时候需要使用"*"符号,在对指针变量进行指针运算的时候也需要使用"*"符号,需要注意它们的区别。

(1) **定义指针变量时,字符"*"的含义与引用它时的含义不一样。**

在定义指针变量"数据类型 * 变量名称"时,字符"*"的含义是说明这个变量是一个指针类型的变量。除此之外,当程序中出现"*指针变量"时,字符"*"是指针运算符,含义是根据该变量中存储的地址去访问另外一个变量。

(2) **指针变量不要存储与它基类型不同的变量的地址**,不同数据类型的指针变量之间也不要互相赋值。因为在后续进行指针运算"*"时会产生错误。

【例 2.3】 定义成绩变量并通过间接访问变量的方式访问它。

程序代码如下:

```
1    int main()
2    {
3        short cj = 92, * p;              //定义 short 型指针变量 p
4        p = &cj;                         //将变量 cj 的地址存储到指针变量 p 中
5        * p = 90;                        //通过 * 间接运算符访问 cj,并赋值 90
6    }
```

在 main 函数中,除了定义变量 cj,还需要定义存储 cj 地址的指针变量 p。采用调试方式运行程序,参见图 2.15。当第 4 行代码运行后,从监视窗口中可以看到变量 cj 中的值为 92,变量 p 未初始化,它的值为默认的 0XCCCCCCCC,这不是一个合法地址值,无法根据该地址找到合法的变量,因此显示了"CXX0030:错误:无法计算表达式的值"。执行第 5 行代码后,由于指针变量 p 存储了变量 cj 的地址值,此时 * p 表达式可以获得变量 cj 中的数值 92,参见图 2.16。

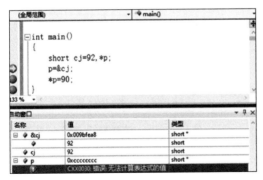

图 2.15　程序代码

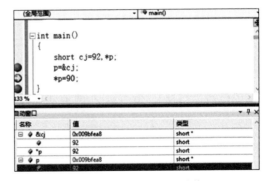

图 2.16　为指针变量赋值

当执行完第 6 行代码后,通过"*p=90"间接访问变量 cj,将变量 cj 的值改变为 90,参见图 2.17。如果将指针变量 p 的数据类型 short 修改为 float,则原来的程序会出现警告：warning C4133："＝"：从"short ＊"到"float ＊"的类型不兼容。通过"＊p＝90"间接访问变量cj，cj的值是0，产生了错误，参见图2.18。这是因为cj是short型变量，它的地址&cj的数据类型是short ＊，而指针变量p的数据类型为float ＊，它们之间赋值后，指针运算会产生错误。

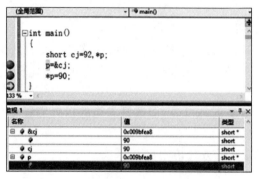

图2.17 通过指针变量间接访问变量

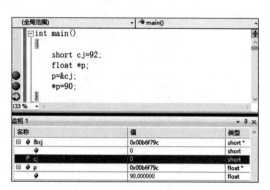

图2.18 指针变量的错误赋值方式

3. 两种访问变量方法之间的区别

通过引用变量名称访问变量是一种直接访问变量的方式，我们在访问变量时，一般都采用这种方式。通过引用变量的地址访问变量是一种间接访问变量的方式，访问变量时，需要先获得该变量的地址，然后再通过指针运算"＊"访问变量的值。通过变量名直接访问变量的方式很方便，为什么要设置这种间接访问方式呢？我们将在数组、函数等后续知识的学习中找到关于这个问题的答案。

2.4.5 ＊常变量

变量存储的数值是可以改变的。有的时候在初始化变量后不希望它的值发生变化，那么可以把它定义为常变量。在定义常变量时需要使用关键字const，并且在定义的时候就必须给常变量赋值。例如，

const short cj = 92;

在程序的运行期间，常变量cj的值就不允许再改变了，它存储的数值永远是92。

2.4.6 不变的数据是常量

数据除了有数据类型的区别之外，它的值还有变化和不变的特性。例如，圆周率是不变的，真空中光的速度也是不变的。在计算机中存储的数据，有些也是不变的。这些不变的数据又称为常量。

微课2.5 常量

在数学中,不变的数据是常数。**在程序中,常量是指在程序运行过程中,其值不能被改变的量。**在计算机中常量也需要进行存储。常用的常量包括整数常量、浮点型常量、字符常量、字符串常量和符号常量。

1. 整型常量

整型常量包括了负整数、零和正整数,默认是采用 int 类型存储。如果想用更多的字节来存储整型常量,可以在整型常量后面加入大写字母"LL"或者小写字母"ll",表示用 long long 类型来存储该常量整数。如 92LL,用 8 字节来存储常量 92。在程序中,整型常量一般用十进制数表示,有时也会用八进制或十六进制数表示。

1)十进制整型常量

如-200、0、2021 等。

2)八进制整型常量

八进制整型常量的第一个数字是 0,用来表示它是八进制数。如 017,换算成十进制整数是 15。用八进制表示负整数,不能在数字前面加上负号"-"来表示负整数,如用八进制-017 表示十进制的-15 是错误的。如果用八进制表示十进制的-15,需要先将-15 转换成二进制补码 11111111111111111111111111110001,然后把补码转换成八进制数是 037777777761。

3)十六进制整型常量

十六进制整数用 0x 开头,表示它是十六进制数。如 0xf,也可以用大写字母 0XF,其表示的十进制整数是 15。用十六进制表示负整数的过程与八进制相同,也需要先将十进制负整数转换成二进制的补码,然后再转换成十六进制。

2. 浮点型常量

在 C 语言中,浮点型常量有十进制和指数两种表示形式。与整数常量一样,浮点型常量也有默认的数据类型,默认采用 double 类型存储浮点型常量。也可以指定存储浮点型常量的数据类型,如 3.14F、3.14L,分别用 float 和 long double 类型存储浮点型常量 3.14。

1)十进制小数

十进制小数由数字和小数点组成。如 3.1415、0.31415、-31.415。特别需要注意小数的 0 一定要写成"0.0"。当你在程序中看到"0."或者".0"的时候不要感到奇怪,它们都是合法的"0.0"的书写方式。对于 0.31415 这样的小数,省略前面的 0,写成".31415"也是合法的;"5.0"写成"5."也是合法的。

2)指数小数

指数小数由小数部分、e 或 E 和整数部分组成。如-31.415 的指数形式可以表示为-0.31415e2(表示-0.31415×10^2),也可以表示为-3.1415E1,还可以表示为-31.415e0 等等。尽管在-31.415e0 中 e 后面是 0,但是也不可以省略。

3. 字符型常量

字符型常量有 3 种书写方式：一种是普通字符，另一种是转义字符，最后一种是 ASCII 码值。

1) 普通字符

普通字符是指西文中常见的字母、数字以及没有被 C 语言赋予特殊含义的字符。在程序代码中，采用西文单引号(')将普通字符引起来表示字符常量。如'a'、'2'、'♯'、'?'。中文文字以及中文符号"?"、"。"等不是 C 语言中的字符。如采用'我'表示中文字符常量的方式是不正确的。另外，通过如'ab'的方式表示两个字符常量的方式也是错误的，只能通过'a'、'b'的方式逐一来表示字符。

2) 转义字符

转义字符是指 C 语言中无法被键盘录入的字符或被当作特殊用途而需要转换到它本来意义的字符。如字符'\\'被赋予了转义的含义，如果要表示它本来的意义，则需要通过转义的方式'\\\\'进行表示；如看不见的'\\n'字符，表示"换行"。

常见的以"\\"开头的转义字符参见表 2.6。

表 2.6 转义字符及其作用

转 义 字 符	字 符 值	输 出 结 果
\\\\	\\	\\
\\'	'	'
\\"	"	"
\\?	?	?
\\a	警告	产生声音
\\n	换行(Enter 键)	将光标当前位置移到下一行的开头
\\b	退格(Backspace 键)	将光标当前位置后退一个字符
\\r	回车(carriage return)	将光标当前位置移到本行开头
\\t	水平制表符	将光标当前位置移到下一个 Tab 位置
\\v	垂直制表符	将光标当前位置移到下一个垂直制表对齐点
\\oo 其中 o 代表一个八进制数	与该八进制码对应的 ASCII 字符	与该八进制码对应的字符
\\xh 其中 h 代表一个十六进制数	与该十六进制码对应的 ASCII 字符	与该十六进制码对应的字符

3) ASCII 码值

在计算机中，每个字符都是通过 ASCII 码值进行存储的，因此字符也可以用其对应的 ASCII 码值进行表示。一般情况下，我们记不住所有字符对应的 ASCII 码值，因此较少采用这种方式来表示字符。例如，字符'0'可以用其 ASCII 码值的十进制形式 48 表示，也可以用其八进制形式 060 表示，还可以用其十六进制形式 0x30 表示。

在转义字符中，也可以使用八进制和十六进制的 ASCII 码来表示字符，参见表 2.6

中倒数第二行和倒数第一行。当在程序中看到类似'\060'时,它表示的是字符'0'而不是'\'、'0'、'6'、'0'4个字符,它是用字符'0'的八进制 ASCII 码转义表示。采用十六进制 ASCII 码转义字符表示与十六进制整数略微不同,例如,字符'0'的十六进制 ASCII 转义字符表示为'\x30',去掉了 x 前面的 0。

在程序中,程序代码由字符组成,程序的数据也是由字符组成的。如果告诉编译系统这些字符是 C 语言中的字符常量,则需要给字符加上单引号,如果告诉编译系统这些字符不是字符常量,例如,它们是变量的名称等,则不要加上单引号。例如,对于字符"+",如果在程序中,它是指常量字符,则需要给它加上单引号'+';如果是表示加法运算,则不需要加单引号。

4. 字符串常量

字符串常量是一组字符常量的组合表示。它可以用来表示英文的单词或句子,以及汉语的字词和句子。字符串常量是用西文的双引号把若干个字符或汉字引起来的量,例如"China"、"中国"。

在字符串的末尾都有一个不可见的空字符'\0',作为字符串的结束标识。由于字符在内存中用整数存储,计算机无法知道字符串什么时候结束,因此在字符串末尾处插入空字符'\0'。当计算机读到空字符的 ASCII 码值 0 时,就知道这个字符串结束了。如"China",我们看到的是 5 个可见的字符,但是在字符'a'后面还有一个隐藏的字符'\0',所以实际上字符串"China"要占用 6 字节的存储空间。

5. 符号常量

在 C 语言中可以使用一个标识符来表示一个常量,这个标识符是符号常量。符号常量可以让程序代码的修改变得更加便捷。符号常量需要采用宏定义♯define 指令进行定义。

它的一般形式是:

♯define 标识符 常量

【**例 2.4**】 求圆的周长与面积,使用符号常量定义圆周率 π 的值。
程序代码如下:

```
1    #define PI 3.14              //定义符号常量 PI
2    int main()
3    {
4        float c = 0.0, s = 0.0, r = 1.0;   //c 表示周长,s 表示面积,r 表示半径
5        c = 2 * PI * r;                    //若不用 PI,则 c = 2 * 3.14 * r
6        s = PI * r * r;                    //若不用 PI,则 s = 3.14 * r * r
7        return 0;
8    }
```

如果要提高计算时 π 的精度,将 3.14 修改为 3.1415,那么在程序中只需要修改一个

地方即可,即将"♯define PI 3.14"修改为"♯define PI 3.1415"。若不用符号常量,则需要修改两处代码,将第 5 行代码和第 6 行代码中的 3.14 分别修改为 3.1415。

符号常量与整型常量、浮点型常量、字符常量和字符串常量不同,它既有名称,也有数值。符号常量与变量不同,它没有存储空间。在程序编译的时候,编译系统会将程序代码中所有符号常量用它的常量来替换,因此在程序运行的时候根本就不存在符号常量了。

6. 空指针常量

由于内存地址由系统分配管理,因此除了空指针常量以外,不提供其他指针常量给程序员使用。空指针常量是整数 0,在 C 语言的库函数头文件< stdio.h >中定义了符号常量 NULL 的值是 0,因此 NULL 也被称为空指针常量值。

2.5 教计算机认识运算符

引入变量与常量的概念,解决了计算机对数据的存储和访问问题,下面就可以解决数据的计算问题了。对数据进行计算需要使用运算符。在数学领域,运算符的种类很多,这些运算符很难也无法全部在计算机上实现。在 C 语言中只提供了一些最基本的运算符,主要包括算术运算符、关系运算符、逻辑运算符。除了这 3 类数学运算符以外,还有一些 C 语言所特有的运算符,主要包括赋值运算符、位运算符、条件运算符、逗号运算符、指针运算符等等。C 语言中的运算符参见表 2.7。

微课 2.6 运算符

表 2.7 C 语言常用的运算符种类

种 类	运算符符号
算术运算符	+ - * / % ++ --
关系运算符	> < >= <= == !=
逻辑运算符	! && ||
位运算符	<< >> ~ | ^ &
赋值运算符	=及其扩展赋值运算符
条件运算符	? :
逗号运算符	,
指针运算符	* &
求字节数运算符	sizeof
强制类型转换运算符	(数据类型)
成员运算符	. ->
下标运算符	[ ]
其他	如函数调用运算符()

要想学会正确地使用运算符,需要掌握运算符的运算含义、能够参与运算的运算对象的数据类型以及运算符的运算优先级。

运算符的优先级一般遵循以下规则:

(1) 只有一个运算对象的运算符(又称为单目运算符)的优先级高于具有两个运算对象的运算符(又称为二目运算符)。

(2) 二目算术运算符的优先级高于二目关系运算符,二目关系运算符又高于二目逻辑运算符,但逻辑非运算符高于算术运算符。

例如,在"+5"中,正号运算符"+"是单目运算符。在"3+5"中,加法运算符"+"是二目运算符。在"-3+5"中,负号运算符是单目运算符,加法运算符是二目运算符,因此运算执行顺序是先执行负号运算符(-3),然后再执行加法运算符(-3)+5。

2.5.1 算术运算符与算术表达式

将运算符与运算对象组合起来可以表达更丰富的计算内容。**用运算符和小括号将运算对象连接起来的式子是表达式**。运算对象包括常量、变量和函数等。常用的算术运算符参见表2.8,其中优先级是指在算术运算符中的相对优先级。

表 2.8 算术运算符

运算符	含 义	优先级	结合性	举 例	运算结果
+	正号运算符	高	右结合	+5	5
-	负号运算符			-5	-5
++	自增运算符			++i 或 i++ (i 初值是 5)	6
--	自减运算符			--i 或 i-- (i 初值是 5)	4
*	乘法运算符	中	左结合	5*3	15
/	除法运算符			5/3	1
%	取余运算符			5%3	2
+	加法运算符	低		5+3	8
-	减法运算符			5-3	2

在这些运算符中,除了自增运算符(++)、自减运算符(--)、求余数运算符(%)的运算对象的类型必须是整型以外,其他运算符的运算对象的类型可以是整型或者浮点型。字符也是整型,也可以参与算术运算,但是对字符进行算术运算并不一定有意义。

在计算机的键盘上没有数学中的乘法运算符"×"键和除法运算符"÷"键,因此分别借用"*"字符和"/"字符来代替。需要特别注意的是,**两个整数相除的结果不保留小数,也不会四舍五入,而是直接舍掉小数部分**。在表2.8中5/3的结果是1。另外,减号运算符和自减运算符对应键盘上数字"0"键右边的键,对应这个键中的短横线,而不是长横线。

除了自增和自减运算符以外,其他运算符与其数学上的含义相一致,此处不再赘述。

1. 自增(＋＋)和自减(－－)运算符

自增(＋＋)和自减(－－)运算符的作用是使变量的值增加1或减少1。使用自增和自减运算符可以简化程序代码。自增和自减运算符是单目运算符,它可以写在变量前面,也可以写在变量后面,但是有所区别。例如,

```
++i                        //i先要增加1,然后再使用变量i
i++                        //在使用变量i之后,i再增加1
```

下面通过一个具体的例子来介绍自增运算符简化代码的方式以及它在变量前面和后面的区别。

假设有int类型的变量i和j,要实现先将i的值增加1,然后再将它的值赋值给变量j。一般是通过下面的代码实现。

```
i = i + 1                  //①
j = i                      //②
```

表达式①是将变量i的值加1,表达式②的作用是将增加1后的i的值赋值给变量j。这两条表达式可以写成1条表达式,如表达式③。

```
j = ++i                    //③
```

假设要实现先将i的值赋值给变量j,然后再将i的值增加1,一般是下面的表达式实现。

```
j = i                      //④
i = i + 1                  //⑤
```

表达式④是将变量i的值赋值给变量j,表达式⑤作用是将变量i的值加1。这两条表达式可以写成1条表达式,如表达式⑥。

```
j = i++                    //⑥
```

无论自增运算符＋＋在变量i的前面,还是在变量i的后面,i的值一定会自增1。如果不使用i的值,++运算符在变量前面和后面的作用是一样的。例如表达式⑦和表达式⑧的作用是一样的,运行完后变量i的值增加1。

```
i++                        //⑦
++i                        //⑧
```

从上面的例子中可以看出,自增和自减运算符可以将两条表达式简化成一条表达式,但是它具有一定的抽象性。如果使用不当则会产生错误,因此建议初学者像表达式⑦和表达式⑧那样单独使用自增和自减运算符,而不要与其他运算符一起组合使用。

2. 算术表达式

用算术运算符和小括号将运算对象连接起来的式子是算术表达式。当表达式中运算

符的数量超过1时,需要根据运算符的优先级来确定先执行哪个运算符、这个运算符又应该与哪个运算对象结合,因此掌握运算符的优先级和结合性非常重要。如果记不住运算符的优先级,也可以将运算符和运算对象用括号括起来,那么括号里面的运算会被优先执行。

3. 同一优先级运算符的运算规则

当同一优先级的运算符在一起时,该按照什么顺序进行计算呢?在C语言中对同一优先级的运算符定义了两种运算顺序规则:一种是"自左向右",又称左结合,即同一优先级的运算符在一起的时候,先运算左边的运算符;另一种是"自右向左",又称右结合,即先执行右边的运算符。

在算术运算符中,乘法运算符、除法运算符和取余运算符的优先级相同,加法运算符和减法运算符的优先级相同。它们都是按照"左结合"规则进行运算。例如,

4 * 5 % 3

乘法运算符 * 和取余运算符 % 的优先级相同并且是左结合,因此先执行 * 运算符,即执行"4 * 5"得到结果"20",然后再执行 % 运算符,即执行"20 % 3",最后得到表达式的运算结果2。

正号运算符、负号运算符、自增运算符和自减运算符的优先级相同,但是它们按照"右结合"规则进行运算。例如,假设i的值是5,计算下面表达式的值。

- i++

负号运算符"-"和自增运算符"++"的优先级相同,并且是右结合,按照右结合规则应该先执行"++"运算符,即执行"i++",但是由于自增运算符在变量i的右边,需要先用i的值,再执行自增1,因此先执行"-i",即表达式"-i++"的值是-5,最后变量i自增1,它的值由5变成6。

仍然假设i的值是5,计算下面表达式的值。

- ++i

按照右结合规则先执行"++i",自增运算符在变量i的左边,需要先执行i自增1,然后再用i的值,因此先执行"++i",i的值由5变成6,最后执行"-i",表达式"-++i"的结果为-6。

4. 小括号运算符

在数学中,小括号、中括号和大括号可以改变运算的顺序,它们的优先级分别是由高到低。在C语言中,只有小括号可以改变运算的顺序,中括号和大括号分别被赋予了其他含义,大括号用于表示复合语句。例如,

66/((5+6)*3)

该算术表达式先计算5+6,再计算11*3,最后计算66/33,得到2。

小括号除了在表达式中可以作为运算符改变运算的顺序,它在函数中还有其他的作用。

2.5.2 关系运算符与关系表达式

关系运算符就是比较运算,用于对两个数值进行比较。比较的结果只有两种:当比较成立时结果是整数1,不成立时结果是整数0。在C语言中,0表示假或False,非0表示真或True,并非只有1才表示真。常用的关系运算符参见表2.9。

表2.9 关系运算符

运算符	含义	优先级	结合性	举例	运算结果
<	小于运算符	高	左结合	1<2	1
>	大于运算符			1>2	0
<=	小于或等于运算符			1<=1	1
>=	大于或等于运算符			1>=2	0
==	等于运算符	低		1==1	1
!=	不等于运算符			1.5!=1	1

在关系运算符中,"<"">""<="">="运算符的优先级相同且高于"=="和"!="运算符,"=="和"!="的优先级相同。**用关系运算符和小括号将运算对象连接起来的式子是关系表达式**,其运算对象可以是变量、常量等。数据类型包括整型、浮点型和字符型,其运算结果是1或者0。在关系表达式中,同一优先级的关系运算符都遵循"左结合"的规则。例如,

```
a>b<c        //等价于  (a>b)<c  (>和<的优先级相同,按照左结合)
a==b<c       //等价于  a==(b<c) (<的优先级高于==)
a>b+c        //等价于  a>(b+c)  (关系运算符的优先级低于算术运算符)
```

在C语言中,关系运算符的组合表达式与数学中的含义不一样。例如,"6>5>2"在数学中,它的含义是5小于6并且大于2。显然,数学表达式成立,整个表达式为真,结果是1。但是在C语言中,这个表达式是先执行6>5,结果是1,再执行1>2,结果是0,整个表达式的结果是0。因此在C语言中,我们不能像数学表达式那样连续使用多个关系运算符表示2个以上运算对象的大小关系。

在C语言中,我们又该如何表示2个以上运算对象的大小关系呢?此时需要使用逻辑运算符。

2.5.3 逻辑运算符与逻辑表达式

逻辑是指事情的因果关系。逻辑运算符是让计算机能够实现人类逻辑思维的重要运算符。例如,让计算机帮我们买电影票,我们给出了买票的条件规则如下:

如果周六晚上《建党伟业》电影票的价格不超过50元,那么就买一张电影票。

买票的规则是一个复合条件。它包含了3个简单条件：

（1）是否是周六；

（2）是否是《建党伟业》电影票；

（3）票价是否小于或等于50元。

当这3个条件同时满足的时候，计算机则会执行购买一张电影票的决策。

如何用运算符表达这种复合条件呢？条件（1）、条件（2）和条件（3）可以用关系表达式构建，而这3个条件同时成立则需要使用逻辑运算符构建成逻辑表达式，最后根据逻辑表达式的运算结果是真或假，决定是否买票。

首先定义变量，如：

```
int sat = 1;            //sat 的值为1,表示是周六,若是0表示不是周六
int film = 1;           // film 的值为1,表示电影是《建党伟业》,若是0则表示不是
float price = 50;       //电影票的价格
```

接着构建条件表达式，如：

条件（1）的表达式用等于运算符"=="构建，sat==1；

条件（2）的表达式用等于运算符"=="构建，film==1；

条件（3）的表达式用小于或等于运算符"<="构建，price<=50；

最后构建逻辑表达式，如：

(sat == 1)&&(film == 1)&&(price<=50)   //&& 是逻辑与运算符,表示并且的意思

当上面的逻辑表达式的值为1的时候，计算机就会执行购买一张电影票的决策，当它的值为0的时候则不购买。

逻辑运算符有逻辑与、逻辑或、逻辑非3种，参见表2.10。

表 2.10 逻辑运算符

运算符	含义	优先级	结合性	举例	运算结果
!	逻辑非	高	右结合	!1.5 !0	0 1
&&	逻辑与	中	左结合	1.5&&2 1.5&&0 0&&0	1 0 0
||	逻辑或	低	左结合	1.5||2 1.5||0 0||0	1 1 0

1. 逻辑非运算符

"!"是逻辑非运算符，它是单目运算符。通过逻辑非运算符可以将真值转换成假值，假值转换成真值。

如!a，它的运算规则是：如果a的值为0，则!a的值为1；如果a的值为不是0，则!a的值为0。

2. 逻辑与运算符

"&&"是逻辑与运算符,它是二目运算符,对应着键盘上"&"键,单击 2 次。逻辑与运算符表达"并且"的含义,只有参与运算的对象的值同时为真,运算结果才是真,只要有一个对象的值为假,则运算结果为假。

如 a&&b,它的运算规则是:只要 a,b 中有一个数值为 0,运算结果就是 0,只有 a,b 的值都不是 0,其运算结果才是 1。

3. 逻辑或运算符

"||"是逻辑或运算符,它是二目运算符,对应键盘上的"|"键,单击 2 次。逻辑或运算符表达"或"的含义,参与运算的对象只要有一个值为真,运算结果就为真,只有参与运算的两个运算对象的值全是假,运算结果才是假。

4. 逻辑表达式

用逻辑运算符将关系表达式或者其他逻辑量连接起来的式子是逻辑表达式,其运算结果是 1 或者 0。这里的逻辑量可以是变量、常量等,其数据类型可以是整型、浮点型、字符型。

在逻辑运算符中,"!"运算符的优先级高于"&&"运算符,"&&"运算符高于"||"运算符。例如,

!a&&b||c   //等价于 ((!a)&&b)||c

"!"优先级最高,右结合;"&&"其次;"||"最低。

!a > b&&c   //等价于 ((!a)>b)&&c

"!"单目运算符的优先级高于二目关系运算符">";二目关系运算符">"的优先级高于逻辑运算符"&&"。

'b'>'a'+5<7&&2.5   //等价于 (('b'>('a'+5))<7)&&2.5

先计算'a'+5,字符'a'的 ASCII 码值是 97,97+5=102;
再计算'b'>102,字符'b'的 ASCII 码值是 98,98>102 不成立,其值是 0;
接着计算 0<7,0<7 成立,其值是 1;
最后计算 1&&2.5,其值是 1,因此表达式'b'>'a'+5<7&&2.5 的值是 1。

5. 逻辑运算符的短路规则

为了提高"&&"和"||"运算符的计算效率,对它们的运算规则设计了"短路规则"。如果根据它们左侧的运算对象的值就可以确定整个表达式的值,就不需要右侧的运算对象再参与运算,从而减少了运算的次数,这种现象被形象地称为"短路"。

当"&&"运算符左侧参与运算的对象值为 0 时,则其运算结果必为 0,因此不需要对

其右侧的运算对象再进行运算。如 0&&(a=1),由于其左侧的运算对象是 0,右侧的"a=1"不会被执行,a 不会被赋值 1。

当"||"运算符左侧参与运算的对象值为非 0 时,则其运算结果必为 1,因此也不需要其右侧的运算对象参与运算。如 1.5||(a=1),由于其左侧的运算对象是 1.5,表达式计算结果是 1,右侧的"a=1"就不会执行,a 不会被赋值 1。

2.5.4 赋值运算符与赋值表达式

向变量中写入数据,需要使用赋值运算符"="。虽然赋值运算符与数学中的等于符号的表示是一样的,但是在 C 语言中它并不是数学中的等于含义。在 C 语言中关系运算符中"=="运算符的含义等价于数学中的等于符号"=",初学者很容易将赋值运算符与数学中的等于符号混淆使用,从而产生错误。需要特别注意赋值运算符"="与关系运算符的"=="是不一样的,"="运算符的作用是将一个数值赋给一个变量,而"=="运算符则是判断两个数值是否相等。赋值运算符的优先级较低,它比逻辑运算符的优先级还要低,它的结合性是右结合。

1. 赋值运算符

赋值运算符使用的一般形式为:

变量 = 数值;

数值可以是常量或者变量的值,也可以是表达式的计算结果,还可以是函数的返回值。如:

```
int a = 5;                    //" = "右侧是整型常量,a 的值是 5
int b = a;                    //" = "右侧是整型变量,b 的值是 5
int c = a + 1;                //" = "右侧是表达式,c 的值是 6
```

2. *复合赋值运算符

为了简化 C 程序代码,提高程序的编译效率,C 语言提供了复合赋值运算符。复合赋值运算符是在赋值运算符"="之前加上其他二目运算符。如在"="前面加一个"+"运算符就成了"+="复合运算符。例如,

```
a += 3              //等价于  a = a + 3
a * = b + 3         //等价于  a = a * (b + 3)," + "的优先级高于" * = ","b + 3"要先计算
a/ = b++            //等价于  a = a/(b++)
```

对于初学者来说,不必多用复合赋值运算符,只要能读懂程序中的复合赋值运算符即可。

3. 赋值表达式

用赋值运算符将一个变量和一个表达式连接起来的式子称为赋值表达式。赋值运

算符的作用是将它右边表达式的值赋给左边的变量,赋值运算符左边的值称为左值,因此它的左值一定是变量,否则无法存储赋值运算符"="右边的值。例如,

  a = b = 2   //等价于 a = (b = 2)

"="运算符采用右结合的规则,因此先运算表达式"b=2",再执行 a=b,最后 a 和 b 的值均为 2。

  a = b + 2 = 5   //等价于 a = (b + 2 = 5)

表达式"b+2=5"是错误的赋值表达式,因为"b+2"不是一个变量,它不能存储 5。

4. 赋值过程中的数据类型转换

不同类型数据的存储方式是不同的。例如,整型 int 与浮点型 float 的存储方式是不同的。即使 float 与 double 都是浮点型,它们的字节数也不同。因此,在不同数据类型的变量之间、不同数据类型的变量与常量之间进行赋值,则有可能会产生错误。既然这样就应该不允许不同数据类型的变量之间、变量与常量之间互相赋值,但是如果制定这样的策略,又会造成程序编写时的灵活性很差。因此,编译系统提供了不同数据类型间的自动转换功能,即在一定范围内允许为变量赋予与其数据类型相兼容的数

微课 2.7 数据类型间的转换

据。编译系统会自动将赋值的数据类型转换成变量的数据类型并写入变量的存储空间。不同类型数据之间的转换规则如下:

1) 整型数据之间的转换

整型数据类型包括 char、short、int、long long,以及相应的无符号整型。字节数越多意味着可表示的整数数值范围越大。如果将一个占字节数少的整型数据赋值给一个占字节数多的整型变量,肯定不会存在问题,只是浪费一点存储空间。但是,如果将一个占字节数多的整型数据赋值给一个占字节数少的整型变量,并且恰好数值超过了该变量的最大存储范围,那么这个变量就无法正确地存储这个整型数据了。在程序中,这是一种会经常出现的错误现象——数据溢出。

【例 2.5】 在 4 种不同类型的整型变量之间赋值产生数据溢出错误。

程序代码如下:

```
1    int main()
2    {
3        char a = 127;
4        short b;
5        int c;
6        long long d = 128;
7        a = b = c = d;          //将字节数多的整型变量的值赋给字节数少的整型变量
8        d = c = b = a;          //将字节数少的整型变量的值赋给字节数多的整型变量
9        return 0;
10   }
```

在这个例子中,分别定义了 char a、short b、int c、long long d 4 种类型整型变量。在第 7 行代码中,分别通过赋值运算符将 long long 变量 d 的值赋值给 int 变量 c,将 int 变量 c 的值赋值给 short 变量 b,将 short 变量 b 的值赋值给 char 变量 a。将字节数多的整型变量的值赋值给字节数少的整型变量时有可能会产生错误,因此编译程序系统给出了两个警告提示:

warning C4244:"="从"_int64"转换到"int",可能丢失数据(_int64 就是 long long int)

warning C4244:"="从"short"转换到"char",可能丢失数据

参见图 2.19。当第 7 行代码执行完后出现了错误,其中 char a 变量中存储的不是 128,而是 -128。这是因为 1 字节的 char 能够存储的最大正整数是 127,无法存储 128,从而产生了数据溢出错误,参见图 2.20。

图 2.19 不同类型变量间赋值的编译警告

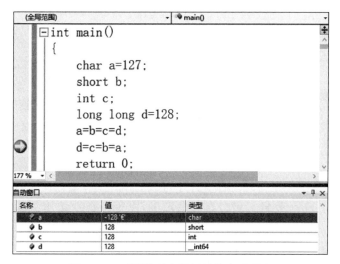

图 2.20 不同类型变量间赋值出现溢出

第 8 行代码与第 7 行代码正好相反,它实现了将字节数少的整型变量的值赋值给字节数多的整型变量,此时不会产生溢出错误,因此无论是在程序编译时还是运行时都不会发生错误。

整型数据类型还包括 unsigned char、unsigned short、unsigned int、unsigned long long 4 种无符号整型,它们之间相互赋值也需要遵循上述原则。那么无符号整型与有符号整型之间能够相互赋值吗?可以,但是存在风险。

【例 2.6】 无符号与有符号整型变量之间赋值产生错误。

程序代码如下:

```
1    int main()
2    {
3        char a = -1,b;
4        unsigned char c = 128;
5        b = c;               //将无符号 char 变量的值赋值给有符号 char 变量
6        c = a;               //将有符号 char 变量的值赋值给无符号 char 变量
7        return 0;
8    }
```

在这个例子中,第 3 行代码定义了 char 变量 a、b,并对变量 a 初始化赋值 -1。第 4 行代码定义了 unsigned char 变量 c 并初始化赋值 128。它们的存储空间都是 1 字节。第 5 行代码将 unsigned char 变量 c 的值赋值给了 char 变量 b。程序执行后,变量 b 中的值是 -128,并不是 128,参见图 2.21。第 6 行代码将 char 变量 a 的值赋值给了 unsigned char 变量 c。程序执行后,变量 c 中的值是 255,并不是 a 的值 -1,参见图 2.22。

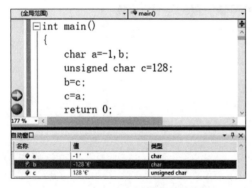   

图 2.21　向有符号变量中赋无符号数值　　图 2.22　向无符号变量中赋有符号数值

unsigned char 数据类型可以表示 0~255 的整数,而 char 数据类型可以表示的数值范围是 -128~127。只有 0~127 的整数才可以正确表示,而此时 unsigned char 变量 c 的值是 128,超过了 char 变量 b 可以存储的范围,发生了数据溢出。同样,char a 中存储的数值是 -1,而 unsigned char c 变量无法存储负数,因此也产生了错误。对于字节数不同的有符号整型和无符号整型之间的转换,也遵循上述类似的原则。

2) 浮点型数据之间的转换

浮点型包括 float、double 和 long double 3 种数据类型。不同字节数的浮点型数据之间的转换与不同字节数的整型数据间的转换相类似,将占字节数较少的浮点型数据赋值给占字节数较多的浮点型变量不会产生问题,但是将占字节数较多的浮点型数据存储到占字节数较少的浮点型变量中,则有可能产生数据溢出错误或者精度损失。

【例 2.7】 double 和 float 浮点型变量之间赋值产生数据精度损失。

程序代码如下:

```
1    int main()
2    {
3        float a;
4        double b = 3.1415926;
5        a = b;                    //将double类型变量的值赋值给float类型变量
6        return 0;
7    }
```

在程序编译时,编译系统给出了警告提示:warning C4244:"="从"double"转换到"float",可能存在数据丢失,参见图 2.23。执行第 5 行代码,将 double 变量 b 的值 3.1415926 赋值给 float 变量 a,3.1415926 的有效位是 8 位,其数据精度超过了 float 变量 a 的 6~7 位有效位的数据存储能力,因而产生了数据丢失,参见图 2.24。此时变量 a 中存储的数据是"3.1415925",它的第 8 位是 5,而变量 b 中存储的数据 3.1415926 的第 8 位是 6,出现了数据丢失现象。

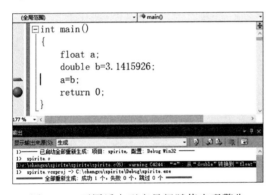

图 2.23　不同浮点型变量间赋值出现警告

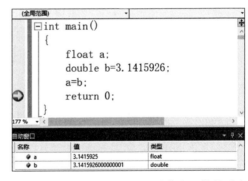

图 2.24　不同浮点型变量间赋值出现数据丢失

3)整型数据与浮点型数据之间的转换

在一定范围内整型数据与浮点型数据之间也可以实现正确的转换。将整型数据赋值给浮点型变量时,整型数据的值不能超过浮点型变量的存储范围,否则将出现数据溢出错误。

【例 2.8】 将整型数据赋值给浮点型变量。

程序代码如下:

```
1    int main()
2    {
3        int a = 16777216, b = 16777217;
4        float c, d;
```

```
5       c = a;                  //将整型变量的值赋值给浮点型变量
6       d = b;                  //将整型变量的值赋值给浮点型变量
7       return 0;
8   }
```

第 3 行代码定义了两个 int 变量 a、b，第 4 行代码定义了两个 float 变量 c、d。在第 5 行代码中将 int 变量 a 的值 16777216 赋值给 float 变量 c，在第 6 行代码中将 int 变量 b 中的值 16777217 赋值给 float 变量 d。程序编译后，第 5 行代码和第 6 行代码出现了警告：warning C4244:"="从"int"转换到"float"，可能丢失数据，参见图 2.25。程序执行后，float 变量 c 中正确地存储了 int 变量 a 的值 16777216，但是 float 变量 d 的值是 16777216，它未能存储 int 变量 b 中的值 16777217，16777217 超过了 float 变量 d 的有效存储范围，参见图 2.26。

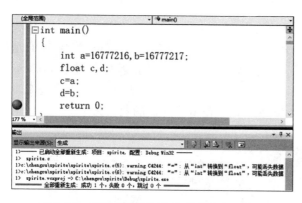

图 2.25　整型与浮点型变量间赋值出现警告

图 2.26　整型与浮点型变量间赋值数据丢失

将浮点型数据赋值给整型变量的时候，只能将它的整数部分存储到整型变量中，小数部分直接舍弃，并且不会"四舍五入"。当然浮点数的整数部分的数值也不能超过整型变量的存储范围，否则也会发生数据溢出错误。

【例 2.9】　将浮点型数据赋值给整型变量。

程序代码如下：

```
1   int main()
2   {
3       int a,b;
4       float c = 1.9,d = 1.4;
5       a = c;                  //将浮点型变量的值赋值给整型变量
6       b = d;                  //将浮点型变量的值赋值给整型变量
7       return 0;
8   }
```

第 5 行代码将 float 变量 c 的值 1.9 赋值给 int 型变量 a。第 6 行代码将 float 变量 d 的值 1.4 赋值给 int 型变量 b。在程序编译时，第 5 行代码和第 6 行代码出现了警告：warning C4244:"="从"float"转换到"int"，可能丢失数据，参见图 2.27。程序执行的结果参见图 2.28。int 变量 a 和 b 的值都是 1，小数部分全部被舍弃，并没有"四舍五入"。

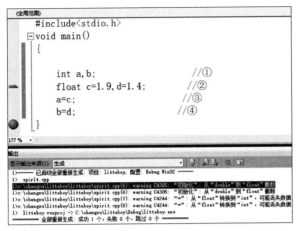

图 2.27 整型与浮点型变量间赋值出现警告

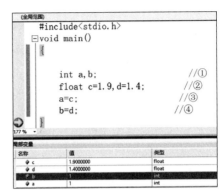

图 2.28 整型与浮点型变量间赋值数据丢失

不同类型数据之间的转换需要注意以下几点：
- 尽量不要为变量赋予其数据类型不同的数据值。
- 在不同数据类型之间进行数据转换时，从占字节数少的数据类型转换到占字节数多的数据类型，一般不会有问题，但是反过来则可能出现数据溢出或者数据精度损失的问题。
- 在整型数据转换到浮点型数据时，只要整型数据值不超过浮点型的整数部分表示范围，一般没有问题。
- 在浮点型数据转换成整型数据时，数据会损失小数部分，如果浮点型数据的整数部分的值超过了整型的表示范围，则会出现数据溢出问题。

2.5.5 强制类型转换运算符

编译系统能够实现对整型和浮点型数据间的自动转换，但是在数据转换时会存在一定的风险，因此它总是给出警告，提示用户关注并确定让它进行自动转换是没问题的。用户也必须关注这些警告，最好对其进行处理，并消除警告信息。通过强制类型转换可以消除这些警告信息。

强制类型转换的一般形式为：

(数据类型)表达式;

其中"(数据类型)"指出转换后的数据类型，表达式是被转换的对象。当表达式是一个变量时，数据类型转换并不能改变该变量的数据类型，而只是将该变量中的数据读取出来并转换成"(数据类型)"中指定的数据类型。

例如，

```
(char)12.5              //将 double 型常量 12.5 转换成 char 型,其结果为 12
(int)x + y              //将 x 的值转换成 int 型,然后再与 y 的值相加
(double)(x + y)         //将 x + y 的和转换成 double 型
(int)x % (int)y         //先取 x 和 y 的整数部分,然后再进行取余运算
```

如果将【例 2.9】中的第 5 行代码"a=c;"修改为"a=(int)c;",对 double 变量 c 进行强制类型(int)转换后,再把转换后的数值 1 赋值给 int 变量 a 就能消除编译时产生的警告。

在使用强制类型转换运算时需要注意以下两点:

(1) 强制类型转换并不能改变变量的数据类型。如 double a=1.9,执行(int)a 后,变量 a 的数据类型仍然是 double,它存储的数据仍然是 1.9,而(int)a 仅仅产生了一个临时值 1。

(2) 在进行强制类型转换时,一定不要忘记用括号()将数据类型括起来,"(数据类型)"才是一个完整的运算符。

2.5.6 不同数据类型间的混合运算

在程序中经常需要对不同类型的数据进行运算,如 3.0/2,这是一个 double 数据与一个 int 数据之间进行除法运算。计算机该如何做呢?计算结果的数据类型又是什么呢?

整型、字符型和浮点型之间可以进行混合运算。如果一个运算符两侧的数据类型不同,则需要先进行数据类型转换,在数据类型统一后再进行计算。不同数据类型在混合运算中的转换规则一般按照"字节数少的数据类型向字节数多的数据类型转换"和"字节数相同时,整型向浮点型转换"两条原则进行。

1. 字节数少的数据类型向字节数多的数据类型转换

例如,当 float 数据和 double 数据进行运算时,先将 float 数据转换成 double 数据,然后再进行运算。short 数据和 int 数据之间进行运算,先将 short 数据转换成 int 数据,然后再进行运算。

2. 字节数相同时,整型向浮点型转换

例如,当 int 类型和 float 类型之间进行运算时,虽然它们的字节数都是 4 字节,但是 float 类型可表示的数据精度高,先将 int 数据转换成 float 数据,然后再进行运算。例如,

```
int a = 2;
char b = 'a';               //注意'a'是字符 a,而不是 int 型变量 a
float c = 1.2;
double d = 1.8;
a + b + c + d;
```

表达式 a+b+c+d 的运算结果是什么数据类型呢?加运算符是左结合,先计算 a+b。

将 char 变量 b 中的数值 97(字符'a'的 ASCII 码值)转换成 int 数值 97(占 4 字节),运算结果是 int 类型的数值 99。接着计算 99+c,先将 int 类型数值 99 转换成 float 类型,然后再与变量 c 进行加运算,计算结果为 99.0+1.2=100.2,数据类型为 float。最后计算 100.2+d,先将 float 类型 100.2 转换成 double 类型,计算结果为 100.2+1.8=102.0,是 double 类型。表达式 a+b+c+d 的运算结果是 102.0,它的数据类型是 double。

2.5.7 * 位运算符

位运算符用来对二进制位进行操作。位运算符比一般的算术运算符速度要快,而且可以实现一些算术运算符不能实现的功能。如果要开发高效率程序,那么位运算符是必不可少的。

C 语言的位运算有两种:逻辑位运算和移位运算。它们的运算对象都是整型数据或字符型数据,运算结果也是整型或字符型数据。有一点需要注意,如果参与位运算的是负整数,那么该负整数是以二进制补码的形式参与位运算。

微课 2.8 位运算

1. 逻辑位运算

逻辑位运算符包括按位反、按位与、按位或、按位异或 4 个运算符,参见表 2.11。

表 2.11 逻辑位运算符

运算符	含义	优先级	结合性	举例	运算结果
~	按位反	高	右结合	~00001011	11110100
&	按位与	中	左结合	00101011&10011101	00001001
∧	按位异或	中低	左结合	00101011∧10011101	10110110
|	按位或	低	左结合	00101011|10011101	10111111

1) 按位反运算

"~"是按位反运算符,它是单目运算符,用来对一个二进制数按位取反。按位取反即将二进制数位每一位的 0 变成 1,1 变成 0。~a 的结果是将变量 a 中的二进制数字按位取反后得到的一个新的二进制整数。

如~27(二进制是 00011011),表达式的计算过程是:对 00011011 按位取反,得到 11100100(十进制是 228),即~27 的计算结果为 228,计算过程参见图 2.29。

图 2.29 按位反运算

2) 按位与运算

"&"是按位与运算符,它是二目运算符。表达式 a&b 的结果是将变量 a 和变量 b 中的二进制数相对应的数位按位与后得到的整数值。当变量 a 和变量 b 中对应的二进制数位的数值均为 1 的时候,该数位按位与后的运算结果等于 1,否则该数位的运算结果等于 0。即 0&0=0,0&1=0,1&0=0,1&1=1。

例如 7&5 的值为 5,计算过程参见图 2.30。

```
   0 0 0 0 0 1 1 1(7)
 & 0 0 0 0 0 1 0 1(5)
   ───────────────────
   0 0 0 0 0 1 0 1(5)
```

图 2.30 按位与运算

按位与运算能实现一些巧妙的处理,如可用于实现将一个存储单元清零,指定一个二进制数的某些数位为 0(其余各位不变)等。例如,如果想使二进制数 01010101 的右起第 1 位和第 5 位为 0,而其他数位保持不变,只需将其与一个数进行 & 运算,此数的右起第 1 位和第 5 位为 0,其他位为 1,即通过 01010101&11101110 得到结果 01000100。

3) 按位异或运算

"∧"是按位异或运算符,它是二目运算符。它的运算规则是:如果参加运算的两个二进制数相对应的二进制位不同,则该数位的结果为 1,否则为 0,即 0∧0=0,0∧1=1,1∧0=1,1∧1=0。

例如,十进制数 57 和 43 进行 ∧ 运算,结果为十进制数 18,计算过程参见图 2.31。

```
   0 0 1 1 1 0 0 1   (十进制数57)
 ∧ 0 0 1 0 1 0 1 1   (十进制数43)
   ───────────────────
   0 0 0 1 0 0 1 0   (十进制数18)
```

图 2.31 按位异或运算

表达式 a∧a 的值为 0 是显然的,因为同一个数的二进制对应位肯定是相同,按位异或运算的结果必然为 0。a∧0 的值为 a,即保留原值,因为如果 a 的原位为 1,则结果的对应位为 1,a 的原位为 0,则结果的对应位为 0。按位异或运算可以实现不使用中间变量就可以交换两个变量的值。

例如,假设 a=3,b=7,可以使用以下语句交换变量 a 与 b 的值。

a = a∧b   ①
b = b∧a   ②
a = a∧b   ③

交换过程参见图 2.32。

执行表达式①②,相当于 b=b∧(a∧b),而 "∧" 运算满足交换律和结合律,所以 b∧(a∧b)=a∧(b∧b)=a∧0=a,因此 b 的值为 a,即 3,这一点从图 2.32 中可以看得更清楚。再执行表达式③,由于 a=a∧b,b=b∧(a∧b),因此表达式③相当于 a=a∧b∧b∧(a∧b)=a∧a∧b∧b=0∧0∧b=b,即 a 得到了 b 原来的值。

```
    0  0  0  0  0  0  1  1   (a)
 ∧  0  0  0  0  0  1  1  1   (b)
 ─────────────────────────
    0  0  0  0  0  1  0  0   (a)    ① a∧b 的结果，a 已经变成 4
 ∧  0  0  0  0  0  1  1  1   (b)
 ─────────────────────────
    0  0  0  0  0  0  1  1   (b)    ② b∧a 的结果，b 已经变成 3
 ∧  0  0  0  0  0  1  0  0   (a)
 ─────────────────────────
    0  0  0  0  0  1  1  1   (a)    ③ a∧b 的结果，a 已经变成 7
```

图 2.32　利用按位异或运算交换两个变量的值

4) 按位或运算符

"|"是按位或运算符，它是二目运算符。它的运算规则是：如果参加运算的两个对象的相对应二进制位中只要有一个为 1，则该位的结果为 1，否则为 0，即 0∧0=0,0∧1=1,1∧0=1,1∧1=1。

例如，十进制数 57 和 43 进行"|"运算，结果为十进制数 59，计算过程参见图 2.33。

```
    0  0  1  1  1  0  0  1   （十进制数 57）
 |  0  0  1  0  1  0  1  1   （十进制数 43）
 ─────────────────────────
    0  0  1  1  1  0  1  1   （十进制数 59）
```

图 2.33　按位或运算

按位或运算常用来将一个变量的某些指定位设置为 1，而其余位不变。例如，将变量 c 的右起第一位和第三位设置为 1，则可通过表达式"c=c|5"实现。

2. 移位运算

移位运算符包括左移(<<)、右移(>>)两种运算符。

1) 左移运算

左移运算符为"<<"，用来将一个二进制数的数位全部左移若干位。一般形式为：

a << b

其中，b 是整数。实际使用中，一般让 b 取正整数，且是较小的正整数，通常为 1、2、3 等常数。

它的运算规则：左侧(即高位)移出去的数位被舍弃，右侧(即低位)移空了的数位补 0。在不考虑数值越界的情况下，a<<b 相当于将 a 的值乘以 2 的 b 次幂。

例如，

char a = 32;
a = a << 1;

结果为a=64,也即是32乘以2的1次幂的结果,参见图2.34。

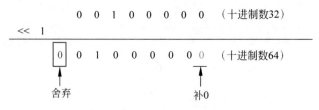

图 2.34　左移运算(不溢出)

a<<2的结果则为−128,因为此时最高位已由0变为1,有符号char a的最高位是符号位,按照补码解释就是−128。运算过程参见图2.35。

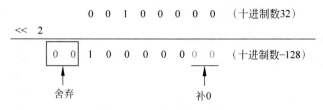

图 2.35　左移运算(溢出)

2) 右移运算

右移运算符为">>",用来使一个二进制数的数位全部右移若干位。一般形式为:

a >> b

其中b是整数。实际使用中,一般让b取正整数,且是较小的正整数,通常为1、2、3等常数。

它的运算规则是:对正数右移时,右侧(即低位)移出去的数位被舍弃,左侧(即高位)移空了的数位补0;对负数右移时,右侧(即低位)移出去的数位被舍弃,左侧(即高位)移空了的数位补1。在不考虑数值越界的情况下,a>>b相当于将a的值除以2的b次幂。

例如:

```
char a = 4, b = -4;
a = a >> 1;
b = b >> 1;
```

正数a右移的结果为a=2,也即是4除以2的一次幂的结果,参见图2.36。

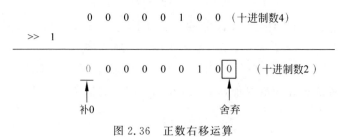

图 2.36　正数右移运算

负数 b 右移的结果是为 b=-2,参见图 2.37。

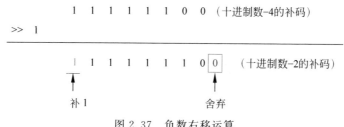

图 2.37 负数右移运算

2.6 教计算机做简单的运算

在教会计算机认识了数与字符以及运算符之后,就可以利用 C 语言给它下达指令,让它帮助我们解决一些简单的数学运算问题。

我们需要用 C 语句来描述下达给计算机的任务,这个过程好比撰写一篇文章。如果要写出一篇文章,需要掌握丰富的词汇,能够遣词造句、组织段落,最后才能够形成文章。C 语言中的词汇就是标识符,包含变量、常量和关键字。变量和常量所携带的数据就是词汇的含义。通过运算符将常量和变量组织成表达式形成 C 语句就类似遣词造句的过程。通过函数将这些语句组织成 C 程序的"段落",最后通过 main 函数调用这些函数,就构建了 C 语言的文章——C 程序。下面介绍如何编写 C 语言的句子。

微课 2.9 简单程序编写过程

2.6.1 如何书写语句

在 C 语言中有 5 种主要的语句。它们分别是表达式语句、复合语句、空语句、控制语句和函数调用语句。在本节中先学习表达式语句、复合语句和空语句。

1. 表达式语句

一个表达式和一个西文分号(;)可以组成一条表达式语句。

例如,

a = 3   是一个表达式。
a = 3; 是一条表达式语句。

其中字符";"是一条表达式语句结束的标识符。这就像句号"。"作为中文语句结束的标志一样。

2. 空语句

只有";"的语句是空语句。空语句的含义是让计算机什么都不需要做,那么它又有什么用呢？空语句是一条合法语句。在选择语句和循环语句中，空语句有时候可以作为这些语句的组成部分，以保证这些语句满足语法要求。

3. 复合语句

用大括号"{ }"把一些 C 语句括起来就是一条复合语句。大括号里面也可以没有语句，此时它的作用相当于一条空语句。例如，

```
{
    int a = 1;
    float b = 1.5;
    double c;
    c = a + b;
}
```

为什么要将这些语句括起来变成"一条语句"呢？在选择语句和循环语句中，有时候需要让一组语句要么全部执行，要么全部都不执行。这组语句类似于"一条语句"，需要将它们写成复合语句的形式。

2.6.2 如何组织语句

第一条语句该如何写起呢？1.3.4 节中介绍了 C 程序都有一个主函数，在主函数中可以编写语句。下面介绍在 main 函数中编写简单程序语句的基本步骤，参见图 2.38。

1. 编写 main 函数

每个程序都有一个唯一的 main 函数。在 main 函数中编写程序语句时，首先要写出完整的 main 函数。

main 函数的基本框架如下：

```
1   int main()
2   {
3       return 0;
4   }
```

2. 定义与初始化变量

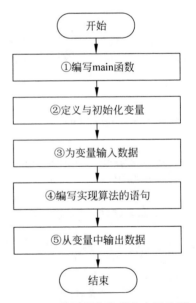

图 2.38　编写程序代码的主要步骤

定义变量的工作非常重要。让计算机处理的数据需要先存储在变量中。我们需要为变量取合适的名字，做到见名知意。我们需要为变量选择合适的数据类型，存储空间既够用，又不会浪费。在定义变量时，如果能够初始化变量，那么一定记得要对它进行初始化赋值，防止在使用它的时候因为变量中没有数据而产生错误。

在解决同一个问题时，不同的程序员所定义的变量的类型和数量可能不会相同。但

是专业的程序员总会追求使用最少的变量,为变量选择最恰当的数据类型,让它们占用较少的存储空间,从而提高计算机内存的利用效率。

3. 为变量输入数据

在程序中不是所有的变量都能够被初始化赋值,有一部分变量需要接收从计算机输入设备输入的数据。这时需要使用一些输入函数接收从输入设备输入的数据,并把这些数据写入变量中。例如,利用 scanf 函数可以接收用户从键盘中输入的数据。

4. 编写实现算法的语句

利用已经定义好的变量组成表达式以及各种语句对算法中的每个步骤进行实现。这是编写程序的核心过程,也是最困难的过程。每个程序员实现的方式可能都不一样,但是专业的程序员总是会想办法减少语句的数量,从而提高计算机的执行效率,或者让程序的语句简洁、易懂,提高程序代码的可读性,或者让代码的功能更有结构性,以提高程序代码的复用性。

5. 从变量中输出数据

当程序运行时,它的运算结果需要进行输出显示。计算结果数据一般都是存储在变量中,需要将这些变量中的数据输出到计算机的外设设备上,以便于人们进行查看。例如,输出到计算机的显示器、打印机等设备上。

在没有学习函数的知识之前,建议大家按照上面的基本步骤来组织和编写程序。它可以较好地梳理程序代码的编写思路。在具体实施的过程中,一般是在前一个步骤基本完成后再接着完成下一个步骤。如果在后一个步骤的过程中发现前一个步骤中存在问题,也可以对前一个步骤的内容进行修改。例如,在编写实现算法的语句过程中可能还会需要再定义一些变量,此时需要再次回到定义与初始化变量的步骤对程序进行修改。

2.6.3 简单运算举例

现在可以用 C 语言来编写一些语句,让计算机来帮助我们做一些计算器不能够自动完成的计算工作。在第 1 章中,我们提到过让计算机解决任何问题时,首先需要把解决问题的算法描述出来,然后再用 C 语言把算法的每一步写成 C 语句。下面通过温度转换的例子来展示这个过程。

【例 2.10】 在我国一般用摄氏法表示温度,而在西方的一些国家习惯用华氏法表示温度。现在要编写一个程序,让计算机能够实现将华氏温度转换成摄氏温度。

由于我们还没有学习如何利用输入函数从键盘上向计算机中输入数据,因此无法实现将用户通过键盘输入给定的任意华氏温度转换成摄氏温度。假设要转换的华氏温度为 64°F,通过对变量初始化赋值的方式将数 64 存储到变量中。

问题分析:要解决这个问题,首先要知道温度转换公式,通过查找资料可以获得温度转换公式如下:

$$c = \frac{5}{9}(f-32)$$

其中，f 表示华氏温度，c 表示摄氏温度。

算法设计：用流程图对算法进行描述，参见图 2.39。

编写程序：从流程图中，可以发现解决问题的步骤是按照从前往后顺序执行的，因此可以采用顺序结构来组织程序的指令。按照在 main 函数中组织程序语句的 5 个基本步骤，给出了程序的代码实现。

程序代码如下：

```
1                              //#include <stdio.h>
2   int main()                  //第一步，编写 main 函数
3   {
4       float c,f = 64;         //第二步，定义变量并初始化数据
5                               //第三步，为变量输入数据,scanf("%f",&f);对应流程图中①
6       c = 5/9 * (f - 32);     //第四步，编写实现算法的语句，对应流程图中②
7                               //第五步，从变量中输出数据,printf("%f",c);对应流程图中③
8       return 0;
9   }
```

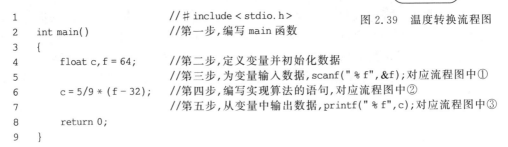

图 2.39 温度转换流程图

由于我们还未学习如何与计算机实时交互数据，对于第三步"为变量输入数据"和第五步"从变量中输出数据"并未在代码中实现，但是在注释中给出了对应的代码示例。如果要使用 scanf 函数和 printf 函数，还需要在 main 函数之前加入预编译语句"#include <stdio.h>"。

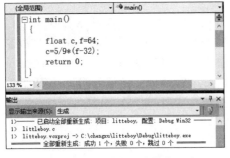

图 2.40 编译温度转换程序

在 main 函数中只有第 4 行和第 6 行两条语句是具体实现温度转换的语句。首先需要将 C 语句编译生成机器指令，编译结果参见图 2.40。

该程序代码没有语法错误，已经生成了机器指令。可执行程序存储在 littleboy.exe 文件中。虽然上面的程序代码可以生成可执行程序，但是这只是表明程序代码符合 C 语言的语法规则，并没有办法保证其中没有逻辑错误或者运行错误。

由于没有输出代码，无法将程序中的结果数据输出到计算机的显示器上，但是编译系统提供了一种跟踪程序变量状态的方法——程序调试。**程序调试是在编写的程序投入实际运行前，用手工或编译程序等方法进行测试，修正程序错误的过程**。当程序编写完成之后，程序代码必须送入计算机中进行测试。根据测试时发现的错误，进行错误诊断，找出原因和具体的错误代码，并进行修正。**程序调试是程序员必须掌握的一种程序错误诊断方法**。

程序代码必须通过编译以后才能够利用程序调试方法进行代码测试。程序调试主要包括以下 5 个步骤：

（1）设置断点。

如果想诊断到某处语句之前的代码是否正确，可以在该语句的位置设置断点标识，

当程序运行到断点处的时候会暂停执行从断点处之后的语句,包括断点位置的语句。如何设置断点是对一个程序员是否具有排除程序故障能力的考验,通过大量练习可以积累这样的经验。初学者可以将每一句都加上断点标识,逐句诊断。这样做虽然调试的速度慢,但是可以避免遗漏错误。

（2）运行程序。

将程序运行至断点处语句的位置。

（3）观察变量。

通过观察变量中数据的变化来判断已经执行语句的功能是否正确。每执行完一条语句,与它相关的变量的状态都应该有所变化。如果相应变量中的数据没有正确地被改变,那么这条语句就有可能存在问题。

（4）修改代码。

当发现错误的时候应该停止程序调试,对存在错误的程序代码进行修改。

（5）重新编译代码。

当程序代码被修改后需要对程序代码进行重新编译。重复上述过程,直至程序能够正确运行为止。

下面以 VS2010 的调试环境为例,演示【例 2.10】程序代码的调试过程。

（1）设置断点。

在需要设置断点的语句处单击鼠标右键,选择菜单中的"插入断点",即可插入一个断点,断点的标识是一个红色的圆点,也可以在该行语句的断点位置处直接单击插入一个断点标记,再次单击则取消断点标记,参见图 2.41。

（2）运行程序。

单击调试(Debug)按钮(或者使用快捷键 F5),参见图 2.42。第一个断点处的圆点中出现了横向箭头,表明此时程序正运行到该语句,但是该语句尚未运行。

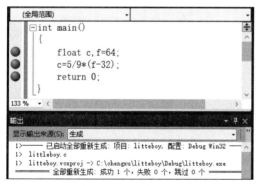

图 2.41　断点设置

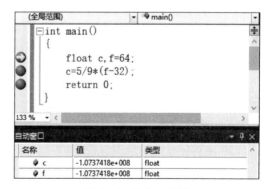

图 2.42　Debug 调试

（3）观察变量。

从局部变量的状态监视处可以看到变量 c 和变量 d 中有数值,但数值是未知的。继续单击调试按钮,执行该语句,执行结果参见图 2.43。变量 f 的值是 64.000000,说明前一条语句执行正确。

继续单击调试按钮,执行结果参见图 2.44。

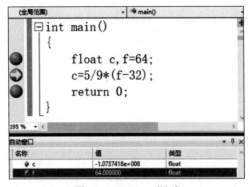
图 2.43　Debug 调试

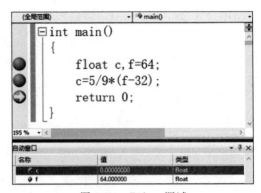
图 2.44　Debug 调试

变量 c 的值是 0，这是不正确的，c 的值四舍五入后应该是 17.777778。这说明"c=5/9*(f-32);"这条语句有错误。常量 5 和 9 是整型，在 C 语言中整型的除法运算结果还是整型。虽然在数学中 5 除以 9 的结果是 0.555556，但是在 C 语言中 5/9 只能保留 0.555556 的整数部分 0，0*(f-32)的结果必然是 0。如果想要保留小数，运算结果的数据类型应该是浮点型，可以先将整型常量 5 或 9 转换成浮点型，然后再进行除法运算。有很多种方法可以完成这样的转变。例如，将 5 修改为 5.0 或者将 9 修改为 9.0。5.0 是 double 型常量，5.0/9 的结果是 double 型。也可以使用强制类型转换(float)5，将 int 型常量 5 转换成 float 型常量 5.0。

（4）修改代码。

停止调试，将"c=5/9*(f-32);"语句修改为"c=(float)5/9*(f-32);"。

（5）重新编译代码。

重新调试，运行结果参见图 2.45。此时变量 c 中存储了数值 17.777779。由于 float 的绝对有效位是 6 位，相对有效位是 7 位，17.777779 中的第 8 位本来应该是 8，而现在却是 9，因为 float 不能保证其第 8 位数字是否有效了。此时程序逻辑正确，通过调试。

【例 2.11】 英文字母大小写转换是一个常用的功能，实现将变量 u_l(upper to lower 的简写)中存储的大写字母转换成小写字母。

问题分析：通过查看 ASCII 码表，发现小写字母的 ASCII 码值比其对应的大写字母的 ASCII 码值大 32，例如，'A'的 ASCII 码值是 65，'a'的 ASCII 码值是 97。只要将变量 u_l 中的数值增加 32，就可以转换成其对应的小写字母。

算法设计：用流程图对算法进行描述，参见图 2.46。

编写程序：通过对 u_l 变量进行赋值的方式实现字符的输入。

程序代码如下：

```
1    int main()
2    {
3        char u_l;           //定义变量
4        u_l = 'B';          //①通过直接赋值的方式为 u_l 输入数据。scanf("%c",&u_l);
5        u_l = u_l + 32;     //②编写大写转小写语句
6                            //③输出 u_l 中的数值。printf("%c",u_l);
7        return 0;
8    }
```

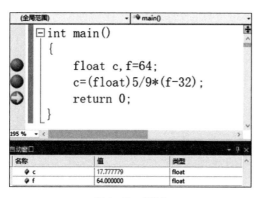

图 2.45 调试

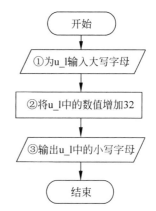

图 2.46 字母大写转小写流程图

我们仍然采用程序调试的方式,通过观察变量值的变化,判断程序是否正确,参见图 2.47。当运行到第 4 行语句的断点处时,通过监视窗口可以观察到变量 u_l 中的值是 −52,'?'表示该值无对应的字符,因为有效字符的 ASCII 值是从 0~127。当执行完第 4 行语句后,参见图 2.48。变量 u_l 中的值是 66,'B'表示 66 对应的 ASCII 字符,说明第 4 行语句已经将字符常量'B'的 ASCII 码值存储到了变量 u_l 中。

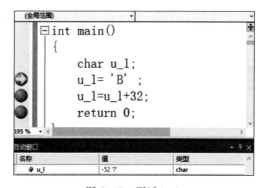

图 2.47 调试(一)

当执行完第 5 语句后,变量 u_l 中的值是 98,'b'表示 98 对应的 ASCII 字符,说明第 5 行语句已经对变量 u_l 的值进行了修改,增加了 32,参见图 2.49。

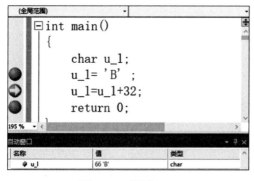

图 2.48 调试(二)

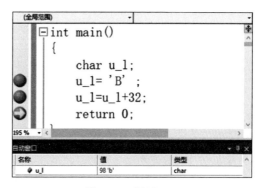

图 2.49 调试(三)

【例 2.12】 已知三角形的三条边长分别为 6、7、8,求三角形的面积。

问题分析:假设一个三角形,它的三条边长分别是 a、b、c,由海伦公式可知,三角形的面积 s 可以由公式 $s=\sqrt{p(p-a)(p-b)(p-c)}$ 计算出,其中 $p=(a+b+c)/2$。

在C语言中没有开平方运算符,很多数学运算符也都没有。为此有专业的程序员使用基本的运算符编写了一些函数,实现了上述运算符的功能。这些功能需要通过函数调用语句才能够使用。这些专用的函数被称为C库函数。下面通过一个例子来了解C库函数的使用方法。

算法设计:求三角形面积的算法描述参见图2.50。

编写程序:

定义变量是一个重要的环节。在这个问题中,如果将边长a、b、c的数据类型设置为int,那么(a+b+c)/2的运算就会舍去小数部分,因此定义a、b、c的数据类型为float。

开方运算的函数为sqrt(x),x是需要做开方运算的数值,但是使用该函数必须在main函数前面,加入一行代码"#include <math.h>"。math.h是头文件,它里面包含了对sqrt函数的声明。

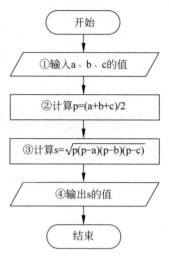

图2.50 三角形面积计算流程图

程序代码如下:

```
1   #include <math.h>
2   int main()
3   {
4       float a,b,c,p,s;
5       a=6;b=7;c=8;                        //①输入数据
6       p=(a+b+c)/2;                        //②计算p值
7       s=sqrt(p*(p-a)*(p-b)*(p-c));        //③调用开方函数
8       return 0;
9   }
```

采用程序调试方式运行程序,参见图2.51。在执行到第5行语句时,可以观察到所有变量中的数值都是未知的。在执行完第5行语句后,变量a、b、c中的数据正确,参见图2.52。

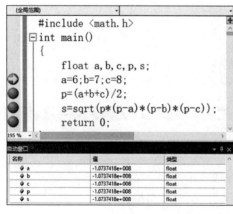

图2.51 调试(一)

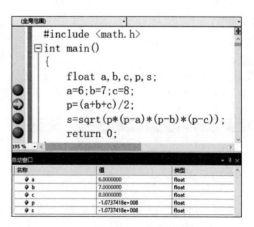

图2.52 调试(二)

在执行完第 6 行语句后,变量 p 中得到数值 10.500000,参见图 2.53。在执行完第 7 行语句后,变量 s 中得到数值 20.333162。参见图 2.54。

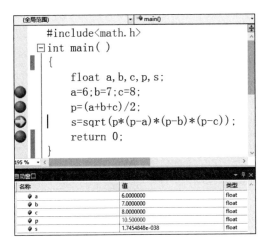

图 2.53 调试(三)

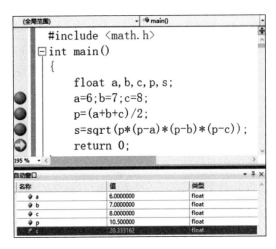

图 2.54 调试(四)

2.7 本章小结

让计算机学会运算是一件看似简单却是十分复杂的工作,因为数据在我们的世界中与计算机的世界中的表示是有所区别的。在计算机的世界中,整数与小数的表示与存储是完全不同的。即使都是整数,也会区分有符号整数和无符号整数,还会区分不同的字节数。即使都是小数,也会区分不同的字节数。字节数不同意味着可表示的数据的范围和精度不相同。我们需要熟练地掌握数据在计算机中的表示与存储原理,只有这样才能为数据选择恰当的数据类型,将我们世界中的数据在计算机的世界中进行正确的表示与存储。

在 C 语言中,只有一些简单的算术、关系和逻辑运算符等,它并不包含数学中的一些复杂运算符。如果想使用 C 语言完成一些复杂运算,可以查阅 C 语言与数学有关的库函数,利用这些库函数来解决复杂的数学计算问题。附录 D 中列出了部分常用的数学函数。

当我们写出了让计算机可以执行的 C 语句之后,这些语句中往往会存在一些错误。我们应该学会利用程序调试的方法,对可疑语句逐条排查。通过观察变量中数据状态的改变来诊断错误,对错误进行排除。程序调试的过程是排除错误的过程,也是程序员提高编程能力的过程。本章知识点参见图 2.55。

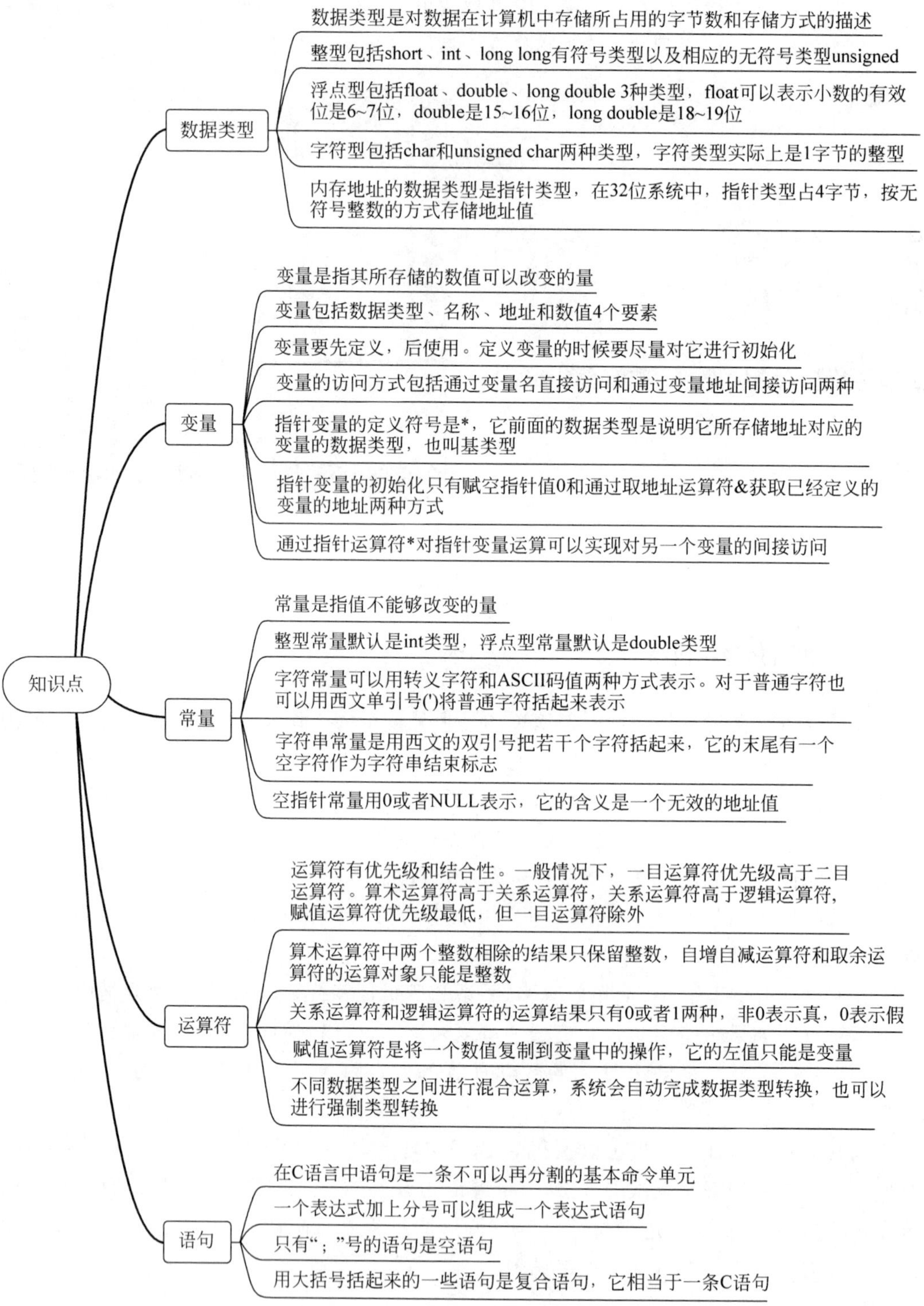

- 知识点
  - 数据类型
    - 数据类型是对数据在计算机中存储所占用的字节数和存储方式的描述
    - 整型包括short、int、long long有符号类型以及相应的无符号类型unsigned
    - 浮点型包括float、double、long double 3种类型，float可以表示小数的有效位是6~7位，double是15~16位，long double是18~19位
    - 字符型包括char和unsigned char两种类型，字符类型实际上是1字节的整型
    - 内存地址的数据类型是指针类型，在32位系统中，指针类型占4字节，按无符号整数的方式存储地址值
  - 变量
    - 变量是指其所存储的数值可以改变的量
    - 变量包括数据类型、名称、地址和数值4个要素
    - 变量要先定义，后使用。定义变量的时候要尽量对它进行初始化
    - 变量的访问方式包括通过变量名直接访问和通过变量地址间接访问两种
    - 指针变量的定义符号是*，它前面的数据类型是说明它所存储地址对应的变量的数据类型，也叫基类型
    - 指针变量的初始化只有赋空指针值0和通过取地址运算符&获取已经定义的变量的地址两种方式
    - 通过指针运算符*对指针变量运算可以实现对另一个变量的间接访问
  - 常量
    - 常量是指值不能够改变的量
    - 整型常量默认是int类型，浮点型常量默认是double类型
    - 字符常量可以用转义字符和ASCII码值两种方式表示。对于普通字符也可以用西文单引号(')将普通字符括起来表示
    - 字符串常量是用西文的双引号把若干字符括起来，它的末尾有一个空字符作为字符串结束标志
    - 空指针常量用0或者NULL表示，它的含义是一个无效的地址值
  - 运算符
    - 运算符有优先级和结合性。一般情况下，一目运算符优先级高于二目运算符。算术运算符高于关系运算符，关系运算符高于逻辑运算符，赋值运算符优先级最低，但一目运算符除外
    - 算术运算符中两个整数相除的结果只保留整数，自增自减运算符和取余运算符的运算对象只能是整数
    - 关系运算符和逻辑运算符的运算结果只有0或者1两种，非0表示真，0表示假
    - 赋值运算符是将一个数值复制到变量中的操作，它的左值只能是变量
    - 不同数据类型之间进行混合运算，系统会自动完成数据类型转换，也可以进行强制类型转换
  - 语句
    - 在C语言中语句是一条不可以再分割的基本命令单元
    - 一个表达式加上分号可以组成一个表达式语句
    - 只有";"号的语句是空语句
    - 用大括号括起来的一些语句是复合语句，它相当于一条C语句

图 2.55　让计算机学会运算

2.8 习题

1. 下列哪些可作为标识符？哪些是不合法的标识符？

b	C	C++	cpp	x2	program	$18	\t
switch	and	a3w	while	a[i]	For	for	β
tan(x)	int	π	float	who	false	pat	integar
t&d	case	windows	Dos floa	class	return	6tun	_int

2. 下列哪些是合法的常量？哪些是不合法的常量？对于合法的常量，请指出常量的类型和数值；对不合法的常量，请说明为什么不合法。

'\065'	3FE	123,654	−1.0E06	0X7D
213.	"e"	.3141	"a+=m;"	013
"123+218"	−1E−5	029	40L	'\n'
1E2.5 −600.	E12	'None'	.007	−2.1eMAXPI

3. 写出下列各表达式的值。

设有定义：

`int x = 4;`

(1) (float)9/2−12/3　　　　　(2) 9/2*2

(3) 4*x/(7%3)　　　　　　　(4) x+=213

4. 写出下列各表达式的值。

设有定义：

`int i = 4, k = 6, j = 12, a = 10, n = 4;`
`float x = 5.4;`
`char c = 'D';`

(1) c+i　　　　　　　　(2) −−i+('A'+'G')/2　　　　(3) n/=12−n

(4) 3*k<=j+4　　　　　(5) c+x　　　　　　　　　　(6) c−'A'+'a'

(7) a*=n+3　　　　　　(8) k<=8||j<=6&&j>0　　　　(9) ++i/(int)x

(10) !x||c　　　　　　　(11) a+=a−=a*=a　　　　　　(12) k!=4&&k!=5

(13) (c−'A'+5)%3　　　 (14) i<=10&&i>=−3　　　　　(15) a%=(a/=2)

(16) !x||i&&(i>=c)

5. 写出下列数学算式对应的 C 语言表达式。

(1) $x = \dfrac{-b \pm \sqrt{b^2 - 4ac}}{2a}$

(2) $y = x^2 + \dfrac{a-b}{a+b} + p\left(1 + \dfrac{r}{4}\right)^{4n}$

6. 分别根据下列描述写出表达式。

(1) 设今天是星期三，那么 n(n>0) 天以后是星期几？

(2) 设现在时针指向 1 点,那么 t(t>0)小时后时针指向几点？

(3) 平面直角坐标系中两点 A(x1，y1)和 B(x2，y2)之间的距离。

(4) 已知变量 int a 中存放着一个 3 位正整数,将 a 的 3 位数字之和赋给变量 int b。

7. 分别写出判断下列表述的表达式。

(1) 字符变量 ch 中存放的字符是字母或数字。

(2) 实型变量 x 的值非常接近 0(精确到 10^{-8})。

(3) 整数 a 是一个相邻数字不同奇偶的 3 位正整数。

(4) 一个三角形的边长分别为 a、b、c,该三角形为等腰三角形。

8. 对于输入的一行字符,要"统计这一行字符中大写字母、小写字母、数字和非数字字符的个数",请分别写出判别大写字母、小写字母、数字和非数字字符的条件表达式。

9. 在"七一"党的生日庆典上,学院给老师和学生分发水果。分西瓜时,老师 5 人一个,学生 4 人一个,正好分掉 20 个西瓜；分桃子时,老师每人 3 个,学生每人 2 个,正好分掉 188 个桃子。请给出满足题目条件的表达式。

第 3 章

与计算机面对面地交流——数据的输入与输出

想象一下，我们人类之间面对面交流的场景。我们彼此注视着对方的眼睛，倾听着对方的语言，观察着彼此的神情和动作，完成一次愉悦的对话。当我们的交谈对象是计算机时，我们是如何与计算机面对面交流的呢？

我们紧紧地盯着计算机的屏幕，观察着屏幕上出现的字符，不断地敲击着键盘。计算机接收键盘传给它的数据，经过它的处理后，屏幕再一次出现一排排新的字符，这就是我们与计算机交流的场景——无声的"对话"。

3.1 我们与计算机的交流方式

我们与计算机之间交流的内容是数据，交流的方式是输入和输出数据，交流的工具是计算机的输入设备（如键盘、鼠标、摄像头和扫描仪等）和输出设备（如显示器、打印机、音箱等）。计算机通过程序不断地接收、处理和输出这些数据，推动我们与计算机之间进一步的数据交互。

3.1.1 人类与计算机理解数据的差异性

计算机的世界是二进制的数字世界。计算机能够存储二进制数据，也能够计算二进制数据，但是它一般不显示二进制数据，因为我们人类不容易看懂二进制数据。对于计算机存储的二进制数据，我们可以要求它按整型、浮点型、字符型等任意数据类型进行显示，但是只有按照数据存储时的数据类型进行读取并显示才有意义。例如，

```
char ch = 'A';
```

在变量 ch 中存储了字符'A'的 ASCII 码值 65，即 01000001。如果现在让计算机在屏幕上显示变量 ch 中的内容，我们必须告诉它按照什么样的数据类型解释 ch 中的数据。如果按照 int 类型解释，那么显示器上将显示 65。如果按照 char 类型解释，那么将显示英文字母 A。如果按照浮点型解释，那么将显示 0.000000。显然，对变量 ch 中所存储数据的最恰当输出方式是按 char 类型解释并显示。

向计算机中输入数据，也存在着同样的问题。当我们要从键盘上为字符变量 ch 输入字符'A'时，我们是输入字符'A'，还是输入它的 ASCII 码值 65 呢？如果告诉计算机，现在输入的数据按字符解释，那么就要输入字符'A'。如果此时输入 65，那么计算机就会认为 65 是两个字符 6 和 5，从而产生错误。如果告诉计算机，现在输入的数据按整型解释，那么就必须输入 65。如果此时再输入字符'A'，那么同样也会产生错误，因为阿拉伯数字中没有字符'A'，计算机无法按整型数据理解此时的字符'A'。

当我们在阅读计算机屏幕上所显示的数据时，我们的大脑是不会去考虑哪些数据是整数，哪些数据是字符，哪些数据是浮点数的。对我们来说，我们只关心这些数据所包含的信息而不关心它们的数据类型。但是，计算机却必须关注这些数据的数据类型，否则它就无法正确地将二进制数据转换成我们所需要的信息内容。因此，如何正确地向计算

机中输入和输出数据是程序员必须了解与掌握的内容。

3.1.2 计算机如何输入和输出数据

我们通过输入输出系统与计算机交互数据。**输入输出系统是计算机系统与外部进行通信的子系统**，它是计算机系统的重要组成部分。输入输出系统由输入设备、输出设备和输入输出控制系统3部分组成。其中，输入输出控制系统是在计算机中对外围设备实施控制的系统，它的主要功能是通过向外围设备发送控制命令控制输入和输出数据的传送以及检查外围设备的状态。

输入设备是向计算机输入数据和信息的设备，用于把数据和处理这些数据的程序输入到计算机中。键盘、鼠标、摄像头、扫描仪、光笔、手写输入板、游戏杆、语音输入装置等都属于输入设备。计算机既可以接收数值型的数据，也可以接收各种非数值型的数据，如图形、图像、声音等。非数值型的数据可以通过不同类型的输入设备转换成二进制数据后输入到计算机中，进行存储、处理和输出。

输出设备是计算机输出数据的设备。常见的输出设备有显示器、打印机、音箱等。利用各种输出设备可将计算机输出的信息转换成人能够识别的形式显示在屏幕上，如数字、文字、符号、图形和语音等，或者记录在磁盘、磁带、纸带和卡片上，或送给相关控制设备。

虽然计算机有各种各样的输入和输出设备，但是这些设备都有一个共同的目标——数据的格式转换。把我们容易理解的文本、图像、语音等数据转换成计算机能够处理的二进制数据输入到计算机中，再把计算机处理后的二进制数据转换成文本、图像、语音等数据输出。

本书将介绍利用C语言通过键盘、显示器、内存和硬盘等设备与计算机进行交互数据的方法。

3.1.3 两种对话方式的选择

在生活中，人与人之间的对话内容需要保存吗？我们一般不会记录聊天的内容，而对于重要的会议内容，我们会用纸笔记录下来。在与计算机对话的过程中，也存在着类似的场景。有的时候，我们通过键盘输入数据后，计算机直接将计算结果显示在屏幕上，我们看看就可以了，不需要保存结果数据。而有的时候需要将对话内容保存下来，以便于日后随时查看和使用。当然保存我们与计算机之间的对话内容是需要付出一定代价的，需要使用硬盘等具有持久性存储数据能力的设备来保存数据。

微课3.1 两种对话方法

下面介绍与计算机交互数据的两种方式：一种是不保存对话内容，通过键盘和显示器与计算机交互数据；另一种是保存对话内容，通过内存与硬盘交互数据，参见图3.1。

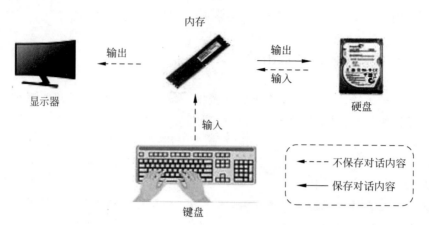

图 3.1 计算机的两种数据输入输出方式示例

1. 通过键盘和显示器交互数据

利用键盘和显示器可以实现与计算机之间的实时数据交互。我们从键盘上将数据输入到内存中并存储在程序的变量里面。在程序运行过程中,计算机依据指令将变量中的数据输出到显示器上。根据显示结果,我们再次通过键盘输入数据,如此循环。在这个过程中,数据被暂时保存在内存中,但是内存不能持久存储数据。当程序运行结束时,操作系统会清除内存中的程序数据,从而无法再访问程序中的数据。

2. 通过内存和硬盘交互数据

利用内存和硬盘可以将程序中的数据持久地保存在硬盘中。计算机可以将内存中的数据写入到硬盘中,以文件的方式保存下来。即使程序退出运行,程序中的数据也已经保存在文件中了,不会丢失。当程序重新运行时,我们可以让计算机从硬盘的文件中将数据读入到内存中供程序使用,从而不需要通过键盘再次输入数据。

通过这两种方式,既可以利用键盘实时地将数据输入到程序的变量中,也可以通过读取文件的方式向变量中输入数据。既可以将程序中变量的数据输出到显示器上,也可以将变量的数据输出到文件中。将数据输出到文件的交互方式可以达到持久保存程序数据的目的。

3.2 通过键盘和显示器与计算机交流

键盘和显示器的工作原理是复杂的。为了降低使用它们的复杂性,专业的程序人员开发了通过键盘向变量中输入数据以及将程序中的数据输出到显示器上的相关指令。在 C 语言中,这些指令集被称为标准输入输出库函数。

除了标准输入输出库函数以外,C 语言还提供了其他库函数,这些库函数统称为 C 语言标准库函数。下面对 C 语言标准函数库进行简要的介绍。

3.2.1　C语言标准函数库

C语言标准函数库并不是C语言标准中的一部分,而是由C语言编译器根据一般用户的需要编制并提供给用户使用的一组程序代码。不同版本的C语言编译系统提供的库函数是由不同编译软件研发公司开发的,由于版权原因,库函数的源代码一般是不可见的,但是库函数和一些自定义符号常量的声明会用一个独立的文件进行保存,以方便使用者调用,这个文件被称为头文件。在程序中调用这些库函数时,需要使用include包含指令将这些库函数的头文件复制到源文件中。

C语言标准函数库包括了C语言建议的全部标准函数,还根据用户的需要补充了一些常用函数,并且已经对这些函数的源代码进行了编译,形成了目标文件。当我们在程序中使用了库函数时,编译系统在编译源程序时并不会检查库函数的源代码,但是会检查是否包含了所调用的库函数的头文件。在程序连接阶段,编译系统会连接库函数的目标文件,与其他源文件的目标文件共同生成一个可执行的目标程序。在程序中未使用库函数与使用库函数的编译和连接过程参见图3.2。

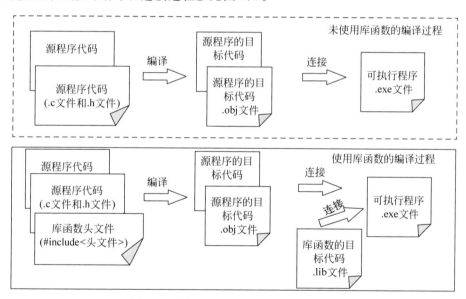

图 3.2　未使用和使用库函数的编译过程

如图3.2中的虚线框所示,在用户编写的源程序代码中未使用库函数。在程序编译过程中,多个源文件经编译后,生成了多个目标文件。当程序连接成功后便生成了可执行程序。

如实线框所示,在用户编写的源程序代码中使用了库函数。在源文件中需要包含所使用的库函数的头文件,如"♯include <头文件>"。include指令是程序预编译的包含指令,指示编译器将文件的全部内容插入此处。编译系统会将该头文件中关于函数声明的程序代码复制到源文件中。

预编译又称为预处理,是为程序编译做预备工作的阶段,主要完成一些代码文本的

替换工作。预编译的内容主要包括**宏定义**、**文件包含和条件编译**。我们前面学习的符号常量的定义就是宏定义的一种。include 预编译指令属于文件包含,当我们在程序引入某个头文件并调用其中的函数时,编译系统在连接阶段会连接"♯include<头文件>"中头文件对应的目标文件,与源文件生成的目标文件一起生成可执行文件。

常用的库函数头文件有 stdio.h、math.h、string.h 等。在 stdio.h 头文件中声明了输入输出的库函数,如 scanf 函数、printf 函数以及打开文件的 fopen 函数等。在 math.h 头文件中声明了常用的一些数学函数,如指数函数 exp、开方函数 sqrt、正弦函数 sin 等。在 string.h 头文件中声明了常用的字符串操作函数,如字符串长度函数 strlen、字符串复制函数 strcpy 等。

3.2.2 通过键盘输入数据

由于键盘与内存硬件之间的数据传输速度存在差异,因此 C 语言提供了标准输入流对输入数据进行缓冲管理。在利用键盘连续输入数据时,数据不会马上送入缓冲区。只有当我们输入了换行符后,从键盘输入的数据才会被送到缓冲区中。当调用相关函数读取数据时,函数会先去缓冲区查看是否有数据存在。如果缓冲区中没有数据,函数则需要等待,直到用户从键盘将数据输入到缓冲区中。

在 C 程序中,可以使用 scanf 函数从缓冲区中将数据读取到指定的变量中。用户可以指定输入数据的类型和数量。scanf 函数能够输入整型、浮点型、字符型等数据,并且可以一次性输入若干个任意类型的数据。

2.6.1 节介绍了表达式语句、复合语句和空语句,现在介绍函数调用语句。

函数调用语句由一个函数调用和一个分号组成,格式为:

函数名称(参数 1,参数 2,…,参数 n);

函数名称的命名规则与变量相同,它们都是标识符。参数是输入到函数中的数据,由函数处理后再输出结果数据。关于函数的知识,将在第 5 章中详细介绍。这里只要学会如何调用这些库函数就可以了。

1. scanf 语句

scanf 语句是对 scanf 函数调用的语句,其一般形式表示为:

scanf(参数 1,参数 2,…,参数 n);

参数 1:格式控制字符串。它是用双引号括起来的一个字符串,它指定了要输入到变量中的数据的格式。例如,为一个字符变量输入数据,格式字符串是"%c"。

参数 2~参数 n:需要输入数据的变量的地址。如果要为多个变量输入数据,就需要指定多个参数。如果要获得变量的地址,需要使用取地址运算符"&"。在使用 scanf 语句时,需要特别注意的是,**格式控制串中指定的数据格式应与变**

微课 3.2 scanf 语句

量的数据类型一致。

为什么参数2~参数n是变量的地址呢？这个道理很容易理解。当你网购了一件货物,快递员不仅需要知道你的名字,而且需要知道你的地址才能把货物准确地送达给你。因此,当我们从键盘上为一个变量输入数据时,计算机不但需要知道变量的名称,还需要知道变量的地址,这样才能找到变量,并把数据准确地写入到变量中。

例如,从键盘向 char a 变量中输入一个字符,scanf 语句参见图 3.3。

其中,"％c"是格式控制字符串,c 表示从键盘输入数据的类型是字符型,&a 表达式的运算结果是获得变量 a 的地址。"％c"格式控制符的作用是表示此时从缓冲区中按照字符类型读取一个字节的数据并存储到变量 a 中。通过程序调试的方法,观察该语句的执行结果,参见图 3.4。

图 3.3　scanf 语句举例

在 scanf 语句执行之前,局部变量 a 中的数值未知。当执行 scanf 语句后,程序中出现了命令行窗口,参见图 3.5。在命令行窗口中,按下键盘上的数字 0 键,并按下回车(Enter)键输入换行符后,此时观察变量 a 中的数据内容,可以发现字符'0'的 ASCII 码值 48 已经成功地输入到变量 a 中。

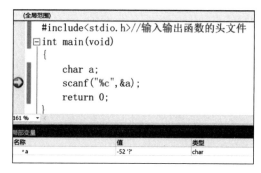

图 3.4　scanf 语句运行前

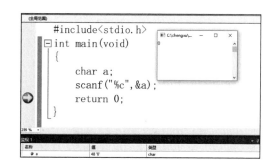

图 3.5　执行 scanf 语句

如果不用格式字符串"％c",那么当我们按下数字键 0 时,计算机将无法知道到底是输入字符'0',还是整数 0,还是浮点数 0 呢? 对于计算机来说,它们是不同的。

如果要为 int b 变量输入数据,它的格式控制符是"％d",相信大家很容易写出下面的代码:

scanf("％d",&b);

图 3.6　通过 scanf 语句输入多个数据

使用一条 scanf 语句可以同时为多个变量输入数据。我们可以使用一条 scanf 语句同时为 char a 和 int b 两个变量输入数据,参见图 3.6。

在格式字符串中,每个格式符的位置需要与变量地址的位置一一对应。如果格式符号％c 和％d 的位置要调换,那么&a 和&b 的位置也要调换。如果现在需要为变量 a 输入字符'0'，为变量b输入整数25，那么程序运行后，在命令行窗口中连续输入"025"，数据将正确地传递到变量a和变量b，参见图3.7。

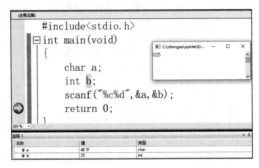

图 3.7　为多个变量同时输入数据

当连续输入"025"时，不容易看出这是输入了两个数据。如果用字符、空格或者逗号将输入的数据分隔开，那么就容易分辨输入数据之间的区别了。例如，输入"0　25"或者"0,25"，或者"a＝0,b＝25"。如果从键盘输入数据时使用了一些空格、逗号、字母等字符常量对数据进行了分隔，那么在格式控制字符串中也需要加入相应的空格、逗号、字母等字符常量。当scanf语句从缓冲区中读取数据时，它会将输入数据与格式控制字符串中的字符常量进行一一匹配，从而从输入数据中读取出不是字符常量的数据，送给相应的变量。

例如，从键盘为变量a和变量b输入数据的格式为"a＝0,b＝25"，那么格式字符串"％c％d"需要修改为"a＝％c,b＝％d"。在这个格式字符串中多出来的'a'、'＝'、'b'都是常量字符。scanf语句如下：

scanf("a＝％c,b＝％d",&a,&b);

程序运行结果参见图3.8。

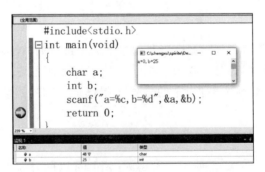

图 3.8　在格式字符串中加入了常量字符

假设将从键盘输入的数据"a＝0,b＝25"替换为"a＝0 b＝25"，也就是把"，"改成空格，那么输入数据的格式与scanf语句中的格式字符串就会不匹配，从而导致数据输入错误。在此，如果将英文逗号输入成中文逗号，程序也会报错。

2. scanf 语句中的格式符

scanf 语句中常见的格式符参见表 3.1。

表 3.1　scanf 语句中常见的格式符

格式字符	说　　明
d,i	输入有符号的十进制整数
u	输入无符号的十进制整数
o	输入无符号的八进制整数
x,X	输入无符号的十六进制整数(大小写作用相同)
c	输入单个字符
s	输入字符串,将字符串送到一个字符数组中
f	输入实数,可以用小数形式或指数形式输入
e,E,g,G	与 f 作用相同,e 与 f,g 可以相互替换(大小写作用相同)

scanf 语句中常见的附加格式符参见表 3.2。

表 3.2　scanf 语句中常见的附加格式符

格式字符	说　　明
l	输入长整型数据(可用%ld,%lo,%lx,%lu),以及 double 型数据(用%lf 或%le)
h	输入短整型数据(可用%hd,%ho,%hx)
域宽	指定输入数据所占宽度(列数),域宽应为正整数
*	本输入项在读入后不赋给相应的变量

在表 3.2 中,域宽在"%"和格式字符之间,用于限制从对应域读取的最大字符数。例如,

scanf("%5d",&x);

当输入"1234567"时,变量 x 读取的数值为 12345。* 表示读取指定类型的数据但不保存到变量中。例如,

scanf("%d%*c%d",&x,&y);

当输入"10A25"时,变量 x 存储 10,变量 y 存储 25,字符 A 会被读取但是不会存储到任何变量中。

3. 输入缓冲区

在输入数据时,只有按下回车键后,scanf 语句才开始读数据。这是因为 scanf 语句并不是直接从键盘上读数据,而是从输入缓冲区中读数据。为了提高从键盘上输入数据的效率,操作系统设置了输入数据缓冲区。从键盘上输入的数据会先输送到输入缓冲区,再从输入缓冲区中读到程序中。在输入数据时,每按下一次回车键,系统就会将当前输入的数据输送到缓冲区里面。一旦缓冲区里面有数据了,scanf 语句就会读走它需要

的一批数据。当它读取后,这些数据就会从缓冲区中清除掉。

假设我们一次性通过键盘向缓冲区中写入了一批数据,其中前面一部分是 scanf 语句需要读取的,后面一部分是多余的。当 scanf 语句读取了前面的数据后,后面多余的数据还会留存在缓冲区中。如果此时再用 scanf 语句或者其他输入函数读取数据,就会读取到这些多余的数据。如果不继续读取这些多余的数据,那么这些多余的数据就会继续留存在缓冲区中。只有当程序退出时,计算机才会自动清除缓冲区中的数据。

4. scanf 语句使用时需要注意的问题

从键盘输入的每个字符都会被输送到输入缓冲区中,包括输入数据结束后输入的回车符。当从键盘上连续输入多个数时,数与数之间需要用空格、Tab 键或者换行字符分开(一个空格、Tab 键或者换行字符和多个的作用相同),否则无法区别这是一个数还是多个数。但是在连续输入字符时,字符之间不能用空格分隔,因为空格也是字符,这样就会将空格作为字符读给字符变量,从而产生错误。另外,当 scanf 语句读取数时,如果遇到不是数字的字符,则会认为读入数据结束。

【例 3.1】 使用 scanf 语句连续读入数和字符。

程序代码如下:

```
1    #include<stdio.h>
2    int main( )
3    {
4        int a;
5        float b;
6        char c;
7        scanf("%d%f%c",&a,&b,&c);              //输入数据
8        return 0;
9    }
```

采用程序调式的方式运行程序,执行语句 7 后,从命令行中输入"2 92.5 A",程序的执行结果参见图 3.9。

图 3.9 scanf 语句连续读入数字和字符

从局部变量监视窗口中，可以发现变量 a 中输入的数值是 2，变量 b 中输入的数值是 92.500000，变量 c 中输入的数值是 32，而不是字符 'A'。数值 32 是空格字符的 ASCII 码值。

当按下回车键时，将数据"2 92.5 A"输送到输入缓冲区，输入数据在缓冲区中的排列顺序参见图 3.10。从图 3.10 中可以看出，此次从键盘输入了 9 个字符，最后一个字符是换行符（相当于按 Enter 键）。

序号	1	2	3	4	5	6	7	8	9
数据	50	32	57	50	46	53	32	65	10
	'2'	空格	'9'	'2'	'.'	'5'	空格	'A'	换行符

图 3.10 输入数据存储位置示意图

当执行"scanf("%d%f%c",&a,&b,&c);"语句时，先执行%d，从缓冲区中读取第一个数据"50"，对应为"2"，送给变量 a，同时删除缓冲区中的数据"50"。再执行%f，从缓冲区中读取了数据"32"，发现"32"是空格字符的 ASCII 码，于是删除"32"，继续读取第 3~6 个数据 57、50、46、53，对应为"92.5"，送给变量 b。继续执行%c，读取第 7 个数据"32"，空格是一个合法的字符，于是将数据"32"赋值给变量 c，此次读取数据结束。读完数据后，缓冲区还有残留数据字符 'A' 和换行符，参见图 3.11。

序号	1	2	3	4	5	6	7	8	9
数据								65	10
								'A'	换行符

图 3.11 缓冲区还有残留数据字符示意图

通过上面的例子可以看出，如果在格式控制字符串中没有用空格字符来分隔字符格式"%c"，那么从键盘输入字符时也不能用空格字符来分隔字符。如果从命令行输入数据时去掉了 92.5 与 A 之间的空格，如"2 92.5A"，那么就可以完成正确的数据输入了，参见图 3.12。

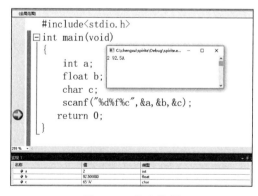

图 3.12 输入数据

当字符 'A' 读入变量 c 中后，缓冲区中还存留了一个回车符，这会不会对后续的数据读取造成影响呢？有可能。如果下一次读取的是一个数字，则不会造成影响，因为 scanf

语句在读取数字的时候,遇到空格、Tab 键或者回车符会自动过滤掉这些字符。但是如果下次读取的是字符呢?那么回车符就会被当成合法的字符读入,从而产生错误。

下面通过一个例子介绍这种错误产生的场景。首先对上面的代码进行修改,增加一个 char d 变量,为变量 a、b、c、d 输入数据。现在需要将 scanf 语句的格式控制字符串修改为"%d%f%c%c"。

从命令行中分两次分别输入数据"2 92.5A"和"B",将字符'B'赋值给变量 d,参见图 3.13。第一次在命令行中输入"2 92.5A",按下回车键,变量 a、b、c 中都读入了正确的数值,变量 d 中也有了数据 10(换行符)。从命令行继续输入字符'B',此时发现已经无法再输入数据,这是怎么回事呢?

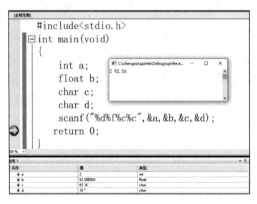

图 3.13 输入数据

这是因为从键盘输入"2 92.5 A"并按下回车键后,换行符也被系统送入了输入缓冲区,scanf 语句将它读取后并赋值给变量 d,它无法分辨这个回车符不是我们所需要的字符。当使用 scanf 语句连续输入字符数据的时候,这是会经常遇到的问题。如果想解决这个问题,只需要再执行一次 scanf("%c",&d)语句,就可以从命令行输入字符'B',大家可以动手尝试一下。另外,利用 scanf 语句的"%s"格式符读取字符串数据也是一个很重要的功能,具体将在第 6 章字符数组中进行介绍。

【例 3.2】 使用 scanf 语句利用指针变量通过间接访问变量的方式为变量输入数据。

程序代码如下:

```
1   #include <stdio.h>
2   int main( )
3   {
4       int a, *pa = &a;          //定义指针变量 pa,并初始化为 a 的地址
5       float b, *pb = &b;        //定义指针变量 pb,并初始化为 b 的地址
6       char c, *pc = &c;         //定义指针变量 pc,并初始化为 c 的地址
7       scanf("%d%f%c",pa,pb,pc); //以指针变量代替所指向普通变量的地址
8       return 0;
9   }
```

与【例 3.1】相比,在第 4、5、6 行的变量定义中,增加了指向 int 变量的指针变量 pa,

指向 float 变量的指针变量 pb,指向 char 变量的指针变量 pc,并且初始化对应指针变量的值分别为变量 a、b、c 的地址。这样 pa、pb、pc 就可以直接作为 scanf 输入语句中的参数 2~参数 4 使用。当从命令行输入数据"2 92.5A"时,同样可以完成对变量 a、b、c 的数据输入。

3.2.3 通过显示器输出数据

通过 printf 语句可以将程序中变量的数据输出到显示器上。printf 语句与 scanf 语句的格式很相似,它可以一次性将若干个变量、常量、表达式的数据输出到显示器上。

1. printf 语句

printf 语句是对 printf 函数调用的语句,其一般形式为:

`printf(参数 1,参数 2,…,参数 n);`

微课 3.3　printf 语句

参数 1:格式控制字符串,它指定了输出数据的格式或者是输出的一个字符串常量。
参数 2~参数 n:需要输出数据的变量、常量、表达式。

在 printf 语句中,参数 1 的作用与 scanf 语句的参数 1 是相同的,但是参数 2~参数 n 与 scanf 语句中的参数不同。

2. printf 语句中的格式符

printf 语句中的格式符参见表 3.3。

表 3.3　printf 语句中常见的格式符

格式字符	说　　明
d,i	以带符号的十进制形式输出整数(正数不输出符号)
u	以无符号十进制形式输出整数
o	以八进制无符号形式输出整数(不输出前导符 0)
x,X	以十六进制无符号形式输出整数(不输出前导符 0x),用 x 则以小写形式输出十六进制数的 a~f,用 X 时,则以大写字母输出 A~F
c	以字符形式输出,只输出一个字符
s	输出字符串
f	以小数形式输出单、双精度数,默认输出 6 位小数
e,E	以指数形式输出实数,用 e 时指数以"e"表示(如 3.1e+01),用 E 时指数以"E"表示(如 3.1E+01)
g,G	选用%f 或%e 格式中输出宽度较短的一种格式,不输出无意义的 0。用 G 时,若以指数形式输出,则指数以大写表示

printf 语句中常见的附加格式符参见表 3.4。

表 3.4 printf 语句中常见的附加格式符

格 式 字 符	说　　明
l	长整型数据,可加在格式符 d、o、x、u 前面
m	一个正整数,表示数据最小宽度
n	一个非负整数,对实数表示输出 n 位小数;对字符串表示截取的字符个数
-	输出的数字或字符在域内向左靠

printf 语句中的绝大部分格式符的作用与 scanf 语句中的格式符作用相一致。下面介绍几种常用的格式符。

1) 指定数据在屏幕的显示位置

为了让数据在屏幕上排列得更美观,当要输出多行数据的时候,可以指定每行数据输出时的位置。这种格式指令采用了附加格式符"m",m 格式符定义了在屏幕上显示数据的最小宽度,只能是正整数。它需要和其他格式符联合使用,与整型格式符联合使用,如"%md"。与浮点型格式符联合使用,如"%mf"。

【例 3.3】 用字符 ' * ' 在屏幕上输出一个三角形。

程序代码如下：

```
1   # include <stdio.h>
2   int main( )
3   {
4       printf("%3s\n","*");           //其中 3 表示显示 ' * '需要占用的列宽度是 3 列
5       printf("%3s\n","**");
6       printf("%3s\n","***");
7       return 0;
8   }
```

程序运行后,输出显示参见图 3.14。

继续执行下列语句：

printf("%3d\n",5);
printf("%3f\n",3.1);

在显示器上输出数据时,数据按照行和列排列输出,每个显示的字符占一个位置。在屏幕上输出数据的排列参见图 3.15。

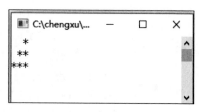

图 3.14 输出结果

在屏幕第 5 行输出显示浮点数"3.1"时多了 5 个 0。这是因为 printf 语句在输出 float 和 double 类型数据时默认保留 6 位小数。虽然输出的数字"3.100000"的长度超过了列宽 3,但是为了保持它的精度,超过列宽的部分数位仍然显示。**当输出数据的长度超过了列宽 m 规定的宽度时,printf 语句按照数据的实际长度输出数据值**。另外,当指定 m 时输出的数据靠右对齐,当指定－m 时,输出的数据则靠左对齐。

	1列	2列	3列	4列	5列	6列	7列	8列
1行	空格	空格	*					
2行	空格	*	*					
3行	*	*	*					
4行	空格	空格	5					
5行	3	.	1	0	0	0	0	0

图 3.15 数据在显示器屏幕中输出时的位置示意图

在 scanf 语句中，也可以使用"%md""%ms"等指定读入数据的宽度。例如，

int a;
scanf("%3d\n",&a);

语句执行后，只能从键盘输入 3 个数位的数字给变量 a。

2）指定输出浮点数的小数位数

如果想指定输出浮点数的小数位数，则需要用到附加格式符". n"，表示输出显示该浮点数的 n 位小数点。

例如，

printf("%.2f\n",3.14);
printf("%.10f\n",3.14);

语句执行后，输出的结果如下：

```
3.14
3.1400000000
```

列宽格式符"m"和". n"格式符可以联合使用。

例如，

printf("%10.2f\n",3.14);

语句执行后，输出的结果如下：

```
      3.14
```

3）以指数形式输出浮点数

对于浮点数可以以指数形式输出显示，此时需要使用"%e"或者"%E"格式符。例如，

printf("%e",31.415926);

语句执行后，输出的结果如下：

```
3.141593e+001
```

31.415 926 有 8 位有效数字，但输出时只显示了 7 位有效数字。采用"%e"格式符输出数据时默认显示 6 位小数位，不显示的小数部分会自动"四舍五入"。

printf 语句在输出浮点型数据时,它会自动地对未显示的小数部分"四舍五入"。另外,利用 printf 语句显示的小数位数越多,并不代表数据越精确。例如,float 类型数据的有效位是 6 或 7 位,尽管可以使用"%.15f"格式符显示小数点后 15 位小数,但是超过 7 位有效位以外的其他数位都是无效的。

4) 输出浮点数有效位不超过 6 位

如果要输出不超过 6 位有效位的浮点数,可以采用"%g"格式符。如果在小数位的后几位全是 0,那么 printf 语句在显示时会自动舍去。例如,

printf("%g\t%g\t%g",10.0/3,1000000.0/3,100000000.0/3);

语句执行后,输出的结果如下:

3.33333 333333 3.33333e+007

可以看出,对于表达式 1000000.0/3 的计算结果没有输出小数位,因为整数位正好是 6 位。如果整数位超过 6 位,会采用指数形式输出数据。

3.2.4 通过键盘和显示器完成一次完整对话

有了 scanf 输入语句和 printf 输出语句,现在可以通过下面的剧本设计一次与计算机之间的有趣对话。

【例 3.4】 让计算机分面包的对话实现。

我们可以给计算机起个名字"小精灵",让它称呼我们"大怪兽"。

脚本如下:

① 小精灵:你好啊,很高兴认识你!
② 大怪兽:我也是,我遇到一个问题,你能帮我解决吗?
③ 小精灵:什么事情呢?
④ 大怪兽:我烤了一些面包,你能帮我算算怎么平均分给我的家人?
⑤ 小精灵:你烤了几个面包呢?
⑥ 大怪兽:X 个。
⑦ 小精灵:你家有几个人呢?
⑧ 大怪兽:Y 个。
⑨ 小精灵:我知道,应该每个人分配 Z 个面包。

在这个剧本中,通过键盘输入面包的数量和人数,计算机帮我们完成面包的分配,你能完成吗?

问题分析:从键盘输入面包的数量 X 和家人的人数 Y,通过除运算 Z=X/Y 可以求得每个人分得的面包数量,最后输出 Z 的值。

算法设计:在算法中,对剧本中的对话进行了描述,参见图 3.16。

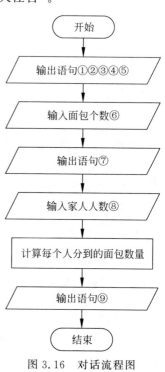

图 3.16 对话流程图

程序代码如下：

```
1   # include <stdio.h>
2   int main( )
3   {
4       int bread_num,person_num;
5       float average_num;
6       printf("小精灵:你好啊,很高兴认识你!\n");                              //①
7       printf("大怪兽:我也是,我遇到一个问题,你能帮我解决吗?\n");              //②
8       printf("小精灵:什么事情呢?\n");                                      //③
9       printf("大怪兽:我烤了一些面包,你能帮我算算怎么平均分给我的家人?\n");   //④
10      printf("小精灵:你烤了几个面包呢?\n");                                 //⑤
11      printf("大怪兽:");
12      scanf("%d个",&bread_num);                                           //⑥
13      printf("小精灵:你家有几个人呢?\n");                                   //⑦
14      printf("大怪兽:");
15      scanf("%d个",&person_num);                                          //⑧
16      average_num = (float)bread_num/person_num;
17      printf("小精灵:我知道,应该每个人分配%.1f个面包。\n",average_num);      //⑨
18      return 0;
19  }
```

由于面包的数量和家人的人数都是整数,而每个人分得的面包数量并一定是整数,因此分别定义变量如下：

```
int bread_num, person_num;
float average_num;
```

脚本中的语句⑥采用了两条程序语句实现：一条输出语句显示"大怪兽:",另外一条输入语句读入"X个"。脚本中的语句⑧也采用了相似的两条程序语句实现。程序运行到第 12 行 scanf 语句后,等待从命令行中输入面包的个数。参见图 3.17。

图 3.17 对话等待输入

从命令行中输入"3 个"后,程序继续运行到第 15 行 scanf 语句后,等待从命令行中输入家人的人数,参见图 3.18。

从命令行中输入"2 个"后,程序继续运行到第 16 行后计算平均值,然后运行到第 17 行,输出每个人得到的面包数量,并采用"%.1f"格式符保留 1 位小数,运行结果参见图 3.19。

每次改变输入的面包数量和家人的人数,计算结果也会随之改变。你是否能感觉到,计算机好像比计算器更灵活、更人性化了一些呢?

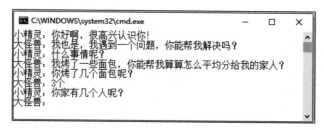

图 3.18 对话等待新的输入

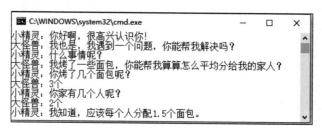

图 3.19 对话输出结果

3.3 通过文件与计算机交流

如果想保存我们与计算机之间的对话内容,可以将交互的数据以计算机文件的形式存储在计算机的硬盘中。有时,需要输入到程序中的数据量很大,通过键盘的方式输入数据很烦琐。可以先将要输入的数据保存在文件中,让程序从文件中读取数据。有时,我们想查看程序中的数据而又不想再次运行程序,此时也可以将程序中的数据保存在文件中。这样只要打开文件就可以查看到相关数据了。

3.3.1 记录我们与计算机之间的对话

在计算机的硬盘中,数据一般都是以文件的方式存储的。**文件是指存储在外部介质上的数据的集合,它是操作系统管理数据的一种方式**。如果要访问存放在硬盘上的数据,一般是先根据文件的名称找到文件,再按照文件中数据存储的格式读取数据。文件中的数据存储格式不同,访问它们的方式也不相同。

例如,有的文件是以字符的方式存储数据,只要打开文件就可以直接阅读文件的内容。文本文件就是这样的文件,它的扩展名一般是.txt。有的文件是以二进制数的方式存储数据,当打开文件后我们无法直接阅读文件的内容。C 程序的可执行文件就是这样的文件,它的扩展名一般是.exe。可执行文件存储的内容是二进制的机器指令,而不是由字符组成的可以直接阅读的文本。

C 程序在编辑、编译和运行过程中会涉及两类文件:

(1) 程序文件,它的内容是程序代码,主要包括源程序文件、目标文件、可执行文件。

其中,源程序文件是文本文件,目标文件和可执行文件是二进制文件。

(2) 数据文件,它的内容是程序的输入和输出数据,主要包括文本文件和二进制文件。

3.3.2 我们可以阅读的文件

文本文件一般指 ASCII 文件。在文本文件中,文件的内容由字符组成并且按照字符的 ASCII 码进行存储。在计算机中,当用记事本工具打开文本文件后,文件中的数据将按字符类型读取并显示,我们可以直接阅读文件的内容。如果想经常查看程序的输入输出数据,可以使用文本文件来存储程序中的数据。

微课3.4　文本文件

假如要将"My salary is 240000 dollars a year."这句英文存储到一个文件中,该如何存储呢?在这句英文中既有字母又有数字,字母只能用它对应的 ASCII 码值存储,但是数字既可以用每个数字所对应的字符的 ASCII 码值来存储,也可以按照一个整数类型进行存储。如果将"240000"看作一串字符,那么它包含 6 个字符,需要占用 6 字节的存储空间。如果将"240000"看作一个整数,用一个 int 变量来存储它,那么只需要占用 4 字节的存储空间。

无论是字母还是数字都以字符方式存储的文件就是文本文件。文本文件更适合于存储用户需要阅读的数据。计算机只要逐个字节地读取文本文件中的数据,并按照字符的 ASCII 码值显示数据就可以了。需要计算的数据不适合存储于文本文件中。例如,从文本文件中读取"240000"并进行运算。一方面,计算机在读字符时需要判断如何完整地读出"240000"这串字符;另一方面,还需要把这串字符转换成一个整数类型,这是十分烦琐的工作。

如果将"240000"按照 int 类型存储,它占用 4 字节。将这 4 字节的数据存储在文件中,当需要从文件中读取"240000"时,只需要再读取 4 字节的数据,存储到指定的 int 类型的变量中就可以完成数据的读取。**这种按照数据的字节存储的文件就是二进制文件或者数据文件**。将数"240000"按照字符和 int 类型分别存储在文本文件和二进制文件中,它所占用的字节数是不同的,参见图 3.20。

文本文件

00110010	00110100	00110000	00110000	00110000	00110000
2	4	0	0	0	0

二进制文件

00000000	00000011	10101001	10000000

240000

图 3.20　文本文件和二进制文件存储格式示意图

对比图 3.20 中的二进制文件和文本文件的存储大小可以发现,存储数"240000"的二进制文件比文本文件所需的空间要少,更加节省存储空间。但是,当我们用记事本打开二进制文件时,很多时候会显示乱码,这是因为用记事本打开文件时对存储的每个字节是按照字符解释的,遇到无法用可见 ASCII 字符显示的数值的时候就会产生乱码。如果为了方便人们进行阅读,则应该用文本文件来存储数据。

如果要实现在程序与文本文件之间交互数据,还需要了解一些关于文件的相关知识,包括文件的名称、文件缓冲区、文件指针和文件的访问。

1. 文件的名称

当我们要访问计算机中的一个文件的时候,首先需要告诉计算机该文件的名称。**文件名称是用户和计算机用于识别和引用文件的唯一标识**。我们每个人都有一个姓名,姓名由字符组成,人们通过姓名来区别彼此,但是姓名并不是区别我们的唯一标识。通过身份证中的一串数字可以唯一地标识每个人。但是由于数字不容易记住,在生活中我们还是习惯用姓名来区别每个人。当然也可以采用一串数字为文件命名,但是不容易记,因此我们还是选择用字符来命名文件的名称。

用字符来命名文件,文件的名称有可能会重名,这样就无法区分两个重名的文件。在学校中,一个班级里面一般不会有重名的学生,学校在分班的时候会避免将他们分配到同一个班级中。但是在两个不同的班级中可以有重名的学生。在学校中,区别重名的学生,会在他们的姓名前加上班级。例如,一班的张三、二班的张三。

在计算机中,文件名称也是运用了类似的命名方式,采用"文件的存储位置＋文件名"的组合方式对文件进行命名。**文件的存储位置也叫文件路径,它是文件在辅助存储设备中的位置,由"盘符＋文件夹"组成**。这里面的盘符可以类比成学校,文件夹可以类比成年级、班级等层级,而文件名则可以类比成学生的姓名。对文件名进行命名,除了希望文件名中能包含它所存储的数据内容的说明信息以外,还希望能包含数据的存储格式信息。例如,是文本文件还是二进制文件,是 C 源文件还是头文件等。因此,我们一般采用"**文件主干名.文件扩展名**"的方式对文件名进行命名,其中文件主干名说明了文件的内容,文件扩展名说明了文件的类型。一个完整的文件名称示例参见图 3.21。

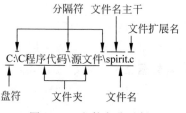

图 3.21 文件名称示例

在计算机中,找到 spirit.c 文件后,在鼠标右键快捷菜单中选择"属性"命令可以查看文件的类型和存储位置信息,参见图 3.22。可以看出,该文件的文件类型是"C Source",即 C 源文件。文件的存储位置是"C:\C 程序代码\源文件"。文件的大小是 15 862 字节。

在 C 程序中,我们可以创建和访问文本文件和二进制文件。文本文件的扩展名一般是.txt,而二进制文件的扩展名一般是.dat。文件名中也可以没有扩展名,也可以定义与它内容格式不一致的扩展名。虽然这样做合法,但不建议这样做。扩展名只是为用户和操作系统在查看和检索不同类型文件时提供一定的方便,并不能在创建文件名时通过指定扩展名来决定文件中的数据存储格式。

图 3.22 文件属性页

例如,我们命名了文本文件 Readme.txt,但是在创建时却以二进制文件的格式创建与存储数据,那么这个文件的类型就是二进制文件,而不是文本文件。另外,文件名的命名不需要严格遵循 C 语言中标识符的命名规则,不同的操作系统对文件名的命名有不同的规定。

2. 文件的缓冲区

在内存中,为文件开辟了专门的数据存储区域叫作文件缓冲区。如果通过程序访问硬盘中的文件,需要将文件中的一批数据先读入缓冲区,再从缓冲区中将数据送到程序中的变量。如果需要将程序中的数据输出到文件中,则需要先将数据写入到文件缓冲区中。当文件缓冲区中的数据存满后,操作系统会自动地将文件缓冲区中的数据写入硬盘的文件中。文件缓冲区可以减少操作系统对硬盘的读写次数,从而提高计算机的工作效率,但是它也有缺点。如果程序正在对文件的内容进行修改,而此时出现了停电等异常故障,那么在文件缓冲区中的文件数据可能还没有输出到硬盘的文件中,从而产生文件数据丢失的问题。

3. 文件的指针

在内存中,对文件缓冲区的管理比较复杂,因此专门定义了文件的数据类型 FILE 和对 FILE 类型进行操作的库函数,这些函数的使用需要包含 stdio.h。FILE 类型是由 C 编译系统定义的一种结构体数据类型,不同的 C 编译环境会存在一定的差异。结构体数据类型的概念和相关知识将在第 7 章中进行介绍。

由于文件缓冲区由操作系统进行管理,并且使用 FILE 类型存储与管理文件数据的过程相对复杂,因此在对文件数据进行操作时,通常先定义一个 FILE 类型的指针变量,然后调用文件操作的库函数,创建 FILE 类型结构体并返回一个指针值,再通过库函数和 FILE 指针变量执行读取或写入文件数据的操作。

例如,下面定义了两个 FILE 类型的指针变量:

FILE * file_point1, * file_point2;

4. 文件的访问

当要访问一个文件时,这个文件应该在硬盘中存在。如果文件不存在,那么需要先创建这个文件。操作系统在创建文件时需要完成两个工作:一个是在文件缓冲区中创建文件,另一个是将文件缓冲区中的文件存储到硬盘中。

在程序中,对文件的访问过程一般包括创建文件、打开文件、读写文件和关闭文件 4 个阶段。

1) 创建文件

创建文件的工作可以通过调用 fopen 函数来完成,它的一般形式如下:

FILE * fopen(文件名称或文件名,文件访问方式)

文件名称或文件名:它是一个字符串。如果使用文件名称,系统会根据文件名称中的文件路径在相应的位置创建文件并按照文件名对文件进行命名。如果仅使用了文件名,由于没有指定文件的路径,系统默认在可执行程序的文件夹内创建文件。

文件访问方式:它也是一个字符串,对文件的读写方式进行说明。

例如,

fopen("c:\\程序\\程序文档.txt","w");   //"w"是英语单词 write 的首字母

在操作系统中,文件的名称是"c:\程序\程序文档.txt"。但是在 C 语言中分隔符"\"用于字符转义,必须采用转义字符"\\"才能表示字符"\",因此在程序代码中,该文件的名称需要书写为"c:\\程序\\程序文档.txt"。

"w"是一个字符串常量,其含义是创建文本文件。如果要创建二进制文件,则需要用字符串"wb",其中,b 是英语单词 binary(二进制)的首字母。

在调用 fopen 函数来创建文件的时候,并不一定都会成功。例如,如果文件名称中包含的文件路径错误会导致创建文件失败,但是此时程序在运行中并不会报错。我们需要

根据 fopen 函数的返回值来判断是否成功地创建了文件。如果 fopen 函数调用成功,它会返回文件缓冲区中文件数据的指针值;如果调用失败,则返回的 FILE 指针的值为 0,即空指针值。

【例 3.5】 在计算机中创建文本文件"c:\程序\程序文档.txt",假设在计算机 C 盘根目录中已经存在"程序"文件夹,但不存在"程序 1"文件夹。

问题分析:先定义两个文件指针,然后调用 fopen 函数打开文件进行创建,最后输出函数调用返回的指针值来判断是否成功创建文件。

程序代码如下:

```
1    # include <stdio.h>
2    int main( )
3    {
4        FILE *file_point1, *file_point2;
5        file_point1 = fopen("c:\\程序\\程序文档.txt","w");
6        file_point2 = fopen("c:\\程序 1\\程序文档.txt","w");
7        printf("file_point1 = %d,file_point2 = %d\n",file_point1,file_point2);
8        return 0;
9    }
```

在第 4 行代码中,定义了两个 FLIE 指针变量,用于存储 fopen 函数的返回值。在第 5 行代码中,fopen 函数调用成功,指针变量 file_point1 获得文件缓冲区中的文件数据地址。在第 6 行代码中,由于文件名称的路径存在错误,fopen 函数调用失败,指针变量 file_point2 的值为 0。

程序运行结果如图 3.23 所示。

2) 打开文件

当创建完文件后,可以选择不同的文件打开模式对文件中的数据进行访问。访问文件的操作一般有 3 种方式:第一种是只读取但不更改文件中的内容,即读操作;第二种是只更改但不需要读取文件中的内容,即写操作;第三种是既要读操作也要写操作。针对以上 3 种不同的文件访问方式,fopen 函数分别提供了相对应的文件打开模式。

图 3.23 输出结果

(1) 文件的只读访问模式。

```
fopen(文件名称或文件名, "r");        //文本文件的只读访问模式
fopen(文件名称或文件名, "rb");       //二进制文件的只读访问模式
```

"r"是单词 read 首字母。通过只读访问模式打开文件时被访问的文件必须已经存在,否则调用 fopen 函数将会失败。文件缓冲区分为输入文件缓冲区和输出文件缓冲区。当以只读访问方式打开文件时,文件数据只会加载到输入文件缓冲区,而不会加载到输出文件缓冲区,因此无法对文件数据进行更改。

(2) 文件的只写访问模式。

```
fopen(文件名称或文件名, "w");        //文本文件的只写访问模式
```

```
fopen(文件名称或文件名, "wb");            //二进制文件的只写访问模式
```

"w"和"wb"访问模式都是先创建一个新文件,然后对该文件执行写操作。假设这个文件已经存在,则会先删除该文件,然后再创建一个新文件。如果想保留已有文件中的数据,则不能使用该模式打开文件,可以选择以追加访问模式"a"打开文件。字母"a"是单词 append 的首字母。以追加访问模式打开文件时,若文件不存在,则会建立该文件;如果文件存在,写入的数据会被加到文件尾,即文件原先的内容会被保留。

```
fopen(文件名称或文件名, "a");             //文本文件的只追加写访问模式
fopen(文件名称或文件名, "ab");            //二进制文件的只追加写访问模式
```

当以只写访问模式打开文件时,文件数据只会加载到输出文件缓冲区,而不会加载到输入文件缓冲区,因此无法对文件的数据内容进行读取操作。

(3) 文件的读写访问模式。

有时既需要读取文件的数据,又需要更改文件的数据,此时就需要使用读写访问模式打开文件。在只读或者只写访问模式标记中加入符号"+"就可以将原来的只读或者只写扩展为同时读写访问模式标记。例如,

```
FILE *file_point1 = fopen("c:\\程序\\程序文档.txt","r+");
```

当 fopen 函数调用成功后,可以将"程序文档.txt"文件的访问模式设置为可读写访问,并且将文件缓冲区中的文件数据的地址返回给指针变量 file_point1。通过 file_point1 变量可以利用读写文件的函数对文件数据进行读写操作。

3) 读写文件

在利用 fopen 函数设置完文件的访问模式后,就可以使用 fprintf、fscanf 等函数对文本文件中的数据进行写读操作了。如果已经熟练地掌握了 printf 函数和 scanf 函数的使用,就会轻松地掌握 fprintf 函数和 fscanf 函数的使用。

(1) 向文件中写入数据。

printf 函数的功能是将程序中的数据输出到显示器上,而 fprintf 函数则是将程序中的数据输出到文件中。它们的功能非常相似,因此 fprintf 函数只比 printf 函数多了一个文件指针参数,文件指针参数用于说明将数据输出到指定的文件中。两个函数格式对比如下:

```
int printf(格式字符串, 输出数据列表)
int fprintf(文件指针, 格式字符串, 输出数据列表)
```

如果 fprintf 函数执行成功,则返回输出到文件中的字符总数;如果函数执行失败,则返回一个负数。

【例 3.6】 从键盘中连续输入 3 个字符,并把这些字符以及它们的顺序信息写入文件中。

程序代码如下:

```
1    #include<stdio.h>
```

```
2    int main( )
3    {
4        char ch;                                              //存储从键盘输入的字符
5        int num = 0;                                          //存储序号信息
6        FILE * file_point;                                    //定义文件指针变量
7        file_point = fopen("c:\\程序\\程序文档.txt","w");      //创建并打开新文件
8        scanf("%c",&ch);                                      //读入第1个字符
9        num++;                                                //第1个字符的序号为1
10       fprintf(file_point,"%c %d\n",ch,num);                //将字符和序号写入文件
11       scanf("%c",&ch);                                      //读入第2个字符
12       num++;                                                //第2个字符的序号为2
13       fprintf(file_point,"%c %d\n",ch,num);                //将字符和序号写入文件
14       scanf("%c",&ch);                                      //读入第3个字符
15       num++;                                                //第3个字符的序号为3
16       fprintf(file_point,"%c %d\n",ch,num);                //将字符和序号写入文件
17       fclose(file_point);                                   //关闭文件
18       return 0;
19   }
```

程序运行后,"c:\程序\程序文档.txt"文件中的内容参见图 3.24。

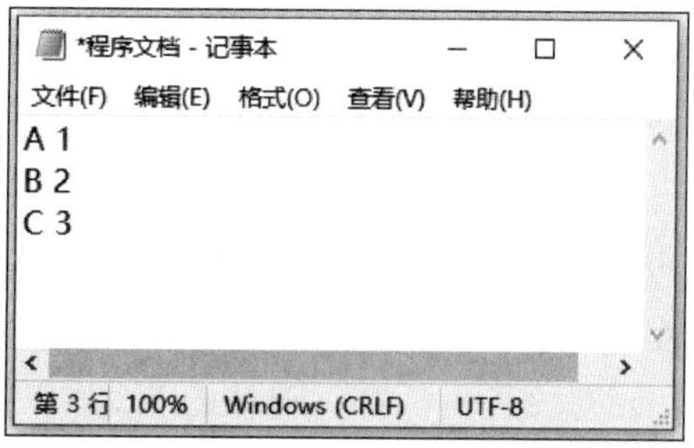

（2）从文件中读取数据。

fscanf 函数可以将文件中的数据读入到变量中。fscanf 函数比 scanf 函数多了一个文件指针参数,两个函数对比如下：

```
int scanf(格式字符串,输入变量地址列表)
int fscanf(文件指针,格式字符串,输入变量地址列表)
```

图 3.24 输出到文件后的数据

如果 fscanf 函数读取数据成功,则返回读取数据的个数;如果函数执行失败,则返回一个负数。

【例 3.7】 从文本文件中读取数据并将其显示在屏幕上。

在【例 3.6】中,通过程序在"程序文档.txt"文件中存储了一些字母及其对应的序号。现在需要将它们从文件中读入到程序的变量中,然后显示在屏幕上。

程序代码如下：

```
1    #include <stdio.h>
2    int main( )
3    {
4        char ch,backspace;                                    //存储字母和换行符
5        int num = 0;                                          //存储序号
6        FILE * file_point;
7        file_point = fopen("c:\\程序\\程序文档.txt","r");      //以只读方式打开文件
8        fscanf(file_point,"%c%d%c",&ch,&num,&backspace);     //从文件读第1行数据
9        printf("%c %d%c",ch,num,backspace);                   //将数据输出到屏幕上
10       fscanf(file_point,"%c%d%c",&ch,&num,&backspace);     //从文件读第2行数据
```

```
11      printf("%c %d%c",ch,num,backspace);
12      fscanf(file_point,"%c%d%c",&ch,&num,&backspace);  //从文件读第3行数据
13      printf("%c %d%c",ch,num,backspace);
14      fclose(file_point);
15  }
```

在第 8 行中,"fscanf(file_point,"%c%d%c",&ch,&num,&backspace);"语句中格式字符串是"%c%d%c",对应了图 3.24 中文件的第一行数据"A 1",在这行数据的最后有一个换行符。%c 对应了读取字符 A。%d 对应了按整数读取字符 1,虽然字符 A 和字符 1 中间有一个空格字符,但是%d 格式符可以忽略空格字符。最后一个%c 对应了读取换行符,这样在第 10 行中 fscanf 可以正确地读取到文件中的第二行数据"B 2"。

程序运行结果如图 3.25 所示。

4)关闭文件

当读写文件完成后,需要释放文件缓冲区的空间。如果对文件进行了修改,还需要将输出缓冲区的数据写入到硬盘的文件中,则需要调用 fclose 函数,它的一般形式为:

图 3.25 输出结果

int fclose(文件指针)

fclose 函数与 fopen 函数一般成对使用。只要调用了 fopen 函数将文件数据加载到文件缓冲区中,就需要在文件访问结束后,使用 fclose 函数释放文件缓冲区相关内存资源。当对文件的内容进行修改后,并想保存到硬盘中时则必须调用 fclose 函数,否则系统不会将输出缓冲区中的文件内容同步到硬盘的文件中。

3.3.3 我们无法阅读的文件

二进制文件是我们无法阅读的文件。在内存中,数据是以二进制的编码方式存储,如果不将其转换成 ASCII 码而是直接将二进制数据输出到文件中,该文件就是二进制文件。当我们不需要阅读程序中的数据,而只是需要保存程序中的数据,或者只是需要将文件中的数据输入到程序中时,可以采用二进制文件的方式存储数据。它省去了二进制编码到 ASCII 码间的数据转换过程。

二进制文件的访问过程与文本文件基本相同,但是它在文件创建与打开方式、文件的读写两个方面与文本文件有所不同。

微课 3.5 二进制文件

1. 文件的创建与打开方式

创建与打开二进制文件也需要调用 fopen 函数,但是在"fopen(文件名称或文件名,访问文件方式)"中"访问文件方式"中比文本文件的"访问文件方式"都增加了字符"b"。文本文件和二进制文件的打开方式参见表 3.5。

表 3.5　文本文件和二进制文件的打开方式

文件打开方式	文本文件的访问方式	二进制文件的访问方式
打开文件,只能读数据	r	rb
创建新文件,只能写数据	w	wb
创建新文件,追加写数据	a	ab
既可以读数据,也可以写数据	r+	rb+
创建新文件,既可以读数据,也可以写数据	w+	wb+
创建新文件,既可以读数据,也可以追加写数据	a+	ab+

2. 文件的读取

C 语言中提供了 fread 函数和 fwrite 函数来完成二进制文件的读操作和写操作。当从硬盘向文件缓冲区读取二进制文件时,不需要考虑二进制文件中数据的类型,只需要将一组二进制数据按照字节个数原封不动地、不加转换地复制到文件缓冲区,将文件缓冲区的数据写入磁盘也是如此。

1) 向文件中写入数据

fwrite 函数的一般形式为:

```
int fwrite(void * buffer, int size, int count, FILE * fp)
```

它可以将程序中的数据写入文件缓冲区。如果要完成这个操作,需要告诉计算机变量的指针(地址)、变量的数据类型长度、变量的数量和文件指针。这样设计的目的是可以将一组连续存储并且数据类型相同的变量中的数据写入到文件缓冲区中。

buffer:指针变量,存储要写入文件中的数据的地址。void 是"无类型"数据类型,void * 是指无类型指针类型。因为是按字节读写,所以字节中存储的数据的类型不再重要,buffer 指针变量的数据类型也不再重要,它可以是任何一种数据类型,因此指定了"无类型"的 void 类型作为 buffer 指针变量的类型。

size:要写入文件的每个数据的数据类型长度。

count:要写入文件的数据个数。

fp:要写入数据的文件的指针值。

fwrite 函数根据变量 buffer 中的数值获得需要写入到文件缓冲区中的数据的第一个字节的地址,根据 size * count 的大小获得应该复制多少字节,根据 fp 获得文件缓冲区中用于存放上述数据的存储空间的第一个字节的地址。如果 fwrite 函数调用成功,则函数将返回写入文件中的数据个数;如果失败,则返回数值 0。

【**例 3.8**】 将程序中变量的数据写入二进制文件中。

程序代码如下:

```
1    # include < stdio.h >
2    int main( )
3    {
4        char ch = 'a';
```

```
5       int grade = 90;
6       FILE * file_point;
7       file_point = fopen("c:\\程序\\程序文档.dat","wb");   //创建并打开二进制文件
8       fwrite(&ch,1,1, file_point);                      //写入1个1字节的字符
9       fwrite(&grade,4,1, file_point);                   //写入1个4字节的整数
10      fclose(file_point);
11      return 0;
12  }
```

第7行语句创建了二进制文件"c:\程序\程序文档.dat"。第8行语句将变量ch中的数据写入了文件缓冲区，其中参数"&ch"是变量ch的地址，第一个"1"是指char类型的字节数是1，第二个"1"是指1个char变量。第9行语句是将变量grade中的数据写入文件缓冲区，参数"&grade"是变量grade的地址，"4"是指int类型的字节数是4，"1"是指1个int变量。

程序运行后，会创建二进制文件"程序文档.dat"，参见图3.26。用记事本程序打开文件后，可以看到文件中的内容是"aZ"，而不是"a90"，是出现了错误吗？并不是。

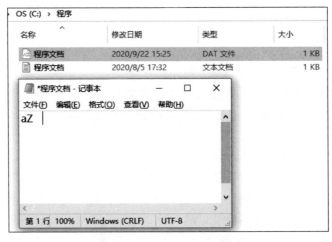

图3.26　二进制文件打开结果

通过fwrite函数将变量ch和grade中的数据写入文件，总计写入了5个字节。"aZ"是2个字符，占用了2字节。当将光标移到"Z"后面，还可以移动3次，说明在"Z"后面还有3个不可见的字符。也就是说，我们的确将变量ch和grade总计5字节的数据写入了文件。那为什么不是"a90"，而是"aZ"呢？这是因为用记事本程序打开二进制文件时，程序会读取文件中的二进制数据，并将每个字节按照ASCII码值显示相应的字符。在二进制文件中对字符'a'进行存储，存储的是1字节的'a'的ASCII值97，因此读取1字节，并按97显示字符，仍然是字符'a'。在二进制文件中采用int类型存储90，第一个字节存储的是90，后几个字节是0。因为90是字符'Z'的ASCII码，因此显示'Z'，其他3个字节是空字符，无法显示出来。这个例子说明，虽然可以以文本文件的方式打开二进制文件，但无法正确地显示二进制文件中的数据。

2) 从文件读入数据

fread 函数可以实现从文件缓冲区将二进制文件中的数据读给变量,它的一般形式为:

int fread(void * buffer, int size, int count, FILE * fp)

fread 函数的参数的作用与 fwrite 函数相同。如果函数执行成功则返回读出数据的个数,否则返回数值 0。

【例 3.9】 从二进制文件中顺序读取数据并写入变量中。

在【例 3.8】中,利用 fwrite 函数向"程序文档.dat"中写入了 char 变量 ch 中的字符'a'和 int 变量 grade 中的数据"90"共 5 个字节的数据。现在要使用 fread 函数从"程序文档.dat"中读取上述数据,并将这些数据再写入变量 ch 和变量 grade 中。

程序代码如下:

```
1    # include < stdio.h >
2    int main( )
3    {
4        char ch;
5        int grade;
6        FILE * file_point;
7        file_point = fopen("c:\\程序\\程序文档.dat","rb");   //以只读方式打开二进制文件
8        fread(&ch,1,1,file_point);                          //读入 1 个 1 字节的字符
9        fread(&grade,4,1,file_point);                       //读入 1 个 4 字节的整数
10       fclose(file_point);
11       printf("ch = % c,grade = % d\n",ch,grade);          //将变量数据输出到显示器
12       return 0;
13   }
```

第 7 行语句是以只读的方式打开二进制文件"程序文档.dat"。第 8 行语句是将文件缓冲区中的第 1 字节的内容读取给变量 ch。第 9 行语句是将文件缓冲区中第 2~5 字节的内容读取给变量 grade。第 11 行语句是将变量 ch 和 grade 中的值输出到显示器,如果变量 ch 中存储了字符'a',变量 grade 中存储了整数 90,则说明读取代码正确。

图 3.27 输出结果

程序运行结果如图 3.27 所示。

3.3.4 顺序读写与按需读写

有时,我们需要让程序按照数据存储的物理顺序读取文件中的数据,即从文件头部开始,顺序地读取文件中的每一个数据。数据的读写顺序与数据在文件中存储的物理顺序一致。前面的例子都是采用了顺序读写文件的方法。

有时,我们需要让程序按照指定的位置读取文件中的某些数据,或者向文件中插入、

替换某些数据,而不是从头开始读写,这就是按需读写。如何实现按需读写文件呢?首先需要了解文件缓冲区的管理方式。

缓冲文件系统对文件缓冲区进行读写管理。文件缓冲区是一段连续的物理存储区域,它的示意图参见图3.28。缓冲文件系统为每个文件缓冲区设置了文件开始位置、文件末尾位置和读写当前位置3个标记。当打开文件时,读写当前位置的标记一般都指向文件开始位置,当按追加模式打开文件时,读写当前位置标记指向文件末尾位置。当读取或者写入一个数据后,当前读写位置标记就会移到这个数据后面的一个字节的位置。当读写当前位置标记移到了文件尾处,则文件读取结束。因此,通过将读写当前位置标记指向要读写数据的位置,就可以实现按需读写文件中的数据了。

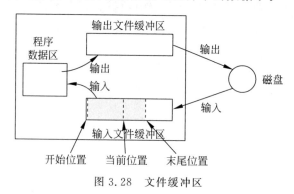

图3.28 文件缓冲区

1. 移动到指定位置

fseek函数可以设置读取当前位置标记,fseek函数的一般形式为:

int fseek(文件类型指针,位移量,起始点)

文件类型指针:要读写的文件的指针。

起始点:读写文件数据的起始位置的参照点。它有3种选择:文件开始位置、文件当前位置和文件末尾位置,分别用符号常量 SEEK_SET、SEEK_CUR、SEEK_END 表示,或者直接使用数字0、1、2。

位移量:以起始点为基点,向前(向文件末尾方向)或向后(向文件开始方向)移动的字节数,正数表示向前移动的字节数,负数表示向后移动的字节数。

如果fseek函数调用成功,函数返回值是0;如果调用失败,则返回一个非0值。

例如,有如图3.29(a)所示的文件位置标记的初始状态,若执行"fseek(fp,10,0);"语句,则表示将文件位置标记向前移动到距离文件开头10字节的位置,如图3.29(b)所示;若继续执行"fseek(fp,5,1);"语句,则表示将文件位置标记继续向前移动5字节,此时当前位置如图3.29(c);若继续执行"fseek(fp,-10,2);"语句后,则表示将文件位置标记向后移动到距离文件末尾10字节的位置,如图3.29(d)所示。

【例3.10】 从键盘读入3个字符写入二进制文件中,再读取文件中的第2个字符并将它输出到屏幕上。

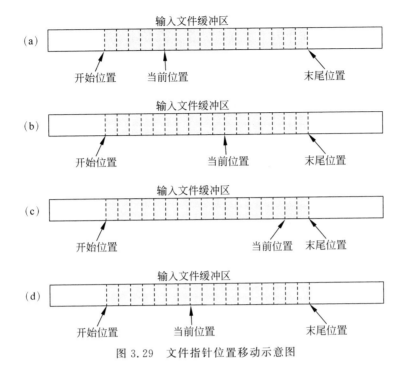

图 3.29 文件指针位置移动示意图

程序代码如下：

```
1    # include < stdio.h >
2    int main( )
3    {
4        char ch1,ch2,ch3;
5        FILE * file_point;
6        scanf("%c%c%c",&ch1,&ch2,&ch3);           //从键盘读取 3 个字符
7        file_point = fopen("c:\\程序\\程序文档.dat","wb+");  //以可读写方式创建文件
8        fwrite(&ch1,1,1,file_point);              //将 ch1 数据写入文件
9        fwrite(&ch2,1,1,file_point);              //将 ch2 数据写入文件
10       fwrite(&ch3,1,1,file_point);              //将 ch3 数据写入文件
11       fseek(file_point,1,SEEK_SET);             //从文件头向前移动 1 字节
12       fread(&ch1,1,1,file_point);
13       fclose(file_point);
14       printf("ch1 = %c\n",ch1);
15       return 0;
16   }
```

程序的运行结果如图 3.30 所示。

执行第 6 条语句，从键盘连续输入"abc"3 个字符。

执行第 7 行语句以"wb+"方式打开文件，实现了创建新文件"程序文档.dat"，并且可对该文件进行读写操作。

图 3.30 输出结果

第 11 行语句将 fseek 函数的起始点设置为 SEEK_SET，位移量设置为 1，即文件位置标记向前移动到距离文件开头 1 字节的位置。第 12 行语句调用 fread 函数读取 1 字节的数据到变量 ch 中。

第 8～11 行语句执行后，文件头、文件尾和文件当前位置标记变化参见图 3.31。

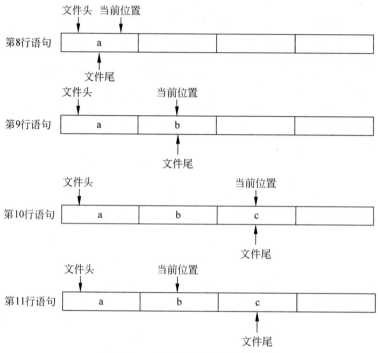

图 3.31 文件指针位置变化示意图

由于第 10 条语句执行完后，当前位置标记和文件尾位置标记相同，因此第 11 行语句 fseek(file_point,1,SEEK_SET)也可以用 fseek(file_point,－1,SEEK_END)替换，即从文件末尾向文件头方向移动一个字节，或者替换为 fseek(file_point,－1,SEEK_CUR)，即从当前位置向文件头方向移动一个字节。

在对文件进行读写操作的时候，我们可能会遇到一种情况：刚刚使用 fprintf 语句或者 fwrite 语句将数据写入文件后，立即想使用 fscanf 语句或者 fread 语句将刚写入的数据再从文件中读取出来，看一看是否已经将数据正确地写入了文件中，但发现根本读不到刚刚写入文件中的数据，这是为什么呢？这是因为当写入数据后，当前位置标记指向了刚写入的数据的最后一个字节。此时再读取数据，会从当前位置标记的下一个字节开始读取数据，因此读不到刚写入的数据。要解决这个问题，可以用 fseek 函数重新设置当前读取位置。

2. 移动到文件开头

rewind 函数可以将当前位置标记移动到文件头，实现从文件头标记的位置处开始读取数据。rewind 函数的一般形式为：

void rewind(文件类型指针)

当然也可以使用"fseek(文件类型指针,0,SEEK_SET)"语句将当前位置移动到文件头,但是不如 rewind 函数简洁。

无论是顺序读写还是按需读写文件,文件当前位置是否正确决定了我们是否能够正确地读写文件中的数据,大家需要特别关注它。

3.3.5 * 文件读写的出错问题

在读写文件的过程中,有可能会产生一些错误。通过以下两种途径,可以发现在文件操作过程中产生的绝大部分错误。

1. 检查文件操作函数的返回值是否正确

在打开文件和关闭文件时,需要使用 fopen 函数和 fclose 函数。在读写文件时,需要使用 fprintf 函数、fscanf 函数、fread 函数和 fwrite 函数。在调用这些函数后,可以根据函数的返回值,判断函数调用语句是否执行成功,参见表 3.6。

表 3.6 文件操作函数的返回值

函　　数	成　　功	失　　败
fopen	非 0 值	0
fclose	0	-1
fprintf	写入的字符数	-1
fscanf	读取的字符数	-1
fwrite	正整数	0
fread	正整数	0

2. 调用 ferror 函数检查返回值

除了根据各种调用函数的返回值可以判断文件操作是否出现错误以外,还可以使用 ferror 函数来检查文件操作是否有错误。ferror 函数的一般形式为:

`int ferror(FILE *fp)`

如果函数的返回值是 0,则表示未出错;如果是非零值,则表示出错。对同一个文件每一次调用输入输出函数,都会产生一个新的 ferror 函数值,因此应当在调用输入输出函数后需要立即检查 ferror 函数的值,否则信息会丢失。

3.3.6 文件合并示例

【例 3.11】 给定 3 个文本文件,要求将这 3 个文件的内容合并到 1 个文件中。其中 3 个文本文件的具体内容[①]如下:

---

① 文件内容来自百度百科:
https://baike.baidu.com/item/%E4%B8%AD%E5%9B%BD/1122445. [2021-04-27]

文件 input_1.txt 内容：中国,以华夏文明为源泉、以中华文化为基础,是世界上历史最悠久的国家之一。中国各族人民共同创造了光辉灿烂的文化,具有光荣的革命传统。中国是以汉族为主体民族的多民族国家,通用汉语、汉字,汉族与少数民族统称为"中华民族",又自称"炎黄子孙""龙的传人"。

微课 3.6　文本合并示例

文件 input_2.txt 内容：中国是世界四大文明古国之一。距今 5800 年前后,黄河、长江中下游以及西辽河等区域出现了文明起源迹象；距今 5300 年前后,中华大地各地区陆续进入了文明阶段；距今 3800 年前后,中原地区形成了更为成熟的文明形态,并向四方辐射文化影响力；后历经多次民族交融和朝代更迭,直至形成多民族国家的大一统局面。20 世纪初辛亥革命后,废除了封建帝制,创立了资产阶级民主共和国。1949 年中华人民共和国成立后,在中国大陆建立了人民民主专政的社会主义制度。

文件 input_3.txt 内容：中国疆域辽阔、民族众多,先秦时期的华夏族在中原地区繁衍生息,到了汉代通过文化交融使汉族正式成型,奠定了中国主体民族的基础。后又通过与周边民族的交融,逐步形成统一多民族国家的局面,而人口也不断攀升,宋代中国人口突破一亿,清代人口突破四亿,到 2005 年中国人口已突破十三亿。

问题分析：为了合并 3 个文件内容,我们需要以写的方式打开一个文件 output_all.txt,然后依次打开上述 3 个文件,读取文件中的内容并写入到 output_all.txt 文件中,最后关闭文件。由于我们不关注文件的具体文字内容,因此可以直接使用二进制格式读取和写入内容。

程序代码如下：

```
1   #include <stdio.h>
2   int main()
3   {
4       int i, n;
5       FILE *fr = NULL, *fw = NULL;
6       char buffer[2048] = {0};              //定义字符数组 buffer
7       fw = fopen("D:\\output_all.txt","wb"); //以二进制"写"方式打开 output_all.txt 文件
8       fr = fopen("D:\\input_1.txt","rb");    //以二进制"读"方式打开 input_1.txt 文件
9       n = fread(buffer,1,2048,fr);           //实际读取 n 个字节
10      fwrite(buffer,1,n,fw);                 //写入 n 个字节
11      fclose(fr);                            //关闭 input_1.txt 文件
12      fr = fopen("D:\\input_2.txt","rb");    //以二进制"读"的方式打开 input_2.txt 文件
13      n = fread(buffer,1,2048,fr);           //实际读取 n 个字节
14      fwrite(buffer,1,n,fw);                 //写入 n 个字节
15      fclose(fr);                            //关闭 input_2.txt 文件
16      fr = fopen("D:\\input_3.txt","rb");    //以二进制"读"的方式打开 input_3.txt 文件
17      n = fread(buffer,1,2048,fr);           //实际读取 n 个字节
18      fwrite(buffer,1,n,fw);                 //写入 n 个字节
19      fclose(fr);                            //关闭 input_3.txt 文件
20      fclose(fw);                            //关闭 output_all.txt 文件
21      return 0;
22  }
```

执行第 7 行语句,以"wb"的方式打开,实现了创建新文件 output_all.txt。

执行第 8~11 行语句，以"rb"的方式打开文件，读取文件 input_1.txt 内容存入 buffer 中，其中 2048 表示一次读取 2048 字节，返回值 n 表示实际读取的字节数，然后将实际读取到的数据写入 output_all.txt 文件中。

执行第 12~15 行语句以及第 16~19 行语句，则分别读取 input_2.txt 和 input_3.txt 中的内容写入 output_all.txt 文件中。

最后执行第 20 行语句关闭文件。

3.4 本章小结

我们与计算机之间的交流方式非常重要。如果我们向计算机中输入数据时，采用的数据输入方法不正确，那么计算机就无法正确"理解"我们要处理的数据，从而导致计算错误。当我们要求计算机输出数据时，如果采用的数据输出方法不正确，即使计算机正确地完成了计算任务，我们也无法看到正确的计算结果。因此，在学习 C 语言时，首先要掌握正确的数据输入输出方法。

本章主要介绍了 printf 函数、scanf 函数、fprintf 函数和 fscanf 函数等，熟练掌握这些函数，基本可以满足与计算机的交流需求。除了这些函数，还有其他输入输出函数，例如 getchar 函数、putchar 函数、gets 函数、puts 函数、fgetchar 函数、fputchar 函数、fgets 函数、fputs 函数等。这些函数可以更灵活地完成对字符数据的输入和输出，在后面章节中将陆续介绍这些函数。本章的知识点参见图 3.32。

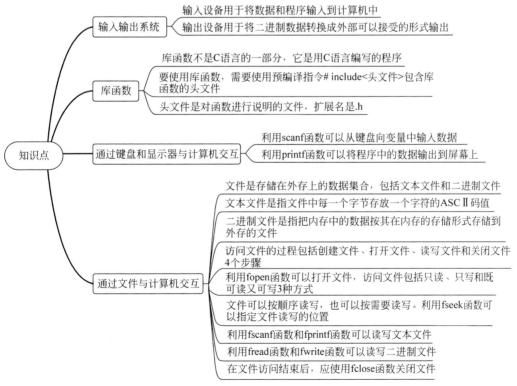

图 3.32 与计算机面对面地交流

3.5 习题

1. 人类与计算机之间进行对话一般包括哪两种方式？各有什么特点？

2. 在 C 语言中从键盘输入数据和向屏幕输出数据各使用了什么函数？对应函数的主要参数包括哪些？参数的意义是什么？

3. 根据数据的组织形式，文件可分为哪两种不同的类型？各有什么特点？

4. C 语言打开文件主要方式有哪些？打开函数的形式是什么？

5. C 语言读写文件的主要函数有哪些？它们之间的区别是什么？何种情况下使用？

6. 为什么在文件读写完成后需要关闭文件？不关闭文件会有何影响？

7. 编写一个程序实现接收从键盘依次输入的一个整数 a、一个浮点数 f、一个整数 b($-100<a,b,f<100$)。要求分 3 行输出它们的值，其中第一行连续输出 a 和 b(中间无分隔符)；第二行依次输出 f、a、b，3 个数之间用一个空格分隔，f 精确到小数点后两位；第三行依次输出 a、f、b，每个数占位 10 个字符位，包含正负号，右对齐，f 精确到小数点后两位，任意两个数之间不添加空格。

输入样例

  12 34.567 89

输出样例

  1289
34.57 12 89
  +12 +34.57 +89

8. 分析下面的程序：

```
# include <stdio.h>
int main()
{
    int a = 2, c = 5;
    printf("a = %%d,c = %%d\n",a,c);
    return 0;
}
```

(1) 运行时会输出什么信息？为什么？

(2) 如果将程序第 4、5 行改为

```
printf("a = %d,c = %d\n",a,c);
```

运行时会输出什么信息？为什么？

9. 分析下面的程序：

```
# include <stdio.h>
int main()
```

```
{
    char c1,c2,c3;                              //①
    c1 = 80;                                    //②
    c2 = 76;                                    //③
    c3 = 65;                                    //④
    printf("c1 = %c,c2 = %c,c3 = %c",c1,c2,c3);
    printf("c1 = %d,c2 = %d,c3 = %d",c1,c2,c3);
    return 0;
}
```

（1）运行时会输出什么信息？为什么？

（2）如果将程序的语句②③④分别改为

```
c1 = 180;
c2 = 176;
c3 = 165;
```

运行时会输出什么信息？为什么？

（3）如果将程序语句①改为

```
int c1,c2,c3;
```

运行时会输出什么信息？为什么？

10. 用下面的 scanf 函数输入数据，使 a=1,b=2,x=3.4,y=5.678,c1='X',c2='y'。应该如何从键盘上输入数据，才能够保证下面的 scanf 语句能够正确执行？

```
#include <stdio.h>
int main()
{
    int a,b;
    float x,y;
    char c1,c2;
    scanf("a = %d,b = %d",&a,&b);
    scanf("%f%f",&x,&y);
    scanf("%c%c",c1,c2);
    printf("a = %d,b = %d,x = %f,y = %f,c1 = %c,c2 = %c\n",a,b,x,y,c1,c2);
    return 0;
}
```

11. 从键盘输入 5 个大写字母，将其全部转化为小写字母，然后输出到一个磁盘文件 output.txt 中保存。

12. 将自然数 1~9 以及它们的立方写入名为 Cube.txt 的文件中，然后再读出显示在屏幕上。要求分别按文本文件格式和二进制文件格式进行数据的存储和读取，比较写入文件的大小。

13. 任意输入 5 个字符，按二进制格式写入一个文件，再按二进制方式读取并显示在屏幕上。

14. 任意输入 6 个字符，将其写入一个文件中，从文件头开始，读取其中的第 3 个字符和第 5 个字符并显示在屏幕上。

第4章

让计算机做复杂的事情——顺序、选择与循环语句

复杂是指多而杂，复杂的事情常指自然界中的各种现象和人类社会的各种活动中难以分析或者解答的问题。为了轻松地做好复杂的事情，可以让具有强大计算能力的计算机做我们的助手，让计算机来解决这些复杂的问题。但是，目前仍然需要我们先找出解决复杂问题的算法，再通过编程将解决问题的算法描述给计算机，让计算机通过执行这些程序来解决复杂的问题。

算法可以用流程图进行描述，任何计算机可解决的复杂问题，其解决问题的步骤都可以使用顺序结构、选择结构和循环结构来描述。C语言是一种结构化设计语言，它提供了实现顺序结构、选择结构和循环结构的语句，我们可以利用C语言来编程实现求解复杂问题的算法。

4.1 分步骤完成任务

在生活中，无论是简单的事情还是复杂的事情，我们都可以把它们分解成若干个步骤，然后一步步按顺序做下去，直到事情完成为止。复杂的事情之所以复杂，无外乎是步骤比较多，或者某些步骤的内部比较复杂，还可以继续分解成更多的子步骤。如果某些步骤我们还未想清楚怎么分解，可以先把它笼统地归为一个步骤。在解决问题时，按步骤执行的前后顺序进行问题分解，是简化复杂问题的一种方法。顺序结构就是按照语句执行的先后顺序来组织代码的程序结构，它强调了语句执行的前后关系。

微课4.1 顺序结构

如果解决问题的步骤全部可以用顺序结构的语句来描述，那么这样的程序代码是容易理解的。我们只需要按照步骤的顺序依次编写代码和阅读代码就可以了。但是在解决问题的过程中，有些步骤往往存在选择或重复执行的问题。这也是问题复杂化的一种表现。

例如，人们早晨的活动可以简单也可以复杂。在工作日，当我们从清晨的睡梦中醒来以后，一般会先起床，再刷牙洗脸，接着吃早饭，然后去上班。清晨活动按照顺序划分为起床、刷牙、洗脸、吃早饭、上班5个步骤，这种就是顺序的结构。每个步骤完成的事情是固定的，它们的前后次序也是确定的。工作日清晨的活动是简单的。

在周末时，时间充沛。我们起床后也可以先跑步，再刷牙洗脸，吃完早饭后也许会再刷一次牙，保持良好的卫生习惯。跑步是一种可选择的活动，刷牙变成了一种重复做的活动，也就是程序设计中常说的循环问题。可以看到，周末清晨的活动比工作日清晨的活动要复杂一些。单纯用顺序结构的语句，无法表达选择和循环的执行过程，因此C语言提供了控制语句来实现选择结构和循环结构。

4.1.1 控制语句

在C语言中，语句是计算表示和流程控制的基本单位。除了第2章中介绍的表达式语句、空语句和复合语句以及第3章介绍的函数调用语句之外，还有一种可以实现复杂功能的语句——控制语句。当我们希望计算机能够根据实际条件,灵活地选择计算方式以实现复杂功能时,通常需要用到控制语句。控制语句主要用于实现选择结构和循环结构的程序。通常称这两类语句为"选择语句"和"循环语句"。

1. 选择语句

选择语句是让计算机根据不同的条件判定结果来选择执行不同任务的语句。选择往往是"二选一"或者"多选一"的问题,即从两个选项中选择一个,或者从多个选项中选择一个。针对这两种典型的选择问题,C 语言分别提供了 if 和 switch 两种语句。if 语句适合于"非 A 即 B"两种情况的选择控制,而 switch 语句则适合于有多种情况的选择控制。

选择结构中的语句与顺序结构中的语句都有一个共同点,它们的语句都只能被执行一次。如果想让语句被重复执行多次,就要使用循环语句。

2. 循环语句

循环语句可以让计算机在一定的条件下重复地执行一组指令。通过对循环控制条件的判定结果来决定是否再一次执行某一条语句。C 语言提供了 while、do-while 和 for 共 3 种循环语句,以及中断循环执行的 break 语句和 continue 语句。每一个循环问题,都可以用 while 语句、do-while 语句和 for 语句中的一种来解决,它们没有什么本质的不同。

4.1.2 按部就班地解决问题

顺序结构是指按照语句编写的前后次序顺序执行的程序结构,它体现了依据一定的步骤按部就班地解决问题的过程。在顺序结构中,每条语句一定会被执行到,而且只被执行一次。表达式语句、复合语句、空语句、函数调用语句都是组成顺序结构程序的语句,这些语句本身不具有控制功能。在程序中这些语句都是由前至后被顺序执行的。

【例 4.1】 已知一元二次方程为 $ax^2+bx+c=0$,假设 $b^2-4ac>0$ 并且 $a \neq 0$,编程求解该方程。从键盘输入 a、b、c 的值,在屏幕上输出计算结果并保留 2 位小数。

问题分析:解决这个数学问题需要用到一元二次方程的求根公式:

$$x = \frac{-b \pm \sqrt{b^2-4ac}}{2a}$$

根据 $b^2-4ac>0$ 并且 $a \neq 0$ 的条件,可以知道该方程有两个实数根。计算方程的两个根需要使用两个表达式,即 $x_1 = \frac{-b+\sqrt{b^2-4ac}}{2a}$ 和 $x_2 = \frac{-b-\sqrt{b^2-4ac}}{2a}$。

在这两个表达式中用到了加、减、乘、除以及开平方运算。在 C 语言中没有开平方运

算符,但是 C 语言的库函数提供了 sqrt 函数可以完成开平方运算。sqrt 函数调用语句的一般形式是

```
sqrt(运算对象);
```

其中,运算对象的数据类型是 double 类型,sqrt 函数调用后返回值也是 double 类型。例如,

```
double x = sqrt(4.0);
```

语句执行后,变量 x 的值是 2.0。sqrt 函数的声明在头文件 math.h 中。如果要调用 sqrt 函数,需要在源文件中包含 math.h。

算法设计:

求解该方程的算法描述参见图 4.1。在程序中需要使用 3 个变量分别记录一元二次方程的 3 个系数,这里使用 3 个 double 变量 a、b、c,同时使用两个 double 变量 x1 和 x2 来记录根。

算法的步骤主要包括了输入数据、求根计算和输出数据 3 个步骤。在求根计算中又包含了求根 x1 和 x2 两个子步骤。无论是大步骤,还是小步骤,这些步骤都是顺序的,可以用顺序结构程序代码来实现。

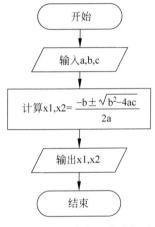

图 4.1 一元二次方程的求解过程

程序代码如下:

```
1   #include <stdio.h>
2   #include <math.h>                          //包含 sqrt 函数的头文件
3   int main()
4   {
5       double a,b,c,x1,x2;
6       scanf("%lf%lf%lf",&a,&b,&c);           //输入 a,b,c 3 个系数
7       x1 = (-b + sqrt(b*b - 4*a*c))/(2*a);   //计算方程的解 x1
8       x2 = (-b - sqrt(b*b - 4*a*c))/(2*a);   //计算方程的解 x2
9       printf("x1 = %.2lf,x2 = %.2lf\n",x1,x2); //输出方程的解
10      return 0;
11  }
```

程序运行后,输入 a、b、c 的值,分别为 6、5、1,此时方程是 $6x^2+5x+1=0$。可以采用因式分解的方法,求得两个根分别为 x1=−1/3,x2=−1/2。程序运行结果如图 4.2 所示。

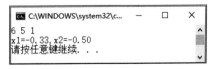

图 4.2 例 4.1 程序运行结果

程序运行求得 x1＝－0.33,而因式分解求得 x1＝－1/3。对于计算机来说,它无法存储分数也无法存储无限小数,因此 x1＝－0.33 是一种近似解。在利用计算机求解数学问题的时候,有些情况下计算机只能求得近似解。

语句 7 和语句 8 分别计算方程的根 x1 和 x2。在这两条语句中,可以发现 b^2-4ac 的运算被执行了 2 次,计算 $\sqrt{b^2-4ac}$ 也调用了 2 次 sqrt 函数。这种重复计算浪费了计算资源。如果把 b^2-4ac 的计算结果和 sqrt 函数的调用结果分别存储在两个变量中,那么下次可以直接访问变量获取计算结果。

修改后的程序代码如下:

```
1    #include <stdio.h>
2    #include <math.h>                          //包含 sqrt 函数的头文件
3    int main()
4    {
5        double a,b,c,disc,q,x1,x2;             //disc,q 是存储过程性数据的变量
6        scanf("%lf%lf%lf",&a,&b,&c);           //输入 a,b,c 3 个系数
7        disc = b*b-4*a*c;                      //计算 b²-4ac
8        q = sqrt(disc);                        //调用 sqrt 函数
9        x1 = (-b+q)/(2*a);                     //计算方程的解 x1
10       x2 = (-b-q)/(2*a);                     //计算方程的解 x2
11       printf("x1=%.2lf,x2=%.2lf\n",x1,x2);   //输出方程的解
12       return 0;
13   }
```

在语句 5 中定义了变量 disc、q 来存储过程性的数据,这意味着程序需要占用更多的存储空间。在语句 7 中计算 b^2-4ac 并将结果存储在变量 disc 中,在语句 8 中调用 sqrt 函数计算 $\sqrt{b^2-4ac}$ 并将结果存储在变量 q 中。在语句 9 和语句 10 中利用变量 q 求解 x1 和 x2 的值。虽然此时程序语句的数量比前面程序语句的数量多,但是计算量却减少了,我们不能简单地根据 C 语句数量的多少来判断计算量的大小。

通过这个例子,我们想表达一种思想:有时可以通过消耗一定的存储空间来缩短计算时间;有时又可以通过增加计算时间来减少存储空间的使用。在某种意义上,**存储空间与计算时间是可以相互转换的**。在这个例子中,通过引入两个变量 disc、q 来存储过程数据,减少了计算量。计算资源和存储资源是计算机计算能力的基石,一个高水平的程序员能够通过合理配置这两种资源,让计算机发挥出最大的能力。

从图 4.1 中,可以看出求解一元二次方程的算法步骤是顺序结构的,程序中的语句也是由前至后顺序执行的。在【例 4.1】中求解方程的方法只适用于求解有两个不同实数根的一元二次方程,但是有的一元二次方程有两个相同的实数根,还有的一元二次方程没有实数根,只有两个共轭复根。如果要编写一个求解一元二次方程的通用程序,那么要先判断方程是有实数根还是共轭复根;当有实数根的时候,还要判断两个根是否相同,然后再选择具体求解的方法。因此,我们需要使用 C 语言提供的选择语句来编写求解一元二次方程的通用程序。

4.2 遇到选择该怎么办

选择是人们每天都在做的事情。当去餐厅吃饭的时候,人们会从菜单中挑选出自己喜欢吃的美食。点菜的过程就是做选择的过程。个人的喜好、菜品的特色和价格因素等,这些都可能是点菜的依据。

人们会根据一定的条件做出选择。如果让计算机做选择,也需要将选择的条件和对应的选择项表示出来。只不过所有的选择条件都需要以可计算的方式表示出来,因为计算机只会计算。

微课 4.2 if 语句

4.2.1 用 if 实现"二选一"

最简单的选择莫过于"二选一"。"二选一"又称为二分支结构,其语句逻辑流程参见图 4.3。

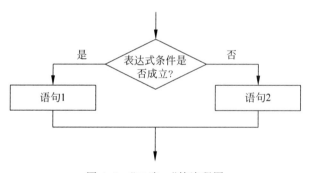

图 4.3 "二选一"的流程图

在图 4.3 中,菱形框内的表达式可以是 C 语言中的任何一种合法的表达式。根据表达式的运算结果来判定条件成立还是不成立。如果表达式的运算结果是 0,即表示结果为假,那么判定条件不成立,则执行语句 2。如果运算结果不是 0,即表示结果为真,那么判定条件成立,则执行语句 1。

1. if 语句的基本语法

if 语句的一般形式如下:

if (表达式) 语句 1
else 语句 2

在执行 if 语句时,先计算表达式的值,然后根据表达式的值是非 0 还是 0 选择执行语句 1 或语句 2。例如,

$$y = \begin{cases} 1, & x > 0 \\ -1, & x \leqslant 0 \end{cases}$$

这是数学中的一个分段函数,它分为两段。这是一个"二选一"的问题。如果用 if 语句来描述这个分段函数可以表示为

if (x>0) y=1;
else y=-1;

需要注意的是,有时在"二选一"的选择结构中存在一个分支没有语句需要执行的情况,此时的流程参见图 4.4 和图 4.5。

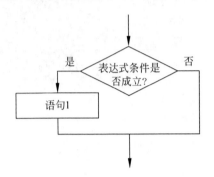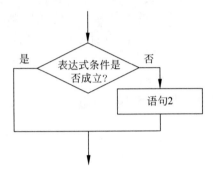

图 4.4　只需执行语句 1 的流程图　　　　图 4.5　只需执行语句 2 的流程图

图 4.4 表示条件成立时执行语句 1,不成立时没有需要执行的语句。图 4.5 表示条件不成立时执行语句 2,成立时没有需要执行的语句。

在 C 语言中,if 语句允许通过省略 else 语句来实现上述情况。它的一般形式为:

if (表达式) 语句 1

这种形式的 if 语句可以表示图 4.4 中的选择逻辑,当条件成立时执行语句 1,不成立时没有需要执行的语句,直接去掉 else 语句就可以了。

对于图 4.5 中的选择逻辑,用 if 语句表示的一般形式为:

**if (表达式);
else 语句 2**

当表达式成立时,执行的是空语句";"。此时,什么都不需要做的空语句也终于有了用武之地。

在表达式前面加上"非"运算符也可以将图 4.5 的选择逻辑转换成图 4.4 的选择逻辑,即当条件不成立时执行语句 2 的逻辑:

if (!表达式) 语句 2

例如,数学中的函数 y=1,x>0。使用图 4.4 的选择逻辑,用 if 语句可以表示为:

if (x>0) y=1;

或者

if (!(x<=0)) y=1;

使用图 4.5 的选择逻辑,用 if 语句可以表示为:

```
if (!(x>0));
else y = 1;
```

或者

```
if (x <= 0);
else y = 1;
```

2. 条件运算符和条件表达式

有一种 if 语句,它的两个分支语句都是对同一个变量进行赋值的语句,这种语句的功能也可以用条件表达式来实现。

例如,

```
if (x>0) y=1;
else y=-1;
```

这个 if 语句也可以用下面的条件表达式语句来代替

```
x>0 ? y=1 : y=-1;
```

"?"和":"两个符号共同组成了一个**条件运算符**,它是 C 语言中唯一的三目运算符号。符号"?"前面的表达式"x>0"的作用相当于 if 语句中的表达式"x>0"。符号":"前后分别有两个表达式"y=1"和"y=-1",它们分别对应 if 语句条件成立时执行的表达式"y=1"和条件不成立时执行的表达式"y=-1"。从这点来看,条件表达式语句是 if 语句功能的一种简写方式。但是,条件表达式"x>0 ? y=1 : y=-1"会有一个结果值,它的值是 1 或者-1。从这一点来看,条件表达式语句和 if 语句又是有所区别的。

条件表达式"x>0 ? y=1 : y=-1"也可以改写为下面的表达式:

```
y = (x>0 ? 1 : -1);
```

"="赋值运算符的右边是一个条件表达式"x>0 ? 1 : -1",当表达式"x>0"成立时,条件表达式的值是 1,通过"="赋值运算符赋值给变量 y;否则条件表达式的值是-1并赋值给 y。

条件表达式的一般形式是:

表达式 1 ? 表达式 2 : 表达式 3

当表达式 1 的值为非 0 时,执行表达式 2,表达式 2 的值是条件表达式的值,否则执行表达式 3,表达式 3 的值是条件表达式的值。

例如,用条件表达式判断 a、b、c 3 个数中的最大值,并将结果存储在 max 中。

```
max = (max = a>b ? a : b)>c ? max : c;
```

先运算表达式"max=a>b ? a : b",将 a、b 中较大的值存储在 max 中,再运算"max=max>c ? max : c"表达式,将 max、c 中较大的值存储在 max 中。

3. if 语句中的复合语句

在 if 语句中,语句 1 和语句 2 可以是任何一种类型的合法语句。当语句数量多于 1 条语句时,需要用"{ }"将多条语句包含起来,构成一个复合语句。

例如,用 if 语句实现选出变量 a、b 中较大的值并存储在变量 max 中,较小的值存储在变量 min 中。

```
if (a > b) { max = a;min = b;}
else { max = b;min = a;}
```

下面的程序代码也可以实现这样的功能:

```
max = a,min = b;
if (max >= b);
else { max = b;min = a;}
```

在这段代码中,先是假定变量 a 的值较大,变量 b 的值较小,分别将其赋值给变量 max 和 min,然后通过 if 语句对 max 和 b 进行比较,如果 b 的值大,那么就改变 max 和 min 的值。在 if 语句中,当 max>=b 条件成立时执行的语句是一个空语句,空语句也可以作为 if 语句的组成部分。

4. if 语句的嵌套

if 语句不但可以表示"二选一"的逻辑,也可以通过使用多个 if 语句来表示"多选一"的逻辑。例如下面的分段函数:

$$y = \begin{cases} 1, & x > 0 \\ 0, & x = 0 \\ -1, & x < 0 \end{cases}$$

这是一个"三选一"问题。我们可以将这个"三选一"问题转换成两个"二选一"问题,第一个"二选一"判断条件的是"x>0",将 x 的取值空间划分为 x>0 和 x≤0 两个子区间。第二个"二选一"的判断条件"x == 0",将 x≤0 的取值空间又划分为 x=0 和 x<0 两个子区间。利用两个"二选一"的选择嵌套解决了一个"三选一"的问题。这种二分支嵌套的选择逻辑参见图 4.6。从图中可以看出,在判定条件为"x>0"的二分支结构中又嵌套了一个判定条件为"x == 0"的二分支结构。

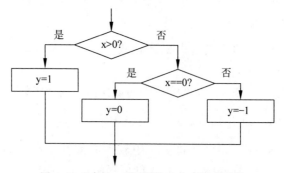

图 4.6 "多选一"问题的二分支嵌套结构

if 语句可以实现二分支嵌套结构的表示。在 if 语句中,如果有的分支还是 if 语句,那么这种结构称为 **if 语句的嵌套**。需要注意的是,虽然 if 嵌套语句中包含了多个 if 语句,但它仍然是一条语句。if 语句嵌套的一般形式为:

```
if (表达式 1)
    if (表达式 2) 语句 1
    else 语句 2
else
    if (表达式 3) 语句 3
    else 语句 4
```

上面的分段函数用嵌套的 if 语句可表示为:

```
if (x > 0) y = 1;
else
    if (x == 0) y = 0;
    else y = -1;
```

在这段代码中,通过代码的缩进对齐,比较容易看出在 else 语句中又嵌套了一个 if 语句。如果代码不缩进或者都写在一行,比如下面这样,就不容易看出 if 语句的嵌套关系。

```
if (x > 0) y = 1;else if (x == 0) y = 0;else y = -1;
```

对计算机来说,这两段代码的功能是一样的,但是对我们来说,第二段代码阅读起来就比较费劲了。如果遇到类似的情况,可以根据"**else 语句总是与它前面最近的未配对的 if 语句配对**"的原则,先把代码缩进对齐,然后再去理解 if 语句的嵌套结构。

【例 4.2】 已知一元二次方程为 $ax^2+bx+c=0$,假设 $a\neq 0$,编程求解该方程。从键盘输入 a、b、c 的值,在屏幕上输出计算结果并保留 2 位小数。

问题分析:【例 4.2】与【例 4.1】不同,【例 4.1】已经明确了方程有两个不同的实数根,【例 4.2】只明确了 $a\neq 0$,这个方程是一个二次方程。需要先根据 b^2-4ac 的计算结果来判断它是有实根还是复根,如果有实根,那么是有两个相同的实数根还是两个不同实数根,再确定具体的计算方式,这就需要用到选择结构了。

算法设计:
算法的流程图描述如图 4.7 所示。
程序代码如下:

```
1   #include <stdio.h>
2   #include <math.h>
3   int main(){
4       double a,b,c,disc,p,q,x1,x2;
5       scanf("%lf%lf%lf",&a,&b,&c);
6       disc = b*b-4*a*c;
7       if (disc > 0) {                    //①有两个实数根
8           q = sqrt(disc);                //②调用 sqrt 开平方根运算
9           x1 = (-b+q)/(2*a);             //②计算方程的根 x1
10          x2 = (-b-q)/(2*a);             //②计算方程的根 x2
```

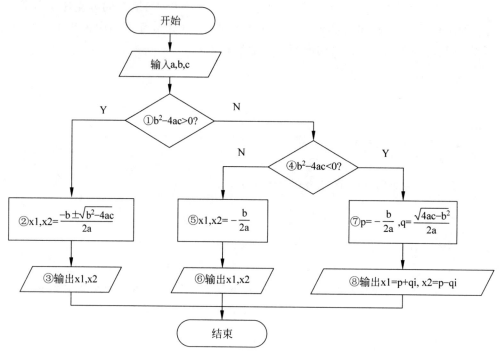

图 4.7　一元二次方程求解流程图

```
11        printf("x1 = %.2lf,x2 = %.2lf\n",x1,x2);   //③输出方程的根
12    }
13    else                                            //有两个相同实数根或共轭复根
14        if (disc < 0) {                             //④有两个共轭复根
15            p = (-b)/(2*a);                         //⑦
16            q = sqrt(-disc)/(2*a);                  //⑦此时 disc 是负数,需要转正数
17            printf("x1 = %.2lf + %.2lfi,x2 = %.2lf - %.2lfi\n",p,q,p,q);
                                                      //⑧输出复根 x1,x2
18        }
19        else{                                       //有两个相同的实数根
20            x1 = x2 = (-b)/(2*a);                   //⑤计算方程的根 x1,x2
21            printf("x1 = x2 = %.2lf\n",x1);         //⑥输出方程的根
22        }
23    return 0;
24 }
```

使用该程序分别求解下列方程,

(1) $x^2-x-6=0$

(2) $x^2-2x+1=0$

(3) $x^2+2x+5=0$

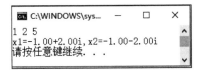

通过 if 语句的嵌套使用,也可以编写出解决任意"多选一"问题的程序代码。但是,当 if 语句嵌套层次过多时,编写与阅读程序代码也逐渐变得困难起来,为此 C 语言又提供了 switch 语句来解决"多选一"的问题。

4.2.2 用 switch 实现"多选一"

微课 4.3 switch 语句

在"二选一"中,依据表达式的值来选择不同的分支,其中非 0 和 0 分别对应条件成立与不成立两种状态。在"多选一"中,表示条件的表达式需要有多个值对应多个选择状态。"多选一"语句表达的逻辑参见图 4.8。

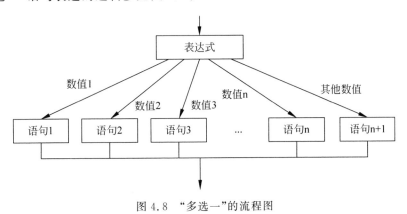

图 4.8 "多选一"的流程图

在现实中遇到的选择问题的选择项都是有限的,可以利用整数值来表示相应的选择项。

1. switch 语句的基本语法

switch 语句的一般形式如下:

switch(表达式)

```
{
    case 整型常量 1:[若干条语句]①
    case 整型常量 2:[若干条语句]
              ...
    case 整型常量 n:[若干条语句]
    default:[若干条语句]
}
```

其中 case 关键字后面的整型常量也可以是字符常量,"整型常量:"组成了标号,在 1.4.3 节中介绍 goto 语句时已经介绍了标号的概念。只不过在 switch 语句中,标号只能是整型常量或字符常量。

使用 switch 语句需要注意以下几点:

(1) 表达式的运算结果只能是整数值。这一点与 if 语句的表达式不一样,if 语句的表达式的结果可以是任意数值。例如,

$$y = \begin{cases} 2, & x=1 \\ 4, & x=0 \\ -8, & x=-1 \end{cases}$$

这是一个"多选一"的问题,利用 switch 语句可以表示为:

```
int x,y;
scanf("%d",&x);
switch(x){
    case 1: y = 2; break;
    case 0: y = 4; break;
    case -1: y = -8; break;
}
```

如果写成下面的形式,虽然从表面上看好像没有什么差别,但实际上存在语法错误。

```
float x,y;
scanf("%f",&x);
switch(x){
    case 1.0: y = 2; break;
    case 0: y = 4; break;
    case -1.0: y = -8; break;
}
```

如果 x 是 float 类型,那么它不是一个整数值,不符合 switch 控制表达式结果为整数的要求。而 case 后紧跟的 1.0,-1.0 这些数据也错了,case 的标号一定是整数。

(2) 如果表达式的值与 case 关键字后面的整型常量相匹配,则从该 case 分支":"后开始执行语句。在 case 分支":"后面可以写若干条语句,包括一条语句或者多条语句,也

---

① 在语法格式说明中,此处 [ ] 表示可选项,即表示在 case 标签后可以没有语句。读者需要与数组的声明、下标运算符区分开。

可以没有任何语句。当有多条语句时可以不写成复合语句形式。

例如,将小写字母'a'、'b'、'c'转换成大写字母输出,switch 语句可以有下面两种写法。

```
char ch;
scanf(" %c",&ch);
switch(ch)
{
    case 'a': printf("A");break;          //多条语句可以不写成复合语句
    case 'b': printf("B");break;
    case 'c': printf("C"); break;
}
```

或者

```
switch(ch)
{
    case 'a': {printf("A");break;}        //多条语句也可以写成复合语句
    case 'b': {printf("B");break;}
    case 'c': {printf("C");break;}
}
```

(3) case 后的整型常量值不能相同。如果整型常量的值相同那就意味着一个选择项对应着多个分支语句,这是不允许的。

(4) default 标号对应所有无法与 case 整型常量相匹配的其他选择项。switch 语句可以没有 default 标号。如果没有 default 标号,那么当表达式的值与所有的 case 整型常量不匹配时则不执行任何语句。例如,

```
switch(ch)
{
    case 'a': printf("A");break;
    case 'b': printf("B");break;
    case 'c': printf("C");break;
    default: printf(" %c 不是 a,b,c 中的一个。\n",ch);
}
```

只要 ch 中的字符不是'a'、'b'、'c'中的一个,就执行 default 标号后面的语句。

(5) 在每个语句后都使用 break 语句的情况下,case 整型常量标号以及 default 标号之间没有严格的前后顺序关系,default 标号也可以写在 case 整型常量标号的前面。例如,

```
switch(ch)
{
    default: printf(" %c 不是 a,b,c 中的一个。\n",ch);break;
    case 'a': printf("A");break;
    case 'b': printf("B");break;
    case 'c': printf("C");
}
```

将 default 标号放置在其他 case 标号前面的效果与放置在其他 case 标号后面的效果是一样的。

2. switch 语句中的 break 语句

大家可能会感到奇怪,在 switch 语句中,为什么在每个分支语句后都有一个"break;"语句,而在最后的一个分支中又没有"break;"语句。这里的 break 是什么含义?起到了什么作用呢?

在 C 语言中,break 是个关键字,只能用于 switch 语句和循环语句中。break 是执行中断操作的指令。在 switch 语句中,在执行 case 分支时使用 break 语句可以立即跳出当前的 switch 语句。在 switch 语句中使用 break 语句的一般形式如下:

```
switch(表达式)
{
  case 整型常量1:[若干条语句] [break;]
  case 整型常量2:[若干条语句] [break;]
           ...
  case 整型常量n:[若干条语句] [break;]
  default:[若干条语句]
}
```

在图 4.9 中(a)和(b)分别给出了 switch 语句中不使用 break 语句和使用 break 语句的执行流程。

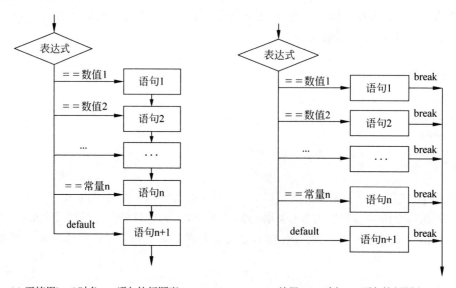

(a) 不使用break时各case语句执行顺序　　　(b) 使用break时各case语句执行顺序

图 4.9　switch 语句一般形式的执行流程

从图 4.9 中可以看出,当控制表达式的值与某个 case 常量标号匹配之后,如果该分支中不包含 break 语句,那么会顺序执行后面 case 分支中的语句,而不再进行常量标号匹配。这样后面分支中的语句都会被执行到。如果该分支中包含了 break 语句,在 break 的作用下,直接结束 switch 语句的执行。这才是通常意义上我们所希望实现的各分支互不重叠的"多分支"。由于在最后一个分支后面不再有其他分支,因此这里可以不写 break 语句。

例如,在下面的 switch 语句中去掉 break 语句后,无法完成小写字母转大写的功能。

```
switch(ch)
{
    case 'a': printf("A");
    case 'b': printf("B");
    case 'c': printf("C");
}
```

如果 ch 中的值是'a',那么 case 'a'匹配之后,程序会顺序执行"printf("A");printf("B"); printf("C");"3 条语句,而不再与 case 'b'和 case 'c'进行匹配。

在使用 switch 语句时,要尽量避免遗漏 break 语句,以防止出现意想不到的错误。

【例 4.3】 某学校的学生成绩分为优秀(90~100)、良好(80~89)、中等(70~79)、合格(60~69)和不合格(0~59)5 个等级。从键盘输入成绩分数,要求将其转换成相应等级后输出到屏幕上。

问题分析:这是个多分支选择问题。如果要用 switch 语句来实现,那么用合适的表达式来表示条件是问题的关键所在。假设成绩分数用整型变量 grade 表示,0~100 共有101 个百分制的分数,它们对应着 5 个成绩等级。如果把每一个分数值都写成一个 case 分支,那么要写 101 个 case 分支。如果能够找到一个关于 grade 的计算表达式,按分数段将百分制分数对应到不同的整型常量,这样可以减少 case 语句的数量。通过一个简单的表达式,将这些成绩直接量化到 5 个整数值有些困难。通过整除运算可以将分数量化到 11 个整型值,参见表 4.1。

表 4.1 成绩等级与表达式值的对应关系

成绩分数	成绩等级	表达式	整型常量
100	优秀	grade/10	10
90~99			9
80~89	良好		8
70~79	中等		7
60~69	合格		6
50~59	不合格		5
40~49			4
30~39			3
20~29			2
10~19			1
0~9			0

通过表达式 grade/10，将百分制分数归一到 11 个整数值，然后将 11 个整数值对应到 5 种不同等级上。例如，用 9、10 两个整数值代表"优秀"，用 0、1、2、3、4、5 这 6 个整数值表示"不合格"。

程序代码如下：

```
1    #include <stdio.h>
2    int main(){
3        int grade;
4        scanf("%d",&grade);                      //输入百分制成绩
5        if (grade>=0&&grade<=100)                //0～100 之内的分数执行 switch
6          switch(grade/10) {                     //对百分制进行归一
7            case 10:                             //与 case 9 分支执行的语句相同
8            case 9: printf("优秀\n"); break;      //输出优秀
9            case 8: printf("良好\n"); break;      //输出良好
10           case 7: printf("中等\n"); break;      //输出中等
11           case 6: printf("合格\n"); break;      //输出合格
12           default: printf("不合格\n");          //输出不合格
13         }
14       else printf("输入了非法的成绩。\n");      //对 0～100 之外的分数提示错误
15       return 0;
16   }
```

假设从键盘输入了成绩 100，即 grade＝100 时，grade/10 的结果是 10，将匹配到第 7 行代码"case 10:"，但它后面并没有任何语句。根据 switch 语句的语法，程序会顺序执行"case 9:"。此时不会再判断 grade/10 与 9 是否匹配，而是执行 printf 语句输出"优秀"，再执行"break;"跳转出 switch 语句。这样"case 10:"和"case 9:"都执行了同一组语句"printf("优秀\n"); break;"。

上述代码对于 grade/10 等于 5、4、3、2、1 和 0 的情况，统一采用了 default 的分支来处理。当然，也可以写成下面的形式：

```
case 5:
case 4:
case 3:
case 2:
case 1:
case 0: printf("不合格\n");
```

这样的代码功能很清楚，但是并不简洁。通过 if 语句嵌套也可以实现上述的功能。

程序代码如下：

```
1    #include <stdio.h>
2    int main() {
3        int grade;
4        scanf("%d",&grade);
```

```
5        if(grade >= 90&&grade <= 100) printf("优秀\n");
6        else if(grade >= 80&&grade <= 89) printf("良好\n");
7            else if(grade >= 70&&grade <= 79) printf("中等\n");
8                else if(grade >= 60&&grade <= 69) printf("合格\n");
9                    else if(grade >= 0&&grade <= 59) printf("不合格\n");
10                       else printf("输入了非法的成绩。\n");
11       return 0;
12   }
```

对比 switch 语句和 if 语句可以发现：

（1）在 switch 语句中构建表达式需要一定的技巧。switch 语句中的表达式需要将多种选择转换到多个整数值，多个整数值可能对应着一种选择。对于"多选一"问题，if 语句中的表达式只需要量化到 0 和非 0 两类数值，但是它需要使用嵌套结构。

（2）在两种实现方式中，程序的计算量有一定的差别。例如，当输入的成绩 100 时，switch 语句只需要执行一次"grade/10"整除运算和"case 10："的匹配运算，而 if 语句只需要计算表达式"grade>=90&&grade<=100"就可以判定相应的执行分支。当输入的成绩是 10 时，switch 语句还是只需要执行一次"grade/10"整除运算，然后利用运算结果与各分支对应常量做匹配，而 if 语句需要计算下面 5 个表达式的值："grade>=90&&grade<=100""grade>=80&&grade<=89""grade>=70&&grade<=79""grade>=60&&grade<=69"和"grade>=0&&grade<=59"，并执行 5 次逻辑运算实现选择。

（3）用 switch 语句来表示"多选一"的功能更清晰，更便于程序员理解代码的功能。

if 语句和 switch 语句都可以表达"多选一"的问题，程序员可以根据自己的喜好以及计算量和存储空间的需求选择使用 if 语句和 switch 语句。

4.3 选择结构很有用

本节通过一个生活实例探究如何利用选择结构程序来解决实际问题。例如，学生每天都要学习很多功课，老师会经常给学生们布置一些学习任务。学习习惯比较好的同学会制定一些自己专属的"学习计划"。比如每天背几个单词，写一篇日记等。如果要反思一下学习计划的落实情况，就要经常算算今年已经过去了多少天。我们日常使用的历法挺复杂的，该怎么计算这个天数呢？我们能编出程序来自动计算吗？

【例 4.4】 给定任意一个包含年月日信息的日期，计算当年已经过去了多少天。通过程序计算出这个天数。

现在我们采用的历法，一年有 12 个月，每个大月有 31 天，小月有 30 天，2 月份最特殊，平年是 28 天，闰年是 29 天。要计算当年已经过去了多少天，需要根据年份、月份进行分类判断。看来在程序设计中需要使用选择结构了。

4.3.1 顺序结构是基础

无论是多复杂的问题,都可以先划分成顺序结构,再对顺序结构中的步骤进一步细化。例如图 4.10 给出了解决该问题的基本顺序结构流程。首先根据输入的日期计算当月过去的天数,见步骤①;再累加该月份之前各月份的天数,此时不考虑闰年,见步骤②;最后根据当年是否是闰年,以及 2 月是否对当前天数的计算有影响,对天数进行修改,见步骤③;最后得到计算结果。

例如,如果输入的日期是 2020 年 4 月 13 日,那么由步骤①可得 4 月已经过去了 12 天,再在步骤②中累加正常年份中前 3 个月的天数 90 天,得到 102 天,最后在步骤③中判断 2020 年是闰年,且 2 月已经度过,因此计算得到的天数还要修订,加入 2 月 29 日这一天,总天数为 103。

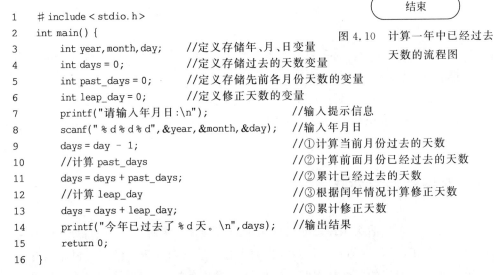

图 4.10 计算一年中已经过去天数的流程图

程序代码如下:

```
1   #include <stdio.h>
2   int main() {
3       int year,month,day;         //定义存储年、月、日变量
4       int days = 0;               //定义存储过去的天数变量
5       int past_days = 0;          //定义存储先前各月份天数的变量
6       int leap_day = 0;           //定义修正天数的变量
7       printf("请输入年月日:\n");   //输入提示信息
8       scanf("%d%d%d",&year,&month,&day);  //输入年月日
9       days = day - 1;             //①计算当前月份过去的天数
10      //计算 past_days              //②计算前面月份已经过去的天数
11      days = days + past_days;    //②累计已经过去的天数
12      //计算 leap_day               //③根据闰年情况计算修正天数
13      days = days + leap_day;     //③累计修正天数
14      printf("今年已过去了%d天。\n",days);  //输出结果
15      return 0;
16  }
```

在语句 9 中累计当前月份过去的天数时,要用当前的日期减去 1,因为不包含当天的日子。在第 10 行代码处,还缺少计算前面月份已经过去的天数的程序代码。在第 12 行代码处,还缺少根据闰年情况计算修正天数的程序代码。这两处的程序代码都需要使用选择语句。

4.3.2 灵活选用选择语句

上面第 10 行代码还没有实现计算 past_days 的值。该怎么计算先前各月已经过去天数呢?我们知道一年有 12 个月,过去的月份存在 11 种可能,那么过去月份的天数计算应该对应着11种计算方式。显然，这是一种"多选一"问题，而且可以根据整数1~11设置选择条件，因此选用switch语句来描述这个选择结构是比较恰当的。

1. 利用switch语句实现多分支选择结构

已过去月份的总天数可以采用手工方式进行计算。例如正常年份中，3月份之前的总天数是2月份28天和1月份31天之和59。计算变量past_days值的switch语句如下：

```
switch(month){
    case 1: past_days = 0; break;        //1月份前没有月份,因此天数是0
    case 2: past_days = 31; break;       //2月份之前月份的总天数是1月份的天数31
    case 3: past_days = 59; break;
    case 4: past_days = 90; break;
    case 5: past_days = 120; break;
    case 6: past_days = 151; break;
    case 7: past_days = 181; break;
    case 8: past_days = 212; break;
    case 9: past_days = 243; break;
    case 10: past_days = 273; break;
    case 11: past_days = 304; break;
    default:  past_days = 334;
}
```

计算机最擅长计算，我们竟然还自己进行手工计算，能不能让计算机来累加这些天数呢？我们可以巧妙地利用switch语句在匹配后会顺序执行后续语句的语法规则，去掉每个case语句中的break语句，在不同的分支中对变量past_days累计求和。改进后的switch语句代码如下：

```
switch(month){
    case 12: past_days += 30;        //30是11月份的天数
    case 11: past_days += 31;        //31是10月份的天数
    case 10: past_days += 30;        //30是9月份的天数
    case 9: past_days += 31;
    case 8: past_days += 31;
    case 7: past_days += 30;
    case 6: past_days += 31;
    case 5: past_days += 30;
    case 4: past_days += 31;
    case 3: past_days += 28;
    case 2: past_days += 31;
    default:  past_days += 0;
}
```

在上述的代码中，当根据month的值匹配进入某个case分支后，由于每个分支没有break语句，所以计算机会顺序执行后续的case分支，past_days会累加前几个月份的天数，这样就不需要手工计算那些中间数值了。

2. 利用 if 语句实现较为复杂的分支判断

到目前为止,还没计算出变量 leap_day 的值。如果当年是闰年并且当前月份大于 2,那么变量 leap_day 的值是 1,否则变量 leap_day 的值是 0。所以,这也是一个选择结构。我们该如何建立判定某年是否是闰年的表达式呢?

只要能满足下面两条规则中任意一条的年份就是闰年:

(1) 能被 4 整除,但是不能被 100 整除的年份;

(2) 能被 400 整除的年份。

例如,根据规则(1),可以判断 2020 年是闰年,2000 年不是闰年,但是根据规则(2),可以判断 2000 年是闰年。

上述规则的核心计算是整除,那么在 C 语言中如何表达整除呢?此时需要使用取余运算符%。只要 a%b 的结果是 0 就可以判定 a 能被 b 整除。例如,2020%4 的结果是 0,可以判定 2020 能被 4 整除。2021%100 的结果是 21,可以判定 2021 不能被 100 整除。判断闰年的算法流程图参见图 4.11。

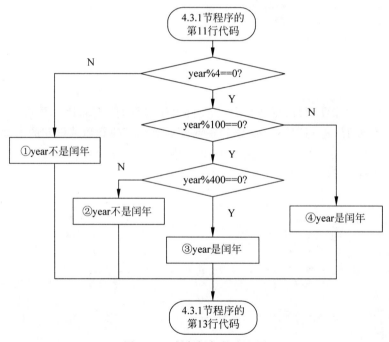

图 4.11 判断闰年的流程图

该算法对应的程序代码如下:

```
if (year % 4 == 0)
    if (year % 100 == 0)
        if (year % 400 == 0)  leap_day = 1;     // 分支③
        else leap_day = 0;                       // 分支②
    else leap_day = 1;                           // 分支④
else leap_day = 0;                               // 分支①
```

判断闰年的算法流程并不是唯一的,也可以按照图 4.12 的逻辑流程进行判断。

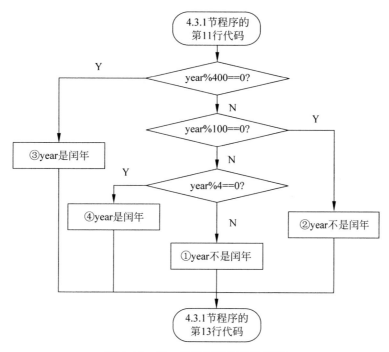

图 4.12　另一种判断闰年的流程图

对应的代码段如下：

```
if (year % 400 == 0) leap_day = 1;            // 分支③
else if (year % 100 == 0) leap_day = 0;       // 分支②
    else if (year % 4 == 0) leap_day = 1;     // 分支④
         else leap_day = 0;                    // 分支①
```

对比图 4.11 和图 4.12 以及相对应的代码,可以发现图 4.12 流程中各个表达式条件成立分支下没有嵌套 if 语句,这样的流程用代码写出来可读性会更强。

我们还可以用逻辑运算符将几个表达式组合起来,写出更为简洁的代码,这时不再需要嵌套 if-else 语句。对应的代码段如下：

```
if ((year % 400 == 0)||(year % 100!= 0)&&(year % 4 == 0)) leap_day = 1;
else leap_day = 0;
```

现在可以给出【例 4.4】的完整代码了。

程序代码如下：

```
1    #include <stdio.h>
2    int main() {
3        int year,month,day;
4        int days = 0;
5        int past_days = 0;
```

```
6         int leap_day = 0;
7         printf("请输入年月日:\n");
8         scanf("%d%d%d",&year,&month,&day);
9         days = day - 1;                          //①计算当前月份天数
10        switch(month){                           //②累加前面月份已过去的天数
11            case 12: past_days += 30;
12            case 11: past_days += 31;
13            case 10: past_days += 30;
14            case 9: past_days += 31;
15            case 8: past_days += 31;
16            case 7: past_days += 30;
17            case 6: past_days += 31;
18            case 5: past_days += 30;
19            case 4: past_days += 31;
20            case 3: past_days += 28;
21            case 2: past_days += 31;
22            case 1: past_days += 0;
23        }
24        days = days + past_days;
25        if((year % 400 == 0)||(year % 100!= 0)&&(year % 4 == 0)) leap_day = 1;
                                                   //③根据闰年情况修正天数
26            else leap_day = 0;
27        if (month > 2) days = days + leap_day;   //当月份大于2月时修正天数
28        printf("今年已过去了%d天。\n",days);
29        return 0;
30    }
```

当输入的数据为"2021 6 22"时,程序执行结果参见图4.13。

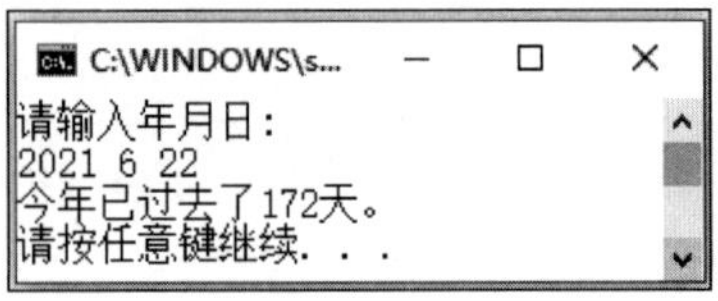

图4.13 程序运行结果

4.3.3 提高程序的可靠性

程序的可靠性是指程序在规定的条件下和规定的时间内完成规定功能的能力。一个程序能够被应用,首先它应该具有一定的可靠性。程序的可靠性与程序存在的缺陷和差错、输入数据和库函数调用是否正确等因素都有关系。利用选择语句可以对一些错误的输入数据、函数调用失败等导致程序运行异常的情况进行处置,从而提高程序的可靠性。

1. 异常输入数据的处理

当程序投入使用的时候,用户并不一定会严格按照程序的要求输入数据。一旦用户输入的数据不符合常规的设定,也就是输入了不正确的数据,那么程序就有可能会出现错误。例如,在【例4.4】中,如果用户输入的数据是"2021 6 44",输入了错误的日期44,那么程序运行的结果也是错误的,参见图4.14。

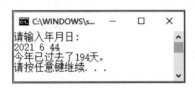

图4.14 运行结果错误

从上面例子中可以发现,如果在程序中对输入数据的取值范围不进行限定,那么计算机并不能够判断输入的数据是异常的数据。为了让程序能够分辨出这些异常输入的情况,可以利用选择语句对输入数据的合法性进行检查,并给出异常情况的特殊处理。

在【例4.4】中的程序中增加对输入日期数据的合法性进行检查的选择语句。

程序代码如下:

```
1    # include < stdio.h >
2    # include < stdlib.h >                        //exit 函数的头文件
3    int main() {
4        int year,month,day;
5        int days = 0;
6        int past_days = 0;
7        int leap_day = 0;
8        printf("请输入年月日:\n");
9        scanf("%d%d%d",&year,&month,&day);
10       if((month<1)||(month>12)){               //检查月数据的合法性
11           printf("您输入的月份有误。\n");        //提示输入数据错误
12           exit(0);                              //程序退出
13       }
14       days = day - 1;
15       switch(month){                           //检查日数据的合法性
16           case 12: if(day>=1&&day<=31) {past_days = 334; break;}
17                    else {printf("您输入的日期有误。\n");exit(0);}
18           case 11: if(day>=1&&day<=30) {past_days = 304;break;}
19                    else {printf("您输入的日期有误。\n");exit(0);}
20           case 10: if(day>=1&&day<=31) {past_days = 273;break;}
21                    else {printf("您输入的日期有误。\n");exit(0);}
22           case 9:  if(day>=1&&day<=30) {past_days = 243;break;}
23                    else {printf("您输入的日期有误。\n");exit(0);}
24           case 8:  if(day>=1&&day<=31) {past_days = 212;break;}
25                    else {printf("您输入的日期有误。\n");exit(0);}
26           case 7:  if(day>=1&&day<=31) {past_days = 181;break;}
27                    else {printf("您输入的日期有误。\n");exit(0);}
28           case 6:  if(day>=1&&day<=30) {past_days = 151;break;}
29                    else {printf("您输入的日期有误。\n");exit(0);}
30           case 5:  if(day>=1&&day<=31) {past_days = 120;break;}
31                    else {printf("您输入的日期有误。\n");exit(0);}
32           case 4:  if(day>=1&&day<=30) {past_days = 90;break;}
33                    else {printf("您输入的日期有误。\n");exit(0);}
34           case 3:  if(day>=1&&day<=31) {past_days = 59;break;}
35                    else {printf("您输入的日期有误。\n");exit(0);}
36           case 2:  if(day>=1&&day<=29) {past_days = 31;break;}
37                    else {printf("您输入的日期有误。\n");exit(0);}
38           case 1:  if(day>=1&&day<=31) {past_days = 0;break;}
39                    else {printf("您输入的日期有误。\n");exit(0);}
40       }
41       days = days + past_days;
```

```
42      if(year%400==0||(year%100!=0)&&(year%4==0)) leap_day = 1;
43      else if(day == 29) { printf("您输入的日期有误。\n"); exit(0); }
44          else leap_day = 0;
45      if(month>2) days = days + leap_day;
46      printf("今年已过去了%d天。\n",days);
47      return 0;
48   }
```

第 10~13 行使用了一个 if 语句来检查输入月份数据的合法性,如果数据不合法则提示输入错误信息,并执行语句 12 退出运行。exit 函数是库函数,它是异常处理函数,调用该函数可以直接退出当前程序的运行。在 stdlib.h 头文件中对 exit 函数进行了声明,通过第 2 行代码对 exit 函数的声明进行了包含。第 16~39 行使用了多个 if 语句来检查输入日期数据的合法性。

运行程序并输入"2021 6 44",程序能够检测到输入日期数据错误,运行结果参见图 4.15。

再次运行程序输入"2021 13 44",程序能够检测到输入月份数据错误,运行结果参见图 4.16。

图 4.15 异常输入数据检测

图 4.16 异常输入数据检测

由于程序在检测到月份数据异常之后就退出运行了,因此无法检测到日期数据也有错误,大家可以进一步完善代码。随着我们对程序功能的不断完善,程序的功能也变得越来越强大,计算机也仿佛有了一点点的小智慧,距离成为人类助手的目标又近了一步,对此选择语句功不可没。

2. 文件操作中的错误处理

在程序中,调用库函数时也会出现异常情况,这就需要利用选择语句对异常情况进行处理。在第 3 章中,我们学习了通过调用文件操作的函数,实现对文件数据的处理。在文件操作中并不能保证每一步操作都能成功,因为对文件的操作还涉及硬盘、数据总线等多个设备以及操作系统的管理,只要其中有一个环节出现了问题,文件操作就可能无法成功。在 3.3.5 节中已经介绍了可以通过检查文件操作函数的返回值,以及检查 ferror 函数的返回值来判断文件操作是否出错。现在可以利用选择语句对文件操作出错后进行处置,提高程序的可靠性。

例如,当利用 fopen 函数以只读方式打开一个文件的时候,如果文件名称中的路径有错,或者在硬盘上根本没有这个文件,那么 fopen 函数调用都会以失败而告终。这时 fopen 函数的返回值为 0。我们可以利用函数的返回值来判定是否成功地打开了文件。

fopen 函数的默认返回值是文件指针值,在 stdio.h 头文件中定义了一个指针常量 NULL 来表示 0。此时,判断文件打开失败的代码如下:

```
if ((fr = fopen("D:\\input_1.txt","rb")) == NULL)   //若失败则文件指针变量 fr 得到 fopen
                                                    //函数的返回值 0
{
    printf("文件不存在!\n");
    exit(0);
}
```

【例 4.5】 对 3.3.6 节【例 3.11】中的文件复制代码进行改写,增加对文件操作出错的处理。

问题分析:在文件操作中,打开文件的 fopen 函数可能会产生错误,读写文件操作的 fread 函数和 fwrite 函数也可能出现错误,关闭文件操作的 fclose 函数也可能出现错误。判断函数调用是否成功,只能根据函数的返回值进行判断。如果要判断 fwrite 函数是否写操作成功,可以根据它的返回值与 fread 函数的返回值是否相同来判定,但这只能说明 fwrite 函数写入的数据与 fread 函数读入的数据不一致的问题。如果 fclose 函数调用后返回数值是 −1,则表明文件关闭失败。

程序代码如下:

```
1   #include <stdio.h>
2   #include <stdlib.h>                              //exit 函数的头文件
3   int main( ) {
4       int m,n;
5       FILE *fr = NULL, *fw = NULL;
6       char buffer[2048] = {0};
7       if((fw = fopen("D:\\output.txt","wb")) == NULL){  //判断 fw 打开情况
8           printf("文件创建失败\n");
9           exit(0);
10      }
11      if((fr = fopen("D:\\input_1.txt","rb")) == NULL){ //判断 fr 打开情况
12          printf("文件不存在\n");
13          exit(0);
14      }
15      n = fread(buffer,1,2048,fr);                 //返回读取数据的数量
16      m = fwrite(buffer,1,n,fw);                   //返回写入数据的数量
17      if (m!= n) printf("写文件出错\n");             //判断写入 fw 情况
18      m = fclose(fr);
19      if(m == -1) printf("源文件无法关闭\n");         //判断 fr 关闭情况
20      m = fclose(fw);
21      if(m == -1) printf("目标文件无法关闭\n");       //判断 fw 关闭情况
22      return 0;
23  }
```

4.4 用循环语句解决重复性计算问题

如果一个程序只包含了顺序结构和选择结构,那么在使用程序的时候,我们会发现一个令人烦恼的问题,那就是如果要用程序解决多个相同的问题,要多次运行程序。例

如,如果要判断 2 个年份是不是闰年,我们需要运行 2 次程序。如果要判断 100 个年份是不是闰年,那岂不是要运行 100 次程序?这也太麻烦了。有没有办法只运行一次程序就可以判断这 100 个年份是不是闰年呢?一个很简单的办法是把判断闰年的程序代码复制 100 份,让计算机重复执行这 100 份代码就可以了。但是,复制程序代码的工作量好像也不少,而且不够灵活,如果下一次需要判断 200 个年份,复制 100 份代码还不够呢。

因此,我们需要使用循环结构,通过设置一定的条件来控制重复执行程序中的某些代码,让程序的某些功能可以重复执行。这样编写出来的程序,不仅代码简洁,而且功能完善。

C 语言提供了循环语句来实现循环结构。与顺序结构和选择结构相比,循环结构程序的设计要难一些。一方面,循环语句的语法比选择语句的语法要复杂一些;另一方面,如何发现要解决的实际问题是一个循环问题,并用循环语句把它表示出来,也是一个比较困难的过程。

4.4.1 发现循环要素

要用循环语句来描述循环问题,首先要判断待解决的问题是一个循环问题。循环问题是一个需要重复处理的问题。在日常生活中,我们经常会遇到需要重复处理的问题。

例如,某个小学要用程序来统计六年级学生的平均身高。假设这个年级有 1000 名学生,这项工作中就包括 3 个需要重复处理的问题:

(1) 测量学生的身高(重复 1000 次);

(2) 将学生的身高数据输入计算机中(重复 1000 次);

(3) 对学生的身高数据求和(重复 1000 次)。

在这些重复问题中,有的问题计算机无法独立完成,需要借助其他工具,例如测量学生的身高。有的问题则是计算机擅长处理的问题,例如,对身高数据进行累计求和。

要输入 1000 次数据,计算机就要执行 1000 次输入操作,我们也需要写下 1000 条同样的 scanf 函数调用语句,代码示意如下:

```
float sg,sum = 0;           //sg 存储学生的身高,sum 存储学生的身高和
scanf("%f",&sg);            //①输入学生身高
sum = sum + sg;             //②求和
    ...                     //此处省略 998 条输入和求和语句
scanf("%f",&sg);
sum = sum + sg;
```

语句①和语句②要各书写 1000 次,对程序员来说,编写代码的工作量太大,因此需要定义一种处理循环问题的语句。只要编写一条循环语句就可以替代重复的代码语句。有一点需要明确,循环语句只是减少了我们编写的语句数量,但是计算机需要重复执行的语句数量却并没有减少。

循环语句应该包含哪些要素呢?我们先来研究一下循环结构包含哪些要素。对于刚才统计小学生平均身高的问题,循环要素包括以下 4 点:

（1）每次循环需要做哪些事情； （语句①和语句②）
（2）从什么时候开始进入循环； （第 1 次）
（3）满足什么条件能够再次进入循环； （小于第 1001 次）
（4）如何能够自动结束循环。 （次数加 1）

这 4 点就是构建循环结构的 4 个要素：
(1) 循环中重复执行的核心计算——循环体；
(2) 循环控制变量的初始化——循环的初始条件；
(3) 循环控制条件的构建——循环控制表达式；
(4) 循环退出机制的构建——循环控制变量的修改。

在循环结构中，循环体就是循环中需要重复执行的语句。循环结构中通常利用一个与循环控制变量有关的表达式作为控制条件，这与选择结构中的表达式的作用相同。循环控制变量的初始值可以使表达式为真，从而进入循环执行循环体中的语句。在循环体中，通过改变循环控制变量的值来改变循环控制表达式的值，在满足一定条件时，表达式为假，退出循环。为了更容易记住这 4 个要素，将它们分别称为**循环体**、**循环的初始条件**、**循环控制表达式**、**循环控制变量的修改**。

循环结构的流程图见图 4.17。

对比图 4.3 "二选一"的流程图，可以发现循环结构与选择结构有两个不同点：

(1) 当条件成立时，循环结构会重复执行循环体里面的语句，而选择结构只执行一次语句 1。

(2) 当条件不成立时，循环结构没有需要执行的语句，而选择结构有时需要执行语句 2，也可以不执行任何语句，如图 4.5 所示。

另外，在选择结构中分支语句不需要对控制表达式产生影响。但是在循环结构中，循环体中的语句要能够对控制表达式产生影响或者能够中断循环。只有这样，表达式的结果才可能为假，从而退出循环。如果在循环体中不设计循环的退出机制，无法对控制表达式产生影响，一旦表达式为真，循环体中的语句将会执行无限次。一个程序靠自身控制无法终止的循环现象通常称为"死循环"。

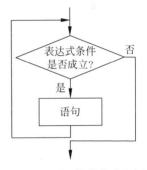

图 4.17 循环结构的流程图

4.4.2 如何构建循环结构

C 语言提供了 while 语句、for 语句和 do-while 语句用于构建循环结构。**学会其中的任何一种语句都可以编写处理循环问题的程序。**

1. while 语句

while 语句的一般形式如下：

while(表达式)语句

其中,"表达式"用于控制循环条件,当它运算结果的数值非 0,即为真时则执行"语句"。当它的数值为 0,即为假时,不执行"语句"。"语句"可以是任何一种合法的语句。在绝大多数情况下,循环体中的语句都会超过一条,因此"语句"一般都是复合语句。

1)"语句"是空语句

例如,

```
while (1) ;
```

循环语句的表达式是 1,表示它永远成立,要执行的语句是空语句。计算机将一直执行这条语句,就是循环执行一条什么也不做的语句,这是一种典型的"死循环"。

2)"语句"是表达式语句

例如,

```
while (0) i++;
```

循环语句的表达式是 0,表示它永远不成立,循环体中的语句是"i++;",但这条语句永远不会被执行。

3)"语句"是复合语句

例如,

```
int i = 0;
while (i < 3)
{
    printf(" %d\n",i);
    i++;
}
```

循环语句的表达式是"i<3",此时条件成立,执行循环体语句。循环体中的语句每执行一次都会输出 i 的值,然后将 i 的值自增 1。当 i 的值为 3 时,表达式"i<3"不再成立,循环退出。

4)"语句"是函数调用语句

上面的复合语句也可以写成一条函数调用语句。

```
int i = 0;
while (i < 3) printf(" %d\n",i++);
```

5)"语句"是控制语句

```
int i = 0;
while (i < 3)
    if (i++ == 2) printf(" %d\n",i);
```

循环体是 if 语句。根据循环的控制表达式"i<3",if 语句会被执行 3 次,但是只有当 i 的值是 2 时 printf 语句才会被执行,输出 2。

循环语句中要执行的语句也可以是循环语句。例如，

```
int i = 0, j = 1;
while (i < 3) {
    while (j < 3) printf(" % d, % d\n",i,j++);
    i++;
    j = 1;
}
```

程序的运行结果是：

0,1
0,2
1,1
1,2
2,1
2,2

从上面的例子可以看出，while 语句的语法本身并不是十分复杂，但是如果循环体中的语句是控制语句，特别是循环语句的时候，理解 while 语句就变得有些困难。要解决这个问题，没有特别好的办法，只有以计算机的视角来分析每一条语句的执行结果。通过观察循环控制表达式的值的变化，特别是分析影响循环控制表达式的变量的值的变化，来跟踪程序的执行过程。对循环结构的程序进行调试，有助于促进对循环语句执行过程的理解。

【例 4.6】 某小学六年级有 1000 名学生，已经测量了他们的身高数据，现在要求将数据输入到计算机中，计算出学生的平均身高。

问题分析：要计算学生的平均身高，一般先求所有学生的身高和，然后取平均。这里面包含了一个循环问题，即循环输入学生的身高数据并累加求和。循环过程从输入并累加第一个学生的身高数据开始，当累加完最后一个学生的身高数据后就结束了，也就是说，在循环过程过程中，累加身高数据的学生人数会不断增加，如果学生的人数从 0 开始，当学生人数达到 1000 时循环过程就结束了。

下面按照循环结构的 4 个要素来构建循环语句。循环体包括输入学生身高数据的语句和身高累加求和的语句。选择已累加学生的人数 i＝0 作为循环的初始条件，构建表达式 i＜1000 作为循环控制条件。选择学生人数累计语句 i＋＋作为控制循环变量的修改。

算法设计：求学生平均身高的算法流程图参见图 4.18。

设置一个整型变量 i 存储已累加的学生人数。由于题目要求累计 1000 名学生，所以可以用 i 作为循环控制变量使用。设置表达式 i＜1000 作为循环控制。将 i 赋值 0，作为进入循环的初始条件。循环体包括两个部分：一部分是输入学生的身高数据并累加求和；另一部分实现循环控制变量的修改 i＋＋，每累加完一个学生的身高数据，学生人数加 1。当第 1000 个学生的身高数据计算结束时，i 的值为 1000，因此循环结构中的控制表达式可以是 i＜1000 或者 i＜＝999，而不能是 i＜＝1000，否则会再次进入循环处理第 1001 个学生的身高数据。如果将 i 的初始值赋值为 1，则表达式可以是 i＜＝1000 或者 i＜1001。

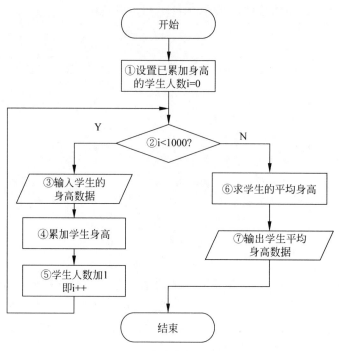

图 4.18 统计身高的流程图

从上面的分析中,可以看出构建循环问题时,它的循环控制表达式并不是唯一的,组成表达式的变量的初始值也会对循环控制造成一定的影响,需要谨慎选择。

程序代码如下:

```
1    #include <stdio.h>
2    int main(){
3         int i;                      //i是循环控制变量
4         float sg,sum = 0;           //定义变量sg存储学生身高
5         i = 0;                      //①循环控制变量初始化
6         while(i < 1000){            //②控制循环的表达式
7              scanf("%f",&sg);       //③循环体,输入学生身高数据
8              sum = sum + sg;        //④循环体,累计学生身高数据
9              i++;                   //⑤改变循环控制变量
10        }
11        sg = sum/i;                 //⑥计算平均身高
12        printf("sg = %f\n",sg);     //⑦输出平均身高
13        return 0;
14   }
```

如果要测试上述程序代码是否正确,可以缩小问题规模,利用少量的数据进行验证。例如可将循环控制的表达式修改为 i<10,统计 10 名学生的平均身高。

初学者很容易漏掉语句 5 和语句 9。语句 5 是对循环控制变量 i 的初始化,它是循环的初始条件。如果漏掉语句 5,变量 i 没有值,那么表达式 i<1000 运算将会产生运行时

错误。语句9是对循环控制变量的改变。如果漏掉语句9,那么由于循环控制变量i没有改变,一直保持为0,循环控制表达式i<1000的结果也一直是1,程序永远无法退出循环。因此在编写循环语句的时候,如果能够关注构建循环的4个要素:循环体、循环的初始条件、循环控制表达式和循环控制变量的修改,那么就会减少循环语句错误的产生。for语句通过语句的语法结构对这4个要素进行了强调,可以较好地避免上述情况的发生。

2. for 语句

for 语句的一般形式如下:

for (表达式 1;表达式 2;表达式 3) 语句

其中,表达式 1 用于对循环控制变量的初始化,表达式 2 是循环控制表达式,表达式 3 用于循环控制变量的改变。表达式 2 的作用与 while 语句中表达式的作用是相同的。

用 for 语句可以替换【例 4.6】中的 while 语句,它们的代码对比如下:

```
1    i = 0;                      1    for(i = 0;i < 1000;i++) {
2    while(i < 1000) {            2        scanf(" % f",&sg);
3        scanf(" % f",&sg);       3        sum = sum + sg;
4        sum = sum + sg;          4    }
5        i++;
6    }
```

从对比中可以发现,两个循环语句中包含的循环控制表达式都是相同的,只不过它们在语句中的位置不同而已。for 语句中的表达式 1 "i=0" 是循环控制变量的初始化表达式,但它并没有出现在 while 语句中,而是在 while 语句的前面。while 语句的表达式是 "i<1000",for 语句中的表达式 2 与它相同,也是 "i<1000"。while 语句中循环控制变量的修改是 "i++",for 语句中的表达式 3 就是 "i++"。for 语句将 "i++" 语句从循环体中移出,放置在表达式 3 的位置,防止遗漏对循环控制变量的修改。

在 for 语句中,各个表达式和语句的执行顺序参见图 4.19。

表达式 1 最先执行,而且只执行一次。接着执行表达式 2,如果条件成立执行循环体语句,然后执行表达式 3;如果不成立则执行 for 语句后面的下一条语句。

在 for 语句的语法中,允许省略表达式 1、表达式 2 或者表达式 3,甚至 3 个表达式都可以省略。例如,

    for (; ;);

它的作用与 "while(1);" 语句是相同的,表示无限循环执行空语句。

下面的代码中,for 语句省略了表达式 1 和表达式 3。它与 while 语句对比如下:

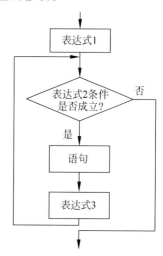

图 4.19 for 语句的流程图

```
1      i = 0;                          1      i = 0;
2      while(i < 1000)   {             2      for (;i < 1000;) {
3          scanf("%f",&sg);            3          scanf("%f",&sg);
4          sum = sum + sg;             4          sum = sum + sg;
5          i++;                        5          i++;
6      }                               6      }
```

可以看出，for 语句除了在表达式中多了两个";"之外，其他内容与 while 语句完全相同。通过这个例子，只是想强调说明一个问题：**while 语句和 for 语句没有本质的不同**。程序员可以根据自己的喜好在两者中选择任何一种来实现循环结构程序。无论是选取哪种循环语句，构建循环的 4 个要素都不能缺少，而 for 语句能更好地提醒程序员充分注意这一点。

3. 逗号运算符和逗号表达式

需要注意的是，初学者有时会把 for 语句写成如下错误的形式：

for(表达式 1,表达式 2,表达式 3)

在这种写法中，几个表达式用逗号","分隔，而不是用分号";"分隔。在 C 语言中，逗号是个运算符，这 3 个表达式构成了一个逗号表达式。

逗号表达式的一般形式是：

表达式 1,表达式 2,…,表达式 n

逗号表达式的执行顺序是从左至右依次执行各个表达式，以最后一个表达式的值作为整个表达式的计算结果。例如，

a = 1,b = a,c = 0

在这个逗号表达式中，要先计算表达式 a＝1，再计算表达式 b＝a，此时 b 的值是 1，最后计算表达式 c＝0。逗号表达式执行结束后变量 a 的值是 1，b 的值是 1，c 的值是 0，最后一个表达式 c＝0 的值是逗号表达式的值，即 0。

在 for 语句中，经常会使用逗号表达式来初始化循环条件和对多个循环控制变量进行修改。例如，

for (i = 0,j = 5;i < 5&&j > 0;i++,j--) printf("%d %d",i,j);

循环的初始化条件是逗号表达式"i＝0,j＝5"，逗号表达式的值是 5，此时并没有使用逗号表达式的值，而只是利用了逗号表达式从左至右依次执行表达式的功能对循环控制变量 i 和 j 进行初始化。同理，利用逗号表达式"i＋＋,j－－"对循环控制变量进行修改。

4. do-while 语句

在 while 语句和 for 语句中，如果循环控制条件从一开始就不成立，那么循环体中的

语句一次都不会被执行。如果想让循环语句先执行一次循环体中的语句,然后再根据表达式的结果决定是否进入下一次循环,while 语句和 for 语句就无能为力了,而 do-while 语句可以实现这样的功能。

do-while 语句的一般形式如下:

do 语句
while(表达式);

do-while 语句的执行顺序参见图 4.20。

特别需要注意,**do-while 语句以";"作为语句结束标识**。

虽然 while 语句和 for 语句本身无法实现 do-while 语句的功能,但是只要把循环体中的语句在 while 语句和 for 语句前面再写一遍,也可以实现与 do-while 语句一样的效果。

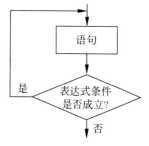

图 4.20 do-while 语句的流程图

下面给出了 do-while 语句和 while 语句的代码对比:

```
1    int i = 0;                      1    int i = 0;
2    do i++;                         2    i++;
3    while(i < 0);                   3    while(i < 0) i++;
4    printf("i = %d\n",i);           4    printf("i = %d\n",i);
```

do-while 语句和 while 语句运行后,变量 i 的值都是 1。用 while 语句可以替换 do-while 语句,只要将 do-while 语句中的循环体语句"i++;"在 while 语句前面写一遍就可以了。在 do-while 语句中,无论循环控制条件是否成立,循环体都至少会执行 1 次,而 while 语句和 for 语句只有当循环控制条件成立后,循环体语句才会执行。

对于初学者来说,上述 3 种循环语句很容易混淆。这里简要地归纳一下它们的特点:

(1) while 语句的语法结构突出了表达式和循环体的表示,语句结构简单、容易理解,但是容易忽略循环控制变量的初始化和修改,导致无法进入循环或者无法退出循环。

(2) for 语句的语法结构则突出了循环要素的表示,程序员不容易遗漏这些问题,但是它的语法结构稍微复杂一些。

(3) do-while 语句只是在需要循环体先执行 1 次的情况下比 while 语句和 for 语句更简洁一些而已。

【例 4.7】 编写程序从键盘读入一句英文语句,并将它存储在文本文件中。

问题分析:英文语句由字符组成。从键盘输入一个字符,将它写到文件中,重复这个过程,不但可以将一个句子、一个段落写入文件中,还可以将一篇英文文章写入到文件中存储起来。假设语句中合法的字符包括大小写字母、空格、','和'.',只有这些合法的字符才会被存储到文件中。程序的功能可以通过读入一个个字符,再写入文件中来实现。

这是一个循环问题,接下来就需要构建循环问题的 4 个要素。循环体语句需要完成字符的处理工作。如果是合法字符,则写入文件中;如果不是,则忽略该字符。进入循环的初始条件从键盘输入一个字符到 char 变量 ch 中。循环控制表达式是判断变量 ch 中的输入的字符是不是英文语句的结束字符'.'。利用再次读入一个字符到变量 ch 中实现对循环控制条件的修改。

算法设计：算法描述参见图 4.21。

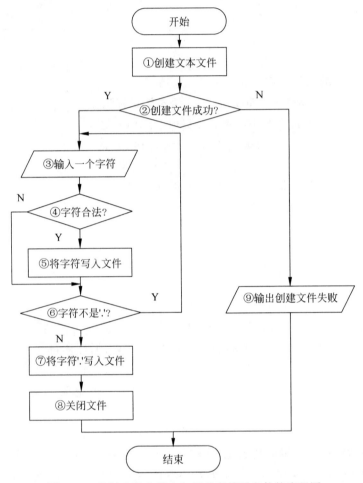

图 4.21 从键盘输入英文句子并存储到文件的流程图

首先从"①创建文本文件"开始,如果"②创建文件成功",则进入一个读写字符的循环结构;如果创建文件失败则"⑨输出创建文件失败",然后退出程序。循环结构从"③输入一个字符"开始,然后判断"④字符合法?",如果合法则"⑤将字符写入文件",然后利用"⑥字符不是'.'"作为循环控制表达式。如果循环条件成立则继续执行③;如果条件不成立,则进入"⑦将字符'.'写入文件"作为英文语句的结束符号,并执行"⑧关闭文件"结束程序。

在该算法中,循环结构需要先执行循环体,然后再判断表达式,因此用 do-while 语句更合适。

程序代码如下:

```
1    #include <stdio.h>
2    int main() {
```

```
3        FILE * fp = NULL;
4        char ch;
5        fp = fopen("c:\\程序\\Article.txt","w");    //①
6        if(fp) {                                     //②
7             do {                                    //⑥进入循环
8                  ch = getchar();                    //③
9                  if(ch >= 'a'&&ch <= 'z'||ch >= 'A'&&ch <= 'Z'||ch == ' '||ch == ',')   //④
10                      fputc(ch,fp);                 //⑤
11             }while(ch!= '.');                      //⑥循环控制条件
12             fputc(ch,fp);                          //⑦
13             fclose(fp);                            //⑧
14        } else printf("创建文件失败!\n");            //⑨
15        return 0;
16   }
```

在【例 4.7】的程序代码中使用了函数 getchar 和函数 fputc，它们分别实现了从键盘读入字符和向文件中写入字符的功能。

第 3 章已经介绍了一些输入输出的函数。利用它们就可以与计算机交互任意类型的数据了。由于这些函数需要适应多种类型数据的输入和输出操作，因此语法都比较烦琐。这里将介绍一些专门对字符进行读写操作的函数。fgetc 函数和 fputc 函数可以实现对字符的文件读写操作。getchar 函数和 putchar 函数可以实现从键盘和显示器上读写字符的操作。

（1）fputc 函数。

fputc 函数的功能是向文件中写入一个字符，它的一般形式为：

```
int a;
a = fputc(字符,文件指针);
```

如果写入文件成功，返回写入的字符 ASCII 码值；如果失败则返回 −1（也可以用符号常量 EOF 表示，EOF 的值是 −1）。当正确地写入一个字符或一个字节的数据后，文件读写位置标记会自动后移一个字节的位置。

（2）fgetc 函数。

使用 fgetc 函数的一般形式为：

```
char a;
a = fgetc(文件指针);
```

如果从文件中成功读取字符，则返回字符 ASCII 码值；如果失败则返回 −1。当正确读取一个字符或一个字节的数据后，文件读写位置标记会自动地后移一个字节的位置。

（3）putchar 函数。

putchar 函数可以将指定的字符输出到标准输出终端上。如果输出成功，则返回字符 ASCII 码值，如果失败则返回 −1。该语句每次只能输出一个字符，它的一般形

式为:

```
int a;
a = putchar(字符);
```

例如,

```
char ch = 'a';
putchar(ch);
```

该代码将在屏幕上显示输出字符 a。

(4) getchar 函数。

getchar 函数可以从键盘上读取一个字符。如果读取成功,则返回该字符的 ASCII 码值,如果失败则返回 −1。它的一般形式为:

```
char a;
a = getchar();
```

利用 getchar 函数读取从键盘输入的一个字符,并赋值给变量 a。

4.4.3 如何灵活退出循环

在循环语句的执行过程中,只有当循环控制表达式不再成立时循环才能够结束。而每次也只能等循环体语句执行完毕之后才能够再次执行循环控制表达式来判断是否能够进入下一次循环。如果在循环体语句的执行过程中,想提前退出循环或者不再执行循环体中的后续语句,有办法解决这个问题吗?

C 语言提供了 break 语句和 continue 语句来中断循环的执行,它们可以更加灵活地控制循环程序的执行过程。

微课 4.4 中断循环

1. break 语句

在 switch 语句中,使用 break 语句可以中断 switch 语句的执行。在循环语句中,也可以使用 break 语句中断循环的执行,实现退出循环的目的。在循环体中加入 break 语句的一般形式为(这里用 while 语句举例):

```
while (表达式 1)
{
    语句 1
    if (表达式 2) break;
}
```

利用 break 语句中断循环的流程图参见图 4.22。

表达式 1 是循环控制表达式,语句 1 和选择语句构成循环体。在选择语句中,表达式2是中断退出循环的表达式,当表达式2成立时,执行 break 语句直接退出循环。

【例4.8】 在2020年新冠疫情发生时,某个社区举行口罩捐赠活动,社区有1000人,当捐献口罩数量达到1万个时就结束捐赠活动,统计捐献人数以及平均每个人捐献口罩的数量。

问题分析:每当有人捐赠口罩时都需要做登记捐赠人数、累计口罩数量等重复性的工作,它包含了一个重复做的环节,需要构建一个循环结构。在循环体中完成对口罩数量的累计。假设捐赠人数用 int 变量 number 表示,可以使用表达式 number<1000 作为循环控制表达式。循环的初始条件是 number=0。循环控制变量的修改是 number++。如果在累计的过程中捐赠口罩数量达到1万个,就要终止循环,这时可以使用 break 语句终止循环语句的执行。

算法设计:算法描述参见图4.23。

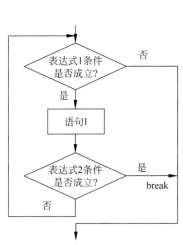

图4.22 使用 break 结束循环的流程图

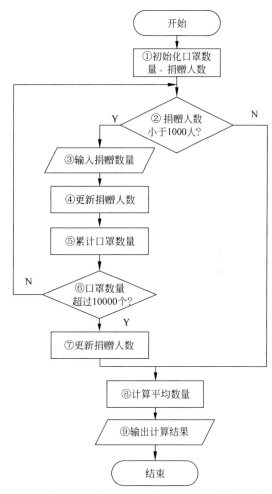

图4.23 统计口罩数量的算法流程图

从流程图 4.23 中,可以看出循环体包括了步骤③、④、⑤,其中步骤⑥当口罩数量超过 1 万个的条件满足时需要使用 break 语句退出循环语句。

程序代码如下:

```
1   #include <stdio.h>
2   int main() {
3       int number,each,total = 0;                      //①
4       float ave;
5       for(number = 0;number < 1000;number++) {        //②④
6           printf("请输入捐赠口罩的数量:");
7           scanf("%d",&each);                          //③
8           total = total + each;                       //⑤
9           if (total >= 10000) {                       //⑥
10              number++;                               //⑦
11              break;                                  //退出循环
12          }
13      }
14      ave = (float)total/number;                      //⑧
15      printf("社区捐赠口罩人数共计%d人,平均每个人捐赠口罩%.1f个\n",number,ave);
                                                        //⑨
16      return 0;
17  }
```

2. continue 语句

使用 break 语句可以直接退出循环,但有的时候我们并不希望结束整个循环操作,而只是希望跳过循环体中的部分语句,直接进入下一轮循环,此时可以使用 continue 语句。在循环结构中使用 continue 语句的一般形式为(这里以 while 语句举例):

```
while (表达式 1)
{
    语句 1
    if (表达式 2) continue;
    语句 2
}
```

当表达式 2 为真,即条件成立时,语句 2 就不会被执行,提前结束本轮循环,继续判断表达式 1 的值。当表达式 2 为假,即条件不成立时,就正常执行语句 2。

利用 continue 语句跳过循环的流程图参见图 4.24。

【例 4.9】 假设在输入捐赠数量后,如果有人捐赠的口罩质量不合格,则不累加这些不合格口罩的数量,使用 continue 语句完善【例 4.8】的代码。

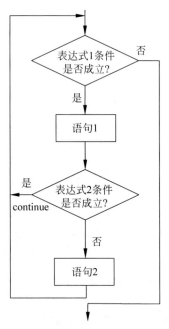

图 4.24 使用 continue 跳过本轮循环的流程图

算法设计:

如图 4.25 所示,在步骤③的输入中增加了"是否合格"的数据,在步骤④"更新捐赠人数"后,增加了⑤"口罩是否合格"的判断,如果不合格,就跳转到步骤②,不再继续执行本次循环的后续步骤⑥⑦,步骤⑤的分支跳转可以用 continue 语句实现。

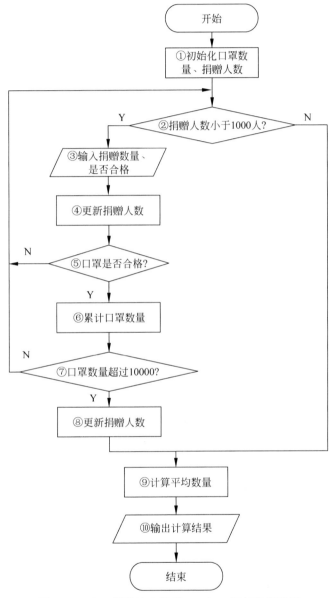

图 4.25 在口罩统计中使用 continue 语句的流程图

程序代码如下:

```
1    #include <stdio.h>
2    int main() {
```

```
3       int number,each,pass,total = 0;              //①变量 pass 记录口罩是否合格
4       float ave;
5       for(number = 0;number < 1000;number++){      //②④
6           printf("请输入捐赠口罩的数量、是否合格:");
7           scanf(" % d, % d",&each,&pass);          //③pass 值 1 为合格,0 为不合格
8           if (pass == 0) continue;                 //⑤
9           total = total + each;                    //⑥
10          if(total > = 10000) {                    //⑦
11              number++;                            //⑧
12              break;
13          }
14      }
15      ave = (float)total/number;                   //⑨
16      printf("社区捐赠口罩人数共计 % d 人,平均每个人捐赠口罩 %。1f 个\n",number,ave);//⑩
17      return 0;
18  }
```

在语句 3 中,定义了变量 pass 用于记录捐献的口罩质量是否合格。在语句 7 中输入 pass 的值,当输入值为 1 时,口罩质量合格,当输入值为 0 时,质量不合格。在语句 8 中,对 pass 是否等于 0 进行判断,如果等于 0 则执行 continue 语句,跳过语句 9 和语句 10,继续执行语句 5。

break 语句和 continue 语句丰富了 C 语言的语法,使程序员能够对循环体中语句的执行进行更灵活的控制。break 语句和 continue 语句不是中断循环的必需语句,有时不使用 break 语句和 continue 语句也可以实现类似中断的功能。

例如,对【例 4.8】程序代码中的 break 语句进行替换,可以将语句 9 的条件并入语句 5 中,即将语句 5 中控制表达式"number＜1000"修改为"number＜1000&&total＜10000",也可以达到与 break 语句相同的效果。也就是说,break 中断循环的表达式也可以作为循环控制表达式的一部分。

例如,在【例 4.9】程序代码中对 continue 语句进行替换,将语句 8、9、10 改写为:

```
if (pass!= 0) {
        total = total + each;
        if(total > = 10000) {
        number++;
        break;
        }
}
```

上面的代码可以实现与 continue 语句相同的功能。

4.4.4　多重循环结构的实现挺困难

在选择结构程序中,if 语句、switch 语句可以嵌套。在循环结构中,循环语句也可以嵌套。**嵌套的循环一般称为多重循环**。本节只介绍两重循环,即在一个循环语句的循环

体中又包含了另外一个循环语句。

当多重循环的控制变量之间无交叉作用的时候,循环嵌套相对简单。如果多重循环的控制变量之间相互作用,那么循环嵌套就变得更复杂。循环嵌套极大地考验了程序员的抽象与逻辑思维能力,但是巧妙地使用嵌套循环语句可以让程序变得更简洁、功能更强大。

微课 4.5　多重循环

1. 多重循环的控制变量无交叉作用

你想在计算机上画出美妙的图案吗?在计算机上显示出来的图像是由一个个像素构成的点阵,我们可以先从简单的图形开始。

```
* * * * *
* * * * *
* * * * *
* * * * *
* * * * *
```

图 4.26　计算机显示正方形图案

【例 4.10】　用字符 * 画出一个 5×5 的正方形,参见图 4.26。

首先来分析一下这个图形的结构。它由 5 行 5 列 * 字符构成。每行都是 5 个 * 字符,每个 * 字符后面都紧跟一个空格字符,在每一行末尾还有一个不可见的换行符号。如果能用程序代码把一行显示出来,那么只要把这段程序代码重复执行 5 次就可以画出整个正方形图案了。因此,行显示是一个重复问题。再来看看每一行中是否也包含着重复问题。在每一行中,一个 * 字符和一个空格字符构成的组合,也重复了 5 次,这也可以看作是一个重复问题。

来总结一下:要显示这个正方形图形,需要将每行重复显示 5 次。在每行的显示中,又要重复显示"*"和空格两个字符 5 次。因此,这是一个两重循环问题。

先写出显示一行图形的代码,

```
int i;
for (i = 0;i < 5;i++) {          //显示 1 行,显示"*"循环执行 5 次
        putchar('*');
        putchar(' ');
}
putchar('\n');                    //行末尾输出换行符
```

再写出将上述代码重复执行 5 次的循环语句,此时需要增加一个循环控制变量 j。

程序代码如下:

```
1    int i,j;
2    for (j = 0;j < 5;j++) {          //显示 5 行,循环执行 5 次
3        for (i = 0;i < 5;i++) {      //显示 1 行,循环执行 5 次
4            putchar('*');
5            putchar(' ');
6        }
7        putchar('\n');                //行末尾输出换行符
8    }
```

通过观察跟踪程序代码的执行:当 j=0 时,语句 2 中 for 循环控制表达式"j<5"条

件成立,先执行循环体语句 3。语句 3 也是 for 语句,它的循环控制变量 i 从 0 一直增长到 5,因此语句 4 和语句 5 重复执行 5 次。当 i 的值为 5 时,i<5 不再成立,语句 3 执行结束。此时,j 变为 1,语句 2 的控制条件依然成立,语句 3 再次被执行,i 又会从 0 一直增长到 5,再次执行 5 次,然后结束。如此循环执行,直到 j 的值变为 5 时,语句 2 的控制条件不再成立,循环结束。

在这个程序片段中,外层循环控制变量 j 和内层循环控制变量 i 是独立的,只对各自的循环控制表达式产生影响,这样的多重循环程序代码还是相对容易理解的。在很多情况下,多重循环的控制变量会对不同层次循环的控制表达式产生影响,以实现更为灵活的功能,这使得多重循环的语句变得更加难以理解。

2. 多重循环的控制变量之间相互作用

刚刚我们利用两重循环语句在计算机上画出了正方形,那还能画出一些更为复杂的图像吗?例如三角形。

【例 4.11】 在计算机屏幕上显示出三角形图案,参见图 4.27。

问题分析:首先分析一下这个三角形中字符的规律。第一行有 1 个 * 字符,第二行 2 个 * 字符,以此类推,第五行有 5 个 * 字符。在正方形图案中,每一行的字符数是相同的,只要写出一行的程序代码,重复执行 5 次就可以了。在三角形图案中,虽然也是要输出 5 行,但是每一行的字符数不相同,这该怎么办呢?

```
*
* *
* * *
* * * *
* * * * *
```

图 4.27 三角形图形

我们先用循环语句写出前 3 行的代码,大家观察一下有什么规律。

这是第一行的代码

```
for (i = 0;i < 1;i++) {              //循环执行 1 次
    putchar('*');
    putchar(' ');
}
putchar('\n');                       //行末尾输出换行符
```

这是第二行的代码

```
for (i = 0;i < 2;i++) {              //循环执行 2 次
    putchar('*');
    putchar(' ');
}
putchar('\n');                       //行末尾输出换行符
```

这是第三行的代码

```
for (i = 0;i < 3;i++) {              //循环执行 3 次
    putchar('*');
    putchar(' ');
}
putchar('\n');                       //行末尾输出换行符
```

在显示前 3 行的代码中,唯一的不同点就是 for 语句的控制表达式"i＜1","i＜2","i＜3"中 3 个整数常量不同。如果有一个变量 j,在输出第一行时,它的值正好是 1,输出第二行时,它的值正好是 2,输出第三行时,它的值正好是 3,那这 3 行的关系表达式就可以修改为"i＜j"的统一形式了。也就是说可以利用一个变量 j 来参与构建 for 语句的控制表达式,j 的初始值是 1,每次行输出循环结束后 j 的值增加 1。

对显示每行的程序代码修改如下:

```
for (i = 0;i < j;i++) {              //循环执行 j 次
    putchar('*');
    putchar(' ');
}
putchar('\n');                        //行末尾输出换行符
```

让变量 j 从 1 增长到 5,正好输出 5 行。

程序代码如下:

```
1   int i,j;
2   for (j = 1;j <= 5;j++) {           //显示 5 行,循环执行 5 次
3       for (i = 0;i < j;i++) {        //循环执行 j 次
4           putchar('*');
5           putchar(' ');
6       }
7       putchar('\n');                 //行末尾输出换行符
8   }
```

通过观察跟踪程序代码的执行:当"j=1"时,进入循环,执行语句 3,此时语句 3 的关系表达式"i＜j"为"i＜1",语句 4 和语句 5 各执行 1 次。当 j 的值是 2 时,继续执行语句 3,此时关系表达式为"i＜2",语句 4 和语句 5 各执行 2 次。以此类推,当 j 的值是 6 时,循环执行结束。

对比输出三角形和正方形的两段代码,可以发现它们的语句基本相同,但是输出三角形图形的内层循环控制表达式利用了外层循环控制变量 j,外层循环会动态改变内层循环的控制表达式的值,程序的功能变得更加灵活。由于内层循环控制变量的变化范围不再受限于固定的常量数值,程序阅读起来更加困难。

下面总结一下多重循环到底难在哪里,主要有两个方面:

一是循环问题的分解。

在解决一个复杂问题的时候,能否在层层分解问题的过程中发现循环问题,并构建出解决循环问题的循环结构,这是解题的关键。例如,在输出正方形图案的时候,先把每行的输出看作是一个循环问题,然后在每行的输出时候,再把"*"和空格两个字符的输出作为它内部的一个循环问题。通过这两个循环问题的逐一解决实现正方形图案的显示。

二是循环控制变量的相互作用。

在分解出循环结构以后,需要通过循环控制变量的变化,构建出循环控制表达式。通过设计各层循环控制变量之间的相互影响、相互作用,构建嵌套的循环结构来高效地

解决复杂问题。

当我们能够熟练地编写解决两重循环问题的程序代码之后,可以尝试着编写三重以上循环问题的程序代码。编写多重循环的程序代码是考验程序员程序能力的重要方面。这种本领不会一蹴而就。我们可以把它看作是一门艺术,需要在编程实践中不断去练习、领悟和提高。也许,在不久之后我们就可以发现这也并没有想象中那么难。

4.5 有趣的循环问题举例

本节将研究一个有趣的循环问题,探索利用循环结构程序解决实际问题的一般方法。

传说汉朝开国大将韩信非常善于用兵,民间有句俗语说"韩信用兵,多多益善"。在古代要将成千上万的士兵清点清楚,可不是一件简单的事。然而,韩信却是一个计算能手,这点小事并没有难倒他。有一次出征前,韩信想知道队伍中到底有多少士兵,于是他便让士兵排队报数。从排头开始,如果按1~5报数,最末一个士兵报的数为1。如果按1~6报数,最末一个士兵报的数

微课4.6 枚举法与循环

为5。按1~7报数,最末一个士兵报的数为4。最后再按1~11报数,最末一个士兵报的数为10。当韩信得到这些数字后,他很快就计算出了士兵的数量。他是如何做到的呢?

这个问题俗称"韩信点兵"问题,对它进行求解要使用到数学上的数论方法。在我国古代的《孙子算经》中对类似的问题也有过记载:

"今有物不知其数,三三数之剩二,五五数之剩三,七七数之剩二,问物几何?"

这个问题的求解方法在数学上称为孙子定理,又叫中国剩余定理。明代的数学家程大位还给出了一首歌诀来求解这个问题。感兴趣的同学可以深入阅读数学方面的书籍进行学习。现在我们希望计算机帮我们解决这个问题,该怎么做呢?

在这里我们不用数学的推理方法来求解,而是希望让计算机利用它最擅长的"快速计算"来求解。为此,我们需要研究"韩信点兵"问题中涉及的数据以及算法。同时,要编程解决问题,首先要分析问题,判断其中的求解过程用到了哪种逻辑结构,有没有选择结构和循环结构,然后再去发现选择或者循环的要素,最终利用选择或循环结构编写程序代码。因此,我们可以先思考解决"韩信点兵"问题的算法包含了选择结构还是循环结构呢?

4.5.1 循环程序的构建

【例4.12】 根据韩信点兵的过程,编程计算出士兵的数量。

问题分析:在这个问题中计算问题是什么?韩信让士兵报数:1~5报数,最末一个士兵报的数为1。这里面有计算,而且是计算机可以完成的取余数运算。我们先来分析如何把这个问题转换成计算问题。

1. 从问题到计算

我们知道士兵人数一定是个整数,因此不妨用一个整数 x 来表示士兵的人数。韩信点兵的过程实际上是让士兵按不同的周期报数,这个过程在数学上就是取余计算。因此对整数 x,可以写出如下的取余计算表达式。

表达式(1)   x%5
表达式(2)   x%6
表达式(3)   x%7
表达式(4)   x%11

例如,当 x 等于 100 时,上述 4 个表达式的结果分别为 0、4、2、1。这个结果不满足题目的已知条件,因此士兵的人数不可能是 100 个。

刚才我们举了一个人数是 100 的例子,通过计算知道它不符合要求。我们可以发现这个计算过程非常简单。如果让计算机重复地去取不同的人数,然后按上述的表达式进行计算,再根据计算的结果来判断这个人数是否满足题目条件,那么就一定能够找到满足题目条件的士兵人数了。

既然人数是整数,我们寻找这个解时,就可以选择一个初始值,比如从 1 开始,然后依次增大,2,3,4,5,…,一个一个地数下去,既不会重复也不会遗漏。由于计算机计算的速度比我们要快得多,因此找到结果也不会花费太多时间。

2. 从计算到程序

让计算机解决该问题的方法已经找到,下面需要通过算法详细地描述这个过程,这也是问题向程序转化的关键。这个问题的核心是一个循环问题,即在一定的士兵人数范围内,检查每个数字是否满足上面的取余条件,检查每个数字的过程就是一个循环过程。

算法设计:

第一步,设置循环初始条件 x=1。

第二步,设置循环控制表达式。假设韩信点兵的人数不超过 1 万人,设定 x<10000。

第三步,构建循环体。

(1) 首先分别计算 4 个不同的取余表达式的结果。

a = x%5;
b = x%6;
c = x%7;
d = x%11;

(2) 利用选择结构判断这 4 个表达式是否同时为真,若为真则输出人数值。

if ((a==1)&&(b==5)&&(c==4)&&(d==10)) printf(x);

第四步,更新循环控制变量,x=x+1。

求解韩信点兵问题的流程参见图 4.28。

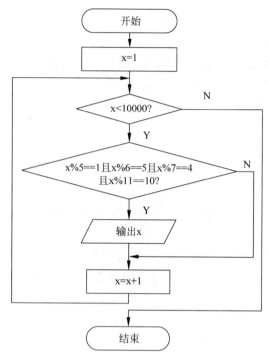

图 4.28 求解韩信点兵问题的流程

程序代码如下：

```
1    #include <stdio.h>
2    int main() {
3        int x;                              //士兵人数
4        int a,b,c,d;                        //a,b,c,d记录取余的结果
5        x = 1;                              //循环控制变量初始化
6        while(x < 10000) {                  //循环控制表达式
7            a = x % 5;                      //循环体
8            b = x % 6;
9            c = x % 7;
10           d = x % 11;
11           if ((a==1)&&(b==5)&&(c==4)&&(d==10))
12               printf("x = %d\n",x);       //输出人数,可能有多种情况
13           x = x + 1;                      //循环控制变量的修改
14       }
15       return 0;
16   }
```

程序的运行结果参见图 4.29。

在 10 000 人数的范围内,满足上面条件的人数有 4 种可能,具体当时韩信到底使用了哪种答案,我们不得而知,但肯定是这 4 个答案中的一个。计算机解题的方法与韩信的方法完全不同,但这不妨碍它快速地计算出结果。在这个问题中,计算机只花了不到 0.1s 的时间就可以得出答案,它可以完胜韩信。在这个计算的时代,谁能说笨方法一定比聪明的方法差呢?

图 4.29 程序运行结果

4.5.2 用循环实现枚举法

在用计算机解题的过程中,我们并没有用到复杂的数论知识,而是正向分析问题,让计算机来帮我们一遍遍地去尝试。这种解题的思路称为枚举法,又称穷举法。它利用了计算机能够快速计算的优势,以及循环结构的控制逻辑。枚举法是程序设计中利用循环结构求解问题的常用方法。

用 while 语句实现枚举法的算法描述参见图 4.30。

```
while（在可能的搜索空间内）
{
    计算所需的表达式（数值）
    if （当前数值满足判决条件）输出当前数值；
    更新可能的搜索值；
}
```

图 4.30　用 while 循环语句实现枚举法的通用方法

在图 4.30 中,可能的搜索空间由循环控制的表达式界定。例如在【例 4.12】中,表达式"x＜10000"就给出了求解的搜索空间。利用合法的表达式去计算问题给出的关于解的约束或者性质,并利用 if 语句判断当前数值是否满足判决条件,满足条件的就是可能的解。在【例 4.12】中,4 种不同的取余结果要同时满足条件,这就是关于解的约束。最后通过更新可能的搜索值,对搜索空间所有的结果进行枚举,不重不漏就一定能找到满足条件的解,除非在搜索空间中不存在解。在【例 4.12】中通过人数自动加 1 实现了对 10000 以内所有正整数的枚举。

4.5.3 循环语句的优化

在【例 4.12】的基础上,如果想进一步缩短计算时间,只让计算机求解出最小的数值解就结束计算,该怎么做呢？此时可以利用 break 语句来中断循环。

【例 4.13】　根据韩信点兵的过程,编程计算出满足条件的最少士兵数量。

算法设计：

算法的流程图描述参见图 4.31。

程序代码如下：

```
1   #include<stdio.h>
2   int main() {
3       int x;
4       int a,b,c,d;                            // a,b,c,d记录取余的结果
5       x = 1;                                  //循环初始化
6       while(x < 10000) {                      //循环控制表达式
7           a = x%5;b = x%6;c = x%7;d = x%11;   //循环体语句
8           if ((a == 1)&&(b == 5)&&(c == 4)&&(d == 10)) {
9               printf("x =  %d\n",x);
10              break;                          //中断循环
11          }
12          x = x + 1;                          //修改循环控制变量的值
```

```
13        }
14        return 0;
15   }
```

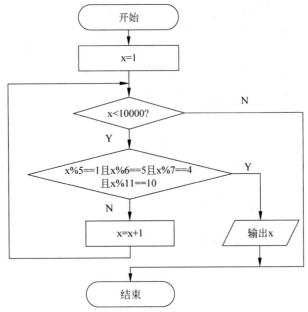

图 4.31 直接计算例 4.8 最小解的流程图

当 x 从 1 增长到 2111 时,语句 8 中 if 语句的表达式结果为真,执行语句 9 输出人数后,接着执行 break 语句退出循环。

掌握循环结构不是一件容易的事。一方面,有的循环问题并不是那么直观;另一方面,有的循环体内的计算非常复杂,很容易出错。绝大多数程序的计算量都耗费在循环上,因此对循环语句进行优化很有必要。

【例 4.14】 根据韩信点兵的过程,编程计算得出最少的士兵数量,要求进一步优化【例 4.12】的代码,减少循环执行的次数。

问题分析:

在枚举法中,搜索空间越小,计算的速度相应也就越快。合理利用可能的解具有的性质,可以缩小可能的搜索空间。例如,可以将解的搜索空间从正整数缩小到对 5 取余为 1 的正整数。当 x 的初始值为 1 时,解的更新可以从 x = x+1 更改为 x = x+5。这样,搜索空间就缩小为原来的 1/5,求解的速度更快了。

算法设计:算法描述参见图 4.32。

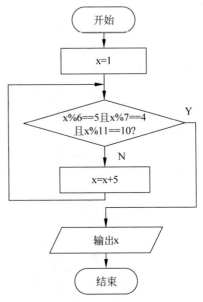

图 4.32 优化求解韩信点兵问题的流程

程序代码如下：

```
1   #include <stdio.h>
2   int main() {
3       int x = 1;
4       while(1) {
5           if ((x%6 == 5)&&(x%7 == 4)&&(x%11 == 10)) {
6               printf("x =  %d\n",x);
7               break;
8           }
9           x = x + 5;
10      }
11      return 0;
12  }
```

4.6 本章小结

计算机能够做复杂的事情，除了它的计算能力外，更重要的是人类教会了它如何运行复杂的程序。无论是简单的程序还是复杂的程序，它们都可以由顺序、选择、循环3种基本结构组成。如果一个程序仅仅包含顺序结构，而没有选择结构和循环结构，那么它很难完成复杂的任务。因此，要想掌握程序设计，重要的一个步骤就是掌握利用选择结构和循环结构进行程序设计的方法，并经常加以应用。

本章在前几章的基础上，主要介绍了顺序、选择和循环3种基本的程序结构，重点介绍了选择结构和循环结构的实现方法。利用if语句和switch语句可以编写选择结构程序，可以解决"二选一"和"多选一"的问题。利用while语句、for语句和do-while语句可以编写循环结构程序。灵活利用这些语句，我们编写的程序的功能就变得强大起来。本章内容是全书的一个重点，后续章节中的程序大量使用了选择结构和循环结构。我们要不断地熟悉语句的写法、分析程序的执行过程，并通过编程实践熟练掌握这些语句的使用方法。

本章的知识点参见图4.33。

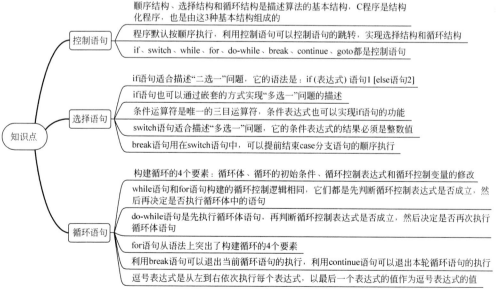

图4.33　让计算机做复杂的事情

4.7 习题

1. 在 C 语言中实现选择结构程序的关键字有哪些？可以实现的语句有哪些？分别写出语句的语法描述。

2. 在嵌套 if 语句中，如何判定 else 与哪个 if 配对？

3. 在 C 语言中实现循环结构程序的关键字有哪些？可以实现的语句有哪些？分别写出语句的语法描述。

4. 简要说明 break 语句和 continue 语句的区别。

5. 编写程序，从键盘输入 3 个整数，若其中有两个是奇数，一个是偶数，则输出 YES，否则输出 NO。

6. 编写程序，从键盘输入一个数字，对这个数字的性质进行判断。如果这个数字能被 3 或 5 或 7 整除，则输出该整数整除这些数后的商。如果能同时整除这些数中的几个，则将这些商均输出。例如，从键盘输入 40，则输出 8；从键盘输入 70，则输出 "10,14"。

7. 编写程序，从键盘上读入两个数，作为某个单位圆（半径为 1）的圆心平面坐标。再输入两个数，作为另外某个点的平面坐标。判断该点和单位圆的位置关系，点是在圆内、圆外还是圆周上。

8. 编写程序，提示用户输入两个日期，然后显示哪一个日期更早。

例如，输入两个日期，分别是 2008 年 3 月 6 日和 2020 年 5 月 1 日，则输出结果为 "2008 年 3 月 6 日早于 2020 年 5 月 1 日"。

9. 编写程序，将 1000~20 000 中所有是某个整数的平方的数输出。

10. 编写程序，从键盘输入一个正整数，判断该数是否为素数。素数是除了 1 和自身之外没有因数的正整数，例如 2、3、5 等。

11. 编写程序，将 1000 以内所有的素数输出。

12. 编写程序，从键盘输入一个数字，对该数进行素因数分解。例如，从键盘输入 17，则输出 17；从键盘输入 40，则输出 2*2*2*5。

13. 编写程序，求 $1+1/4+1/7+1/10+1/13+1/16+\cdots$ 的前 10 项之和，输出时保留 3 位小数。

14. 编写程序，从键盘输入一个整数（小于 10），计算 $1!+2!+\cdots+n!$。

15. 从键盘输入一个正整数，按输入顺序的反方向输出。例如，输入数据为 345，则输出结果为 543。

16. 编写程序，从键盘任意输入若干个数，输入 0 结束。计算所有正数的和，以及奇数、偶数的个数。

17. 编写程序，求解不定方程 $15x+8y+z=300$ 的所有正整数解。

18. 编写程序,计算所有水仙花数,并输出水仙花数的个数。水仙花数是指其每一位数字的立方和等于该整数的 3 位数。

19. 编写程序,在屏幕上显示三角形九九乘法口诀表。

20. 编写程序,求解"百钱买百鸡"的问题。《算经》中记载了这样一个问题:鸡翁一,值钱五;鸡母一,值钱三;鸡雏三,值钱一;百钱买百鸡,则翁、母、雏各几何?(提示,使用穷举法实现)

第 5 章

像搭积木一样搭建程序——函数

到目前为止,我们已经掌握了利用 C 语言编写程序的基本知识,即使不再学习后续章节的知识,我们也可以编写出解决常见问题的计算机程序。既然如此,为什么还要学习函数以及后面的数组、结构体这些知识呢?当你阅读完相关章节以后,相信你就会找到一个共同的答案——降低程序代码编写工作的复杂性,提高程序代码的开发效率。

5.1 复杂程序的开发问题

在前面的章节中,我们基本上都是在 main 函数中编写程序代码,代码的行数很少,程序的功能也相对简单。即便如此,当程序代码中存在错误时,往往也要花费很长时间来调试程序,找出其中的错误问题并纠正。当要编写一个复杂的大型程序时,例如开发操作系统,它的程序代码可能达到数千万行,如果将所有的程序代码都写在 main 函数中,那么程序调试将变得非常困难。编写和维护这样的程序将会成为程序员们的一场噩梦。因此,需要寻找一些科学的方法来指导我们高效地组织程序代码的开发工作。

5.1.1 像工业化生产一样开发程序

人类社会的进步与社会分工密不可分。社会分工是人类社会经济得以发展的基础。对人类来说,没有社会分工就没有交换,市场经济也就无从谈起。人类社会分工的优势是让擅长的人做自己擅长的事情,使平均社会劳动时间尽可能缩短,从而显著提高社会生产效率。

当今的社会是高度发达的工业化社会,工业化的生产更离不开社会分工。例如,计算机的生产就采用了社会化分工。如果要生产一台计算机,它所有的零部件并不是全部由一家工厂生产。而是先由不同的生产商制造出不同的零部件,然后由一家生产商对零部件进行选配,从而组装成性能不同的计算机,以满足不同用户对计算机的差异化使用需求。在计算机的主要配件中,CPU 的生产商就有 Intel(英特尔)、IBM(国际商业机器公司)、龙芯等,显卡的生产商有 NVIDIA(英伟达公司)、AMD(美国超威半导体公司)等,硬盘的生产商有 Seagate(希捷)、WestDigital(西部数据)等。每个公司都专注于某种特定计算机配件的研制和生产,这种配件的生产效率将会极大地提升,计算机的生产效率也会极大地提高。

与硬件产品类似,计算机程序作为一种软件产品,也可以通过社会化生产分工的方式来研发。例如,计算机操作系统有 Windows 操作系统、Mac OS 系统、鸿蒙操作系统等,数据库管理系统有 Oracle、DB2、MS SQLServer 和 Sybase、MySQL 等产品。这里提到的每一个软件都是一个大型的程序。它们都是由成千上万的程序员通过分工合作的方式共同编写完成的。因此,我们需要找到一种能够对程序代码编写进行分工合作的方法。

5.1.2 将程序代码做成积木模块的方法

在生活中,孩子们喜爱搭建积木。例如,乐高积木有很多种形状,它的每个积木块一面有凸粒,另一面有可嵌入凸粒的凹槽,通过凹凸部位的连接可以实现积木块之间的拼装。孩子们利用这些积木模块可以快速搭建各式各样的城堡、飞机、跑车,安装上各种电子器件甚至可以让它们动起来。这些积木模块的类型是有限的,很容易实现批量化的生产,却又可以快速地拼搭出各种不同的模型产品。插上想象的翅膀,你可以用这些积木模块搭建出你想创造的任意实物模型。

微课 5.1 模块化思想与函数

这种模块化的生产思想被广泛地应用到工业化生产中。例如,计算机的制造过程就是模块化的生产过程。计算机的配件是模块化的配件。这些配件一般都有卡槽,通过连接线可以很容易地将它们连接在一起。不同公司生产的计算机配件的功能和性能可能是不同的,但是这些卡槽和连接线的接口一定是相同的。这样计算机的集成商通过选择性价比不同的计算机配件就可以快速地组装一台性价比不同的计算机产品。

我们也可以借鉴模块化的思想来开发程序软件。将一段能够实现特定功能的程序代码封装成一个程序模块。每个程序模块也设置一种类似积木模块的"凹凸"接口,通过"凹凸"接口可以实现对程序模块的拼接。我们可以根据软件的功能需求来选择具有不同功能的程序模块,然后将它们拼装组合成程序,从而实现程序软件的快速开发。

1. 模块化程序设计

在程序开发过程中,对程序的功能进行模块化设计是一种重要的程序设计思想。**模块化程序设计方法是指在进行程序设计的时候将一个程序按照功能划分为若干个小的功能,每个小的功能分别由一个程序模块来实现,通过模块间的相互协作来实现整个程序功能的设计方法。**一般来说,一个复杂问题都可以逐级、逐层分解为若干个简单的问题,通过逐个解决简单问题实现对复杂问题的解决。通过模块化程序设计可以把程序要解决的复杂问题的总目标分解为若干个解决简单问题的子目标,还可以进一步把子目标再分解为更具体的小目标。将实现每一个小目标的程序代码封装为功能模块,最后对程序模块的功能逐级、逐层进行组合,从而实现构建复杂程序功能的大目标。

利用模块化思想进行程序设计,程序代码具有以下特点。

1) 封装性

封装性是指模块内部的程序代码是模块私有的,不能被其他模块所访问。每个模块内部的代码是封闭的,不会对其他模块开放,其他模块无法访问该模块中的变量。每个程序模块只能通过输入输出接口与其他模块进行数据交互。这种封装性会降低程序代码的灵活性,但是它也降低了程序代码的耦合性,提高了程序模块功能的独立性,使程序的可读性和可维护性得到提高。

假如一个模块的代码中存在错误，那么这种错误只会影响到模块自身的功能实现，并不会影响到其他模块的功能实现。在测试模块功能的时候，只需要向模块中输入数据，然后检查它的输出数据是否正确就可以检查模块的功能是否正确。如果模块的功能不正确，那么模块的代码中有可能存在错误，程序代码的错误检查与故障诊断的范围会极大地缩小。

2）重用性

重用性是指程序模块的代码能够在不做修改的情况下被其他程序所使用。模块的重用性可以提高程序的开发与维护效率。例如，如果发现程序的某个模块的性能不足，那么可以选用具有相同功能但性能更优的其他程序模块进行替换。在模块的替换过程中，不需要或者只需要对替换模块的代码进行较小的修改就可以实现模块间的替换。这种模块替换并不会对程序的整体功能造成较大的影响，可极大地提升程序代码的维护效率。

3）组装性

组装性是指通过对程序模块进行选择、组合可以构建不同功能的程序。由于程序模块具有封装性和重用性，所以程序模块也就具备了组装性。这样可以系列化地开发不同功能和性能的程序模块，通过选配不同的程序模块来组装性价比不同的程序软件。程序员可以通过分工协作的方式来开发功能更加复杂、更加强大的程序软件。每个程序员都可以专注于特定功能的程序模块的开发工作，每个程序模块的功能和性能都会有较大的提升，从而使程序软件的整体功能与性能得到较大的提升。

C程序语言中提供了function机制来实现程序代码的模块化开发工作。function翻译成中文有"功能"或者"函数"的意思。在计算机语言中习惯将它称为函数。函数就像一个能够处理数据的"黑盒子"，将数据送进去就能够得到一个想要的结果。函数内部是如何工作的，外部的程序是不需要知道的。将一个个这样的"黑盒子"有机地组合起来就可以构建一个具有特定功能的程序。

为什么函数可以使程序模块具有封装性、重用性和组合性呢？下面让我们来了解函数的结构。

2. 函数的结构

积木的每个模块都有一个名称来区分彼此。程序中的每个函数都代表了一个特定的功能，因此它也需要一个名称来表示这个功能。另外，积木模块通过它的"凹凸"结构来连接其他模块。在函数中，这种"凹凸"结构是函数的输入数据接口和输出数据接口。

例如，函数 A 要使用函数 B 的功能，它需要与函数 B 的输入和输出接口进行连接。函数 A 需要通过函数 B 的输入接口输入待处理的数据，当函数 B 处理完输入数据以后，函数 A 又需要通过函数 B 的输出接口接收函数 B 的输出数据。这样函数 A 就使用了函数 B 的功能，也实现了它与函数 B 的一次交互。函数 A 与函数 B 的接口关系参见图 5.1。

图 5.1　函数 A 与函数 B 的接口连接关系

一般情况下,函数都需要接收从外部输入的数据并对数据进行处理,然后输出结果数据,从而实现它的功能。因此,一个函数的结构包括函数的名称、输入数据接口、函数体和输出数据接口 4 个要素,其中函数体是一段能够实现函数功能的程序代码。

1) 函数的名称

在 C 语言中,函数的命名规则与变量的命名规则相同。对函数的名称进行命名要尽可能地反映函数的功能。例如,要实现一个求最大值功能的函数,可以用英文单词 maximum 的简写 Max 来为函数命名。这样程序员通过函数的名称就可以大概知道这个函数的功能是求解最大值。

2) 输入数据接口

函数的输入数据接口可以接收多个输入数据。输入数据接口的格式如下:

函数名(数据类型 1　变量 1,数据类型 2　变量 2,…,数据类型 n　变量 n)

在函数名后有一个小括号,在小括号里面定义了函数中负责接收输入数据的变量的名称及其数据类型。根据输入数据的数量可以确定输入数据接口中所需要定义的变量的个数。如果没有输入数据,那么输入数据接口中就不需要定义任何变量。此时,虽然小括号里面什么都没有,但是小括号还是需要保留的。

假设 Max 函数的功能是实现比较两个整数的大小并输出其中的较大值,那么 Max 函数的输入数据接口可以定义如下:

```
Max(int a, int b)
```

如果 Max 函数的输入数据是 4 和 5,即 Max(4,5),此时整数 4 会存储到变量 a 中,整数 5 会存储到变量 b 中。在函数体中判断变量 a、b 大小的程序语句会实现对整数 4 和 5 的大小比较。

如果 Max 函数要实现判断两个浮点型数据的大小,那么需要重新定义 Max 函数的输入数据接口如下:

```
Max(float a, float b)
```

此时,Max 函数才能正确地接收所输入的两个浮点数,如 Max(4.5,5.5)。

在 Max 函数中,变量 a 和变量 b 中存储的数据的类型是预先确定的,但是数据的值是无法事先确定的,因此变量 a 和变量 b 被称为形式上的参数,简称形参。当向 Max 函数中输入具体的数据后,变量 a 和变量 b 中才有了具体的数值,输入的数据是实际上的参数,简称实参。例如,在 Max(4.5,5.5)中,4.5 和 5.5 就是实参。

函数输入数据接口中所定义的变量是形参,其他函数向该函数形参中所输入的具体数据就是实参。输入数据可以是常量、变量、表达式等,也就是说实参可以是常量、变量、表达式等。形参和实参是函数中非常重要的概念。

3) 函数体

实现函数功能的程序代码称为函数体。函数体负责完成对输入数据的处理并输出结果数据,它是一个复合语句。函数体的格式如下:

函数名(数据类型1 变量1,数据类型2 变量2,…,数据类型n 变量n)
{
    函数体
}

例如,Max 函数的函数体代码如下:

```
1    Max(int a, int b)
2    {
3        int MaxValue;
4        if(a > b) MaxValue = a;
5        else MaxValue = b;
6    }
```

第 2~6 行的代码是 Max 函数的函数体。第 3~5 行是 Max 函数判断变量 a 和 b 较大值的语句。在函数体执行后,变量 a 和变量 b 中较大的数值就会赋值给变量 MaxValue。通过函数体语句,Max 函数能够选择出整型变量 a 和 b 中的较大值并暂时存储到变量 MaxValue 中,这就是 Max 函数的功能。

4) 输出数据接口

通过函数的输出数据接口可以输出函数中的数据,但是只能够输出一个数据。这一点与输入接口不同,输入数据接口可以输入多个数据。函数的输出数据接口的格式如下:

函数类型 函数名(数据类型1 变量1,数据类型2 变量2,…,数据类型n 变量n)
{
    函数体
    return (变量/常量/表达式);
}

函数的输出数据接口需要定义输出数据的类型和数据值。输出数据的类型又称为函数类型,函数类型需要在函数名的前面进行定义。函数输出数据的值又称为函数的返回值,通过关键字 return 输出具体的数据值。函数的返回值可以是变量、常量、表达式的值。需要注意的是,这些数值的数据类型一定要与函数的类型相匹配。如果返回值的类型与函数类型不匹配,则会将返回值的类型转换成函数类型。

【例 5.1】 编写 Max 函数实现比较两个整数的大小,并通过返回值输出最大值。

问题分析:Max 函数的输出数据是整型变量 a 或者 b 中的较大值,因此它的函数类型可以定义为 int 类型。在函数体中,定义了 float 类型的变量 MaxValue,用于存储 a、b 中的较大值,通过 return MaxValue 输出函数的值。

程序代码如下:

```
1    int Max(int a, int b)
2    {
3        float MaxValue;
4        if (a > b) MaxValue = a;
5        else MaxValue = b;
6        return MaxValue;
7    }
```

虽然变量 MaxValue 的数据类型是 float,但是函数的数据类型是 int,因此函数在执行 return 语句时会将变量 MaxValue 中的数值转换成 int 类型后再输出。假如 Max 函数的实参分别是 4 和 5,即 Max(4,5),那么 MaxValue 的值是 5.0。当第 6 行语句执行后,函数 Max 的返回值是 int 类型的整数 5,而不是 float 类型的数值 5.0。

函数可以没有输入数据,但是一般要有输出数据,不然函数就没有意义。有的时候,函数不会通过 return 语句输出数据,它会通过 printf 等输出函数将数据显示到屏幕上,或者输出到文件中,其实这也是函数输出数据的一种方式,但是这种方式不是通过函数的输出接口输出数据。只有 return 语句才能将数据送给输出接口。当函数不通过 return 语句输出数据的时候,函数就不需要定义输出数据的类型,此时函数的类型是 void 类型,表示无返回数据。

【例 5.2】 编写一个函数 Max 实现比较两个整数的大小,并通过 printf 函数输出最大值。

在下面的代码中,Max 函数通过 printf 函数输出数据,它的类型是 void 类型,即空类型,用于表示函数没有返回数据。

程序代码如下:

```
1    void Max(int a, int b)
2    {
3        int MaxValue;
4        if(a > b) MaxValue = a;
5        else MaxValue = b;
6        printf("a,b 中较大的值是 % d\n",MaxValue);
7    }
```

3. 函数的形态

一个完整的函数一般包括函数类型、函数名、形式参数、函数体和返回值 5 个要素,但并不是每个函数都必须包含这 5 个要素。在函数中,除了函数类型、函数名和函数体 3 个要素必须有,其他两个要素可以没有。常见的函数形态可以分为以下几种。

1) 空函数

空函数是最简单的函数。它没有输入数据和输出数据,函数体里面也没有语句。它的形式为:

```
void 函数名()
{ }
```

空函数没有实际的功能,但是它是符合 C 语言语法的合法函数。空函数一般用在程序设计阶段。当我们已经划分好了一些功能模块,但是还没有想好怎么用函数实现它的具体功能时,可以先写成空函数占个位置,等具体要编写这个函数时再去修改和完善它。

2) 无形参,无返回值函数

这种形态的函数没有输入数据和 return 返回值,但是它的函数体中有语句。如果一个函数没有输入数据,则不需要定义形参;如果它同时没有返回值,则可以无 return 语句。它的形式是:

```
void 函数名()
{
    语句
}
```

在下面的代码中,Hello 函数通过 printf 语句输出数据,它没有 return 语句。

```
void Hello()
    {
    printf("Hello!\n");
}
```

3) 无形参,有返回值函数

这种形态的函数没有输入数据,但是它有 return 语句,即函数有返回值。它的形式为:

```
函数类型   函数名()
{
    语句
    return 语句
}
```

例如,

```
int Hello()
{
    printf("Hello!\n");
    return 0;
}
```

4) 有形参,无返回值函数

这种形态的函数有输入数据和函数体,但是它没有 return 语句。它的形式为:

```
void   函数名(形式参数)
{
    语句
}
```

例如,【例 5.2】中的函数 Max 没有返回值。

5) 有形参,有返回值函数

这种形态的函数所包含的要素最全,例如【例 5.1】中的函数 Max。

4. 如何定义函数

变量在使用前需要先定义,函数在使用前也需要先定义。**函数定义是按照函数的结构编写代码实现函数功能的过程**。函数定义的要素主要包括定义函数的类型、名称、形参和函数体。其中函数类型、名称和形参组合在一起又被称为函数首部或者函数头。

1) 函数定义

我们可以在函数内部定义变量,也可以在函数外部定义变量,但是**不能在一个函数的内部定义另外一个函数,即函数不能嵌套定义**。函数之间是平行的和互相独立的。

例如,Max 函数可以定义在 main 函数的前面,也可以定义在 main 函数的后面,但是不能在 main 函数中定义 Max 函数。

【例 5.3】 在 main 函数前面定义 Max 函数。

程序代码如下:

```
1    #include<stdio.h>
2    int Max(int a,int b)
3    {
4        int MaxValue;
5        if(a>b) MaxValue=a;
6        else MaxValue=b;
7        return MaxValue;
8    }
9    int main()
10   {
11       int x,y;
12       scanf("%d%d",&x,&y);
13       printf("x,y中较大的值是%d",Max(x,y));     //调用 max 函数
14       return 0;
15   }
```

在这个例子中,分别定义了 Max 函数和 main 函数。在 main 函数中,通过第 13 行语句对 Max 函数的功能进行了使用。**这种在一个函数中使用另一个函数的功能的方式称为函数调用**。此时,main 函数是调用函数又称为主调函数,Max 函数是被调用函数又称为被调函数。通过函数调用,主调函数 main 可以将它所包含的实参变量 x 和 y 中的数据传递给被调函数的形参变量 a 和 b,并执行被调函数 Max 函数体中的语句,对形参变量 a 和 b 中的数据进行处理,通过 retrun 语句返回 MaxValue 的值,最后在 main 函数中通过 printf 函数输出 Max 函数的返回值,从而实现 main 函数对 Max 函数的功能调用。

2) 函数声明

如果被调函数在主调函数之后进行定义,那么需要先在主调函数中或主调函数之前对被调函数进行函数声明,然后才能够对被调函数进行调用。**函数声明是对被调函数的类**

型、函数名和形参数据类型的说明，以便编译系统能够在主调函数中正确地识别被调函数。

【例 5.4】 Max 函数定义在 main 函数后面，在 main 函数中对 max 函数进行声明。程序代码如下：

```
1   #include<stdio.h>
2   int main()
3   {
4       int x,y;
5       int Max(int a,int b);                      //对 Max 函数进行声明
6       scanf("%d%d",&x,&y);
7       printf("x,y中较大的值是%d",Max(x,y));      //对 Max 函数进行调用
8       return 0;
9   }
10  int Max(int a,int b)                           //对 Max 函数进行定义
11  {
12      int MaxValue;
13      if (a>b) MaxValue = a;
14      else MaxValue = b;
15      return MaxValue;
16  }
```

在 main 函数中，通过第 5 行语句对 Max 函数进行了声明。如果去掉 Max 函数语句，程序在编译时会产生警告："warning C4013：'Max'未定义；假设外部返回 int"，参见图 5.2。

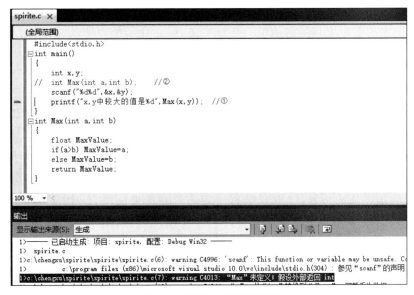

图 5.2 函数未声明的例子

警告产生的原因是：当编译系统由前到后逐句编译程序代码时，先遇到了函数调用语句 Max(x,y)，由于还未编译到 Max 函数的定义语句，无法判别 Max(x,y)是什么，因

此产生了"Max 未定义"的警告提示。

函数声明与函数定义是不同的。函数定义是对函数功能的描述与实现,包括函数类型、函数名、形参、函数体和返回值,它是一个完整的函数单位。函数声明只是对函数首部的函数类型、函数名和形参进行说明。如果被调函数在主调函数之前定义,那么编译系统会先编译被调函数,从而获得被调函数的类型、函数名和形参的信息,因此不需要在主调函数中对被调函数再进行声明。如果被调函数在主调函数之后定义,那么编译系统将先编译主调函数中的函数调用语句,如果没有对被调函数进行声明,那么它将无法理解主调函数中的函数调用语句。

编译系统通过函数声明可以检查被调函数是否存在,被调函数的类型、函数名、形参类型与主调函数中函数调用语句的返回值、函数名、实参类型是否一致。如果被调函数不存在或者两者出现不一致的情况,编译系统就会通过错误提示信息提醒程序员对函数定义与函数调用的程序代码进行检查。

对函数进行声明的方式一般包括以下两种:

第一种,直接复制被调函数的函数首部再加上分号,如

函数类型 函数名(数据类型 1 变量 1,数据类型 2 变量 2,…,数据类型 n 变量 n);

第二种,直接复制函数首部,可以去掉形参的名称再加上分号,如

函数类型 函数名(数据类型 1,数据类型 2,…,数据类型 n);

由于编译系统只会检查函数调用语句中的实参与函数的形参数据类型是否匹配,以达到检查主调函数输入的数据是否与函数的输入数据接口的数据类型相匹配的目的,此时,函数声明中的形参变量的名称没有任何意义,因此在函数声明的时候可以省略,甚至二者形参的名称不一致也没有关系。

5. 如何使用函数

当函数定义完成以后,该如何使用它们呢?函数的功能是接收输入数据,经过函数体代码处理后,输出结果数据。可以通过函数调用方式执行函数体中的程序代码让它的功能发挥出来。对于无返回值的函数,一般以函数调用语句的方式来使用函数的功能;对于有返回值的函数,一般以函数表达式的方式来使用它的功能。下面具体介绍函数的使用方法。

微课5.2 函数的定义与使用

对于有返回值函数的使用,可以类比变量的使用方法。在变量中有数据,函数的返回值也是数据。之前我们已经学习了使用变量中数据的方法,那么能否像使用变量那样使用函数呢?首先要弄清函数和变量是否一样。其实它们有相同的地方,也有不一样的地方。

变量有独立的存储空间,可以用它来存储数据,也可以读取其中的数据。函数是一个功能,函数名没有独立的存储空间。函数中的数据是存储在函数所包含的变量里面。这就意味着可以对变量赋值,但是不能对函数赋值。例如,

```
int a = 2;
```

该语句可以对整型变量 a 直接赋值,但是如果对函数直接赋值就是错误的。对函数输入数据要通过形参变量,不能通过对函数直接赋值的方式输入数据。另外,函数的主要功能是处理数据,输出结果数据,不是用于存储数据。例如,

```
Max = 2;
```

上面对 Max 函数赋值的语句是错误的。大家可能会有疑问,在函数的内部不是有变量吗?难道这些变量不可以存储数据?这些变量是可以存储数据的,但是只能通过对这些变量直接赋值的方式来存储数据,而不能通过对函数赋值的方式来存储数据。

函数有返回数据,变量也有数据,可以使用它们的数据,这是二者相同的地方。因此,函数除了不能像变量那样存储数据之外,它的使用方式与变量基本是相同的。它可以像变量一样来构建函数表达式,也可以作为函数的实参,还可以单独成为一条函数调用语句。

(1) 函数表达式

有返回数值的函数可以像变量一样参与表达式的运算,这样的表达式又叫作函数表达式。例如,

```
int a = Max(4,5) + 2;
```

Max(4,5)的返回值是 5,5+2 的结果为 7,因此变量 a 的值为 7。

(2) 函数的实参

变量可以作为函数的实参。例如,求变量 a、b、c 中的最大值并存储在变量 d 中,代码如下:

```
int a = 4,b = 5,c = 6,d;
d = Max(a,b);
d = Max(d,c);
```

也可以这样写

```
d = Max(Max(a,b),c);
```

此时,Max(a,b)函数的返回值又成为另一次 Max 函数调用的实参。

(3) 函数调用语句

对于具有返回值的函数除了不能对它赋值以外,其他使用方式与变量基本一致,它更像一个具有一定功能的变量。没有返回值的函数就不能构成函数表达式或者作为函数的实参。没有返回值的函数可以通过加上英文分号";"构成函数语句,通过函数语句的方式来调用它的功能。

例如,对【例 5.2】中没有返回值的 Max 函数通过函数语句方式进行调用。

```
Max(4,5);
```

Max 函数将通过 printf 语句输出"a,b 中较大的值是 5"。

对于有返回值的函数也可以通过函数调用语句的方式进行调用。一般情况下,对于有返回值的函数不会通过函数语句的方式进行调用,因为通过函数语句调用无法使用函数的返回值,这样做没有太大的意义。

5.2　对程序模块进行组装

利用函数可以实现程序的模块化。当编写完一个个功能独立的函数以后,接下来就需要对函数进行组装,即通过函数模块之间的互相调用来构建一个具有特定功能,能够完成某种特定任务的程序。

5.2.1　程序模块间的组装问题

在 C 语言中,函数可以分为 3 类：main 函数、库函数和用户自定义函数。这 3 种函数的结构都符合函数的结构要求,它们都包含函数类型、函数名、形参、函数体和返回值等基本要素。通过它们之间的互相调用可以实现程序模块间的自由组合。

1. 函数的分类

虽然这 3 类函数的结构相同,但是它们在程序中的地位与作用有所不同,因此它们的使用方法也存在一定的差异。

1) 主函数

main 函数又称为主函数,它是程序的入口,也是组装其他函数的起始点。在 main 函数中可以调用其他函数,其他函数又可以调用另外的函数,但是无论函数之间如何调用,最后都会在 main 函数内结束调用。需要注意的是,其他函数不可以调用 main 函数,main 函数只能被操作系统调用。

2) 用户自定义函数

用户自定义函数是程序员在开发某个特定程序的时候,根据程序的功能模块划分而编写的函数。用户自定义函数一般只在该程序内部使用。当然也可以根据需要将这些函数的定义代码复制到其他程序中使用。

3) 库函数

库函数是一些具有通用功能的函数集合。它包括 C 语言标准规定的库函数和编译器特定的库函数,不同的编译器提供的库函数可能是不同的。库函数(如输入输出函数——printf 函数、scanf 函数,数学上的开平方函数——sqrt 函数等)是一种特殊的用户自定义函数,它将用户自定义函数封装入库,提供给程序员在 C 源程序中进行调用。

库函数的函数定义代码一般是不可见的,库函数的头文件中包含了库函数的声明。程序员在使用库函数的时候不需要将库函数的源程序代码复制到源程序中,也不需要对库函数进行函数声明,只需要把库函数声明所在的头文件名用"♯include<头文件名>"指令包含到源程序中就可以完成对库函数的声明。

在编写程序的时候要多使用库函数，这样可以提高程序的开发与执行效率。**头文件是一种包含函数、数据接口声明的文件，主要用于保存程序的声明。**

例如，printf 函数的声明包含在 stdio.h 头文件中，如下：

♯ include < stdio.h >

它是编译预处理命令，是程序在编译之前需要处理的内容。如果在程序中用到 C 语言标准函数库中的输入输出函数的时候，需要在程序的开头写上一行：♯include "stdio.h" 或者 ♯include < stdio.h >，只有这样才能调用 C 语言标准函数库中的输入输出函数。♯include< stdio.h >一般用于包含系统文件，它是从系统目录开始查找头文件，而 ♯include "stdio.h" 一般用于包含项目文件，它是先从项目目录开始查找，如果找不到该文件，再从系统目录查找。二者的区别主要是在头文件的查找效率上有所不同。

2. 函数的调用

在 main 函数、用户自定义函数和库函数之间进行调用需要遵循一定的规则。操作系统可以调用 main 函数。main 函数可以调用用户自定义函数和库函数。用户自定义函数之间可以互相调用，它也可以调用库函数。库函数只能调用库函数。函数调用关系如图 5.3 所示。

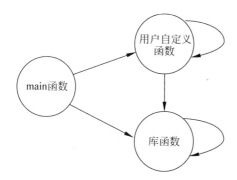

图 5.3　不同类型函数间相互调用的关系示意图

微课 5.3　函数调用与参数传递

1) 函数的嵌套调用

main 函数、用户自定义函数和库函数在定义的时候是相互独立的，它们不能嵌套定义，即在一个函数内部不能定义另一个函数。但是它们之间在调用的时候可以嵌套调用，即在调用一个函数的过程中，又可以调用另一个函数。

【例 5.5】　设计一个 Max3 函数实现求 3 个整数的最大值。

问题分析：Max3 函数已经有了名称，还需要确定函数类型、形参和函数体 3 个要素。函数的功能是求 3 个整数的最大值，需要向 Max3 函数中输入 3 个整数，因此需要定义 3 个形参变量，如 int a、int b、int c。Max3 函数执行后需要返回最大值，返回值也可以定义为 int 类型。这样可以写出 Max3 的函数声明如下：

int Max3(int x,int y,int z);

有了 Max3 函数的声明就可以编写 main 函数的代码。在 main 函数中，利用 scanf 函数从键盘读入 3 个整数，然后调用 Max3 函数求得最大值。先对 main 函数进行定义。

程序代码如下：

```
1    #include <stdio.h>
2    int main()
3    {
4        int Max3(int x,int y,int z);            //对 Max3 函数进行声明
5        int x,y,z;
6        scanf("%d%d%d",&x,&y,&z);
7        printf("x,y,z 中最大值是%d.\n",Max3(x,y,z));  //对 Max3 函数进行调用
8        return 0;
9    }
```

根据 Max3 函数的声明信息，在 main 函数中就可以编写调用它的程序代码了。也就是说，在定义 main 函数的过程中并不需要关注 Max3 函数是否已经完成定义，是否正确定义，因为这些都是 Max3 函数的定义问题。如果没有定义 Max3 函数，则需要去定义它，如果 Max3 函数定义的代码有错误，则需要解决 Max3 函数代码的错误问题，而这一切都与 main 函数的定义无关。这就是函数模块化的特点，它让函数之间保持了一定的独立性。因此，在定义一个函数的时候，我们并不需要关注它所调用的函数是如何实现的，只需要关注被调函数的输入数据和输出数据就可以了，这样函数调用就变得简单明了。

定义 Max3 函数的工作只剩下最后一步——编写定义函数体的代码，实现比较 3 个整数最大值的功能。在前面的例子中，我们编写了可以实现对两个整数大小比较的 Max 函数。对于求 3 个整数的最大值问题，如果可以转换成求两个整数最大值的问题，那么 Max3 函数就可以通过调用 Max 函数来实现求 3 个整数的最大值的功能了。其实，无论求多少个整数的最大值问题都可以转换成求两个整数最大值的问题。只要先比较两个整数，然后让其中较大值的整数再与下一个整数进行比较就可以求得 3 个整数中的最大值。重复这样的过程，直到比较完最后一个整数就可以求得任意个整数中的最大值。

Max 函数的定义见【例 5.1】，函数声明如下：

int Max(int,int);

在 Max 函数的声明中只给出了形参的类型并未给出形参的名称，这是因为编译系统并不会检查函数声明中形参的名称与它定义时的名称是否一致，因此函数声明时可以不写形参的名称，但是它们的形参的数据类型、个数以及顺序一定都要相同。

根据 Max 函数的声明信息，对 Max3 函数进行定义。

程序代码如下：

```
1    int Max3(int x,int y,int z)
2    {
```

```
3       int m;
4       int Max(int,int);              //对 Max 函数进行声明
5       m = Max(x,y);                   //求出 x 和 y 中的较大值,并赋值给 m
6       m = Max(m,z);                   //求出 m 和 z 中的较大值,并赋值给 m
7       return m;                       //返回 m 中的值
8   }
```

在上面的例子中,main 函数调用了 Max3 函数求 3 个 int 数值中的最大值,为此 Max3 函数又通过两次调用 Max 函数实现了求 3 个整数最大值的功能。这种在函数的定义中又调用另一个函数的情况就是典型的函数嵌套调用,它是函数调用的最常见方式。

在学习函数知识的过程中,大家需要注意以下两个问题。

问题 1:实参变量与形参变量能互相改变吗?例如,在函数调用语句"Max(x,y);"中,实参变量是 x 和 y,Max 函数的形参变量是 a 和 b。当"Max(x,y);"语句执行的时候,实参 x 和 y 的值会分别传递给形参 a 和 b,因此实参会改变形参的值。如果形参 a 和 b 的值发生了变化,那么它们会相应地改变实参 x 和 y 的值吗?答案是不会,这是为什么呢?

问题 2:当实参变量与形参变量的名字相同的时候,它们是同一个变量吗?例如,在 main 函数中有实参变量 x、y、z,在 Max3 函数中又有形参变量 x、y、z,它们名字相同,它们是同一组变量吗?它们不是同一组变量。为什么在同一个函数中变量不允许重名,而在不同的函数变量又允许重名呢?

我们先来探讨第一个问题,为什么实参可以改变形参的值,而形参却无法改变实参的值。实参的数据可以传递给形参,而形参的数据却不能反向传递给实参,这是为了实现函数的封闭性要求。实参属于主调函数,形参属于被调函数,用于接收主调函数的输入数据,即实参的数据。主调函数只能够通过被调函数的返回值接收被调函数对它的影响。如果形参能够反向改变实参的值,那么主调函数和被调函数之间封闭性就会被破坏。下面介绍实参与形参之间的数据传递过程。

2)实参与形参间的单向数据传递

函数只能通过形参变量接收输入数据,确保无法通过其他途径对函数体的功能进行干扰,目的是保持函数的封闭性。实参变量存储的是被调函数的输入数据,需要将实参变量的值传递给形参变量,因此在函数调用时实参变量可以改变形参变量的值。

在 C 程序中,经常会遇到需要交换两个变量数值的问题,那么能不能编写一个交换两个变量数值的函数呢?

【例 5.6】 在 main 函数中交换变量 x、y 的值。

```
1   #include<stdio.h>
2   int main()
3   {
4       int x,y,z;
5       scanf("%d%d",&x,&y);
6       z = x;
7       x = y;
```

```
8       y = z;
9       printf("x = %d,y = %d\n",x,y);
10      return 0;
11  }
```

在第6~8行代码中借助变量 z 交换了变量 x 和 y 的值。如果此时运行程序,通过键盘输入"4 5",那么程序的输出结果是"x=5,y=4"。

【例 5.7】 定义 Exchange 函数实现交换两个变量的值。

问题分析:函数的输入数据为两个要交换数据的整型变量,形参有两个:int a 和 int b。函数不需要返回值,因此 Exchange 的函数类型是 void 类型。对 Exchange 函数进行定义。

程序代码如下:

```
1   void Exchange(int a, int b)
2   {
3       int z;                              //⑤
4       z = a;                              //⑥
5       a = b;                              //⑦
6       b = z;                              //⑧
7       printf("a = %d,b = %d\n",a,b);
8   }                                       //⑨
```

在 Exchange 函数中交换变量 a,b 值的代码与【例 5.6】中交换变量 x,y 值的代码的功能是相同的。下面在 main 函数中调用 Exchange 函数尝试实现对 main 中变量 x 和 y 数据的交换。

程序代码如下:

```
1   #include <stdio.h>
2   int main()
3   {
4       int x,y,z;                          //①
5       void Exchange(int a, int b);
6       scanf("%d%d",&x,&y);                //②
7       Exchange(x,y);                      //③调用 Exchange 函数,交换 x,y 的值
8       printf("x = %d,y = %d",x,y);
9       return 0;                           //④
10  }
```

程序运行后,为变量 x 和变量 y 分别输入 4 和 5,调用 Exchange 函数将实参 x 和 y 的值分别传递给形参变量 a 和变量 b,此时 a 和 b 的值分别为 4 和 5。Exchange 函数交换了 a 和 b 的值,在 Exchange 中通过 printf 语句输出 a 和 b 的值,此时 a 和 b 的值分别是 5 和 4。函数调用结束,在 main 函数中执行 printf 语句再次输出 x 和 y 的值,x 和 y 的值仍然是 4 和 5,并没有发生交换。程序运行的结果参见图 5.4,可以发现变量 a 和 b 的值进行了交换,但变量 x 和 y 的值并没有被交换。

图 5.4 Exchange 函数执行结果

实参变量和形参变量都有自己独立的存储空间。在函数调用时只是将实参变量中存储的数据复制到形参变量的存储空间。当函数调用结束后并不会再将形参变量中存储的数据复制到实参变量中。在程序执行过程中,实参变量和形参变量中存储的数据的变化过程参见图5.5。

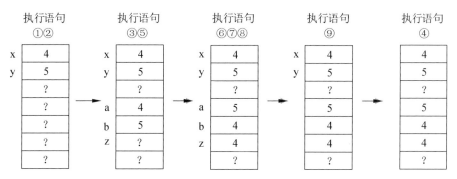

图5.5 实参向形参传递数据

当语句①执行时,变量 x 和变量 y 被分配了存储空间,它们中存储的数值未知。继续执行语句②时,从键盘输入数值 4 和 5,变量 x 和 y 中分别存储了 4 和 5。

继续执行语句③,此时调用 Exchange 函数,形参变量 a 和 b 被分配了存储空间,实参 x 和 y 中的数值 4 和 5 会被复制到变量 a 和 b 中。执行语句⑤,变量 z 被分配了存储空间。

执行 Exhange 函数中的语句⑥⑦⑧,借助变量 z,变量 a 和 b 实现了数值交换,此时变量 z 的值为 4,变量 a 的值为 5,变量 b 的值为 4。当执行语句完⑨,Exchange 函数调用结束,变量 a、b 和 z 的存储空间被释放。虽然变量 a、b 和 z 消失了,但是它们的数值仍存储在内存中,只是无法再通过变量 a、b 和 z 访问这些数值了。

最后执行语句④,main 函数退出,变量 x 和 y 的存储空间也被释放,也无法通过变量 x 和 y 访问内存中的数据 4 和 5 了。

从上面的过程中可以看出,**实参变量与形参变量之间是单向数据传递**。实参变量与形参变量各自都有独立的存储空间。在函数调用的时候,程序会将实参变量中的数值复制到相对应的形参变量中,从而实现向函数中输入数据。在函数调用的时候,形参变量才出现并被分配存储空间。在函数体语句中,对形参变量的改变,只会对形参变量中存储的数据进行修改,不会同时修改对应实参变量中的数据,函数执行完毕后,形参变量的存储空间就被释放了。通过改变形参变量的值来改变实参变量值的想法违反了函数设计的初衷,因此函数不支持形参变量向实参变量的反向数据传递。

如果要在被调函数中改变主调函数中实参变量的值,那么可以通过被调函数的 return 语句返回形参变量的值,将返回值赋值给实参变量,但是 return 语句只能返回一个值,这种方法只能改变一个实参变量的值。

5.3.2 节将介绍如何在被调函数中通过指针改变主调函数中多个实参变量值的方法。但是这种方法破坏了函数的封闭性,因此一般不提倡这样做。

3. 函数调用举例

【例 5.8】 通过定义阶乘函数 fac 实现求 n!。要求在 main 函数中接收从键盘输入的一个自然数 n,通过调用 fac 函数的方式实现求 n!。

问题分析：fac 函数的输入数据 n 为自然数,形参变量可以定义为 int n。n! 的计算结果是整数,fac 函数的类型也可以定义为 int 类型。fac 函数的声明如下：

int fac(int n);

阶乘的数学公式为

$$n! = \begin{cases} 1, & n = 0, 1 \\ 1 \times 2 \times 3 \times \cdots \times (n-1) \times n, & n > 1 \end{cases}$$

当 n 等于 0 时,0! 的值是 1。当 n 大于 0 时,计算 n! 的值可以从 1 开始,乘 2,再乘 3,一直乘到 n,可以使用循环语句来实现。

程序代码如下：

```
1    #include<stdio.h>
2    int fac(int n)
3    {
4        int i,s;                              //定义 s 存储阶乘值
5        if (n==0) s=1;                        //求 0!
6        else for(i=1,s=1;i<=n;i++) s=s*i;    //求 n!,n>=1
7        return s;                             //返回阶乘值
8    }
9    int main()
10   {
11       int n;
12       int fac(int);                         //对 fac 函数声明
13       scanf("%d",&n);
14       if (n<0) printf("n<0,输入数据错误!\n");
15       else printf("%d!=%d\n",n,fac(n));    //调用 fac 函数
16       return 0;
17   }
```

在此之前,我们学习的函数调用都是一个函数调用另外一个函数,那么一个函数能否对自己进行调用呢？可以。当我们在程序中用递归思想来解决问题时,必须采用一个函数对自身进行直接或者间接调用的方式来解决递归问题。**一个函数对自身的直接或者间接调用称为递归调用。** 下面介绍递归思想的程序实现过程。

5.2.2 递归思想的程序实现

阶乘公式还有另外一种表达方式：

$$n! = \begin{cases} 1, & n = 0, 1 \\ n \times (n-1)!, & n > 1 \end{cases}$$

这种表达式体现了一种递归的思想,又称为递归表达式。如果求 $n!$,只要先求出 $(n-1)!$,再乘以 n 就可以得到 $n!$。同理,如果要求 $(n-1)!$ 的阶乘,只要先求得 $(n-2)!$,再乘以 $n-1$ 就可以求得 $(n-1)!$。这样一直递推下去,直至求解 $2!$,只要求 $1!$,再乘以 2,由于已知 $1!$ 等于 1,因此可以求得 $2!$ 等于 2。如此回溯,可以求得 $3!$ 等于 6,直至 $n!$。这种求 $n!$ 的方法就是利用了递归思想。

1. 递归原理

递归是数学上一种分而治之的思想。它是把一个大型的复杂问题层层转化为一个与原问题相似、规模较小的问题来求解。随着问题规模不断变小,问题的复杂度也不断地降低,直至最小的问题被解决,然后返回来不断地解决较大的问题,直到原先的问题被解答。利用递归思想可以解决很多复杂的问题。下面通过数俄罗斯套娃数量的问题来理解递归思想。

微课 5.4 函数递归调用

俄罗斯套娃是一种俄罗斯特产的木制玩具。它一般由多个图案相同但大小不同的空心木娃娃一个套一个组成,越往里面套娃越小,套娃的数量可达十多个。

你有没有想过如果让你来数套娃的数量,你会怎么数呢?一般情况下,我们都会打开一个套娃,数一个,再打开一个,再数一个,直到打开最后一个套娃,发现里面有没有套娃了,就可以得到套娃的总数量。其实还有另外一种数法,我们很少会这样做,但是也可以数出套娃的数量。我们先一直打开套娃不计算数量,直到打开最后一个套娃,然后再把套娃盖上,盖上一个数一个,直到最大的套娃被盖上,也能数出所有套娃的个数。

大家可能会有疑惑,第一种方法很快啊,打开最后一个就能数出套娃的数量,为什么还要再一个个盖上套娃数数量?这样数不是慢吗?如果只是数出数量,不要求恢复套娃的原状,第一种方式比较快。如果不但要算出套娃的数量,还要把套娃恢复原状,那么这两种方式的效率就是一样的了。

我们也可以通过编写程序让计算机来完成数套娃的工作。打开套娃和累加计数是一种重复性活动,可以用循环语句来实现数套娃的工作。假设打开套娃的函数定义为 open 函数,盖上套娃的函数定义为 close 函数。NoTaowa 函数可以判断第 n 层套娃中是否仍存在套娃。如果 NoTaowa 函数的返回值是 1,则说明该套娃里面没有套娃;如果返回值是 0,则说明它里面还有套娃。open 函数、close 函数和 NoTaowa 函数的声明如下:

```
void open(int n);       //n是套娃的层编号,可以任意设定最外层的套娃编号,内层比外层小1
void close(int n);
int NoTaowa(int n);
```

定义 count 函数,它的功能是计算第 n 层套娃中套娃的个数。下面定义利用第一种方式数套娃的 count 函数。

程序代码如下:

```
1    int count(int n)
```

```
2   {
3       int no = n, number = 0;         //用 no 记住套娃的编号,number 是套娃的数量
4       do                              //打开套娃并计数
5       {
6           open(n);
7           number++;
8           n--;
9       }while(!NoTaowa(n));            //当打开最后 1 个套娃时 NoTaowa 函数返回 1
10      do                              //盖上套娃
11      {
12          close(n);
13          n++;
14      } while(no!= n);                //盖上第 1 个套娃,循环结束
15      return number;
16  }
```

利用第二种方式数套娃的 count 函数。
程序代码如下:

```
1   int count(int n)
2   {
3       int no = n, number = 1;
4       do                              //打开套娃
5       {
6           open(n);
7           n--;
8       } while(!NoTaowa(n));
9       do                              //盖上套娃并计数
10      {
11          close(n);
12          number++;
13          n++;
14      } while(no!= n);
15      return number;
16  }
```

这两种数套娃的方法虽然不同,但是它们解决问题的思路是相同的。它们都是把数套娃的问题看作是一个完整的问题,而没有把这个问题进一步地分解成更小的问题。

我们也可以用递归的思想来解决数套娃的问题。每当我们打开一个套娃,那么剩下的套娃的数量就会减少,相当于数套娃问题的复杂性在降低。同时,数剩下套娃数量的方法与数原来套娃的方法是相同的,也就是分解的小问题与原问题的解决方法是一致的。这些条件说明数套娃的问题可以用递归方法来解决。

具体思路是:外层的套娃编号为 n,其内层的套娃为 n−1。要数出第 n 号套娃中包含的套娃的数量,只要能先数出第 n−1 号套娃中所包含的套娃的数量,再加上 1,就是它包含的套娃的个数。以此类推,直到遇到第 x 号套娃中没有套娃为止,此时 x 号套娃中包含的套娃数量为 1。用递归方法实现 count 函数。

程序代码定义如下：

```
1    int count (int n)
2    {
3        int number = 0;
4        open(n);
5        if (NoTaowa(n)) number = 1;      //如果是最后1个套娃,number 值是1
6        else number = count(n-1) + 1;    //如果不是最后1个,继续数里层套娃
7        close(n);
8        return number;
9    }
```

第 5 行语句是一个 if 选择语句，如果编号 n 的套娃中没有套娃了，则说明它是最后一个套娃，套娃的数量 number 为 1，通过 return 函数返回套娃数量 1。如果它里面还有编号 n-1 的套娃，则继续调用 count(n-1) 函数，计算编号 n-1 的套娃中包含的套娃的数量，通过 return 函数返回 number 的值就是 n 号套娃中套娃的数量。函数 count(n-1) 会继续调用 count 函数，重复 count(n-2) 的过程，直至递归结束。在第 6 行代码中，count(n) 函数对自身进行了调用 count(n-1)，这种函数调用就是递归调用。

递归策略只需要用少量的程序代码就可以描述出解题过程，极大地减少了程序的代码量。对比上面 3 种 count 函数的代码也可以看出来，用递归方法实现的 count 函数的代码要比前两种简洁得多。但是，如果不能够理解递归的思想，那么遇到实际的问题也很难想出递归的方法，也就无法编写出递归函数。

2. 设计递归函数

如果理解了递归思想并且掌握了利用递归思想来解决实际问题的方法，那么我们就可以来设计递归函数，让计算机也可以学会用递归方法来解决实际的问题。在构建递归函数的时候重点关注两个部分：

1）递归的关系表达式

构建递归关系表达式是非常困难的一步。只有多接触递归问题才能够掌握递归的方法，然后通过函数递归调用的表达式将要解决的问题描述出来。

例如，在用递归方法数套娃的例子中，求编号 n 套娃中所包含的套娃数量的递归关系表达式是"count(n)=count(n-1)+1"。在定义递归函数 count 的函数体中，不能够将递归关系表达式"count(n)=count(n-1)+1"直接作为函数递归调用的表达式，因为 count(n) 是函数调用，无法对它进行赋值，需要再引入一个变量 number，将递归关系表达式转换成递归表达式语句"number=count(n-1)+1;"。

2）终止递归的条件表达式

构建终止递归的条件表达式就是构建描述解决最小问题的表达式，否则递归函数会一直调用自己进入无限递归，导致程序无法结束。虽然递归终止的条件表达式相对容易确定，但并不一定唯一，而且十分容易遗漏，导致递归无法停止。

例如，递归函数 count 的终止条件是"if（NoTaowa(n)）number=1"。在递归函

中,一般会使用 if 语句来构建递归的终止条件和递归调用的表达式。

3. 递归举例

【例 5.9】 利用函数递归调用实现求 n!。

问题分析：在求 n! 的问题中,根据阶乘公式"n!＝n＊(n－1)!"构建递归的关系表达式是：

$$fac(n)=n*fac(n-1)$$

在函数 fac 中,不能直接使用 fac(n)＝n＊fac(n－1)作为函数递归调用的表达式,需要引入整型变量 s 存储 fac(n)的值,并构建函数调用的递归表达式 s＝n＊fac(n－1)。函数 fac 的输出结果是整数值,可以定义 fac 的函数类型为 int。函数的输入数据是整数 n,可以定义函数 fac 的形参变量的数据类型是 int。

程序代码如下：

```
1   int fac(int n)
2   {
3       int s;
4       s = fac(n-1) * n;              //递归调用
5       return s;
6   }
```

这段代码中隐藏了一个很大的问题,函数 fac 的递归调用是无法停止的,也就是说,当 n 的值小于 0 的时候,函数会继续递归调用下去。这会产生错误,因为负数没有阶乘。

在递归函数 fac 中缺少了递归调用的终止条件。函数 fac 的递归终止条件是"if(n==0) s=1;",也可以将其修改为"if(n==0||n==1) s=1;"。在 fac 函数定义中加入递归终止条件。

程序代码如下：

```
1   int fac(int n)
2   {
3       int s;
4       if(n == 0) s = 1;              //递归终止条件
5       else s = n * fac(n-1);         //递归调用
6       return s;
7   }
```

在 main 中对 fac 函数进行调用。

程序代码如下：

```
1   #include<stdio.h>
2   int main()
3   {
4       int n;
5       int fac(int);
6       scanf("%d",&n);
```

```
7        if(n<0) printf("n<0,输入数据错误!\n");
8        else printf("%d!=%d\n",n,fac(n));    //调用 fac 函数
9    }
```

当程序运行后,从键盘输入数字 3,程序执行的结果是在屏幕上输出"3!＝6"。在函数 fac(3)递归调用的过程中,程序代码执行过程示意图参见图 5.6。

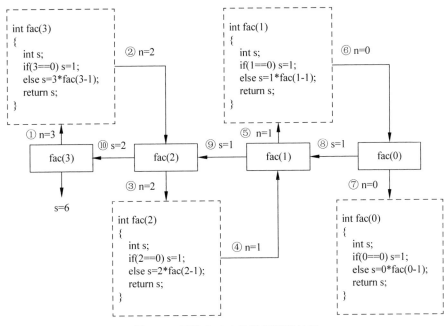

图 5.6　函数 fac(3)的递归调用过程

当 main 函数执行第 8 行语句调用 fac 函数的时候,此时 n＝3,在 fac(3)函数中所有的 n 的值都是 3,fac(3)的代码见图 5.6 中①。此时 if 语句中的条件表达式"3＝＝0"为假,因此执行表达式 s＝3 * fac(2)。接着调用 fac(2),见图 5.6 中②。fac(2)的代码见图 5.6 中③,此时 if 语句中的条件表达式"2＝＝0"仍然是假,执行 s＝2 * fac(1)。接着调用 fac(1),见图 5.6 中④,fac(1)的代码见图 5.6 中⑤。此时 if 语句中的条件表达式(1＝＝0)仍然是假,执行 s＝1 * fac(0)。接着调用 fac(0),见图 5.6 中⑥,fac(0)的代码见图 5.6 中⑦。此时 if 语句中的条件表达式"0＝＝0"为真,返回 fac(0)的值 s＝1,见图 5.6 中⑧。此时函数 fac(1)中,s＝1 * fac(0)的结果是 1,fac(1)的返回值是 1,见图 5.6 中⑨。同理返回 fac(2)的值 2,见图 5.6 中⑩。最后得到 fac(3)的值 6,即 s＝3 * fac(2)。

从函数递归调用的过程来看,递归调用占用了大量的内存空间,只有当递归调用终止的时候,随着递归调用的返回,函数才会逐步地释放掉内存资源。

【例 5.10】　利用递归求斐波那契数列。

1202 年,意大利数学家斐波那契提出了一个有趣的问题:假设 1 对刚出生的小兔 1 个月后就能长成大兔子,再过 1 个月就能生下 1 对小兔子,并且此后每个月都生 1 对小兔子,假设兔子 1 年内没有发生死亡,问:1 对刚出生的兔子,1 年内能繁殖多少对兔子?

更甚者,假设兔子是永生不死的,那么第 n 个月有多少对兔子呢?

问题分析:

通过计算可以知道,第一个月的兔子数为 1 对(小兔子),第二个月的兔子数仍然为 1 对(大兔子),到第三个月一对小兔子出生,兔子总数为 2 对(一对大兔子和一对小兔子),以此类推,可以得到前面几个月的兔子数目为:1,1,2,3,5,8,…,13…。

分析上面的序列,可以发现一个规律,也就是第 $n(n>2)$ 个月的兔子的数量是第 $n-1$ 个月和第 $n-2$ 个月兔子数量的和。用下面的公式可以表示这个关系:

$$\text{Fib}(n) = \begin{cases} 1, & n=1,2 \\ \text{Fib}(n-1)+\text{Fib}(n-2), & n>2 \end{cases}$$

观察上面的公式,可以发现斐波那契数列也可用递归方法来计算。定义存储 Fib(n) 函数的返回值的变量 int f。递归的关系表达式是"f= Fib(n-1)+Fib(n-2)"。终止递归的条件表达式是"n==1||n==2",当它成立时 f=1。

程序代码如下:

```
1   #include<stdio.h>
2   int main()
3   {
4       int n;
5       int Fib(int);
6       scanf("%d",&n);
7       if(n<0) printf("n<0,输入数据错误!\n");
8       else printf("Fib(%d) = %d\n",n,Fib(n));
9       return 0;
10  }
11  int Fib(int n)
12  {
13      int f;
14      if(n==1||n==2) f=1;              //递归的终止条件表达式
15      else f=Fib(n-1)+Fib(n-2);        //递归的关系表达式
16      return f;
17  }
```

求解斐波那契数列和求阶乘的函数都是利用递归方法实现的,但是两者之间还是有区别的。在求阶乘的函数定义中,递归只是调用了一次,而在求斐波那契数列函数的定义中,递归却调用了两次。如果从调用关系上来看,求斐波那契数列的递归调用会是一棵树,这会导致调用的过程更加复杂,运行的效率会更慢。大家可以在 VS2010 环境中运行感受一下这段代码的运行过程,也可以思考如何能够更快地进行求解。

5.3 人类永恒的话题"矛盾":封闭性与开放性

虽然函数有不同的定义形式和调用的方法,但是其目的都是为了实现程序代码的模块化。通过函数的封装,可以将它内部定义的变量封闭起来,避免了其他函数访问这些内部的变量,从而保证函数功能的独立性。因此,函数之间只能通过形参和函数的返回值交换数据。但是函数的返回值只有一个,如果函数需要返回多个数值,那又该怎么办呢?这样的封闭性是函数的优势,但同时也是它的劣势。我们需要另外一些方式来提高函数的开放性,以便在函数之间实现更灵活的数据交互。

5.3.1 不准动我的积木

一个积木模块的内部结构是固定的。积木模块之间只能够通过"凹凸"接口进行拼接,但是在拼接过程中它们是不能互相更改对方的结构的。一个函数模块的功能是也固定的。在函数之间进行调用的过程中它们也是不能相互更改对方的功能的。为了保持函数的这种功能的独立性,在一个函数内部定义的变量不允许被其他函数访问。**在函数内部定义的变量称为局部变量**。它们只能在函数的内部使用,因此被称为局部变量。变量的作用范围又称为变量的作用域,局部变量的作用域局限于函数内部。通过对函数中局部变量作用域的限制,使得函数具有了封闭性,从而保证了其功能的独立性。

1. 函数的私有财产——局部变量

在计算机中,最宝贵的资源是计算资源和存储资源。由于局部变量的作用域仅限于函数内部,因此只有当函数被调用时计算机才会为局部变量分配存储空间。当函数调用结束时,这些局部变量所占用的内存空间又会被系统收回,重新分配给其他函数的局部变量使用。这种对局部变量的存储空间进行动态分配的使用方式可以提高计算机的内存利用效率。

微课 5.5 局部变量与全局变量

在 5.2.1 节,对函数的调用我们曾经提出过两个问题,其中问题二:实参变量与形参变量的名字相同,它们是同一个变量吗?我们已经知道了答案:不是。那为什么不是呢?现在可以找到原因了,因为它们分别是不同函数的局部变量。实参变量是主调函数的局部变量,形参变量是被调函数的局部变量。它们的作用域是各自的函数内部,因此虽然它们重名但是不会产生冲突。

【例 5.11】 分析 main 函数中函数调用 fac(n) 中的实参变量 n 与 fac 函数定义中的形参变量 n 是否是同一个变量。

程序代码如下:

```
1   #include<stdio.h>
2   int main()
3   {
4       int n;                                      //局部变量 n
5       int fac(int);
6       scanf("%d",&n);
7       if (n<0) printf("n<0,输入数据错误!\n");
8       else printf("%d!= %d\n",n,fac(n));          //实参变量 n
9   }
```

```
10    int fac(int n)                    //形参变量 n
11    {
12        int s;
13        if (n == 0) s = 1;
14        else s = n * fac(n – 1);
15        return s;
16    }
```

在 main 函数中,第 4 行语句定义了局部变量 n。在 fac 函数中,第 10 行和第 12 行语句分别定义了局部变量 n 和 s。根据局部变量的作用域可以知道在上述代码中共有 3 个局部变量,main 函数中的变量 n,fac 函数中的变量 n 和 s。main 函数中定义的变量 n 只在 main 函数中起作用,因此第 8 行函数调用 fac(n)中的 n 是 main 函数的局部变量 n,同时它也是 fac 函数的实参。在第 13 行和第 14 行代码中的 n 是 fac 函数的局部变量 n,同时它也是 fac 函数的形参。在这个例子中,实参变量 n 和形参变量 n 是两个重名的局部变量,分别属于 main 函数和 fac 函数。

不同函数的局部变量的命名最好不要相同,因为如果对局部变量的概念不清楚,往往会认为重名的局部变量是同一个变量,其实它们是不同的变量。在使用局部变量时应重点关注以下几个问题:

(1) 不能跨函数访问局部变量。

在一个函数中不能够访问另一个函数的局部变量。例如,在 main 函数中无法对 fac 函数中的局部变量 s 进行访问。如果在 main 函数中对 fac 函数中的局部变量 s 进行引用,编译系统会给出错误提示:error C2065:"s":未定义的标识符。

(2) 形参是局部变量。

局部变量是在函数内部定义的变量,由于函数的形参位于函数的首部,所以往往会造成形参变量不是局部变量的错觉。其实形参变量也是局部变量,只不过它是负责接收函数的输入数据。函数的形参变量可以在本函数内部引用,但是它也不能被其他函数访问。

(3) 局部变量可以重名。

既然局部变量只在函数内部起作用,不同函数中的局部变量可以重名。例如,main 函数中定义了局部变量 n,fac 函数中也定义了形参变量 n。在各自的函数内部引用变量 n,都是引用各自定义的变量 n,而不是其他函数定义的变量 n。这就像两个班级中都有一个名叫李明的同学,在各自班级里喊李明同学的名字的时候,只有本班级的李明同学才会听到,而另外一个李明同学根本听不到有人喊他的名字,因而在各自班级里面的李明同学不会因为重名而产生混淆。

(4) 局部变量的生存期是函数调用期间。

局部变量是动态存储方式。只有当函数被调用的时候,系统才会为局部变量分配内存空间,当函数调用结束后,局部变量的存储空间就会被系统回收。因此在函数没有被调用之前,局部变量是不占用内存空间的。例如,如果在 main 函数中去除掉第 8 行调用 fac 函数的语句,即使 fac 函数中定义了局部变量 n 和 s,它们也永远不会出现在内存中,也就不会占用任何内存资源。

2. 复合语句中的局部变量

函数是程序的局部,函数中的变量是局部变量。局部变量只在函数调用时才会动态地占用内存空间。那么能不能让局部变量占用内存空间的时间再缩短一些,让它们只在函数的局部起作用呢?为此,C语言提供了一种在函数内部通过复合语句定义局部变量的方式。只有当执行复合语句的时候,这些局部变量才会被分配存储空间。当复合语句执行结束时,系统会回收这些局部变量所占用的内存资源。从这些方面可以看出,对于程序来说内存资源的分配与使用是非常重要的。

在复合语句中定义的局部变量的作用域是复合语句内部,只能在复合语句内部使用。在复合语句外部定义的局部变量可以在复合语句内部被引用。在复合语句外部定义的变量允许与复合语句内部定义的变量重名。当发生重名的时候,在复合语句外部定义的变量在复合语句内部不起作用。

【例 5.12】 分析下面代码中局部变量 t 和重名的局部变量 s 的作用域。

程序代码如下:

```
1    #include<stdio.h>
2    int main()
3    {
4        int s = 0;                    //定义局部变量 s
5        int t = 1;                    //定义局部变量 t
6        {
7            int s = 1;                //定义局部变量 s
8            printf("s = %d,t = %d\n",s,t);
9        }
10       printf("s = %d\n",s);
11       return 0;
12   }
```

在 main 函数中,第 4 行语句中定义了局部变量 s,并赋值 0。第 5 行语句定义了局部变量 t,并赋值 1。在复合语句中,通过第 7 行语句定义了另一个局部变量 s,并赋值 1。此时在 main 函数中有两个重名的局部变量 s。

当第 8 行语句执行时,由于局部变量 s 重名,因此 printf 语句中的局部变量 s 是复合语句中定义的局部变量 s,s 的值是 1。在复合语句中没有定义与 t 重名的局部变量,因此 t 可以在复合语句中引用。printf 语句的输出结果是"s=1,t=1"。当复合语句执行结束后,复合语句中定义的局部变量 s 消失。

当执行第 10 行语句时,printf 语句中的变量 s 是函数头部定义的局部变量 s,它的值是 0,printf 语句的输出结果是"s=0"。

下面对函数内部定义的两种局部变量的区别进行小结:

(1) 局部变量定义的位置。

在函数中,可以在形参的位置、函数体的头部和复合语句中定义局部变量。除了这

3个位置以外,一般不能在函数的其他地方定义局部变量。

(2) 局部变量的重名问题。

在不同函数中定义的局部变量可以重名。在一个函数中,形参变量和函数体头部定义的局部变量不可以重名,它们可以在函数的内部起作用。在复合语句内部定义的局部变量之间也不可以重名。在函数中,复合语句内部定义的局部变量可以与它外部定义的局部变量重名。

(3) 局部变量的引用。

不同函数之间的局部变量不可以互相引用。在同一个函数中,形参变量和函数体头部定义的局部变量可以在整个函数中引用。在复合语句中定义的局部变量只能在复合语句中引用。

(4) 局部变量的生存期。

在函数调用的整个期间内,形参变量和在函数体头部定义的局部变量都会存在,可以对它们进行访问。在复合语句中定义的局部变量只在复合语句执行期间存在,复合语句执行完成后,它们就会消失。

5.3.2 我偏要动你的积木

利用局部变量的访问控制机制,很好地保护了函数中变量数据的私密性。局部的反义词是全局。局部变量只能够在一个函数的内部使用,也可以定义一种全局变量,让它可以在函数之间使用。全局变量可以作为函数之间的"信使"来传递数据,函数之间通过访问全局变量来交互数据。全局变量可以提高函数之间数据交互的灵活性,但是它也破坏了函数的封闭性。如果对全局变量使用不当,对函数来说将是致命的打击。

1. 多个函数间的"信使"——全局变量

在函数外部定义的变量称为全局变量,全局变量可以为函数所共用。局部变量的空间是函数内部。对于函数内部的空间,我们容易理解。对于函数外部的空间,不太好理解。函数外部是指在一个程序中函数的外部空间。一个程序可以由多个源文件和头文件构成。到目前为止,我们只学习了在一个源文件中编写程序代码,还没有讨论在多个源文件中编写程序代码的问题。我们可以把所有的函数都存放于一个源文件中,但是一个源文件可以存储的数据的大小是有限的,可能无法存储所有的函数代码。如果把多个函数都存储在同一个源文件中也不利于程序员通过分工协作来编写代码。因此,大型的C语言程序一般都是由多个源文件构成的。一般情况下,一个函数的代码只会存储在一个源文件中,那么函数的外部就是指多个源文件的函数外部的空间。

局部变量的作用空间是函数内部,即使将函数分别存储于不同的源文件也不会影响它的使用。全局变量可以存储于不同的源文件中,在一个源文件中也可以存储在文件的不同位置,可以根据它们的存储位置对全局变量的作用域进行一定的设定,使得一些函数可以访问它而另外一些函数不能够访问它,让它的作用域变得更加灵活。

1) 全局变量的定义与使用

在一个函数外部定义全局变量的位置有很多选择,可以在该函数的前面定义,也可以在该函数的后面定义,需要做一定的区别吗?可以做,也可以不做。为了精细控制全局变量的作用域,减少全局变量破坏函数封闭性的影响,**在 C 语言中规定了全局变量的作用范围为定义全局变量的位置开始到本文件结束**。这样只需要在第一个使用该全局变量的函数前面定义它就可以了。

【例 5.13】 定义 input 函数接收从键盘输入的两个数据,定义 max 函数实现对输入两个数据的大小比较,并输出其中的最大值。利用全局变量实现 input 函数、max 函数和 main 函数之间的数据交互。

问题分析:定义 3 个全局变量 a、b、c,其中 a、b 两个变量用于存储输入的两个数据,变量 c 用于存储最大值数据。input 函数和 max 函数通过访问全局变量来输入和输出数据,因此它们都不需要定义形参变量,也不需要通过 return 语句输出数据。input 函数和 max 函数的声明如下:

```
void input();
void max();
```

程序代码如下:

```
1    #include <stdio.h>
2    float c;                              //定义全局变量 c
3    int main()
4    {
5        void input();                     //函数声明
6        void max();                       //函数声明
7        input();                          //函数调用
8        max();                            //函数调用
9        printf("a,b 中较大值是%f\n",c);    //输出全局变量 c 的值
10       return 0;
11   }
12   float a,b;                            //定义全局变量 a 和 b
13   void input()
14   {
15       printf("请输入要比较的两个数字:");  //输入提示信息
16       scanf("%f%f",&a,&b);              //为全局变量 a,b 输入数据
17   }
18   void max()
19   {
20       if(a>b) c=a;                      //访问全局变量 c
21       else c=b;
22   }
```

在这个例子中,全局变量 a、b 和 c 的作用域是不同的。全局变量 c 定义在 main 函数的前面,main 函数以及它之后定义的所有函数都可以访问变量 c。在 input 函数前面定义了全局变量 a 和 b,在 input 函数和 max 函数中都可以访问变量 a 和 b,但是在 main 函

数中不能够访问全局变量 a 和 b，因为它们是在 main 函数之后定义的。

全局变量是在函数外部定义的，可以在函数内部使用它，但是不能在函数外部使用它。

【例 5.14】 阅读下面的程序代码，判断 max 变量的输出值是多少。

程序代码如下：

```
1    #include <stdio.h>
2    int max = 0;
3    max = 1;                              //存在语法错误
4    int main()
5    {
6        printf("max = %d\n",max);
7        return 0;
8    }
```

第 2 行语句定义了全局变量 max 同时初始化赋值 0。第 3 行语句对 max 赋值 1。第 6 行语句通过 printf 函数输出 max 的值。在程序编译的时候，编译系统会提示第 3 行代码中存在错误：error C2374："max"：重定义；多次初始化。假设该程序能够通过编译，输出的 max 值是 0 还是 1 呢？

我们都知道，程序是从 main 函数开始执行的，在 main 函数中再调用其他函数，直至 main 函数执行完毕后程序退出运行。第 3 行语句不在任何一个函数中，它永远不会被执行到。第 2 行语句是在定义全局变量 max 时进行初始化赋值，这是允许的，也就是说，在函数外面对全局变量进行赋值操作，只能在定义它的同时进行初始化赋值。

2）全局变量的存储方式

全局变量的内存管理是一种静态存储方式。**在程序运行的期间，系统为全局变量分配了固定的存储空间，只有当程序退出运行时系统才会收回全局变量的存储空间。** 在程序中只要定义了全局变量，无论是否使用它，系统都要为它分配内存空间，并且在程序运行的整个期间内都要一直占用内存单元。

3）全局变量的重名问题

全局变量之间不可以重名，但是它与局部变量之间是可以重名的。当一个函数中的局部变量和全局变量重名时，在该函数内部重名的局部变量起作用。这一点与函数的两种局部变量的作用域相类似。在函数中，当复合语句定义的局部变量和函数体头部定义的局部变量重名时，在复合语句中，引用该变量时引用的是复合语句中定义的局部变量。这一点类似一句谚语"强龙压不过地头蛇"。

对局部变量与全局变量概念的定义，正是事物矛盾性在程序语言设计中的充分体现。我们想通过提高函数的封闭性，降低函数间的耦合性来实现函数的模块化，局部变量完美地解决了这个问题。但是，局部变量的引入导致了函数的交互性下降。我们又想要让多个函数在必要的时候能够建立某种特殊的数据通道来传递共享的数据，因此全局变量被设计出来，承担了函数之间传递数据的"信使"的职责。其实，无论定义什么样的规则，只有充分地理解规则、善用规则才能真正发挥这些规则的作用。

对于程序员来说,要尽量少用全局变量。过多地使用全局变量会丧失函数模块化带来的优越性,很难判定在某个瞬间,到底是哪个函数修改了全局变量的值,从而使程序的模块化程度变差,难以维护。

在为变量命名时,无论是全局变量还是局部变量,无论是函数的实参变量还是形参变量都尽量不要重名。重名会导致程序员对变量的识别和使用产生混淆,从而引起不必要的麻烦。当然,当你清楚地了解了函数的机理、局部变量和全局变量的用途,在提高内存使用效率的前提下,你可以按照你的意愿对全局变量和局部变量进行命名和使用。不是有那么一句话吗?"我的地盘我做主。"

2. * 不同源文件中的全局变量

在一个源文件中定义的全局变量可以被这个源文件内的函数访问,那它能否被其他源文件中的函数引用呢?这也是可以的。只要在引用函数所在的源文件中对要引用的全局变量进行声明就可以访问到该全局变量。这一点跟函数声明的作用类似。

对全局变量进行声明需要用到关键字 extern。在声明中,变量的数据类型可以省略。全局变量声明的格式如下:

extern [数据类型] 全局变量的名称;

【例 5.15】 编写程序实现对输入的两个数进行处理,并输出最大值、最小值和平均值。定义 average 函数实现求最大值、最小值和平均值。利用两个源文件分别存储 main 函数和 average 函数。

问题分析:average 函数可以返回一个数值,但是不能同时返回 3 个数值,因此至少需要定义 2 个全局变量,可以定义全局变量 max 和 min 分别存储最大值和最小值,通过 average 函数返回平均值。创建源文件 File1.c,在它里面定义 main 函数,在 main 函数中定义全局变量 max 和 min。创建源文件 File2.c,在它里面定义 average 函数。在 File2.c 中,用关键字 extern 对全局变量 max 和 min 进行声明。

File1.c 文件中的程序代码如下:

```
1    #include<stdio.h>
2    float max,min;                          //定义全局变量
3    int main()
4    {
5        float average(float,float);        //函数声明
6        float a,b;
7        printf("请输入要比较的两个数字:");
8        scanf("%f%f",&a,&b);
9        printf("max=%f,min=%f,ave=%f\n",max,min,average(a,b));
10       return 0;
11   }
```

File2.c 文件中的程序代码如下:

```
1    extern max,min;                         //也可以写成 extern int max,min;
```

```
 2    float average(float a,float b)
 3    {
 4        if (a > b)
 5        {
 6            max = a;
 7            min = b;
 8        }
 9        else
10        {
11            max = b;
12            min = a;
13        }
14        ave = (a + b)/2;
15        return ave;
16    }
```

在默认情况下,全局变量的作用域只在本源文件内部。如果不使用 extern 关键字,就不能实现对全局变量的跨源文件使用。在不同源文件中的全局变量可以重名吗?答案是否定的。虽然在默认情况下全局变量的作用域只在本源文件内部,但是全局变量统一存储在静态区域中。如果全局变量重名,那么系统无法在静态存储区中区分这两个全局变量,因此不同源文件中的全局变量不可以重名。

3. *"四不像"变量——静态局部变量

在程序中,局部变量和全局变量各有优势与劣势。局部变量的作用域局限在一个函数的内部。它是动态存储的,因此内存利用率高。但是当函数调用结束后,局部变量的存储空间就会被释放了,它里面存储的数据也就无法再访问了,这也是它的缺点。

如果在函数调用结束后仍然想保持局部变量中的数据,那么就不能释放局部变量的存储空间。我们可以将局部变量的动态存储模式改为静态存储模式,让它与全局变量的存储模式一样,但是让它的作用域仍然是在函数的内部。**这种作用域局限于函数内部,但是在函数调用结束后仍然不释放存储空间的变量就是静态局部变量**。静态局部变量既具备了局部变量的部分特点,又兼具了全局变量的部分特性,因此它更像一个"四不像"的变量。

我们可以使用关键字 static 在函数内部定义静态局部变量,它的一般格式是:

static 数据类型 变量名称;

静态局部变量具有以下两个特点:
(1) 它是局部变量,其作用域在函数内部,因此它只能在函数内部定义与使用。
(2) 它采用了静态存储模式。在函数调用的时候,系统在静态存储区为它分配存储空间。在函数调用结束后,系统并不会并收回它的存储空间。当程序运行结束的时候,系统才会收回它的存储空间,这一点与全局变量的内存管理模式相同。

静态局部变量会保存上次函数调用时的数据,在下次函数调用时可以访问该静态局部变量中的数值。至于怎么利用静态局部变量的特性来解决实际问题,那就要看程序员如何发挥自己的聪明智慧了。

【例 5.16】 分析在函数 addOne 调用过程中静态局部变量 a 的数值变化情况。
程序代码如下：

```
1   #include <stdio.h>
2   int main()
3   {
4       void addOne();
5       addOne();                      //第一次调用 addOne 函数
6       addOne();                      //第二次调用 addOne 函数
7       addOne();                      //第三次调用 addOne 函数
8       return 0;
9   }
10  void addOne()
11  {
12      static int a = 0;              //定义静态局部变量 a
13      a++;
14      printf("addOne 函数被调用了%d 次\n",a);  //输出变量 a 的值
15  }
```

在 addOne 函数中，语句 12 定义 static int a 静态局部变量。第 5 行语句对 addOne 函数进行了第一次调用。执行语句 12，静态局部变量 a 被初始化赋值 0。继续执行语句 13，变量 a 自增 1。第一次 addOne 函数调用结束后，变量 a 中的值是 1。执行第 6 行语句对 addOne 函数进行第二次调用，此时语句 12 不再执行，因为在第一次 addOne 函数调用时已经对静态局部变量 a 进行了初始化赋值。执行语句 13 后，变量 a 的值自增 1 变为 2。执行语句 7 对 addOne 函数第 3 次调用，变量 a 的值变为 3。

程序执行结果参见图 5.7。

【例 5.17】 利用静态局部变量实现求 n! 的运算。

程序代码如下：

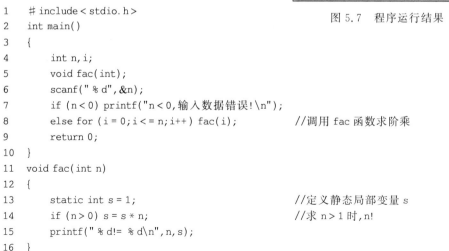

图 5.7　程序运行结果

```
1   #include <stdio.h>
2   int main()
3   {
4       int n,i;
5       void fac(int);
6       scanf("%d",&n);
7       if (n<0) printf("n<0,输入数据错误!\n");
8       else for (i=0;i<=n;i++) fac(i);    //调用 fac 函数求阶乘
9       return 0;
10  }
11  void fac(int n)
12  {
13      static int s = 1;                  //定义静态局部变量 s
14      if (n>0) s = s * n;                //求 n>1 时,n!
15      printf("%d!= %d\n",n,s);
16  }
```

在第 8 行代码中有一个循环语句,通过循环调用 fac 函数求 0! 到 n!。当 i=0 时,调用 fac(0) 可以求得 0!=1。在 fac 函数中,通过语句 13 定义了静态局部变量 s 用于存储阶乘值,fac(0) 调用结束后,静态局部变量 s 会保存 0! 值 1。当 i=1 时,调用 fac(1),执行语句 14,由于 s 中保存了 0! 的值,执行 s=s*n,就可以求得 1! 的值 1。也就是说,当 fac(n) 调用时,s 中会保存 fac(n−1) 调用的结果 (n−1)!,通过 s=s*n 就可以求得 n!。

当 n 的输入值为 5 时,程序的运行结果参见图 5.8。

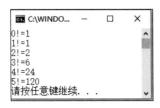

图 5.8 程序运行结果

4. *外部函数与内部函数

根据作用域的不同,变量分为局部变量和全局变量,那么函数有没有类似的作用域问题呢?函数也有作用域的概念。根据函数作用域的不同,函数分为内部函数和外部函数。

1) 内部函数

如果规定一个函数只能被本文件中的其他函数所调用,那么该函数称为内部函数。在定义内部函数的时候,需要在函数的首部加入关键字 static。

【例 5.18】 将 fac 函数定义为内部函数。

程序代码如下:

```
1    static void fac(int n)
2    {
3        static int s = 1;
4        if(n>0) s = s * n;
5        printf("%d!= %d\n",n,s);
6    }
```

内部函数 fac 只能在本源文件中被其他函数调用,它的作用域只限定于本文件。这样在不同的源文件中即使有同名的内部函数,它们之间也不会互相干扰,也不必担心所用的函数是否会与其他文件中的函数同名。

2) 外部函数

如果一个函数能够被其他源文件中的函数调用,那么它就是外部函数。在定义外部函数的时候,需要在函数的首部加入关键字 extern。

【例 5.19】 将 fac 函数定义为外部函数。

程序代码如下:

```
1    extern void fac(int n)
2    {
3        static int s = 1;
4        if(n>0) s = s * n;
5        printf("%d!= %d\n",n,s);
6    }
```

这样 fac 函数就可以被其他源文件的函数所调用。C 语言规定 extern 可以省略,也就是说,不加 static 或者 extern 的函数都是外部函数,可以在所有的源文件中进行调用。

在同一个源文件中,如果主调函数在调用的函数后面,则需要在主调函数中对被调用函数进行声明;如果被调用的函数在主调函数前面,则不需要进行声明。在不同的源文件中,函数的相互调用也是如此,需要在主调函数中对被调用函数用关键字 extern 进行声明。这一点与在不同源文件中通过 extern 对全局变量进行声明实现跨文件的全局变量访问的机制是类似的。

5. 两个函数间的"信使"——指针

全局变量可以在多个函数之间传递数据,它破坏了函数的封闭性,不建议过多使用。其实,还有一种方式可以实现在两个函数之间传递数据,那就是利用指针。

通过指针来访问变量是一种间接访问方式。如果要在被调函数中直接访问主调函数的局部变量,这是不可能实现的。但是,我们可以在被调函数中借助变量的地址以间接方式来访问主调函数的局部变量。将主调函数中局部变量的指针作为实参传递给被调函数的形参变量,在被调函数中通过指针运算操作——*(局部变量指针),可以访问到主调函数中的局部变量,从而实现从被调函数向主调函数传递数据。

【例 5.20】 定义 change 函数,在 change 函数中实现对 main 函数中局部变量的访问。

问题分析:在 main 函数中定义局部变量 int x。在 change 函数调用时,将变量 x 的指针值 &x 作为 change 函数的实参传递给它的形参变量,通过"*(形参变量)"的表达式间接访问 x 变量并对变量 x 进行赋值操作。change 函数的形参变量存储了变量 x 的地址,因此形参变量的数据类型是指针类型 int *。change 函数的声明如下:

void change(int *)

程序代码如下:

```
1   #include <stdio.h>
2   int main()
3   {
4       void change(int *);              //对 change 函数声明
5       int x = 1;
6       change(&x);                      //调用 change 函数
7       printf("%d\n",x);
8   }
9   void change(int * y)
10  {
11      *y = 2;                          //间接访问局部变量 x
12  }
```

下面通过程序调试的方式,跟踪局部变量 x 和 y,观察它们的值的变化过程。在第 6 行、第 7 行和第 12 行语句的前面分别插入断点,利用 debug 调试运行至第 6 行语句处,此时 x 和 y 中的状态参见图 5.9。

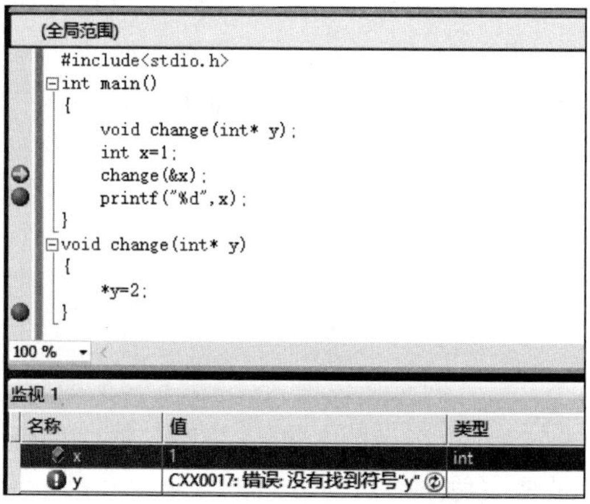

图 5.9 在 change 函数调用前变量的值

从监视窗口中可以观察到变量 x 的值是 1。由于 change 函数还未调用,因此该函数中局部变量 y 还未分配存储空间,系统提示"没有找到符号'y'"。继续执行至下一个断点,程序调用 change 函数,此时 x 和 y 的状态参见图 5.10。

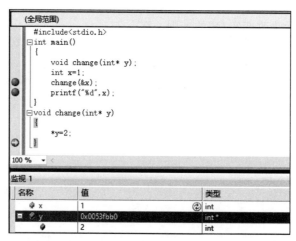

图 5.10 change 函数调用时变量的值

从监视窗口中可以观察到变量 y 的值是 0x0053fbb0,这是变量 x 的地址,该地址对应变量的值已经修改为 2,也就是变量 x 的值已经变为 2。当 change 函数调用完毕后,x 和 y 的状态参见图 5.11。

此时局部变量 x 的值为 2,局部变量 y 已经不可以再访问。

这个例子验证了以下两个事实:

(1) 函数只有在被调用的时候,它的局部变量才会被分配存储空间。当函数调用结束后,局部变量的存储空间会被系统收回。

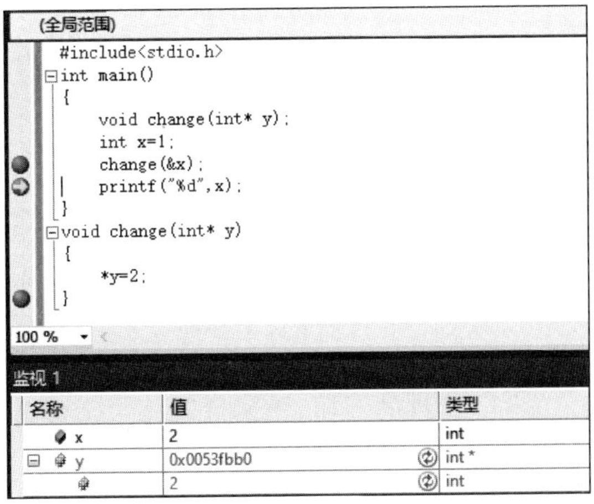

图 5.11　change 函数调用结束后变量的值

（2）如果被调函数通过形参变量获得了主调函数的局部变量的指针，那么在被调函数内部可以通过间接访问变量的指针运算符 * 对该局部变量进行访问，从而实现被调函数向主调函数传递数据。

虽然利用指针的间接访问变量方式，可以改变主调函数中局部变量的值，但是它并没有违反函数"形参无法改变实参"的准则。在上面的例子中，形参变量 y 的数据类型是 int *，实参是变量 x 的地址值 &x，改变 y 的值不会影响到 &x 的值。我们虽然通过局部变量 y 改变了局部变量 x 的值，但是没有违背函数的形参值无法影响实参值的规定。因为在这个例子中，形参是 y，实参是 &x，即变量 x 的地址，而不是 x。这一点，大家一定要清楚。

在 5.2.1 节中，介绍函数形参的改变无法改变实参值的时候，曾经举例说明通过 Exchange 函数交换两个形参变量的值无法交换 main 函数中两个实参变量 x 和 y 的值。现在可以通过利用指针在 exchange 函数中实现对 main 函数中变量 x 和 y 值的交换。

【例 5.21】　定义 exchange 函数，利用指针实现对 main 函数中两个局部变量 x 和 y 的值的交换。

问题分析：将变量 x 和 y 的地址作为实参传递给 exchange 函数的形参。在 exchange 函数中通过"*（指针）"运算实现对 main 函数中局部变量 x 和 y 的访问，从而交换它们的值。exchange 函数形参的类型是指针类型，它的功能是交换数据，不需要返回数据值，因此它的函数类型是 void 类型。

程序代码如下：

```
1   #include<stdio.h>
2   int main()
3   {
4       void exchange(int *,int *);         //对 exchange 函数声明
```

```
5       int x = 1, y = 2;
6       exchange(&x, &y);                    //将 x 和 y 的地址传到 exchange 函数中
7       printf("x = %d, y = %d\n", x, y);
8   }
9   void exchange(int * a, int * b)
10  {
11      int c;
12      c = * a;                             //通过 * a 间接访问变量 x
13      * a = * b;                           //通过 * b 间接访问变量 y
14      * b = c;
15  }
```

第 4 行语句是对 exchange 函数的声明,该函数的两个形参的数据类型都是 int *。第 6 行语句是对 exchange 函数的调用,它的实参分别是 &x 和 &y,将变量 x 和 y 的地址传递到 exchange 函数中(此处一定要注意,函数 exchange 调用时的实参并不是 x 和 y 两个变量的值)。在第 11 行语句中定义了 int 变量 c 作为交换变量 x 和 y 值的中间变量。第 12 行语句通过 * a 间接访问变量 x,并将变量 x 的值赋值给变量 c。第 13 行语句通过间接访问方式将变量 y 的值赋值给变量 x。语句 14 将 c 中存储的 x 的原值赋值给变量 y。执行第 7 行语句输出 x 的值为 2,y 的值为 1。

利用指针实现两个函数之间的数据传递是指针的重要用途之一。当然,这种方式破坏了函数的封闭性,一般不推荐使用。但是为了提高内存的利用效率,有时又不得不用,这一点在学习数组知识的时候再进行讨论。

5.4 函数举例

本节通过两个例子来深入学习,如何像搭积木一样利用函数来编程求解问题。

5.4.1 求三角形的面积

【例 5.22】 给定平面上的 3 个坐标点,求 3 点所围成的三角形的面积。

问题分析:

第 2 章中我们给出三角形 3 条边长,利用下面的海伦公式,编程求解了三角形的面积。

$$s = \sqrt{p(p-a)(p-b)(p-c)}$$

其中,p 为半周长,即 $p = (a+b+c)/2$。

如果只知道三角形的 3 个顶点坐标,也可以求出三角形的面积。3 个顶点所围成的三角形的边的长度可以通过两点间的距离公式求得。

$$d = \sqrt{(x1-x2)^2 + (y1-y2)^2}$$

$(x1, y1)$ 和 $(x2, y2)$ 表示两个点的坐标,d 是两点间的距离。

因此给定三角形的 3 个顶点 $(x1,y1)$、$(x2,y2)$ 和 $(x3,y3)$，可以通过先求 3 条边的长度，再求出三角形的面积。假如把求距离和求面积的公式看成函数模块，这些函数模块该如何设计与组装呢？参见图 5.12。

下面首先实现求两点间距离的函数 distance。虽然需要求 3 条边的长度，但是求边长的代码写一个函数就可以了，这也是代码可复用性的体现。

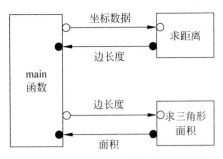

图 5.12 求三角形面积的函数模块组装

程序代码如下：

```
1    float distance(float x1,float y1,float x2,float y2)
2    {
3        float d = sqrt((x1 - x2) * (x1 - x2) + (y1 - y2) * (y1 - y2));
4        return d;
5    }
```

下面根据海伦公式实现求三角形面积的函数 triangleArea。

程序代码如下：

```
1    float triangleArea(float a,float b,float c)
2    {
3        if((a + b)> c && (a + c)> = b && (b + c)> a)        //判断两边之和大于第三边
4        {
5            float p = (a + b + c)/2.0;
6            float s = sqrt(p * (p - a) * (p - b) * (p - c));
7            return s;
8        }
9        else return - 1;
10   }
```

在 main 函数中输入 3 个点的坐标，通过调用 distance 和 triangleArea 函数完成模块之间的组装，实现求一个具体的三角形面积。

程序代码如下：

```
1    int main()
2    {
3        float x1,y1,x2,y2,x3,y3;
4        float a,b,c,s;
5        scanf("%f %f %f %f %f %f",&x1,&y1,&x2,&y2,&x3,&y3);
6        a = distance(x1,y1,x2,y2);
7        b = distance(x1,y1,x3,y3);
8        c = distance(x2,y2,x3,y3);
9        s = triangleArea(a,b,c);
10       if (s!= - 1) printf("输入的 3 个点所围成的三角形面积为：%f\n",s);
11       else printf("输入的坐标不是合法的三角形的顶点坐标。\n",s);
12       return 0;
13   }
```

在上面的代码中,先分别求得三角形的 3 条边 a、b、c 的值,然后通过参数传递给 triangleArea 函数去求面积。其实也可以将 distance 函数的返回值直接作为参数传给 triangleArea 函数。

程序代码如下:

```
1     int main()
2     {
3         float x1,y1,x2,y2,x3,y3;
4         float s;
5         scanf("%f %f %f %f %f %f",&x1,&y1,&x2,&y2,&x3,&y3);
6         s = triangleArea(distance(x1,y1,x2,y2),distance(x1,y1,x3,y3), distance(x2,y2,x3,y3));
7         if (s!= -1) printf("输入的 3 个点所围成的三角形面积为:%f",s);
8         else printf("输入的坐标不是合法的三角形的顶点坐标。\n",s);
9         return 0;
10    }
```

从这个例子可以看出,先进行功能模块划分,然后将不同的功能用函数来封装,最后通过函数调用和参数传递等形式可以把简单的程序功能组装起来形成复杂的程序功能。

5.4.2 利用函数实现简单的文件操作

第 3 章介绍了文件的基本概念以及操作文件的一些基本函数。在一些更复杂的文件操作中,我们常常将对文件的一些操作包装成函数来使用。

【例 5.23】 统计一个文本文件里不同种类字符的数量,包括字母、数字、空格和其他字符的个数,并将统计信息写到另一个文本文件中,格式如下:

```
Letters:10
Numbers:5
Spaces:6
Others:7
```

我们可以通过调用库函数的方式,将所有的代码都写到 main 函数中,但是这样做代码不够简洁。可以利用模块化的思想,将读取源文本文件和统计文件内不同类型字符个数的功能用一个函数实现,函数命名为 fileResult。另外,将统计结果写到另一个文件的功能用 printResult 函数实现。在 main 函数内调用这两个函数,这样可以使得 main 函数的代码比较简洁。

下面首先分析这两个函数的输入输出数据。fileResult 函数需要获得文本文件的路径,除此之外不需要其他输入,它还需要统计 4 种不同类型字符的数量,因此该函数需要输出 4 个数值,而通过 return 语句无法返回 4 个数值。根据 5.3 节的内容,可以知道有两种方式解决这个问题:第一种是利用全局变量作为信使,实现在多个函数之间传递数据;第二种是使用指针作为参数,实现在两个函数之间传递数据。这里选择使用第一种方案，定义 4 个全局变量，分别为 letters、numbers、spaces 和 others，作为记录不同类型字符数量的计数器，类型均为整型，初始值为 0。

printResult 函数同样需要获得另一个文本文件的名称，它还需要获得由 fileResult 函数统计出的不同类型字符的数量值。由于 letters、numbers、spaces 和 others 是全局变量，所以 printResult 函数也可以访问和使用这些变量，不需要通过参数传递的方式输入这些数据。

fileResult 函数和 printResult 函数的具体实现如下：

第一步，fileResult 函数需要利用获得的文件名打开文件。因为需要统计每个字符的类型，所以可以建立循环结构，利用 fgetc 函数获取文件内的每个字符，再利用分支结构判断每个字符的类型，对相应字符类型的计数器执行加 1 操作，直到读到文件尾部。

第二步，当统计结束以后，利用 printResult 函数将统计结果按照输出格式，利用 fprintf 函数写入到文件中即可。

在 main 函数内通过调用 fileResult 和 printResult 函数来组织代码。剩下的工作就是具体实现每一个函数，这里又需要用到之前学习过的文件读写、循环、分支等知识。

程序代码如下：

```
1    #include <stdio.h>
2    #include <stdlib.h>
3    int letters = 0, numbers = 0, spaces = 0, others = 0;    //定义全局变量
4    int main()
5    {
6        void fileResult(char * fileName);
7        void printResult(char * fileName);
8        char * fn = "text.txt", * pn = "result.txt";
9        fileResult(fn);
10       printResult(pn);
11       return 0;
12   }
13   void fileResult(char * fileName)                //打开文件并进行统计
14   {
15       char ch;
16       FILE * fp;
17       if ((fp = fopen(fileName,"r")) == NULL)
18       {
19           printf("无法打开此文件\n");
20           exit(0);
21       }
22       while(!feof(fp))
23       {
24           ch = fgetc(fp);
25           if(ch >= 'a' && ch <= 'z'||ch >= 'A' && ch <= 'Z') letters++;
```

```
26          else if (ch >= '0' && ch <= '9') numbers++;
27              else if(ch == ' ') spaces++;
28                  else others++;
29      }
30      fclose(fp);
31  }
32  void printResult(char *fileName)              //结果写到 result.txt 中
33  {
34      FILE *fp;
35      if ((fp = fopen(fileName,"w")) == NULL)
36      {
37          printf("无法打开此文件\n");
38          exit(0);
39      }
40      fprintf(fp,"letters: %d\n",letters);
41      fprintf(fp,"numbers: %d\n",numbers);
42      fprintf(fp,"spaces: %d\n",spaces);
43      fprintf(fp,"others: %d\n",others);
44      fclose(fp);
45  }
```

虽然上面的代码比较长,但是 main 函数的代码比较简短,只定义了两个指向文件名的字符指针,然后调用了 fileResult 和 printResult 函数。在该例中,利用全局变量作为函数之间数据传递的信使,实现了在函数之间交互多个数值。

5.5 本章小结

函数是一种有效的组织程序代码的方法。本章从模块化设计的角度重点介绍了如何定义函数和调用函数。在函数使用过程中,要重点关注函数调用过程的参数传递以及局部变量和全局变量的使用问题。

模块化思想是 C 语言程序设计的一种重要思想。在开发 C 程序的过程中,利用模块化的思想对程序的功能进行划分,通过函数的方式对模块的功能进行实现与组装,极大地提高了程序的开发和维护效率。针对代码模块的封闭性、重用性和组装性要求,对函数中可以使用的变量的作用域进行了限定,从而产生了局部变量和全局变量。局部变量只能在一个函数内部使用,它很好地体现了函数的封闭性,而全局变量则可以在多个函数中使用,它破坏了函数的封闭性,但提高了函数之间数据交互的灵活性。利用指针通过间接访问变量方式,可以实现两个函数之间的数据交互,但它破坏了函数的封闭性,也带来了一定的灵活性。只要掌握了模块化思想,学会了编写函数的本领,就可以轻松地应对大型复杂程序的开发问题!本章知识点参见图 5.13。

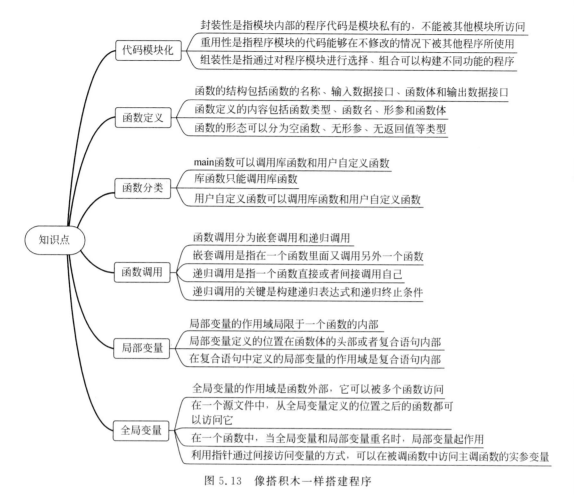

图 5.13 像搭积木一样搭建程序

5.6 习题

1. 请联系生活中的例子,描述一下模块化思想。
2. 简要介绍库函数的作用,并举例介绍库函数的使用方法。
3. 简要介绍形参与实参的概念,并说明它们之间数据的传递过程。
4. 实现一个判别输入正整数是否为素数的函数。比如当函数的输入数据是"17"时,函数的输出为"1",表示该数为素数;如果输入"20",则输出为"0",表示该数为合数。
5. 根据摄氏温度和华氏温度的转换关系

$$C = \frac{5 \times (F-32)}{9}$$

其中,C 表示摄氏度,F 表示华氏温度,实现一个从华氏温度到摄氏温度转换的函数。

6. 利用 5.4 节中求距离和三角形面积的函数,实现一个求任意凸四边形面积的函数,函数的参数为 4 个顶点的坐标值。

7. *利用第 6 题的方法,设计求任意凸多边形面积的函数,可以将多边形的顶点坐标利用数组进行存储,函数以数组作为参数。数组相关的知识参考第 6 章。

8. 利用递归的思想实现逆序输出整数。例如,设计一个函数 reverse,函数的输入为一个正整数,比如 123456,通过 reverse 函数输出为 654321。

9. 汉诺塔问题求解。印度神话中有一个关于汉诺塔的故事,汉诺塔内有 3 个柱子 A、B、C,开始的时候 A 柱上有 64 个圆盘,盘子大小不等,大的在下,小的在上。有一个婆罗门想把圆盘从 A 柱上挪到 C 柱上,但是一次只能移动一个,并且要保证大盘在下,小盘在上,移动中可以利用 B 柱子。试编程求解移动的步骤。这是一道必须使用递归方法才能解决经典的问题。即使是用计算机来模拟移动过程,也需要很长时间。在编程的时候,可以只移动 7 个圆盘。

10. *利用函数实现复数的简单运算。复数的形式是 $a+bi$ 的形式,其中 a 和 b 都为实数,a 称为复数的实部,bi 称为复数的虚部。复数同样有加减乘除四则运算。现在考虑设计一个简单的复数运算的函数,比如复数的加法 ComplexAdd,假设将该函数定义为

double ComplexAdd(double a, double b, double c, double d)

其中,a 代表第一个复数的实部,b 代表第一个复数虚部的系数,c 代表第二个复数的实部,d 代表第二个复数虚部的系数。

试问:该函数的定义能否返回两个复数相加的结果?如果这种定义方式不便于实现,请参考第 6 章数组和第 7 章结构体的内容,设计一个可以满足需求的函数。

11. 设计一个函数计算两个日期相隔多少天。函数的参数可以为 6 个,分别代表起始的年、月、日和截止的年、月、日。注意,在计算的过程中,可能需要多次计算某一个年份是否为闰年,所以可以首先设计一个判断某年为闰年的函数。

第 6 章 同类型数据的批量处理问题——数组

在第 2 章中,我们学习了 C 语言的基本数据类型——整型、浮点型、字符型和指针类型。虽然说它们是基本数据类型,但从计算的视角来看,计算机处理的数据主要是整型、浮点型和字符型数据。而指针类型则是内存地址的数据类型,主要用于找到变量存储空间的位置。

在第 5 章介绍函数时,曾经提到:不使用函数也能够编写程序,但是一旦掌握了函数,就可以提高程序编写的效率。本章将介绍一种新的数据使用方式——数组。与函数类似,不使用数组我们也可以编写程序,但是一旦掌握了数组,则可以提高编写程序的效率。那么,如何使用数组来提高程序编写的效率呢?下面我们一起来寻找问题的答案。

微课 6.1 数组的概念

6.1 如何一次定义多个变量

到目前为止,我们所解决的问题都相对简单。在程序中所使用的变量的数量并不多,一般都没超过 10 个。因此,我们并没有感受到:当变量数量增多时,程序代码编写工作会变得十分烦琐与困难。

在学校里面,我们经常会遇到利用程序来统计学生课程成绩的问题。假设在一个班级中,学生选修了高等数学、大学物理、程序设计等课程,那如何编写程序来统计每门课程的平均成绩呢?也许你会觉得这是一个十分简单的问题。只要将每门课程的学生成绩累加,然后再求平均值就可以了。的确,解决这个问题的方法是比较简单的,但是编写解决这个问题的代码可并不一定轻松。

在第 5 章中,我们已经学习了函数,希望大家要习惯用函数来组织程序代码。在这个问题中,求课程平均成绩是一个相对独立的功能,可以将其设计成一个独立的函数,如 average 函数。在 main 函数中对 average 函数进行调用,然后利用 printf 函数输出 average 函数的返回值,即可得到课程的平均成绩。

在 average 函数中求课程平均成绩,需要先逐个输入学生的成绩,接着对成绩累加,最后求平均值。假设班级中有 50 名学生,那么这 50 名学生的成绩可以用 50 个变量来存储。但是,基于现有的知识编写定义并使用 50 个变量的程序代码是一件非常麻烦的事情。当然,也可以换一种思路,用循环语句来做。这样只需要定义一个变量来存储当前学生的成绩,然后进行累加,再输入下一个学生的成绩到这个变量里面,再累加,重复操作,直到完成 50 名学生的成绩输入和累加求和。

例如,定义变量 grade 存储当前输入的学生成绩,定义变量 sum 存储累加求和的成绩,用一个循环语句来完成成绩输入和累加求和的功能。

程序代码如下:

```
1    # include <stdio.h>
2    float average();                              //函数声明
3    int main()
```

```
4    {
5        printf("50名学生的平均成绩是%.1f 分\n",average());
6        return 0;
7    }
8    float average()
9    {
10       float grade, sum = 0;
11       int i;
12       for (i = 0;i < 50;i++)                    //循环输入成绩并求和
13       {
14           scanf(" % f",&grade);                 //输入学生成绩
15           sum = sum + grade;                    //成绩累加求和
16       }
17       return sum/i;                             //返回课程平均成绩
18   }
```

虽然问题解决了,但是使用1个变量来存储学生成绩的做法也有缺点,它不能同时保存所有学生的成绩。假设又有了新的功能需求,要求对学生的成绩从高到低进行排序,那么只用1个变量来存储学生的成绩很难实现成绩排序的功能。如果要排序输出50名学生的成绩,一般需要先用50个变量将这50个成绩存储起来,然后再对变量进行两两比较,挑出数值最大的变量,输出它的数值,然后在剩下的变量中挑出次大值的变量,输出它的数值,一直重复这样的过程,直到剩下最后一个变量。

那如何定义这50个变量呢?用50个学生的名字命名?这是一个办法,但是用字符写下这50个学生的名字需要耐心和毅力。如果用字符和数字组成一组有序号的变量,不失为一个省时又实用的好办法。例如,

float g1,g2,g3,g4,g5,g6,g7,g8,g9,g10,g11,g12,g13, g14,g15,g16, g17,g18,g19,g20;

以上定义了20个变量,书写起来已经十分烦琐了。如果要对全年级同学的课程成绩进行排序,那将会有上千人,要定义上千个变量,这岂不是让人崩溃?即使有勇气写下这么多的变量来存储学生的成绩,那么接下来使用这些变量更是另一项艰巨的任务。

例如,将50名学生的成绩输入到这50个变量中,要写一句很长的scanf语句或者写50个scanf语句。难道不能使用循环吗?很不幸,由于变量的名字不同,无法使用循环语句。

scanf(" % f % f % f … % f",&g1,&g2,&g3, …,&g50);[①]

或者

scanf(" % f",&g1);
scanf(" % f",&g2);
…
scanf(" % f",&g50);

---

① 注意:这条函数语句只是示意,使用"…"并不符合scanf函数的格式需求。

综上所述,在开发 C 语言时,面临着两个亟待解决的问题。

问题 1：如何方便地定义一组具有相同数据类型的变量？也许,这组变量有成千上万个。

问题 2：在定义这些变量后,如何能够灵活地利用循环语句使用这些变量,减少语句的数量？

于是 C 语言的开发者设计出数组这种数据类型来解决上面的两个问题。从计算的视角来看,**数组并不是一种新的数据类型,它是一种用于存储多个相同类型数据的集合**。在数组中存储数据的类型仍然是整型、浮点型、字符型或指针类型。

6.1.1 定义一组变量的方法

对于"如何方便地定义一组具有相同数据类型的变量？"的问题,一个直观的想法是：能否采用给变量自动编号的方式来定义一组具有相同数据类型的变量呢？在定义这组变量的时候,给出这组变量的组名称和它所包含的变量的个数,系统按照"组名称+序号"的方式,自动生成一组具有相同数据类型的变量。如果能想到以上这些问题,那么恭喜你,其实你和 C 语言的开发者是处在同一个思考情境中的。下面来看看 C 语言的解决方法。

在 C 语言中,用下面的语句可以一次性定义一组能够存储 50 名学生成绩的 float 类型变量。

```
float g[50];
```

系统一次性地定义了 50 个具有连续编号的 float 类型变量,包括 g[0],g[1],…,g[49][①]。这组变量被称为数组,每个成员被称为数组元素。在数组中,"g"是所有变量名称中共有的部分,被称为数组名,而数组每个元素的编号又被称为下标。通过数组名和下标组合的方式可以区分数组的每个元素。

定义数组变量的一般方式如下：

数据类型 数组名[常量表达式];

数组名的命名规则与变量的命名规则相同,常量表达式是指数组元素的个数,又称数组长度。例如,

```
float g[48+2];
```

使用常量表达式"48+2"定义数组元素的个数,这是一种合法的数组定义方式。为什么一定是常量表达式呢？如果用户想从键盘输入数字来定义数组的长度,这样不是更灵活吗？

---

① C 语言规定下标从 0 开始,Java、C++等高级语言都效仿 C 语言沿用了从 0 开始计数的习惯。但也有一些语言并不是从 0 开始计数的,如 Matlab。而 Python 还支持负数下标。

例如，

```
1    #include <stdio.h>
2    int main()
3    {
4        int n;                    //存储数组长度的变量
5        scanf("%d",&n);           //从键盘输入数组的长度
6        float g[n];               //通过n的值来定义数组的长度
7        return 0;
8    }
```

在这段代码中，先定义了变量 n，接着从键盘输入 n 的值，然后用 n 的值来定义数组 g 的长度。从直观感觉上，变量 n 已经有值了，好像可以用它定义数组 g 的长度，但可惜的是，在 C99 标准出现之前，声明数组时在中括号内只能使用整数常量表达式，这也是早期 C 语言的局限之一。在 C99 标准出现以后，引入了变长数组 VLA（Variable-Length Array），以上的操作被允许。①

由于 C99 标准之前，不支持变长数组。为了使用更加灵活，在定义数组长度时，一般会定义符号常量作为数组长度，这样只要改变符号常量的值就可以改变数组的长度。

例如，

```
1    #define N 50
2    int main()
3    {
4        float g[N],s[N];
5        return 0;
6    }
```

假设要将数组 g 和数组 s 的长度改变为 100，只需将符号常量 N 的值修改为 100 就可以了，这样维护数组更加方便。

6.1.2 数组初始化

在定义变量时可以进行初始化赋值。同样，在定义数组时也可以对数组元素进行初始化赋值。

1. 对全部数组元素进行初始化赋值

例如，

float g[5] = {96.5,92.5,86.5,70.5,69.5};

数组 g 有 5 个数组元素，在"{ }"中有 5 个数值，数组元素 g[0]～g[4]分别按顺序对应这

---

① 值得注意的是，在常规的数组中，整数常量表达式是由整数常量组成的表达式，sizeof 运算符被认为是一个整数常量，而一个 const 值却不是一个整数常量，并且该表达式的值必须大于 0。

5个数值。通过这种方式可以为数组 g 的每个数组元素进行初始化赋值。

2. 对部分数组元素进行初始化赋值

如果只有部分数组元素需要初始化,也可以通过上面的方式对数组初始化,没有初始化值的数组元素会默认赋值 0。例如,

```
char c[5] = {'a','b'};
```

其中,c[2]、c[3]、c[4]的值是 0,0 也是空字符 '\0' 的 ASCII 码值。如果初始化数值的数量超过了数组的长度,那么编译器就会提示出错。

3. 根据初始化数值的个数自动确定数组的长度

例如,

```
int p[] = {1,2,3,4,5};
```

在定义数组 p 时,不指定它的长度。系统会根据初始化数值的数量,计算出存储这些数值所需要的数组元素的个数,即数组的长度。数组 p 的初始化数值有 5 个,因此数组 p 的长度是 5。

4. *指定初始化项目

在 C99 标准中,增加了一种新的特性——指定初始化项目。该特性允许选择对特定元素进行初始化。例如,如果要对数组最后一个元素进行初始化,按照传统语法,需要对每个元素进行初始化以后才可以对最后一个元素进行初始化。

```
int g[4] = {0, 0, 0, 99};                    //传统语法,把 g[3]初始化为 99
```

而 C99 中规定可以简化,利用带中括号的元素下标,指定某个特定元素的值:

```
int g[4] = {[3] = 99};                       // C99 中,把 g[3]初始化为 99
```

6.1.3 引用数组元素

在定义完数组后,通过"数组名[序号]"可以引用数组中任意一个数组元素。例如,在定义完存储学生成绩的数组 g 后,向它的数组元素中输入学生的成绩。

```
scanf("%f",&g[0]);
scanf("%f",&g[1]);
    …
scanf("%f",&g[49]);
```

比较两个学生的成绩进行并输出较大值,可以表示如下:

```
if (g[0]>g[1]) printf{"%f",g[0]};
```

```
else printf(" %d",g[1]};
```

从上面的代码中可以发现,数组元素除了数组元素的名称中有"[]"和"序号"以外,其他与普通变量的使用没有什么区别。需要注意的是,数组元素的序号是从 0 开始而不是从 1 开始,最后一个数组元素的序号比数组长度小 1。例如,

```
float g[50];                            //①
g[50] = 1;                              //②
```

语句②出现了数组元素引用越界的错误。在语句①中,"float g[50]"中的"50"表示数组元素的个数是 50。由于数组元素的序号从 0 开始,数组 g 的最后一个元素是 g[49],g[50]不是数组 g 的数组元素。在引用数组元素"g[50]=1"时,其中 50 表示数组的第 51 个元素。对于这种数组元素引用下标越界的错误,编译系统并不会提示,在程序运行时可能会产生不可预知的后果,需要高度重视。

也许你会产生疑问,为什么 C 的编译器会允许以上的错误发生?为何不在编译过程中报错提示编程人员呢?这主要是因为在 C 语言设计过程中有一个重要原则:信任程序员原则。不检查数组边界,可以让 C 语言程序编译速度更快。

通过以上的学习,对于问题 1:"如何方便地定义一组具有相同数据类型的变量?",已经得到了较好的解决。但是对于问题 2:"在定义完这些变量后,如何能够灵活地利用循环语句使用这些变量,减少语句的数量?"还未解决。例如,通过一条条编写 scanf 语句为每一个数组元素输入数据,仍然十分麻烦。

6.1.4 特殊的"变量"标识符

我们一直说对 g[0]这样的数组元素可以像变量一样使用,那它们到底是不是变量呢?变量需要有变量名称、数据类型、存储空间、变量地址。数组元素也有名称、数据类型、存储空间,但是它们的名称并不符合变量标识符的命名规则。变量的标识符只能由英文字母、数字和西文下画线组成,但是数组元素的名称中却出现"[]"这些字符。"[]"是一种运算符,它与解决"问题2"有关。另外,数组元素有地址吗?

在程序中,程序员通过引用变量名称对变量中存储的数据进行访问,而系统又需要知道变量在内存中的地址才能实现对变量存储数据的操作,因此系统需要在编译过程中将所有变量名称映射到变量地址。这一点在第 2 章介绍变量概念的时候曾经讲解过。如果数组的每个元素都是一个变量,那么每个数组元素名和它的地址都需要一一对应。

于是在 C 语言中设计了"[]"变址运算符,系统可以通过计算的方式来获得每个数组元素在内存中的地址,从而实现对数组元素中数据的访问。因此,数组元素不是一个普通变量,它实际上是一种表达式。"[]"运算符对数组名和序号进行了计算,运算的结果是获得数组元素的地址,从而访问数组元素中的数据。

例如,数组元素 g[0],其中 g 和 0 是运算对象,[]是运算符。由于数组元素可以像变量一样使用,因此往往把数组元素名看作是变量的名称,而实际上数组元素却是一种表达式。

既然数组元素是一种表达式,那么表达式中就可以使用变量,将表达式中的序号替换成一个变量,改变该变量的值就可以访问指定的数组元素,这样就可以使用循环语句来灵活地访问数组元素了。

例如,对数组元素 g[0] 的赋值语句"g[0]=1;"可以改写成

```
int i = 0;
g[i] = 1;
```

对于数组 g 中每个元素进行赋值,可以用循环语句这样写

```
int i;
for (i = 0;i < 50;i++) scanf("%f",&g[i]);
```

变量 i 从 0 自增到 49,为 g[0]~g[49] 的数组元素输入数据。这一条循环语句可以替代 50 条 scanf 语句。程序员需要编写的语句数量极大地减少了,但是计算机执行的指令却并没有减少。

数组元素 g[i] 的表达式由数组名 g 和变量 i 共同组成,通过指定变量 i 的值可以访问相应的数组元素,这种方式不但提高了数组元素访问的灵活性,而且简化了程序代码的书写。

数组元素的表达式设计很好地解决了利用循环语句灵活地访问数组的问题。接下来,我们将面临一个更难的问题,那就是如何实现变址运算符"[]"的功能。为了解决这个问题,我们需要深入地了解数组的存储机理。

微课 6.2　数组的使用

6.2　数组的存储机理

在计算机中,内存是一个连续的存储空间,但是数据实际占用的存储空间却不一定是连续的。这就像一个仓库,一开始往仓库中放东西都是顺序放,但随着东西搬进搬出,仓库里剩下的空余位置就不一定是连续的了。如果有一批东西要放进来,没有一个连续的空间能够放下这批东西,就需要根据仓库空余的位置,分开放置。计算机对变量的内存管理也是类似的。

例如,

```
int a,b,c;
```

a、b、c 3 个整型变量是一起定义的,但是为它们分配的内存空间却不一定是连续的。a、b、c 每个变量都需要占用 4 字节的内存空间,共 12 字节。系统不一定会为这 3 个变量分配一个连续的 12 字节内存空间,而是只要能找到 3 个独立的连续 4 字节空间,就可以满足变量 a、b、c 的存储空间需求。这样做的目的是提高计算机内存的利用率。

在数组定义后,系统必须为它分配连续的存储空间,也就是数组元素的存储空间是连续的,否则就无法实现通过数组元素表达式访问数组元素的功能。下面首先从数组名谈起。

6.2.1 与众不同的数组名

C语言中,数组名是很特殊的。例如,char g[5]={'a','b','c'}中的g,从标识符上看,它符合变量的命名规则,像一个变量。它与普通变量 char b 具有一样的性质吗?显然不是。因为在数组 g 中 g[0],g[1],…,g[4]这些数组元素才是真正用来存储数据的。那么 g 到底是什么呢?

数组名 g 存储的是系统为数组 g 所有数组元素所分配的连续存储空间的首地址,即第一个数组元素 g[0]的地址,因此数组名 g 的数据类型是一种指针类型。我们可以通过以下代码验证这个问题。

程序代码如下:

```
1    #include <stdio.h>
2    int main()
3    {
4        char g[4];
5        printf("%p\n",g);         //%p是指针的格式控制符
6        printf("%p\n",&g[0]);
7        printf("%p\n",&g);
8        return 0;
9    }
```

程序运行后的结果如图 6.1 所示。

从代码执行结果可以看到,输出的结果是相同的,即 g 的地址和 &g[0] 的地址是相同的。这样我们可以理解为:g 是一个指针,它存储的数据就是 g[0]的地址。那么 g 到底是指针常量还是指针变量呢?

图 6.1 数组各地址打印结果

如果 g 是指针常量,那么"printf("%p\n",&g)"显然是不合法的操作,因为 C 标准已经明确,对常量取地址是不可靠的操作。我们在编译器中无法使用"printf("%p\n",&3)"这样的操作,系统会报错。但显然,"printf("%p\n",&g)"语句在 C 语言编译器中是合法的。

难道数组名 g 是一个指针变量吗?如果数组名是一个变量,那么数组名中存储的地址值就能够改变,这就意味着数组在内存中的位置就可以随意改变了,这是不允许的。当系统为变量分配了内存空间后,变量的地址是无法更改的。因此,数组名又不符合普通变量可以随意修改其存储数值的特性。例如,在 C 语言中,变量 b 可以进行"b++"自增运算,而数组名 g 则不能进行"g++"自增运算改变自身的值。

数组名到底是指针常量还是指针变量呢?我们的解释是:**它不是变量,也不是传统意义上的常量**。随着 C 语言标准的发展,现在几乎可以认为,它是常量。或者也可以认为它是一种不能被修改的变量,也就是具有下列性质的指针变量:

```
int * const ptr;
```

数组名类似于指针常量,它自身的数值是不变的,通过它可以找到数组中数组元素的地址。假设 char 数组名 g 对应的数组地址值为 2000,见图 6.2。

地址	1999	2000	2001	2002	2003	2004	2005	2006	2007	2008	2009
内存	?	97	98	99	0	0	?	?	?	?	?
		g[0]	g[1]	g[2]	g[3]	g[4]					

图 6.2 char 数组 g 存储示意图

如果要为数组 g 中第 4 个数组元素 g[3]赋值'd',可以从 g[0]的位置开始往后数 3 个数组元素占用的字节数,就可以找到数组元素 g[3]的位置。而这个 3 恰好与数组元素[3]的序号一致,也就是说,可以将 g[3]表达式中的"[]"运算符的运算规则定义为指针的加运算 g+3,即可算出数组元素 g[3]的地址。

6.2.2 "[]"运算符的作用

现在我们似乎找到了"为什么数组元素的序号要从 0 开始编号"这个问题的答案了。C 语言中规定 g 的地址与 g[0]的地址一致,这是一种硬性的规定,是一种准则。C 语言的设计者采用了从 0 编号,让"[]"运算符的计算更为简洁。我们在讨论数组元素的时候,往往会说第 1 个元素是 g[0],第 2 个元素是 g[1],第 5 个元素是 g[4],这很容易产生概念上的混淆。因此,我们一定要弄清楚为什么在数组中数组元素是连续存储的以及数组名和数组元素序号的作用。

数组元素表达式"数组名[序号]"中"[]"运算符的运算规则如下:

*(数组名 + 序号)

将数组名中所存储的指针值与序号做指针加运算,得到数组元素的指针值,然后通过指针运算符"*"查找该指针所指向的内存位置,并根据指针的数据类型,从该位置开始读取相应的字节数访问其中的数据。

仍然以数组 g 为例,对数组元素 g[3]赋值操作。

g[3] = 'd';   //①

根据"[]"运算符的运算规则,系统会将语句①转换成语句②:

*(g + 3) = 'd';   //②

指针变量 g 的数据类型是 char * const 类型,char 数据类型占用 1 字节,而 char * 数据类型占用 4 字节。"g+3"的运算过程是"2000+3 * sizeof(char)","*(g+3)"的结果就是"*(2003)"。2003 正是数组元素 g[3]的存储地址,因此 *(g+3)= 'd'就可以将字符'd'的值写入了 g[3]中。

sizeof(char)的值是1。sizeof运算符用于返回一个变量或数据类型所占用的字节大小。它的一般形式是

int sizeof(类型说明符);

通过*(g+3)的方式引用数组元素也是可以的,但是与g[3]方式相比,人们更喜欢用g[3]的方式来引用数组元素,因为这种方式更直观。这种运算的转化过程由系统自动完成,并不需要程序员来做,但是程序员应该清楚这种转换的规则。对于g[0],也会转换成*(g+0)的运算,即*g。因此,如果在程序中看到了用*g来表示数组第一个元素时也不要感到奇怪。

下面定义一个浮点型的数组,让我们再来感受一下数组元素的寻址过程。例如,

float s[5];

假设数组s的地址仍然是2000,它的存储空间见图6.3。

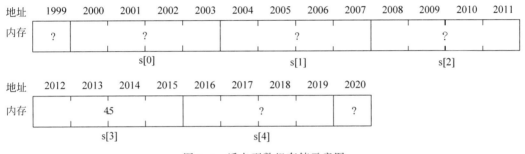

图6.3 浮点型数组存储示意图

数组中第3个数组元素s[3]的地址是2012,对它进行赋值4.5,可以直接写为

s[3] = 4.5;

或者

*(s+3) = 4.5;

s+3的计算过程是2000+3*sizeof(float)=2012,因此*(s+3)表示取首地址为2012的数据,即4.5。

在这两个例子中,float数组s与char数组g的首地址相同,数组元素s[3]与数组元素g[3]的序号也相同,但由于s与g的指针类型不同,因此s+3和g+3指针加运算的值却不相同,而这正是指针运算真正意义的体现。从某种程度上来说,指针算术运算规则就是为了实现对数组元素的访问而设计的。

6.2.3 数组地址不允许改变

数组名是一种特殊的指针变量,变量的数值是允许改变的,但数组的地址是由系统来分配的,当系统在编译完成后,程序员还能够改变数组名的值吗?答案是不允许。

例如，

```
char s[5],g[5] = {1,2,3,4,5};
s = g;
```

想法很简单，数组 g 中有 5 个元素，数组 s 中也有 5 个元素，它们数组类型又都一样，同类型的变量之间都可以互相赋值，那么数组 s 和数组 g 也可以互相赋值。但是这种操作是无法实现的。下面我们来分析一下原因。

假设数组 s 和 g 的数据存储如图 6.4 所示。

地址	1999	2000	2001	2002	2003	2004	2005
内存	?	1	2	3	4	5	?
		g[0]	g[1]	g[2]	g[3]	g[4]	

地址	2010	2011	2012	2013	2014	2015	2016
内存	?	?	?	?	?	?	?
		s[0]	s[1]	s[2]	s[3]	s[4]	

图 6.4 两个不同数组的数据存储示意图

数组名 s 中记录了 s[0] 的地址 2011，数组名 g 中记录了 g[0] 的地址 2000。如果允许执行"s＝g;"的指令，那么 s 中的值变为 2000，从此再也无法通过数组名 s 访问到 s[0]～s[4] 数组元素了。因此，为了避免这种情况发生，禁止对数组名进行赋值操作。

要将数组 g 中所有数组元素的值复制到数组 s 中，只能通过数组元素赋值的方式完成复制。例如，

```
s[0] = g[0];
s[1] = g[1];
s[2] = g[2];
s[3] = g[3];
s[4] = g[4];
```

或者使用如下循环语句：

```
for (i = 0;i < 5;i++) s[i] = g[i];
```

下面这些代码中存在哪些错误问题？

```
int g[5],i;
i = 0;
g = {1,2,3,4,5};           //①给数组赋值
g[5] = {1,2,3,4,5};        //②给数组赋值
g[5] = 6;                  //③给数组元素赋值
```

在语句①中存在语法错误。数组名 g 它只能存储指针类型的数值，而在赋值运算符"＝"的右侧却有 5 个整数值，另外，数组名的值不允许改变，因此不允许对数组名进行赋值操作。

语句②又错在哪儿呢？它有两个错误：一是 g[5] 是数组元素，不能代表整个数组。它是一种表达式，按照"[]"运算符的运算规则，它是 *(g+5)，不能给一个数组元素 g[5] 赋 5 个数值；二是数组 g 只有 g[0]、g[1]、g[2]、g[3]、g[4] 共 5 个数组元素，g[5] 是数组 g 的第 6 个数组元素，出现了越界访问数组 g 的问题。

在数组初始化，不是允许这样类似的操作吗？例如，

int g[5] = {1,2,3,4,5};

的确，只有在定义数组的时候才允许对数组元素进行初始化赋值，除此之外不允许，这是 C 语言的规定。

语句③出现了数组元素引用越界错误，编译系统无法判别，因为 g[5] 表达式在语法上是合法的，系统可以完成对"*(g+5)"存储空间的赋值操作。如果 g[5] 的存储空间正好被一个合法的变量使用，那么这种操作会破坏这个合法变量中的数据。因此，在使用引用数组元素的时候，程序员需要特别注意不要越界引用数组元素，否则可能引起无法预知的错误。

6.2.4 穿马甲的"数组"

数组名中记录了数组的首地址，如果有一个指针变量也获得了该数组的首地址，那么可以通过该指针变量访问数组吗？例如，

```
1    #include <stdio.h>
2    int main()
3    {
4        char g[5] = {1,2,3,4,5}, *p = g;          //变量 p 获得了数组 g 的地址
5        printf("%c",g[1]);
6        printf("%c",*(g+1));
7        printf("%c",*(p+1));
8        printf("%c",p[1]);
9        return 0;
10   }
```

第 4 行代码定义了字符数组 g 和字符指针变量 p，并且将数组名 g 的值赋给变量 p。假设数组 g 和变量 p 的存储如图 6.5 所示。当第 4 行代码执行后，数组名 g 和指针变量 p 的内容相同都是 2000。

第 5 行代码和第 6 行代码都可以输出数组元素 g[1] 的值，那第 7 行代码可以输出 g[1] 的值吗？如果表达式 *(p+1) 和表达式 *(g+1) 的值相等，那么就可以输出 g[1] 的值。由于 p 和 g 中的数值是相同的，显然 *(p+1) 和 *(g+1) 的值也是相同的，因此第 7 行代码可以输出 g[1] 的值。根据"[]"运算符的运算规则，表达式 *(p+1) 又可以写成表达式 p[1]，通过第 8 行代码也可以输出 g[1] 的值。

因此，当一个指针变量 p 获得了一个数组 g 的地址时，下面的表示是等价的：

g[1] ⇔ *(g+1) ⇔ *(p+1) ⇔ p[1]

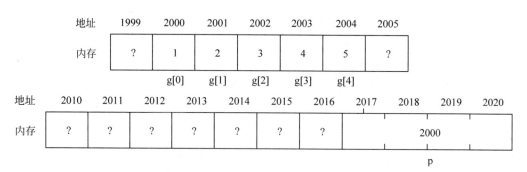

图 6.5 字符数组与字符指针存储示意图

表达式 p[1] 的出现,让我们感觉好像又有了一个数组 p,但其实指针变量 p 并不是数组,它并没有属于自己的数组元素。这种表示方法,就好像它是一个穿着"马甲"的数组,而真正的数组是数组 g。

既然指针变量 p 获得了数组名 g 的值,可以使用 p 访问数组 g 的任意一个元素,那么指针变量 p 和数组名 g 有区别吗?有。它们的区别就在于指针变量 p 的值可以自由修改,而作为数组名 g 的值不可以修改。当 p 的值不等于 g 的值时,就不能利用 p[1] 或者 *(p+1) 的方式访问 g[1] 的值了。

例如,如果令 p=&g[1],就是将数组 g 中第二个元素的地址值赋值给 p,此时如果再写下 p[1] 时,那么 p[1] 还是原来 g[1] 的值吗?不是。

$$p[1] \Leftrightarrow *(\&g[1]+1) \Leftrightarrow g[2]$$

以上的等价关系表明,p[1] 已经不是 g[1],而是 g[2] 了。

因此,当指针变量 p 中存储了数组 g 的首地址时,它可以像 g 那样表示 g 中的每个元素,一旦 p 存储了其他地址,那么再通过 p[1] 这种方式,就无法对应访问 g 数组中的元素了。

既然通过数组名就可以访问数组元素,那为什么还要通过指针变量来访问数组元素呢?当然是为了更加灵活,这一点将会在 7.2 节结构体的知识中进行介绍。

微课 6.3 数组与指针

6.3 灵活运用数组

6.3.1 通过数组处理一批数字

在本章一开始就提出了通过程序对学生课程成绩进行排序的问题,由此而引出了数组的概念。下面使用数组来实现对学生课程成绩的排序。

【例 6.1】 对某个班级的"程序设计"课程成绩进行由高到低的排序输出。

问题分析:在这个问题中,有几个条件是不明确的。班级有多少学生?学生的成绩是整数还是包含小数?输出到哪里,是屏幕上还是文件中?用什么方法排序?在现实生活中,我们遇到的大多数问题都是这样不太确切,需要我们根据自己的理解做出适当的判断。

一个班上的学生大概有多少人呢？一般不会超过100人。学生的成绩有时候会包含小数位,因此可以用float类型表示学生的成绩。这样可以使用长度为100的float类型数组来存储学生的成绩。例如,数组float g[100]。学生的成绩排序结果可以输出到计算机的屏幕上。如果想随时查看排序结果,也可以将排序结果保存在文件中。

用什么方法对数组中的成绩进行排序呢？这是一个最关键的问题。对数字进行排序有很多种方法,下面介绍一种"打擂台法"。

它的基本思想是：先找一个人在擂台上做擂主,然后第二个人上去打擂,胜者留在擂台上成为新的擂主,直到最后一个人上台比武,最后留在擂台上的就是最后的擂主。这种方法可以找出擂主,但没有排序啊。其实,只要变换一下思路就可以实现排序。在找出擂主后,我们可以用这样的方法在剩下的人中继续找出第二擂主、第三擂主,直至最后一个人,这不就可以排序了吗？

下面用打擂台法对数组g中的数组元素进行排序。为了简化问题,可以假设float g[100]数组中只存储了10名同学的成绩,成绩分别是91~100分,见图6.6。

排序步骤如下：

(1) 先挑选g[0]作为最高成绩擂主。

(2) 然后让g[0]与下一个元素g[1]进行比较,如果g[1]的成绩高,那么交换g[1]和g[0]的值；否则换下一个元素g[2]与g[0]进行比较。重复上述过程,直至g[9]与g[0]比较结束。这样数组元素中最大的值就会存储在g[0]中。

(3) 挑选g[1]作为新的最高成绩擂主,重复类似于步骤(1)~(2)的过程,直至挑选到g[9]作为最高成绩擂主,结束上述过程。

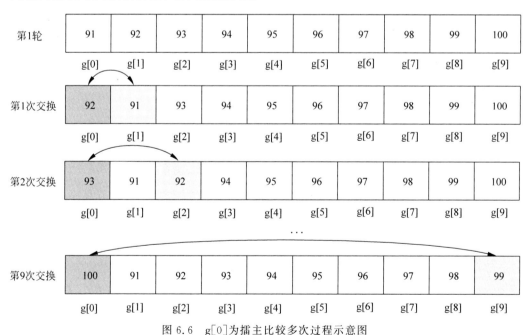

图6.6 g[0]为擂主比较多次过程示意图

第 1 轮比较,拿出数组的第一个元素 g[0] 与后面的每个元素进行比较,如果第 1 个元素 g[0] 的值比后面的某个数组元素的值小,就交换它们的位置。这样 10 个数组元素,经过 9 次比较,就可以把数组元素中最大值 g[9] 的值放置在第 1 个元素 g[0] 的位置。

第 2 轮比较,重复上述的过程,见图 6.7。把数组的第 2 个元素 g[1] 作为当前第 1 个数组元素,然后把它后面的 8 个数组元素与它一一比较。如果它的值比后面的某个元素的值小,就交换它们的位置,经过 8 次比较,原始数组中第 2 大的数值 g[8] 的值就会存储在第 2 个数组元素 g[1] 中。

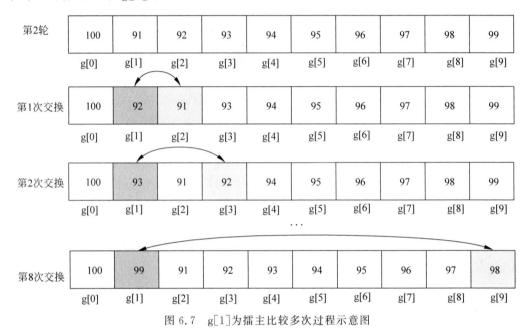

图 6.7　g[1] 为擂主比较多次过程示意图

以此类推,一共需要进行 9 轮比较,就可以实现将 10 个数组元素的值由高到低排列,见图 6.8。

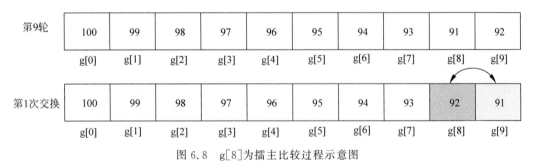

图 6.8　g[8] 为擂主比较过程示意图

算法设计:算法描述参见图 6.9。

在图 6.9 中,排序算法步骤②如何表示最后一轮比较结束呢?如果有 M 个学生的成绩,那么就需要 M-1 轮挑选每轮擂主的过程,即挑选 M-1 轮个最大值,因此可以用表达式 i<M-1 作为轮数的循环条件控制,其中变量 i 的初值为 0,完成每轮比较后自增 1。

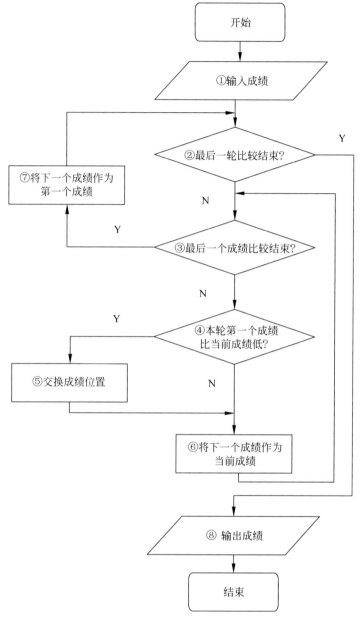

图 6.9 擂台法排序流程图

每轮比较后,参与比较的数组元素的数量会减少 1,作为擂主的数组元素的序号会增加 1,因此作为记录当前轮数值的变量 i,与每轮挑选的擂主数组元素的序号有对应关系。假设从第 1 轮开始,i 的值是 0,那么第 1 轮的擂主可以用 g[i] 表示 g[0]。

排序算法步骤③,如何表示挑选每一轮擂主的结束条件呢? 只需要完成当前擂主与最后一个挑战者的比较,也就是作为当前擂主的数组元素 g[i] 与数组的最后一个元素 g[M−1] 完成比较就可以结束此轮擂主的挑选。除了擂主,还需要表示每轮中其他的挑战者,假设用 j 表示挑战者,当擂主是 g[i]时,那么第 1 个挑战者 g[j]中 j 的值可以由 j=i+1 来确定,这样就体现了每轮挑战者少 1。

程序代码如下：

```
1   #include <stdio.h>
2   #define N 100                              //用符号常量 N 定义数组的长度
3   #define M 10                               //用符号常量 M 定义学生成绩数量
4   int main()
5   {
6       float g[N],temp;                       //定义变量 temp 作为中间变量
7       int i,j;
8       for(i=0;i<M;i++)                       //①输入学生成绩
9       {
10          printf("请输入第%d名学生成绩:",i+1);
11          scanf("%f",&g[i]);
12      }
13      for(i=0;i<M-1;i++)                     //②需要进行 M-1 轮擂主的选择
14          for(j=i+1;j<M;j++)                 //③选择每轮中的擂主
15              if(g[i]<g[j])                  //④是否需要交换擂主位置
16              {
17                  temp=g[i];                 //⑤交换擂主位置
18                  g[i]=g[j];
19                  g[j]=temp;
20              }
21      printf("学生成绩由高到低排序的结果为:");
22      for(i=0;i<M;i++) printf("%.1f ",g[i]); //⑧输出擂主排序
23      return 0;
24  }
```

大家可能会有疑问,在语句 13 中,变量 i 的初始值是 0,表示从第 0 轮开始,到第 M-1 轮结束,共 M-1 轮,但是不太好理解。为什么不用"i=1; i<M"作为 M-1 轮的循环控制条件？这样不是可以更好地理解从第 1 轮开始,到第 M-1 轮结束吗？可以这样做。但如果要这样做就要修改相对应的代码,具体修改如下：

```
for(i=1;i<M;i++)                               //②需要进行 M-1 轮擂主的选择
    for(j=i;j<M;j++)                           //③选择每轮中的擂主
        if(g[i-1]<g[j])                        //④是否需要交换擂主位置
        {
            temp=g[i-1];                       //⑤交换擂主位置
            g[i-1]=g[j];
            g[j]=temp;
        }
```

可以发现,语句③④⑤中变量 i 都改变为 i-1,其实这个问题还是因为数组的第一个元素是从 0 开始编号导致的,如果不修改 i-1,那么 g[0]无法参与擂主的挑选。因此只有掌握数组的存储原理,了解数组元素的编号从 0 开始的真正原因,才能准确地编写或者阅读与数组相关的程序代码。

当学生成绩较多时，通过键盘输入成绩会很麻烦。我们可以先将需要排序的学生的成绩存储在一个文件中，然后从文件中读取成绩数据。通过程序对成绩排序后，将排序结果保留在文件中，可以随时查看排序的结果。只要对上面程序代码的输入和输出部分进行相应替换，排序算法的代码不需要修改。

程序代码如下：

```
1   #include<stdio.h>
2   #define N 100
3   #define M 10
4   int main()
5   {
6       float g[N],temp;
7       int i,j;
8       FILE *fp;                                        //定义文件指针变量
9       fp=fopen("c:\\程序\\学生成绩.txt","r");           //以只读方式创建新文件
10      if(fp==NULL)                                     //打开文件失败
11      {
12          printf("打开文件失败!\n");
13          return 1;                                    //退出运行
14      }
15      else
16      {
17       for(i=0;i<M;i++) fscanf(fp,"%f",&g[i]);         //从文件读学生成绩数据
18       fclose(fp);                                     //关闭文件
19      }
20      for(i=0;i<M-1;i++)                               //排序
21      for(j=i+1;j<M;j++)
22        if(g[i]<g[j])
23        {
24            temp=g[i];
25            g[i]=g[j];
26            g[j]=temp;
27        }
28      fp=fopen("c:\\程序\\学生成绩.txt","a");           //以追加方式打开文件
29      if(fp==NULL)
30      {
31          printf("打开文件失败!\n");
32          return 1;                                    //退出运行
33      }
34      else
35      {
36       fprintf(fp,"学生成绩由高到低排序的结果为:");     //向文件中写入提示信息
37       for(i=0;i<M;i++) fprintf(fp,"%.1f ",g[i]);      //向文件写入排序后成绩
38       fclose(fp);
39      }
40      return 0;
41  }
```

程序运行前,"学生成绩.txt"文件中的内容如图 6.10 所示。

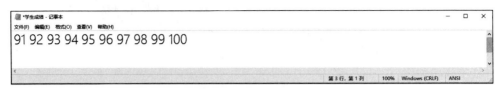

图 6.10　运行前"学生成绩.txt"文件中的内容

程序运行后,"学生成绩.txt"文件中的内容如图 6.11 所示。

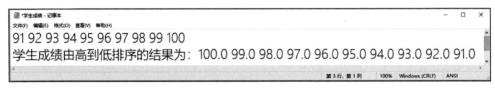

图 6.11　运行后"学生成绩.txt"文件中的内容

在这个例子里,通过对比代码可以发现这两种输入输出数据方式,只是 scanf 函数与 fscanf 函数、printf 函数与 fprintf 函数之间的形参有细微的差别,fscanf 函数和 fprintf 函数多了一个文件指针形参,其他形参与 scanf 函数和 printf 函数相同。我们不得不感叹,为了方便库函数的记忆与使用,编写这些库函数的程序员前辈们是多么用心啊!

6.3.2　将字符拼接成字符串

通过字符交互是人与计算机交互的一种重要途径。在前面的章节中,我们学习了利用单个字符变量存储字符,对字符的处理能力相对较弱。通过数组来存储与处理一串字符可以提高计算机处理字符数据的能力。在 C 语言中,没有字符串变量,我们只能通过字符数组来存储与处理字符串。

1. 字符数组的本质

字符数组本质上也是整数数组,可以像整数数组那样使用字符数组。
例如,用字符数组存储单词"China"。

```
char c[5] = {'C','h','i','n','a'};                 //①
char c[5] = {67,104,105,110,97};                   //②
```

语句①采用字符常量对数组元素进行初始化赋值,语句②采用字符的 ASCII 值进行初始化赋值,这两种方式的效果是相同的。如果要显示字符数组中存储的字符,需要逐个输出数组元素中的数值。

程序代码如下:

```
1    #include <stdio.h>
2    int main()
```

```
3    {
4        char c[5] = {'C','h','i','n','a'};
5        int i = 0;
6        for(i = 0;i < 5;i++) printf(" % c",ch[i]);          //输出数组元素中的字符
7        return 0;
8    }
```

如果把每个字符都当成一个整数来看待,那么字符数组和整数数组在存储与使用上没有任何区别。对于数组中的整数我们一般需要逐个处理,而对于字符除了逐个处理,有时还需要成批处理。例如,一次性向字符数组中输入一串字符,或者一次性将字符数组中所有的字符显示到屏幕上。在上面的例子中,单词"China"仅仅是 5 个字符,但是通过逐个字符初始化赋值和逐个输出字符显示单词的操作很烦琐。

2. 字符串与字符数组的不同点

前面曾经提到,在 C 语言中没有字符串变量,但是有字符串常量。那什么是字符串常量呢?字符串常量是用双引号""将一串字符常量括起来,在字符串末尾加入了不可见字符空字符'\0'作为字符串的结束标识的常量。

例如,

"China"

在计算机中,该字符串常量共有 6 个字符,其中有 5 个英文字母字符和 1 个'\0'字符,共占用 6 字节。为什么在字符串常量的末尾一定要加入一个空字符呢?因为在计算机中,字符是用整数表示的,一个字符串在内存中也是一串连续整数。如果一个字符数组中所存储字符串的长度小于字符数组的长度,那么当要读取字符串时,系统无法根据数组元素的内容判定这个字符串什么时候结束。如果字符串以空字符结束,那么只要读取到数组元素的值是 0,就可以判定数组中存储的字符串已经结束。其实整数数组也存在无法根据数组元素的内容判断数组中到底存储了多少个整数,它也无法通过插入 0 来作为整数数组的结束标记,因为在整数中 0 也是有效数字。

例如,利用 char ch[10]存储字符串常量"China",可以采用以下两种字符串常量赋值的方式对字符数组进行初始化,这种方式比采用字符常量初始化的方式要简单得多。

```
char ch[10] = {"China"};                                    //③
char ch[10] = "China";                                      //④
```

字符串在内存中的存储方式参见图 6.12。

假设系统为字符数组 ch 分配的内存空间如图 6.12(a)所示,可以看出,数组 ch 在内存的每个字节中都有数值。如果字符串"China"不以空字符结束,那么将它存储到数组 ch 中后,数组 ch 的状态如图 6.12(b)所示。如果现在要从数组中读出"China",由于数组 ch 中存储的这些数字都是合法的字符,因此无法判断该读取多少个数组元素。

图 6.12(c)是语句③或语句④执行后,数组 ch 的内容。数组元素 ch[5]存储的是字符串"China"中的空字符。从 ch[6]到 ch[9]由于没有初值,系统默认赋值 0。现在如

	1999	2000	2001	2002	2003	2004	2005	2006	2007	2008
(a) 存储数据前	11	2	80	32	45	67	89	72	4	8
	ch[0]	ch[1]	ch[2]	ch[3]	ch[4]	ch[5]	ch[6]	ch[7]	ch[8]	ch[9]
	1999	2000	2001	2002	2003	2004	2005	2006	2007	2008
(b) 假设无空字符	67 (C)	104 (h)	105 (i)	110 (n)	97 (a)	67	89	72	4	8
	ch[0]	ch[1]	ch[2]	ch[3]	ch[4]	ch[5]	ch[6]	ch[7]	ch[8]	ch[9]
	1999	2000	2001	2002	2003	2004	2005	2006	2007	2008
(c) 存储数据后	67 (C)	104 (h)	105 (i)	110 (n)	97 (a)	0	0	0	0	0
	ch[0]	ch[1]	ch[2]	ch[3]	ch[4]	ch[5]	ch[6]	ch[7]	ch[8]	ch[9]

图 6.12 字符串在内存中的存储方式

果从数组的第一个元素 ch[0] 开始读取字符串，只要数值不是 0，字符串就没有结束，这样就可以从字符数组中正确地读取出字符串，这就是字符串末尾放置空字符的作用。

下面使用字符串对字符数组进行赋值的方式是否正确呢？

```
char c[5] = "China";                                          //⑥
char s[] = "China";                                           //⑦
char ch[10];
ch = "China";                                                 //⑧
```

语句⑥中存在错误，字符数组 c 的长度是 5，而字符串"China"的长度是 6，超过了字符数组 c 的存储空间。语句⑦没有错误，系统会根据字符串的长度将字符数组 s 的长度定义为 6。语句⑧则违反了不可以对数组名进行赋值的错误。在利用字符串常量对字符数组进行初始化，也只能在定义数组的时候进行。

3. 使用字符串函数

C 语言提供了一些专门的库函数来处理字符串。这些字符串函数都包含在头文件 string.h 中，在程序中需要使用预处理指令"♯include < string.h >"包含该头文件。既然这些函数是处理字符串的函数，一定要保证在使用它们所处理的数据是字符串，否则这些函数将无法实现它们预先定义的功能。下面介绍几种常用的字符串函数。

1) scanf 函数和 printf 函数

通过 scanf 函数为字符数组输入字符串，格式如下：

scanf("%s",字符数组地址);

使用 scanf 函数时，如果从键盘输入的字符串中包含空格、tab 字符和 '\n'，则 scanf 函数判定字符串输入结束。

通过 printf 函数为字符数组输出字符串，格式如下：

```
printf("%s",字符数组地址);
```

当printf函数遇到字符串的结束标记空字符'\0'时,printf函数判定字符串输出结束。

【例6.2】 从键盘输入一个小写英文单词,并将它转换成大写英文单词输出。

程序代码如下:

```
1    #include<stdio.h>
2    int main()
3    {
4        char ch[46];
5        int;
6        scanf("%s",ch);                              //输入单词
7        for(i=0;ch[i]!='\0';i++)                     //将小写单词转换成大写
8        {
9            if(ch[i]>='a' && ch[i]<='z') ch[i]=ch[i]-32;    //小写字母转换成大写
10           else if(!(ch[i]>='A' && ch[i]<='Z'))             //非法字母判断
11           {
12               printf("单词中有非法字符!\n");
13               break;
14           }
15       }
16       printf("%s\n",ch);
17       return 0;
18   }
```

运行程序后,从键盘输入"china",运行结果如图6.13所示。

从键盘输入"chi&a",单词中有非法字符'&',运行结果如图6.14所示。

图6.13 运行结果

图6.14 运行结果

从键盘输入"chi na",单词中有空格字符,scanf函数遇到空格字符,判定输入结束,只能读入空格前的"chi"3个字母,运行结果如图6.15所示。

图6.15 运行结果

在使用scanf函数输入数据时,需要在变量前加入取地址运算符"&",但是在这里为什么不需要在数组名ch前面加入取地址运算符"&"呢?因为ch是数组名,它里面存储的就是地址,因此不需要再取地址了。学了数组和指针后,我们不能只习惯用取地址运算符"&"来获得变量的地址,数组名和指针变量里面存储的就是地址。

2) gets函数和puts函数

gets函数和puts函数也可以为字符数组输入字符串。一方面,它们比scanf函数和

printf函数格式更简洁；另一方面，gets函数只有遇到'\n'符号才结束字符串的输入，这一点与scanf函数不同。

gets函数的格式如下：

int gets(字符数组地址);

puts函数的格式如下：

int puts(字符数组地址);

当gets函数和puts函数执行结束后，会返回输入或输出字符串的长度。

例如，将【例6.2】中的语句①替换为

gets(ch);

利用gets函数可以从键盘输入带空格的字符串"Ch ina"，运行结果如图6.16所示。

从输入结果可以看出，虽然字符串"Ch ina"中包含了空格字符，但是gets函数可以将其读入到字符数组ch中。

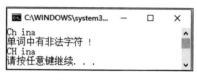

图6.16 运行结果

3) strcpy函数和strncpy函数

数据类型相同的数组之间可以互相传递数据。在操作字符串的时候，经常需要将一个字符数组中的字符串复制到另一个字符数组中。由于不能通过数组名互相赋值的方式完成数组间的数据复制，而只能通过逐个数组元素对应赋值的方式在数组之间交换数据，所以有些烦琐。

例如，将字符数组ch1中存储的字符串复制到字符数组ch2中。

程序代码如下：

```
1    #include<stdio.h>
2    int main()
3    {
4        char ch1[10] = "China",ch2[10];
5        int i;
6        for(i = 0;i < 10;i++)   ch2[i] = ch1[i];         //对应的数组元素之间赋值
7        return 0;
8    }
```

strcpy函数是字符串复制函数，作用是将字符串复制到字符数组中。复制的字符串可以是字符串常量，也可以是存储了字符串的字符数组地址，它的一般形式为：

char * strcpy(字符数组地址,字符串);

如果函数调用成功，则返回字符数组的地址。如果失败，一般返回NULL。需要注意的是，字符数组的长度一般应大于或等于字符串的长度，否则复制会失败。

如果只想将字符串中前几个字符复制到字符数组中，那么可以利用strncpy函数。

strncpy 函数比 strcpy 函数多了一个形参 n,指定复制前 n 个字符,它的一般形式为:

　　char * strncpy(字符数组地址,字符串,n);

返回值的作用与 strcpy 函数相同。

程序代码如下:

```
1    #include<stdio.h>
2    #include<string.h>
3    int main()
4    {
5        char ch1[10]="China",ch2[10],ch3[3];
6        strcpy(ch2,ch1);                        //复制整个字符串
7        strncpy(ch3,ch1,2);                     //复制字符串前2个字符
8        printf("ch2=%s,ch3=%s\n",ch2,ch3);
9        return 0;
10   }
```

通过第 6 行语句将字符数组 ch1 中的字符串全部复制到字符数组 ch2 中,通过第 7 行语句将字符数组 ch1 中的前两个字符"Ch"复制到字符数组 ch3 中。

程序运行结果如图 6.17 所示。

从结果可以看出,字符数组 ch2 复制到了字符数组 ch1 中的字符串,但是字符数组 ch3 除了包含字符数组 ch1 中的前两个字符"Ch"外,后面还有"烫烫烫烫烫 China",这是怎么回事?

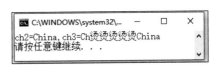

图 6.17　运行结果

这一点,还是要回到"字符串必须以空字符'\0'结束"的问题上来。在 printf 函数输出字符串时,只有当它遇到空字符才能判定这个字符串结束了。而 ch3 中,通过 strncpy 函数只复制了 ch1 中的两个字符"Ch",并没有空字符,而数组 ch3 又没有初始化,因此 printf 函数在读完字符数组 ch3 中两个字符"Ch"后,会继续往后读,一直读到空字符'\0'才能判定字符串结束。虽然字符数组 ch3 的长度只能存储 3 个字符,但是 printf 函数却读取了不属于字符数组 ch3 的内容。

在 C 语言中,编译系统会对未初始化的数组元素赋值 0xCC,一个字节是 0xCC,两个连续的字节就是 0xCCCC,而 0xCCCC 这正好是"烫"字的十六进制编码,也就是说,在字符数组元素中,如果有两个连续未初始化的数组元素,如果按字符串显示,就是显示中文的"烫"字。为了进一步了解"烫烫烫烫烫 China"问题产生的原因,下面通过调试方式查看数组 ch1、ch2 和 ch3 中的数据,见图 6.18。

在字符数组 ch1 中,ch1[0]～ch1[5]存储了"China"字符串,其中 ch1[5]存储了空字符,ch1[6]～ch1[9]都存储了 0 值。对数组 ch1 进行初始化时,对于未赋值的数组元素系统默认赋值 0。

在数组 ch2 中,ch2[0]～ch2[5]存储了"China"字符串,而数组元素 ch2[6]～ch2[9]中的内容显示'?',表示未知,它的值是−52,十六进制的 0xCC 按照有符号整数的解释就是−52,这一点也说明了当数组未初始化时,它的数组元素的值都是默认为 0XCC。

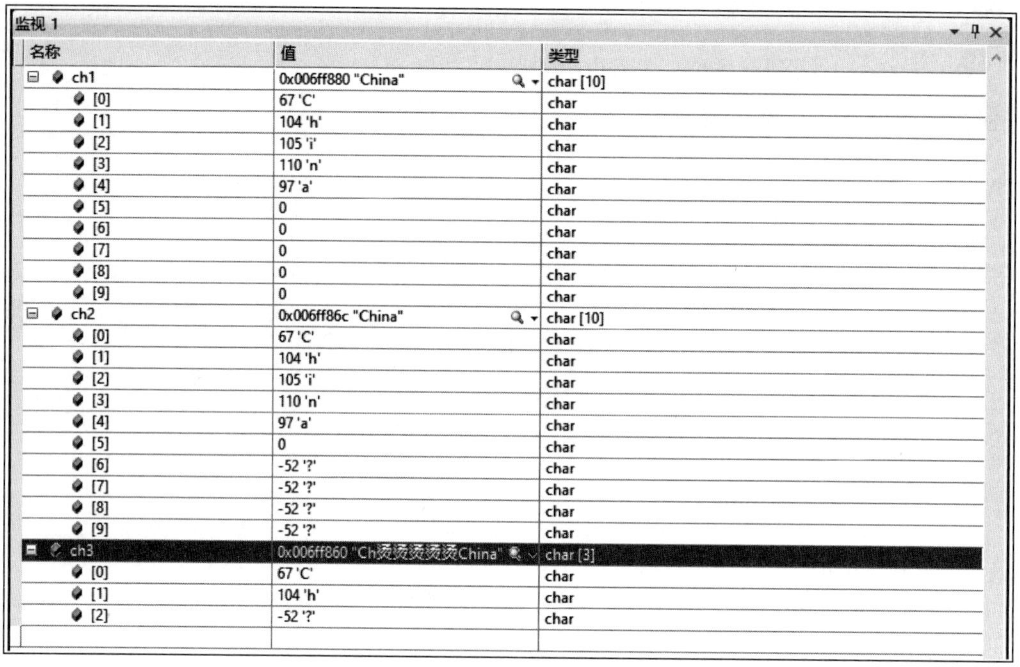

监视 1			
名称	值		类型
⊟ ● ch1	0x006ff880 "China"		char [10]
● [0]	67 'C'		char
● [1]	104 'h'		char
● [2]	105 'i'		char
● [3]	110 'n'		char
● [4]	97 'a'		char
● [5]	0		char
● [6]	0		char
● [7]	0		char
● [8]	0		char
● [9]	0		char
⊟ ● ch2	0x006ff86c "China"		char [10]
● [0]	67 'C'		char
● [1]	104 'h'		char
● [2]	105 'i'		char
● [3]	110 'n'		char
● [4]	97 'a'		char
● [5]	0		char
● [6]	-52 '?'		char
● [7]	-52 '?'		char
● [8]	-52 '?'		char
● [9]	-52 '?'		char
⊟ ● ch3	0x006ff860 "Ch烫烫烫烫烫China"		char [3]
● [0]	67 'C'		char
● [1]	104 'h'		char
● [2]	-52 '?'		char

图 6.18　通过调试方式查看数组 ch1、ch2 和 ch3 中的数据

通过 strcpy 函数，只会复制数组中的字符串，而不会对字符数组所有数组元素的值进行复制。

在数组 ch3 中，ch3[0]和 ch3[1]分别存储了'C'和'h'两个字符，ch3[2]的值也是 0XCC。由于数组 ch3 存储的字符缺少空字符，不符合字符串结束要求，也就是说，字符数组 ch3 中存储的是两个字符，而不是一个字符串，因此无法使用字符串函数对数组 ch3 的内容进行正确的访问。

从图 6.18 中可以看出，数组 ch3 的首地址是 0x006ff860，在字符串"Ch 烫烫烫烫烫 China"中"Ch 烫烫烫烫烫"占用了 12 字节，第 13 个字节的地址是 0x006ff86c，这个地址正是 ch2 的首地址，也就是说，这个字符串中的"China"是数组 ch2 的内容。因此在字符串操作中，一旦出现了"烫"字，那就有可能是对字符串操作时出现了越界错误，或者要处理的对象并不是一个字符串。

在 strcpy 函数和 strncpy 函数中，复制的字符串可以存储在字符数组中，也可以是字符串常量。例如，

```
char ch1[10] = "China",ch2[10];
strcpy(ch2,"China");                                     //⑥
strcpy("China",ch1);                                     //⑦
```

语句⑥将常量字符串"China"复制到字符数组 ch2 中是正确的，但是语句⑦将字符数组 ch1 中的字符串复制到常量字符串"China"中就是错误的，这就像语句"4＝a;"无法将变量 a 的值复制到常量 4 中的道理是一样的。

4）strlen 函数

数组就像一个仓库。在使用时我们一般会从 0 号数组元素开始顺序地向后面的数组元素中放入数据，我们需要记住放置最后一个数据的数组元素的编号，否则就不知道数组里面已经存放了多少个有效数据，还剩下多少个数组元素可以使用。如果是存储了字符串的字符数组则不需要记住最后一个存储有效字符的数组元素的编号，因为字符串是以空字符结束的，只要从 0 号数组元素开始，顺序向后查看，遇到第一个空字符为止，之前的字符都是字符串的有效数据。

slrlen 函数是用于计算字符数组中存储的有效字符串或者字符串常量的长度，这个长度不包括空字符。它的一般形式是：

int strlen(字符串);

strlen 函数是一个字符计数器，它不但可以实现对字符串长度的计数，而且只要给它一个内存的地址，它就可以从该地址开始扫描字符，直到它碰到第一个字符串结束标识符'\0'，然后返回计数器值。例如，

```
1    #include<stdio.h>
2    #include<string.h>
3    int main()
4    {
5        int x,y;
6        char ch1[]="China",ch2[10];
7        x=strlen(ch1);
8        y=strlen(ch2);
9        printf("ch1中的字符串长度是%d,ch2中的字符串长度是%d。\n",x,y);
10       return 0;
11   }
```

运行程序后，如图 6.19 所示。

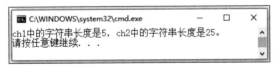

图 6.19 运行结果

strlen 函数能够正确地计算出数组 ch1 中"China"字符串长度值 5，但是字符数组 ch2 中我们并没有存储任何字符串，strlen 函数计算结果是 25，这显然与我们预期的字符串长度为 0 的结果不一致。这并不是 strlen 函数错了，而是我们用错了。在使用 strlen 函数时，要确保是对字符串进行操作，虽然字符数组 ch2 里面并没有字符串，但是程序仍然从 ch2 所指向的内存地址位置开始向后寻找字符串的结束标识符'\0'，直到它在第 25 个位置处恰巧遇到了'\0'，因此给出了"字符串长度是 25"的计算结果。

修改第 6 行代码，对字符数组 ch2 进行初始化，赋值空字符串，strlen(ch2)就可以得到正确的结果 0。

char ch1[10]="China",ch2[10]="";

修改后的程序运行结果如图 6.20 所示。

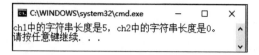

图 6.20　运行结果

sizeof 运算符用于返回一个变量或数据类型所占用的字节大小。我们可以使用 sizeof 判断一个数组所占用内存的字节数量。

例如下面的代码实现了求字符串常量、字符数组和字符指针占用的字节数。

程序代码如下：

```
1   #include<stdio.h>
2   #include<string.h>
3   int main()
4   {
5       char ch1[10]="China",*ch2;
6       int x,y,z;
7       x=sizeof("China");                //求"China"占用的字节数
8       y=sizeof(ch1);                    //求字符数组占用的字节数
9       z=sizeof(ch2);                    //求字符指针占用的字节数
10      printf("China占用的字节数是%d,数组ch1占用的字节数是%d。字符指针ch2占用的
            字节数是%d。\n",x,y,z);
11      return 0;
12  }
```

程序运行结果如图 6.21 所示。

图 6.21　运行结果

虽然变量 ch1 和 ch2 都是字符指针类型，但是 ch1 是数组名，调用函数 sizeof(ch1) 时会计算整个数组占用的字节数，而不会计算 ch1 所占用的 4 字节。ch2 是字符指针，调用函数 sizeof(ch2) 会得到指针变量 ch2 占用的字节数。

5) strcmp 函数

数字可以比较大小，那字符串之间需要比较大小吗？在生活中，我们经常需要在软件中输入用户的姓名和密码，当输入的姓名和密码与软件中保存的姓名和密码相同时就可以通过身份验证。在这个过程中需要进行字符串的比较。

strcmp 函数可以实现两个字符串的比较，它的一般形式为：

int strcmp(字符串1,字符串2);

字符串比较的规则是：将两个字符串自左至右逐个字符比较，如果全部字符相同，函

数返回值为 0；否则对遇到的第一对不同的字符进行比较，比较不同字符的 ASCII 码值，如果字符串 1 字符的 ASCII 码值大，则返回值大于 0；否则返回值小于 0。只要有一对字符不相同，比较就会结束。

例如，

strcmp("China","c");

字符'C'的 ASCII 码是 67，字符'c'的 ASCII 码是 99，因此 strcmp 函数的返回值小于 0。

6）strcat 函数

有时需要将两个字符串拼接出来，例如地址信息可以由省、市、街道等汉字拼接成一个详细的地址信息。

strcat 函数可以实现字符串的拼接功能，它的一般形式为：

char * strcat(数组地址,字符串);

使用 strcat 函数时，要确保函数的实参中确实存在两个需要拼接的字符串。例如，

```
char ch1[10];              //如果对字符串初始化 char ch1[10] = "";就可以实现正确的拼接
printf(strcat(ch1,"China"));
```

字符数组 ch1 中没有字符串，无法实现正确地拼接，但是程序也不会报错，存在潜在的错误风险。另外，两个常量字符串是无法拼接的。例如，

printf(strcat("Hello ","China"));

strcat 函数无法拼接两个字符串常量，系统在运行时不会输出任何结果，但是在程序调试时会出现错误。strcat 函数的第一个实参必须是字符数组的地址，不能是字符串常量。

除了这些经常会用到的字符串函数，还有字符串大小写转换函数 strlwr 和 strupr 函数等等。这些常用的字符串函数的功能相对比较简单，如果大家有兴趣也可以尝试去编写这些常用的字符串函数。

微课 6.4　字符数组

6.3.3　通过数组名向函数传递数据

在很多时候都需要利用函数来处理数组中的数据，这时就需要向函数中传递数组数据。如果在主调函数中定义了一个数组，需要调用另一个函数来处理数组数据时，就需要在被调函数中定义形参数组。形参的数据类型与实参的数据类型相同，因此它们占用的存储空间大小也相同，这是函数调用的基本要求。另外，为了保证函数的封闭性，在函数调用时，只把实参变量中存储的数值复制到形参变量的存储空间里，因此改变形参变量的值不会影响到实参变量。

数组对计算机内存的消耗量很大，如果实参是数组，形参也是数组，那么一次函数调用就要再申请一个与实参数组同样大小的形参数组空间，计算机的内存很快就会被数组

消耗殆尽。因此在 C 语言中,当主调函数向被调函数中传递数组数据时,只会把数组地址,即数组名作为实参传递到被调函数中,而不是把整个数组数据传递到被调函数中。因为只要有了数组的地址就可以访问数组中的任意数组元素。

在被调函数中,通过主调函数传递的数组地址可以访问到主调函数中的数组,这样就可以读取或修改该数组的数据了。这种方式虽然节约了内存,也可以在函数间间接地实现数据传递,但是它却破坏了函数的封闭性。

在介绍函数时,我们曾经通过全局变量和指针变量的方式在函数间传递数据,这两种方式都破坏了函数的封闭性。数组名也是指针类型,将数组名传递到函数中,意味着在函数中可以通过数组地址访问该数组的数据,因此将数组名传递到函数中,这也是破坏了函数的封闭性,但这是无奈之举,是为了减少对内存的使用。

【例 6.3】 从键盘输入 10 个同学的"程序设计"课程考试成绩,对成绩按照由高到低的顺序排序输出,要求用函数来实现。

问题分析:10 个同学的成绩可以用数组 float g[10]存储,输入成绩、排序和输出成绩 3 个功能相互独立,可以分别设计 getGrade 函数、sortGrade 函数和 putGrade 函数来实现。在 main 函数分别调用上述函数完成输入成绩、排序和输出成绩的功能。main 函数与这 3 个函数之间交互的数据是数组 g 中存储的学生成绩。只要将数组名 g 作为实参,分别传递到这三个函数的形参变量中,在各自函数中可以完成对数组 g 中成绩数值的访问。

程序代码如下:

```
1    #include<stdio.h>
2    void getGrade(float *);
3    void sortGrade(float *);
4    void putGrade(float *);
5    #define N 10
6    int main()
7    {
8        float g[N];
9        getGrade(g);                              //调用输入成绩函数
10       sortGrade(g);                             //调用排序函数
11       putGrade(g);                              //调用输出成绩函数
12       return 0;
13   }
14   void getGrade(float * s)                      //定义 getGrade 函数
15   {
16       int i;
17       printf("请输入%d名学生的成绩:\n",N);
18       for(i=0;i<N;i++) scanf("%f",&s[i]);       //① 输入成绩
19   }
20   void sortGrade(float s[N])                    //定义 sortGrade 函数
21   {
22       int i,j;
23       float t;
24       for(i=0;i<N-1;i++)
25         for(j=i+1;j<N;j++)
26           if(s[i]<s[j])
```

```
27              {
28                  t = s[i];
29                  s[i] = s[j];
30                  s[j] = t;
31              }
32  }
33  void putGrade(float s[])                              //定义 putGrade 函数
34  {
35      int i;
36      printf("按由高到低的顺序输出学生的成绩:\n");
37      for(i = 0;i < N;i++) printf(" %.0f ",s[i]);       //⑧ 输出成绩
38  }
```

第 5 行语句定义了符号常量 N 用于表示数组 g 的长度。在 main 函数中,定义了 float g[N] 数组,通过 getGrade(g)、sortGrade(g) 和 putGrade(g) 3 条函数调用语句,将实参数组 g 的地址分别传递给这 3 个函数的形参,g 的数据类型是 float *,因此这 3 个函数的形参变量的数据类型必须与它相同。在这 3 个函数中,分别给出了 3 种形参变量的定义方式,虽然它们的表示不一样,但效果是相同的,都是定义了 float * 类型的形参变量。

在 getGrade(float * s) 函数中,形参变量 s 用 float * 定义,与数组名 g 的数据类型相同。这种定义方式不容易看出函数要处理的是一个数组,也许是传递像 float a 这样一个变量的地址,因为变量 float a 的地址与数组 float g[N] 首地址的数据类型是相同的,它们都是 float * 类型。

在 sortGrade(float s[N]) 函数中,形参变量 s 用 float 数组的方式定义。这种定义方式能够清楚地表达将 float g[N] 数组传递给函数的形参 float s[N] 数组,更好地体现了该函数要处理数组 g 的全部数据。在前面我们曾经讲过,当形参是数组类型时,系统不会为形参变量分配数组大小的存储空间,系统只是将数组 g 的地址传递给 sortGrade 函数。这种定义方式的效果与 getGrade 函数是一样的。

在 putGrade(float s[]) 函数中,数组 s 竟然没有定义长度。在定义数组的时候,必须定义数组的长度,但是当数组作为函数形参时,系统不会为其分配存储空间,只会将数组名传递给函数,因此数组形参的长度写与不写,系统并不关注,也允许存在这种方式。

在上面 3 种对形参数组的表达方式中,第一种方式清楚地表达了形参真实的数据类型;第二种方式能够清楚地表达函数要处理的数据是一个数组类型(要弄清楚的是,虽然数组中的数据是不会传递给函数的,但是函数却能够改变数组中的数据);第三种也可以清楚地表达函数的形参是一个数组,而且可以不用定义数组的长度。程序员可以根据自己的喜好选择其中的任意一种表达方式来定义形参数组。

在 sortGrade 函数中,通过变量 i 控制"打擂台"法所需的 N−1 轮比较。通过变量 j 控制当前元素 s[j] 与当前第一个元素 s[i] 所需要的 N−j 次比较。在每轮比较中,j 的初始值从 i+1 开始,因此每轮的比较次数是 N−i−1。

当数组和循环语句混合使用时,程序编写的难度陡然增大,程序代码变得更加抽象,这是对程序员逻辑思维能力的考验与培养。

通过键盘输入 91,92,…,100 共 10 个成绩,程序运行结果如图 6.22 所示。

图 6.22　运行结果

6.4　根据维度存储数据的方法

数组包括数组名和长度两个部分,长度决定了数组的大小。当数组只有长度一个维度时,又称为一维数组。

对一个有 50 名同学的班级来说,如果要存储"程序设计"课程的成绩,那么用一维数组 float g[50]就可以了。如果还想用数组 g 存储"大学英语""高等数学"课程的成绩,那该怎么办?

第一种方式,增加数组的长度,将 float g[50]修改为 float g[150],这样就可以存储这 3 门课程的成绩了。

第二种方式,再定义 float e[50]和 float m[50]两个数组分别存储"大学英语"和"高等数学"课程的成绩。

微课 6.5　二维数组

这两种方式各有优缺点:

第一种方式的缺点是程序员必须记住从数组元素 g[0]~g[49]存储的是"程序设计"课程的成绩;从 g[50]~g[99]存储的是"大学英语"课程成绩;从 g[100]~g[149]存储的是"高等数学"的课程成绩。优点是所有的数据都存储在一个数组中,如果要计算全部课程的平均成绩或者挑出所有课程中最高的成绩等等,比较方便。

第二种方式的缺点是程序员需要定义更多数组,优点是每个数组与一门课程相对应,它可以克服第一种方式的缺点。

在这个问题中,除了学生数量这个维度外,实际上还有一个维度,那就是课程类别这个维度。那能否只定义一个数组,就可以解决上面的问题呢?针对这个问题,C 语言提供了二维数组。

6.4.1　二维数组的本质

二维数组通常用于存储矩阵数据,用行和列分别表示数组的两个维度。通过指定数组的行值和列值,可以确定二维数组中任意一个数组元素。

定义二维数组的一般形式为:

数据类型 数组名[行常量表达式][列常量表达式];

与一维数组相同,二维数组的行和列编号也都是从 0 开始,这也是为了通过"[ ]"运算符可以定位到第几行和第几列的数组元素。对于 3 门课程的成绩存储问题,可以定义二维数组的行长度为 3,表示 3 门课程,列的长度为 50,表示 50 个学生的成绩。例如,

```
float s[3][50];
```

二维数组 s 中的数组元素排列见图 6.23。

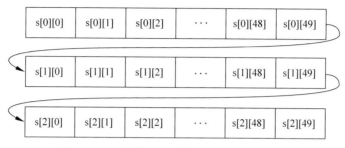

图 6.23 二维数组 s 的数组元素排列示意图

二维数组 s 的第一个数组元素是 s[0][0]，最后一个数组元素是 s[2][49]。在内存中，一维数组是连续排序的，二维数组元素也是连续排列的。在图 6.23 中，只是为了体现二维数组中的行列概念才将二维数组 s 的数组元素分 3 行排列显示。例如，第一行的最后一个元素 s[0][49] 后面的元素是第二行的第一个元素 s[1][0]。

能不能把行和列中的数值颠倒一下位置，如下定义：

```
float s[50][3];
```

此时数组 s 是 50 行，3 列的二维数组。虽然这两种方式定义的二维数组 s 所包含的数组元素的个数都是 150 个，都能够存下 3 门课程的成绩，但是存储时行和列含义却不一样。数组 s[3][50] 是每行存储一门课程的成绩，即 50 个学生的成绩，每列存储一个学生的 3 门课程成绩；而数组 s[50][3] 是每行存储一个学生的 3 门课程成绩，每列存储一门课 50 个学生的成绩。

对于一批数据类型相同的数据，无论是用多个一维数组存储还是用一个二维数组存储，它们所占用的内存空间都是相同的。不同的地方是，用多个一维数组存储数据时，需要多个数组名存储每个数组的首地址，但是对每个数组元素寻址时只需要做一次"[]"运算。而用一个二维数组存储数据时，只需要一个二维数组名存储行地址，但是对每个数组元素寻址时需要做两次"[]"运算，一次用于行寻址，另一次用于列寻址。

例如，使用 3 个一维数组 float g[50]、float e[50] 和 float m[50] 分别存储"程序设计""大学英语"和"大学物理"课程的成绩，数组名变量 g、e 和 m 分别存储各自数组的首地址，即

```
g == &g[0]                    //g 的值等于 g[0] 的地址
e == &e[0]
m == &m[0]
```

数组名 g，e，m 的数据类型是 float *，通过 g，e，m 和"[]"运算符的计算实现对每个数组元素的寻址。

用二维数组 float s[3][50] 替换上面 3 个一维数组，用二组数组名 s 可以构建行表达式 s[0]、s[1] 和 s[2]，通过计算可分别获得每行首地址，也就是每行第一个元素的地址，即

```
s[0] == &s[0][0]         //s[0]的值等于s[0][0]的地址
s[1] == &s[1][0]
s[2] == &s[2][0]
```

s[0]、s[1]和s[2]的数据类型也是float *,它们的作用与一维数组名g、e、m的作用是相同的。那么二维数组名s的数据类型是什么？

数组名存储了数组的首地址,二维数组名也是指针类型。没错,但是在第2章学习指针数据类型时,我们知道定义指针变量需要明确两个要素：数据类型和指针变量名,这里的数据类型不是指针变量的数据类型,而是其存储的地址所对应的变量的数据类型。

对于一组数组float g[150],数组名g中存储的是数组元素g[0]的地址&g[0],g[0]中存储的数据是float类型,因此g的数据类型是float *。

对于二维数组float s[3][50],s里面存储的是行地址,也就是&s[0]的值,但是s[0]并没有实际的存储单元,因此无法根据s[0]中存储内容的数据类型来定义指针s的数据类型。s的指针类型是float *吗？如果是,那么s+1中的1就是float类型(占4字节),根据s+1是无法找到第二行s[1]的地址&s[1],s+1中的1是sizeof(float)*50,这样的计算规则要求s的数据类型要能够支持上述的运算需求。首先s肯定是指针类型*,其次必须能够包含列长度[50],另外要能体现每个元素的数据类型,因此s的数据类型以float(*)[50]来表示。

二维数组名的类型竟然还有长度,这与前面学习的整型、浮点型和指针类型3种数据类型有很大的区别。的确,有点不可思议。但是如果我们能想明白指针及其运算的含义,也就不会感觉奇怪了。

指针的作用就是通过"*(指针变量)"运算找到某个变量。指针的数据类型用于解释该变量所存储的数据。在二维数组中,数组名的作用是存储行地址,当我们找到行时,这个行又没有存储空间,没数据,何谈定义二维数组名的数据类型呢？其次,指针运算作用是为了访问像数组这样的连续空间时,寻找某一个数组元素更便捷。"一维数组名＋1"是从数组首部向后移动一个数组元素的字节数,而"二维数组名＋1"却要移动一行数组元素所对应的字节数。因此必须为二维数组名设计区别于一维数组名的指针数据类型。

二维数组就像把一个一维数组又划分成了几个长度相同的一维数组,程序员在引用数组元素时,可以按照行列对这组数据进行引用,对数组空间的使用就更加灵活了。

当然,灵活不是免费的,要为灵活付出代价。二维数组定位到某一个数组元素时要付出更多的计算代价。一维数组只要做一次"[]"运算,而二维数组却要做两次"[]"运算。

下面使用二组数据来解决一些数学计算问题。在数学中,经常需要做矩阵运算,对于下面的矩阵数据该如何存储呢？

$$a = \begin{bmatrix} 1 & 2 & 3 \\ 4 & 5 & 6 \end{bmatrix}$$

可以定义一个一维数组存储矩阵数据,例如

```
int a[6] = {1,2,3,4,5,6};
```

也可以定义二维数组存储,例如

```
int b[2][3] = {1,2,3,4,5,6};
```

假设系统为数组分配了地址编号 2000~2023 共 24 字节的存储空间，为数组名分配了 2028~2031 共 4 字节的存储空间。分别使用一维数组 a 和二维数组 b 存储矩阵数据的内存占用情况如图 6.24 所示。

地址	2000	2004	2008	2012	2016	2020	2024	2028
内存	1	2	3	4	5	6	?	2000
	a[0]	a[1]	a[2]	a[3]	a[4]	a[5]		a

地址	2000	2004	2008	2012	2016	2020	2024	2028
内存	1	2	3	4	5	6	?	2000
	b[0][0]	b[0][1]	b[0][2]	b[1][0]	b[1][1]	b[1][2]		b

图 6.24 一维数组与二维数组内存示意图

从图 6.24 中可以看出，一维数组 a 和二维数组 b 中存储的矩阵数据一模一样。对于系统来说，访问这些数组元素的唯一区别是数组元素的寻址运算量不同。一维数组名存储的是第一个数组元素的地址，而二维数组名存储的是第一行元素的行地址。

数组名 a 的数据类型是 int *，其中存储的值是 2000，2000 是数组元素 a[0] 的地址。数组名 b 的数据类型是 int * [3]，其中存储的也是 2000，尽管它的数值与第一个数组元素 b[0][0] 的地址 2000 相同，但是含义不同，b 中存储的是行地址，即 &b[0]，而 b[0] 中存储的则是 b[0][0] 的地址 &b[0][0]。

例如，要找到地址 2020~2023 中存储的数值"6"，一维数组 a 通过 a[5] 访问，只需要执行一次"[]"运算，数组名 a 的数据类型是 int *，执行 *(a+5) = *(2000+5*4) = *(2020)，就可以访问到"6"，而二维数组 b 通过 b[1][2] 访问，需要执行两次"[]"运算，即

b[1][2] = *(b[1] + 2)

其中 b[1] = *(b+1)，根据 b 的数据类型 int(*)[3]，得到

*(b+1) = *(2000 + 1*3*4) = *(2012) = 2012

*(2012) 得到的并不是 b[1][0] 的值 5，此时"2012"的数据类型是 int(*)[3]，对该类型做 * 运算，得到 b[1] 的值 2012，b[1] 的数据类型是 int *。因此，b[1][2] = *(2012+2*4) = *(2020) = 6，此时 2020 的数据类型是 int *，因此 *(2020) 可以得到地址 2020~2023 存储的数值 6。这个问题再次说明，要理解指针的算术运算，必须先判定它的数据类型。

由此，可以得出二维数组名的数据类型是：

数据类型(*)[列长度]

如果要定义一个与 int b[2][3] 同类型的指针变量 p，应该定义如下：

```
int (*p)[3];
```

下面的代码实现了通过指针变量 p，输出二维数组 b 中数组元素的值。

程序代码如下：

```
1   #include<stdio.h>
2   int main()
3   {
4       int b[2][3]={1,2,3,4,5,6};
5       int (*p)[3];
6       int i,j;
7       p=b;                        //将二维数组名b的值赋值给变量p
8       for(i=0;i<2;i++)
9       {
10          for(j=0;j<3;j++)
11              printf("%d ",p[i][j]);   //通过指针p对数组b中的元素进行引用
12          printf("\n");
13      }
14      return 0;
15  }
```

程序运行结果如图 6.25 所示。

此时，指针变量 p 是一个穿着"马甲"的二维数组名。

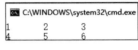

图 6.25 运行结果

6.4.2 二维数组初始化

二维数组初始化可以采用一维数组的初始化方式，例如，

int b[2][3]={1,2,3,4,5,6};

或者只给一部分数组元素初始化，其他数组元素默认赋值 0，例如，

int b[2][3]={1,2};

除了上述方式外，二维数组还可以通过"{ }"对每行的值进行分隔，实现更灵活的行赋值。例如，

int b[2][3]={{1,2},{4,5,6}};

其中，{1,2}赋值给第一行数组元素 b[0][0]、b[0][1]，而 b[0][2]没有被赋值，默认赋 0 值。{4,5,6}赋值给第二行数组元素。

一维数组在定义时，可以不定义数组长度，系统能够根据数组初始化数值的个数自动地计算出数组的长度，那二维数组是否也可以这样做呢？假设，

int b[][]={1,2,3,4,5};

你能根据数值的个数计算出二维数组的行和列值吗？答案并不唯一。如果指定行数或者列数中的一个，能自动计算出另外一个吗？例如，

int b[3][]={1,2,3,4,5};

指定 3 行，列数也会有很多可能。例如，第一行可以是 5 列，那么第 2、3 行的列值都是 0，或者第 1 行是 2 列，那么第 2、3 行也是 2 列。第 3 行数值不够，最后一列补 0。

如果指定列值呢，例如，

int b[ ][3] = {1,2,3,4,5};

5 个数值，3 列，最多只能是 2 行。因此，二维数组在定义并初始化时，行值可以不指定，但一定要指定列值。

6.4.3 二维数组使用

一维数组通过给定一个下标就可以引用其中的一个数组元素，而二维数组需要给出行、列两个下标才能引用其中的一个数组元素。下面通过二维数组来实现两个矩阵的乘法运算。

【例 6.4】 分别用二维数组存储 a、b 两个矩阵的数值，并进行乘法运算，运算结果保存在一个二组数组中。

$$a = \begin{bmatrix} 1 & 2 & 3 \\ 4 & 5 & 6 \end{bmatrix} \quad b = \begin{bmatrix} 1 & 4 \\ 2 & 5 \\ 3 & 6 \end{bmatrix}$$

问题分析：

矩阵 a 是 2 行 3 列，矩阵 b 是 3 行 2 列，矩阵 a 和 b 乘法运算的结果是 2 行 2 列的矩阵，需要定义 3 个二维数组：

```
int a[2][3] = {{1,2,3},{4,5,6}},b[3][2] = {{1,4},{2,5},{3,6}};
int c[2][2];
```

根据矩阵乘法规则，将矩阵 a 的每一行与矩阵 b 的每一列对应的值相乘并求和，可以求得矩阵 c 的行列值，如下：

$$c = \begin{bmatrix} 1\times1+2\times2+3\times3 & 1\times4+2\times5+3\times6 \\ 4\times1+5\times2+6\times3 & 4\times4+5\times5+6\times6 \end{bmatrix} = \begin{bmatrix} 14 & 32 \\ 32 & 77 \end{bmatrix}$$

矩阵 c 中的数值可以用二维数组 c 的数组元素表示为：

c[0][0] = a[0][0] × b[0][0] + a[0][1] × b[1][0] + a[0][2] × b[2][0]
c[0][1] = a[0][0] × b[0][1] + a[0][1] × b[1][1] + a[0][2] × b[2][1]
c[1][0] = a[1][0] × b[0][0] + a[1][1] × b[1][0] + a[1][2] × b[2][0]
c[1][1] = a[1][0] × b[0][1] + a[1][1] × b[1][1] + a[1][2] × b[2][1]

求解数组 c 的 4 个数组元素值需要做 4 次运算，可以用循环语句来实现。在求解每个数组元素值的运算中，又包含了 3 次加法运算，也可以考虑用循环语句来实现，这就意味着需要构建多重循环。构建循环的关键问题是确定循环的控制条件。

先考虑求解矩阵 c 的 4 次运算。既然是二维数组，可以先定义行列变量 i、j，再利用行列值构建双重循环来完成 4 次运算。例如，

```
int i,j;
for (i = 0;i < 2;i++)
   for (j = 0;j < 2;j++)
   {
       //求 c[i][j]的代码
   }
```

下面接着解决如何构建3次循环来计算每个c[i][j]的值。再仔细观察一下 c[0][0]、c[0][1]、c[1][0]和 c[1][1]的计算表达式,可以发现数组 a 的行下标与数组 c 的行下标相一致,而数组 b 的列下标与数组 c 的列下标相一致。

$$c[i][j] = a[i][0] \times b[0][j] + a[i][1] \times b[1][j] + a[i][2] \times b[2][j]$$

最后,只要用循环语句实现3次乘积的累加求和就大功告成了。引入一个新的变量 k, k 的值从 0 增长到 2,通过下面的代码累加求和:

for (k = 0;k < 3;k++) c[i][j] = c[i][j] + a[i][k] * b[k][j];   //需要对数组初始化 c[N][N] = {0};

算法设计:

二维矩阵乘法流程图如图 6.26 所示。

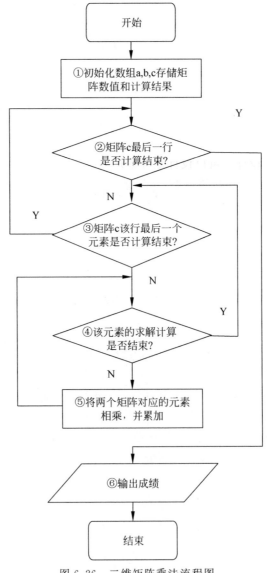

图 6.26 二维矩阵乘法流程图

程序代码如下:

```
1   #include<stdio.h>
2   #define M 3
3   #define N 2
4   int main()
5   {                                              //①初始化矩阵元素
6     int i,j,k,a[N][M]={{1,2,3},{4,5,6}},b[M][N]={{1,4},{2,5},{3,6}},c[N][N]={0};
7     for(i=0;i<N;i++)                             //②
8       for(j=0;j<N;j++)                           //③
9         for(k=0;k<M;k++)                         //④
10          c[i][j]=c[i][j]+a[i][k]*b[k][j];       //⑤
11    for(i=0;i<N;i++)                             //⑥
12    {
13      for(j=0;j<N;j++)                           //加入tab字符,分隔每行的元素
14        printf("%d\t",c[i][j]);
15      printf("\n");                              //每行输出结束后,加入换行符
16    }
17    return 0;
18  }
```

程序运行后的结果如图6.27所示。

上面的代码在设计上还有一些缺憾,它没有用函数对代码进行模块化设计。可以设计矩阵数据输入函数inputMatrix、矩阵乘法运算函数multiMatrix和矩阵数据输出函数outputMatrix,这样的程序代码具有很好的模块化特性。

图6.27 运行结果

程序代码如下:

```
1   #include<stdio.h>
2   #define M 3
3   #define N 2
4   void inputMatrix(int a[N][M],int b[M][N])      //输入矩阵数据
5   {
6     int i,j;
7     printf("请输入矩阵a的数据:\n");
8     for(i=0;i<N;i++)
9       for(j=0;j<M;j++)
10        scanf("%d",&a[i][j]);
11    printf("请输入矩阵b的数据:\n");
12    for(i=0;i<M;i++)
13      for(j=0;j<N;j++)
14        scanf("%d",&b[i][j]);
15  }
16  void multiMatrix(int a[N][M],int b[M][N],int c[N][N])   //计算矩阵数据
17  {
18    int i,j,k;
```

```
19        for(i = 0;i < N;i++)
20         for(j = 0;j < N;j++)
21          for(k = 0;k < M;k++)
22            c[i][j] = c[i][j] + a[i][k] * b[k][j];
23 }
24 void outputMatrix(int c[N][N])              //输出矩阵数据
25 {
26     int i,j;
27     printf("输出矩阵c的数据:\n");
28     for(i = 0;i < N;i++)
29     {
30        for(j = 0;j < N;j++)
31           printf(" % d ",c[i][j]);
32        printf("\n");
33     }
34 }
35 int main()
36 {
37     int a[N][M],b[M][N],c[N][N] = {0};
38     inputMatrix(a,b);                         //①
39     multiMatrix(a,b,c);                       //②
40     outputMatrix(c);                          //③
41     return 0;
42 }
```

程序运行结果如图 6.28 所示。

在 inputMatrix 函数中,定义了两个二维数组形参变量 int a[N][M]和 int b[M][N]。当数组变量作为函数的形参时,系统不会为其分配数组空间,而只是分配了一个 4 字节指针变量的存储空间。一维数组作为形参时,可以不定义长度,二维数组作为形参时,可以不定义行长度,但必须定义列长度。例如,在 inputMatrix 函数中,形参变量 int a[N][M]、int b[M][N]又可以定义为 int a[][M]、int b[][N]。

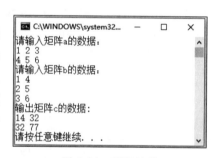

图 6.28 运行结果

由于二维数组的列长度必须定义,因为无法编写一个能够为任意列长度矩阵输入数据的通用 inputMatrix 函数。

6.4.4 ＊更多维度的数组

超过两个维度的数组就是多维数组。例如,定义三维数组:

`int box[2][3][5];`

无论数组有多少个维度,它的本质都是定义了一段连续的内存存储空间。增加数组维度的目的是让程序员能够更灵活地按维度对这段连续的内存空间分块进行访问。较真儿的人可能会问,组数的最大维度能够有多大以及最多能有多少个维度呢?

1. 数组的最大长度

数组会大量地占用内存空间,数组所占用的最大存储空间是多少呢? 为了保证程序的有效运行,不同的操作系统,以及不同的 C 语言版本对数组占用的内存数量都有不同的限制。例如,在 VS2010 编译环境中,规定了一个程序中所有数组占用的字节数总和大小不得超过 long 类型的最大值 0x7fffffff。如果在一个程序中只定义一个一维数组,那么这个一维数组的最大长度可以通过"0x7fffffff/sizeof(数组的数据类型)"的方式获得。例如,

```
char ch[0x7fffffff];                //①
int a[0x7fffffff];                  //②数组长度越界
int b[0x7fffffff/4];                //③
```

从语句①和语句③单独来看,它们定义的数组长度是正确的。但是,在一个程序中,语句①和语句③不能同时出现,因为它们的长度和超过了 0x7fffffff 字节。

语句②是错误的,数组 a 的数据类型是 int,它占用的字节数是 0x7fffffff * 4,超过了系统允许数组占用的最大字节数。

从语句③来看,在定义数组时允许使用常量表达式,计算数组的最大长度就很方便。

2. 数组的最大维度

同样数组的最大维度也是受到数组占用最大字节数限制的制约。例如在 VS2010 编译环境中,根据计算公式"0x7fffffff /sizeof(数组的数据类型)=维度 1 长度 * 维度 2 长度 * ⋯ * 维度 n 长度",就可以根据需要算出最大的维度数。例如,

```
char d[2][2][2][2][2][2][2][2][2][2][2][2][2][2][2][2][2][2][2][2][2][2][2][2]
[2][2][2][2][2][2];
```

如果每个维度长度是 2,可以定义最大为 32 维度的数组。如果每个维度长度是 1,那就可以定义 64 维度的数组,这就是 VS2010 中允许定义的最长维度的数组了。

6.5 本章小结

数组可以定义数组变量,因此一般称数组是一种数据类型。但是,数组更像是一种数据的组织结构,它可以有效地实现对一组相同数据类型(包括整型、浮点型和指针类型)数据的存储与读取。数组是计算机内存中一块连续的内存空间,系统允许数组占用的最大字节数都是确定的,不会因为是它是一维数组、二维数组还是多维数组而有所不同。通过数组的维度可以将数组中的数据分块管理,但是这是概念上的分块,在内存中并不会分块。

数组名是一种指针变量,它存储了数组的首地址。利用变址运算符构建了表达式"数组名[序号]",通过指针运算"*(数组名+序号)"实现对数组元素存储空间的访问。

指针算术运算的意义在对数组元素的访问上得到了充分的体现。只要掌握了数组名的作用,对数组元素的操作将变得轻而易举。

一般情况下,对数组元素的引用都是通过循环语句来实现。设置数组下标变量,利用循环语句控制下标变量的递增或者递减,通过"数组名[下标变量]"表达式可以遍历数组中所有的数组元素。循环语句与数组的结合,提高了程序代码编写的效率,也提高了程序代码阅读的难度。

在程序中利用函数处理数组是经常会遇到的事情。如果函数的形参变量的数据类型是数组,那么系统也并不会为函数分配数组类型的形参变量,只会分配一个存储数组名的形参变量。在函数调用时,传递的实参也是数组的地址。在函数内部利用传递的数组地址,可对函数外部的数组元素的值进行读取与修改,这一点破坏了函数的封闭性。但为了提高内存的利用率,这也是无奈之举。本章知识点参见图6.29。

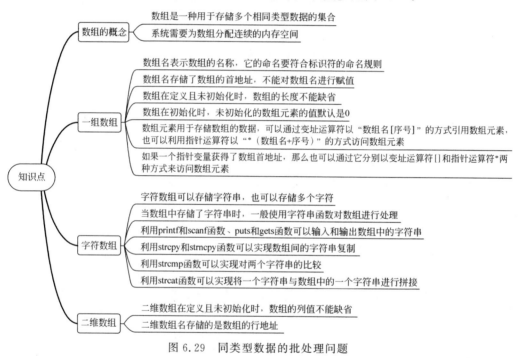

图 6.29 同类型数据的批处理问题

6.6 习题

1. 简述数组的定义。
2. 简述数组的内存结构。
3. 简述数组的优势与劣势。
4. 简述数组名的作用。
5. 编写一个函数返回数组 int a[5]={1,2,31,4,5}中存储的最大值,并在一个简单的程序中测试这个函数。

6. 编写一个函数返回数组 int a[5]={1,2,3,4,5}中所有数的平均值,并在一个简单的程序中测试这个函数。

7. 编写一个函数返回一维数组 double a[5]={1.0,8.5,2.8,6.9,7.9}中的最大值与最小值之间的差值,并在一个简单的程序中测试这个函数。

8. 编写一个函数返回二维数组 double a[3][3]={1.0,8.5,2.8,6.9,7.9,9.2,3.4,8.4,7.5}中的最大值与最小值之间的差值,并在一个简单的程序中测试这个函数。

9. 编写一个函数,求一个3×3的整型矩阵 int a[3][3]={1,8,2,6,7,9,3,8,7}的对角元素之和。

10. 用选择法对数组中的10个整数进行排序。

11. 有一篇文章共80个字符,统计出其中英文大写字母的个数。

12. 编写一个程序,使用 strcat 函数将两个字符串连接起来。

13. 编写一个程序将字符数组 s1 中的全部小写字母转换成大写字母。

14. 编写一个程序将字符数组 s2 中的全部字符复制到字符数组 s1 中,不要使用 strcpy 函数。

15. 编写一个程序将字符数组 s2 中的全部字符拼接到字符数组 s1 后,不要使用 strcat 函数。

第 7 章

建立的数据类型
人类思维视角下的数据类型——用户自己

人们在发明了计算机后，又进一步发明了高级程序语言。通过高级程序语言，可以编写各种程序，控制计算机进行复杂的运算。高级程序语言改变了人类固有的思维习惯，使得人类可以通过约简、嵌入、转化和仿真等方法，把一个困难的问题重新阐释成一个计算机容易解决的问题。在这个过程中，因为计算机运算的对象是数据，所以如何将具体问题描述成为一组计算机能够识别的数据就显得尤为重要。丰富的数据类型，使人们能够更容易地描述复杂的运算对象，从而为计算机处理更复杂的问题提供支撑。

在机器语言中，计算机能够识别和处理的数据只有二进制数；在汇编语言中，则引入了无符号数和有符号数的概念；在此基础上，高级程序语言又扩展出整型、浮点型、字符型等数据类型，进一步丰富了运算对象的数据类型。但是，随着计算机所要处理问题的复杂性不断提高，规模不断扩大，这些基本数据类型的不足也逐渐显露出来。它们的数据结构简单，很难用于描述复杂的运算对象。即便是数组，它也只能够表示一组同类型的数据，而在描述具体问题时，则常常需要有组织、有结构的数据。因此，C 语言为程序员提供了一种可以由用户自行声明数据类型的方法。在程序中，可以通过自定义数据类型来描述复杂的运算对象，从而提高程序处理复杂问题的能力。

7.1 从人类的视角看数据

正是因为人类不善于使用机器语言编写程序，所以才设计出 C 语言这样的高级语言。同样，在处理复杂问题时，人类也不善于用整型、浮点型、字符型等基本数据类型来表示复杂的数据结构，因此有必要在高级语言中，引入一种能够使用户自行建立数据类型来满足复杂数据结构表示的机制。这些用户自行建立的数据类型，在部分教科书中称为"用户自定义的数据类型"，在本书中，统一称为"用户自己建立的数据类型"。

微课 7.1　用户自己建立的数据类型

7.1.1 人类需要什么样的数据类型

当用数据来表示复杂事物时，不仅需要描述事物本身的属性，而且还需要刻画这些属性之间的关系。例如，用数据来表示一个班级的学生信息。学生的基本信息均包含学号、姓名、性别等多个属性。我们该如何定义表示一个学生信息的数据类型呢？

对于一个学生来说，其信息可以用多个不同的变量来表示，例如，学号可以用一个整数表示，姓名可以用字符数组表示，性别可以用一个字符来表示，如 M 表示男生，F 表示女生，那么一个学生的信息可以表示成如下的形式：

```
int num;
char name[20];
char sex;
```

由于在一个班级中，每个学生的学号、姓名、性别等属性的数据类型都是相同的，因此每个属性信息都可以分别用一个数组来表示。假设该班级学生数量不超过 50 个，那么其信息可以用以下数组进行表示。

```
int num[50];
char name[50][20];
char sex[50];
```

虽然使用多个数组能够存储全班所有学生的信息，但无法描述学生学号、姓名和性别 3 个属性之间的对应关系。一个学生的信息被分割成 3 部分，分别存储到 3 个数组中。当在 num 数组中找到一个学生的学号数据后，如何在 name 数组和 sex 数组中对应找到他的姓名和性别呢？这就需要额外的事先约定。例如，我们可以约定 3 个数组中相同序号位置中所存储的数据是属于同一个学生的。用每个数组的第一个元素存第一个学生的信息，用每个数组的第二个元素存储第二个学生的信息，以此类推。例如，

```
//第一个学生数据
num[0] = 1;
strcpy(name[0],"Leo");
sex[0] = 'M';
//第二个学生数据
num[1] = 2;
strcpy(name[1],"Lily");
sex[1] = 'F';
...
```

这些数组之间的关系是隐性的，不直观。程序员在编写程序时，需要同时记忆和维护多个数组之间的映射关系，不利于数据维护和代码分享。例如，当一个学生的数据被改变时，需要同时在多个数组内更新数据，如果某个数组中的数据更新被遗漏或出错，则很难进行故障的查找和排除。另外，当定义这个数据结构的程序员需要与其他程序员共享其代码时，也需要将数据格式在代码中进行注释或者在程序的文档中进行仔细说明，以便其他程序员能够理解这些数组之间的关系。

那么，是否能够找到一种更好的方法呢？回归到问题本身，会发现每个学生的信息天然是一个整体，只是由于学生的不同属性难以用同一种数据类型来表示，才不得已利用多个数组中进行表示，从而导致它们属性之间关系的缺失。为了解决这个问题，可以建立一种层次化的数据结构，使得它不仅能够存储学生各个属性数据，也可以体现出各个属性之间的关系。

例如，可以建立一种名为 student 的数据类型来表示一个学生，包含 num、name 和 sex 3 个变量，分别存储学生的学号、姓名和性别 3 个属性，参见图 7.1。这种结构既能够满足学生属性信息的存储需要，又能够体现学生与属性的隶属关系。

假设已经有了 student 数据类型，可以用它定义变量 s 来存储学生 Leo 的信息。在这里使用符号"."表示变量 s 和它的成员之间的隶属关系。即变量 s 包含 s. num、s. name、s. sex 3 个成员变量。

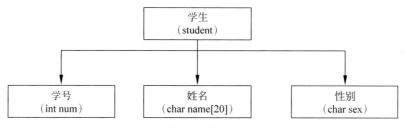

图 7.1 学生与属性的隶属关系

```
student s;                              //定义 student 类型的变量
s.num = 1;                              //对学生的学号赋值
strcpy(s.name,"Leo");                   //对学生的姓名赋值
s.sex = 'M';                            //对学生的性别赋值
```

从上面的例子可以看出，本质上变量 s 并没有存储任何数据，只有它的成员存储了学生的具体信息。变量 s 的作用就是通过它的变量名将它的 3 个成员 s.num、s.name 和 s.sex 联系在一起。

如果一个学生的数据可以用一个 student 类型的变量表示，那么一个班级的学生数据就可以用 student 类型的数组表示。例如，

```
student s[100];                         //定义存储多个学生信息的数组
s[0].num = 1;                           //存储第一个学生的信息
strcpy(s[0].name, "Leo");
s[0].sex = 'M';
s[1].num = 2;                           //存储第二个学生的信息
strcpy(s[1].name, "Lily");
s[1].sex = 'F';
```

数组 s 中的每个元素都负责存储一个学生的完整信息。与前面用 3 个数组分别来存储学生的属性信息相比，这里只使用了一个数组。虽然两者存储的学生数据一样多，但是后者使用数组的数量减少了，而且第 i 个学生的属性数据之间能够通过数组元素 s[i] 直接关联，减少了维护多个数组之间关联关系的成本。

那么，C 语言支持如此构建数据类型吗？答案是肯定的。在 C 语言中，用户可以根据需要将程序中已有的数据类型进行组合并将其声明为一种新的数据类型。这些被选用的数据类型既可以是整型、浮点型或指针类型等基本数据类型，也可以是数组或者是其他已经声明的数据类型。这种将新的数据类型被称为结构体。除了结构体，C 语言还提供了共用体、枚举类型等用户自行建立的数据类型。

7.1.2 *自由地命名数据类型

在学习用户自行建立的数据类型之前，我们先解决为数据类型添加别名的问题。在 C 语言中，不仅允许我们创建新的数据类型，而且也允许对数据类型添加别名。通过关键字 typedef 为数据类型添加别名，其基本格式如下：

typedef 数据类型名 数据类型别名;

【例7.1】 为数据类型 long 定义别名 long_32，并使用 long_32 定义变量。

程序代码如下：

```
1   #include<stdio.h>
2   typedef long long_32;
3   int main()
4   {
5       long_32 a = 4;
6       printf("%d",sizeof(a));
7       return 0;
8   }
```

在第 2 行语句中，为 long 类型定义了别名 long_32。在第 5 行语句中，使用 long_32 类型定义了 long 类型的变量 a。这样做有什么实际意义吗？当程序需要在不同的操作系统中运行的时候，即程序需要跨平台移植时，这样做的好处就很大了。

在不同的操作系统和编译环境下，C 语言中某些变量所占用的字节数可能不同。在一些操作系统和编译环境下，long 类型占用 4 字节的内存空间，而在另外一些操作系统和编译环境下，long 类型占用 8 字节的内存空间。假设当【例7.1】中的程序在某 32 位操作系统下开发，long 类型占用 4 字节的内存空间，此时，第 6 行语句输出的是 4。如果将其移植到一个 64 位操作系统下，long 类型占用 8 字节的内存空间，那么此时第 6 行语句输出 8。为了保证在不同的操作系统下程序的输出结果是一致的，则需要选择一个与 32 位操作系统中 long 类型相匹配的数据类型来替换 long。假设在 64 位操作系统的编译环境中，int 类型是 4 字节，那么可以使用 int 类型替代程序代码中的 long 类型。此时只需要将第 2 行语句修改为"typedef int long_32;"就可以保证该程序在不同操作系统下的输出是一致的。

假设不使用这种为数据类型重新命名的机制，此时就需要将程序中所有 long 类型的变量逐一修改为 int 型，这样会增加程序移植的工作量。另外，在学习过结构体、共用体等用户自行建立的数据类型后，大家会发现，利用 typedef，为用户自己建立的数据类型添加一个别名，会使得变量的定义更加简洁。也就是说，如果能够灵活地使用 typedef，可以有效地提升代码的规范性和移植效率。

7.2 有结构的数据类型——结构体

结构体是 C 语言的一种重要的数据类型。用户可以自己建立由不同类型数据组合而成的数据结构，这种数据结构所对应的数据类型被称为结构体。

7.2.1 莫把结构体当变量

结构体是一种数据类型，不能把它当成变量来存储数据。在使用它定义变量前，需要先对结构体进行声明，主要描述它的成员的数据类型与名称。

微课 7.2 结构体

1. 用 struct 声明结构体

对结构体数据类型进行声明需要使用关键字 struct。struct 来自英文单词 structure,它的中文意思是"结构"。

声明结构体的一般形式是:

```
struct 结构体名称
{
    数据类型    成员名称1;
    数据类型    成员名称2;
            …
    数据类型    成员名称n;
};
```

一个结构体由若干个成员构成,每个成员都需要定义数据类型和名称。成员的数据类型可以是 C 语言中已经定义的数据类型,也可以是已经声明的结构体或者其他用户自己建立的数据类型。结构体成员的定义方法与变量的定义方法相同,因此有时又习惯称它们为成员变量。但是这种称呼不太严谨,因为变量是有存储空间的,但是结构体的成员是没有被分配存储空间的。只有当使用结构体定义完结构体变量之后,这些结构体变量的成员才会被分配存储空间,此时再称呼成员是成员变量是恰当的,但是在实际应用中,往往不会如此严格地进行区分。最后再强调一个细节问题:在声明结构体的时候,必须要用字符";"作为结束标识,否则编译系统会提示语法错误。

【例 7.2】 定义能够表示学生学号、姓名和性别信息的结构体 student。

程序代码如下:

```
1    struct student
2    {
3        int num;
4        char name[20];
5        char sex;
6    };
```

有的时候,学生的信息中除了学号、姓名和性别等简单属性外,还有一些有结构的属性。例如,出生日期包括了年、月、日,它也可以被声明为另一种结构体。

【例 7.3】 定义能够表示学生出生日期信息的结构体 birthday。

程序代码如下:

```
1    struct birthday
2    {
3        short year;
4        short month;
5        short day;
6    };
```

在一个结构体中,它的成员的数据类型也可以是结构体。可以用结构体 birthday 定义结构体 student 成员 birth 的数据类型,用于存储学生的出生日期。

【例 7.4】 定义能够表示学生学号、姓名、性别和出生日期信息的结构体 studentNew。

程序代码如下:

```
1    struct studentNew
2    {
3        int num;
4        char name[20];
5        char sex;
6        struct birthday birth;
7    };
```

第 6 行语句定义了一个名为 birth 的成员,它的类型是结构体 birthday。如果在一个结构体内部,使用了另一个结构体来定义它的成员,那么另一个结构体必须预先声明或在该结构体内部声明,否则编译系统将会提示数据类型未定义,所以直接运行【例 7.4】所示的结构体声明,无法通过编译。结构体 studentNew 的完整声明,应如【例 7.5】所示,在声明结构体 student 的代码内部,同时声明 birthday 结构体。

【例 7.5】 在结构体 studentNew 内部声明结构体 birthday。

程序代码如下:

```
1    struct studentNew
2    {
3        struct birthday                    //声明结构体 birthday
4        {
5            short year;
6            short month;
7            short day;
8        };
9        int num;
10       char name[20];
11       char sex;
12       struct birthday birth;             //用结构体 birthday 定义成员变量 birth
13   };
```

第 3~8 行代码是结构体 birthday 的声明,第 12 行代码利用结构体 birthday 定义了成员 birth。当然这种方法不如将结构体 birthday 在结构体 studentNew 前面声明更为清晰,但也是正确的。

既然一种结构体的成员可以使用另外一种结构体来定义,那么能否定义与自己类型相同的结构体成员呢?不可以。在【例 7.6】中给出了一种错误定义 studentNew2 结构体成员的示例。

【例 7.6】 在结构体 studentNew2 中错误地定义了 studentNew2 类型的成员 stu。

程序代码如下:

```
1    struct studentNew2
2    {
```

```
3        int num;
4        char name[20];
5        char sex;
6        struct birthday birth;
7        struct studentNew2 stu;        //成员的数据类型不能为结构体本身
8    };
```

编译系统会提示第 7 行语句存在错误：error C2079："stu"使用未定义的 struct studentNew2，也就是说，数据类型 studentNew2 未被声明。其实这个问题也很好理解，如果允许结构体利用自身定义成员，那么这种定义就像死循环一样，永远无法停止。

2. 数据类型也有作用域

结构体作为一种用户自己建立的数据类型，是应该在函数内部声明它，还是应该在函数外部声明它呢？这个问题要根据需求而定。如果需要用它定义的变量都在函数内部，则可以在该函数内声明它，如果需要定义的变量分散在不同的函数，甚至在不同的文件中，那么就不能仅在一个函数里声明它。这是一个涉及结构体作用域的问题。结构体的声明，也包括其他用户自己建立的数据类型的声明，都是有作用域的，这一点与局部变量和全局变量的作用域类似。**在函数内部声明的结构体，与局部变量的作用域相同；在函数外部声明的结构体，与全局变量的作用域相同。**

【例 7.7】 根据结构体 student 的作用域分析下面代码中存在的错误问题。

```
1    int main()
2    {
3        struct student
4        {
5            int num;
6            char name[20];
7            char sex;
8        };
9        struct student s1;
10       return 0;
11   }
12   struct student s2;                             //错误的结构体变量定义方式
```

第 3~8 行语句声明了 student 结构体。它是在 main 函数内部声明的，只能在 main 函数内部使用。第 9 行语句在 main 函数中定义了局部变量 s1，它的数据类型是 student 结构体。第 12 行语句尝试在 main 函数外部定义全局变量 s2，它的数据类型也是结构体 student，这是错误的，因为 student 结构体的作用域局限于 main 函数内部。

3. 区分数据类型和变量

在使用结构体的过程中，最为重要的是区分结构体和结构体变量。结构体是一种数据类型，不能够直接使用结构体来存储数据。如果需要存储结构体类型的数据，则需要使用结构体变量。例如，

```
int i = 5;                                      //①
int = 6;                                        //②
```

语句①是正确的，int 是数据类型，i 是一个整型变量，i 可以存储数据。语句②是错误的，int 无法存储数据。同样地，在使用结构体时，需要先声明结构体，然后才能使用该结构体定义结构体变量。

7.2.2 结构体变量的定义与初始化

定义结构体变量的方式很灵活，有很多种方式。但是无论是哪种方式都要遵循"**先声明结构体数据类型，再定义结构体变量**"的规则。

1. 先声明结构体再定义变量

这种方式比较规范，先声明结构体，再使用结构体定义变量。声明结构体需要使用关键字 struct。需要注意的是，在定义结构体变量时也要在结构体前面加入关键字 struct。其一般形式是：

struct 结构体名称 变量名称;

【例 7.8】 定义结构体 student 变量 s 和结构体 birthday 变量 b，并对它们进行初始化赋值。

程序代码如下：

```
1   struct student                           //声明结构体 student
2   {
3       int num;
4       char name[20];
5       char sex;
6   };
7   struct birthday                          //声明结构体 birthday
8   {
9       short year;
10      short month;
11      short day;
12  };
13  int main()
14  {
15      struct student s = {1,"Leo",'M'};    //定义结构体变量并初始化
16      struct birthday b = {2009,2};        //定义结构体变量并初始化
17      return 0;
18  }
```

第 1~12 行语句分别声明了两个结构体 student 和 birthday，在第 15~16 行语句中，分别使用结构体定义了两个变量 s 和 b。注意在定义结构体变量时，需要加关键字 struct。

结构体变量的初始化方式与数组的初始化方式类似，也是使用"{}"对结构体的成员变量进行初始化赋值。它与数组不同的地方是数组元素的数据类型相同，"{}"中的数值类型也相同，而结构体成员的数据类型不一定相同，因此"{}"中数值的类型必须与结构体成员的数据类型相兼容，而且数值的顺序也要与成员的顺序相一致。如果将第 15 行语句修改为：

```
struct student s = {"Leo",1,'M'};
```

则会出现错误，因为字符串常量"Leo"与 s.num 的 int 类型不匹配。

结构体变量在初始化时，也可以只对部分成员变量进行赋值，这一点与数组初始化类似。例如，在第 16 行语句中，仅对结构体变量 b 的成员变量 b.year 和 b.month 进行了初始化赋值，但是没有对 b.day 成员赋值，b.day 的值默认为 0。

2. 在声明结构体时定义变量

除了"先声明结构体，再用结构体定义变量"这种方式以外，C 语言还提供了另外一种定义结构体变量的方式，即在声明结构体的同时定义结构体变量。这种方式可以简化定义结构体变量的代码，它的一般形式为：

```
struct 结构体名称
{
    数据类型 成员名称 1;
    数据类型 成员名称 2;
         …
    数据类型 成员名称 n;
}变量 1,变量 2,…,变量 m;
```

例如，在声明 birthday 结构体的同时定义并初始化结构体变量 b1 和 b2。

```
struct birthday
{
    short year;
    short month;
    short day;
} b1 = {2009,2,23},b2 = {0};
```

3. 定义变量时省略结构体的名称

使用"在声明结构体时定义变量"的方式定义结构体变量时，可以省略结构体类型名，这样就可以定义一个不显式指定数据类型名称的结构体变量。如果在定义结构体变量时，不声明结构体的名称，那么在程序的其他地方将无法再使用这种结构体来定义变量，因为它没有名称。这种方式的一般形式为：

```
struct
{
    数据类型 成员名称 1;
```

```
    数据类型 成员名称 2;
        …
    数据类型 成员名称 n;
}变量 1,变量 2,…,变量 m;
```

例如：

```
struct
{
    short year;
    short month;
    short day;
} b1 = {2009,2,23},b2;
```

在这 3 种方式中，"先声明结构体，再定义变量"这种方式是最规范的，后面两种方式在某些场景下更加灵活和简单。但是，由于后两种方式容易引起结构体类型与结构体变量的混淆，因此推荐使用第一种方式定义结构体变量。

4．＊为结构体添加别名

使用 typedef 关键字，不仅仅可以对 C 语言内置的数据类型添加别名，也可以对结构体添加别名。其一般形式是：

typedef struct 结构体名称 结构体别名;

【例 7.9】使用 typedef 为已定义的 student 结构体添加别名。

程序代码如下：

```
1   struct student                          //声明结构体 student
2   {
3       int num;
4       char name[20];
5       char sex;
6   };
7   typedef struct student studentAlias;    //为结构体 student 添加别名
8   int main()
9   {
10      struct student s1 = {1,"Leo",'M'};   //使用结构体定义变量 s1
11      studentAlias s2 = {2,"Lily",'F'};    //使用结构体别名定义变量 s2
12      return 0;
13  }
```

在第 7 行中，为结构体 student 添加了别名 studentAlias。在第 10 行中利用结构体定义变量 s1 并初始化。在第 11 行中利用别名定义了变量 s2 并初始化。对比第 10 行和第 11 行可以发现，使用别名来定义结构体变量时不需要再添加关键字 struct。这样结构体和 C 语言内置的数据类型在使用形式上就可以保持一致。

typedef 也可以对事先未声明的结构体直接添加别名，相当于直接为一个没有名字的结构体添加别名。其一般形式是：

```
typedef struct
{
    数据类型 成员名称 1;
    数据类型 成员名称 2;
             …
    数据类型 成员名称 n;
} 结构体别名;
```

【例 7.10】 使用 typedef 为未命名的结构体添加别名,并用该别名定义变量。

程序代码如下:

```
1   typedef struct                              //为结构体添加别名
2   {
3       int num;
4       char name[20];
5       char sex;
6   } studentAlias;
7   int main()
8   {
9       studentAlias s = {1,"Leo",'M'};          //使用结构体别名定义变量
10      return 0;
11  }
```

第 1~6 行为结构体添加别名 studentAlias,在第 9 行使用别名 studentAlias 来定义变量 s 并初始化。

7.2.3 结构体变量的引用

在定义了结构体变量之后可以对结构体变量及其成员变量进行引用。结构体变量中的数据存储在成员变量中,因此只有对成员变量进行引用才能够获得结构体变量中存储的数据。访问结构体变量的方式有两种:一种是对结构体变量进行引用,另一种是对结构体变量的成员变量进行引用。

1. 引用结构体变量

同一种结构体变量之间可以通过赋值"="运算符进行赋值操作,赋值操作是对它们相对应的成员变量之间进行赋值,这一点与数组不同。数组之间无法通过"="运算符进行赋值操作。

【例 7.11】 两个 birthday 结构体变量之间进行赋值操作。

程序代码如下:

```
1   struct birthday
2   {
3       short year;
4       short month;
```

```
5        short day;
6    }b1 = {2003,2,9};                    //定义结构体变量b1并初始化
7    int main()
8    {
9        struct birthday b2 = b1;         //将变量b1的值赋值给变量b2
10       return 0;
11   }
```

在第6行语句中定义了birthday结构体全局变量b1并进行了初始化。在第9行语句中定义了birthday结构体局部变量b2,并直接利用赋值运算符"="将变量b1的值赋给变量b2。在这个过程中,变量b2的3个成员变量分别获得了变量b1的三个成员变量的值。

需要注意的是,结构体变量除了可以参与赋值运算外,不能直接参与算术运算、关系运算、逻辑运算等运算。若在【例7.11】的main函数中添加对变量b1和b2进行求和的语句,如:

```
int birthdaySum;
birthdaySum = b2 + b1;
```

则编译器会提示运算符"+"对struct类型变量非法,也就是说,结构体变量不能直接参与算术运算。根本原因是结构体变量本身并没有存储计算所需要的数据,数据存储在它的成员变量中,需要引用成员变量参与运算。同样,也不能使用标准输入输出函数为结构体变量直接输入或输出数据。

2. 引用结构体变量的成员变量

结构体变量的成员变量中存储了程序所需要的数据。引用结构体变量的成员变量的一般形式为:

结构体变量.成员变量

在结构体变量后面的运算符"."是结构体成员运算符。通过"."运算符将结构体变量和成员变量连接起来表示成员变量。我们可以把"结构体变量.成员变量"的组合看作是成员变量的新名称,然后像普通的变量那样使用它就可以了。也就是说,要访问成员变量,必须在它的名称前加上结构体变量名称的前缀,之后再根据成员变量的数据类型来访问这个"新变量"就可以了。

【例7.12】 在main函数中定义studentNew结构体变量s1,并访问它的成员变量。
程序代码如下:

```
1    #include <stdio.h>
2    int main()
3    {
4        struct birthday
5        {
6            short year;
```

```
7           short month;
8           short day;
9       };
10      struct studentNew
11      {
12          int num;
13          char name[20];
14          char sex;
15          struct birthday birth;
16      }s1 = {1,"Leo",'M',2009,2,23};
17      scanf("%d",&s1.num);
18      scanf("%s",s1.name);
19      printf("%hd%hd%hd",s1.birth.year,s1.birth.month,s1.birth.day);
20      return 0;
21  }
```

在第 16 行语句中定义了 studentNew 结构体变量 s1 并对它进行了初始化。在第 17 行语句中利用 scanf 函数向 s1 的成员变量 num 输入数据。s1 的成员变量 num 表示为 s1.num，成员变量 num 的数据类型是 int，因此 scanf 函数对 s1.num 输入数据使用的格式符是"%d"，另外一个实参是"&(s1.num)"。为了实现"结构体变量.成员变量"可以像一个变量那样使用，规定了结构体成员运算符"."的优先级高于取地址运算符"&"，这样就可以去掉"&(s1.num)"中的小括号运算符"()"，直接写成"&s1.num"。因此，在表达式"&s1.num"中取地址运算符"&"的运算对象是"s1.num"，而不是"s1"。

在第 18 行语句中，利用 scanf 函数向 s1 的成员变量 name 中输入字符串，由于成员变量 name 是数组名，因此"s1.name"前面就不需要使用"&"运算符了。

在第 19 行语句中，要输出 s1 的成员变量 birth 中的数据，因为 birth 也是一个结构体变量，因此需要继续使用结构体成员运算符"."引用它的成员，它的成员是 short 类型，因此选择"%hd"格式符号。

3. 引用结构体指针变量

与其他变量一样，结构体变量也可以通过结构体指针变量来间接访问它。定义结构体指针变量的一般形式为：

struct 结构体名称 * 结构体指针变量名称;

【例 7.13】 定义结构体 studentNew 变量 s1 和结构体 studentNew 指针变量 sp1，通过指针变量 sp1 间接访问变量 s1。

程序代码如下：

```
1   #include <stdio.h>
2   #include <string.h>
3   struct birthday
4   {
5       short year;
```

```
6        short month;
7        short day;
8    };
9    struct studentNew
10   {
11       int num;
12       char name[20];
13       char sex;
14       struct birthday birth;
15   };
16   int main()
17   {
18       struct studentNew s1, * sp1;           //定义结构体指针变量 sp1
19       sp1 = &s1;                             //sp1 获得 s1 的地址
20       ( * sp1).num = 1;                      //通过 * 运算间接访问变量 s1
21       strcpy(( * sp1).name,"Leo");
22       printf("%d %s\n",( * sp1).num,( * sp1).name);//通过结构体指针变量输出
23       return 0;
24   }
```

在第 20 行语句中,由于运算符"."的优先级高于运算符" * ",因此需要用括号先运算"(* sp1)",不能写成" * sp1.num"。如果写成" * sp1.num",那么相当于" * (sp1.num)","sp1.num"中存储的是学生的学号而不是某个变量的地址,无法对它进行" * "运算。

为了简化结构体指针变量间接访问结构体变量的操作,C 语言为结构体指针变量提供了指向结构体成员运算符"->",它由"-"和">"两个字符组合而成。该运算符的运算对象只能是结构体指针。通过运算符"->"访问结构体成员的一般形式是:

结构体指针变量->成员变量

它等价于

(* 结构体指针变量).成员变量

【例 7.14】 定义结构体 studentNew 变量 s1 和指针变量 sp1,通过指针变量 sp1 和指向结构体成员运算符"->"间接访问变量 s1 的成员变量。

程序代码如下:

```
1    #include<stdio.h>
2    #include<string.h>
         ...                                    //在此省略了结构体 birthday 和结构体 studentNew 的声明
3    int main()
4    {
5        struct studentNew s1, * sp1;           //定义结构体变量 s1 和结构体指针变量 sp1
6        sp1 = &s1;                             //sp1 获得 s1 的地址
7        sp1 -> num = 1;                        //通过 ->间接访问变量 s1 的成员变量
8        strcpy(sp1 -> name,"Leo");
9        printf("%d %s\n",sp1 -> num,sp1 -> name);
10       return 0;
11   }
```

对比【例 7.13】中的第 20~22 行代码和【例 7.14】中的第 7~9 行代码，它们的功能是类似的。它们都是通过结构体指针变量 sp1 间接访问结构体变量 s1 的成员，只是使用了不同的运算符。在【例 7.13】中使用了指针运算符"*"来间接访问 s1 的成员，在【例 7.14】中使用了运算符"->"来访问 s1 的成员变量。从这两个例子可以看出，使用运算符"->"的代码更加简洁、直观。

7.2.4 *结构体变量的存储

不同数据类型的变量在存储时所需要的内存空间以及存储方式都是不同的。例如，int 类型的变量，它的存储空间是 4 字节，采用无符号整数的格式进行存储。double 类型的变量，它的存储空间是 8 字节，采用浮点数的格式进行存储。结构体变量又是如何进行存储的呢？

我们会很自然地想到一个答案：结构体是多种数据类型的组合体，其本质上是由一系列不同数据类型的成员变量组成，那么结构体变量的存储空间，应该是每个成员变量分别按照各自的数据类型进行存储，它们所占用的存储空间之和就是结构体变量的大小。那么实际上是这样吗？不完全是，**结构体变量所占用的存储空间往往要大于结构体成员变量所占用的存储空间之和。**例如，

```
struct student
{
    int num;                //4 字节
    char name[20];          //20 字节
    char sex;               //1 字节
};
```

如果按照上面的规则，结构体 student 变量所占用的内存空间应该是它的 3 个成员变量的内存空间之和，即 4+20+1=25 字节，但是实际上它要占用的内存空间是 28 字节，参见图 7.2。

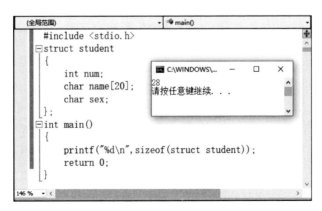

图 7.2　结构体 student 变量占用的内存空间

结构体变量的存储空间一般要大于或等于它所有成员所占用的存储空间之和，其根本原因在于CPU在读取内存数据时，不是按一个字节一个字节的方式读取，而是按一块一块的方式读取。这种按块读取的方式会导致它在从一些地址中读取数据时效率较高，而从另外一些地址中读取数据时效率较低。为了提高CPU读取内存的效率，内存中的数据存储采用了"内存对齐"原则。如果在存储数据时，有意识地将数据的起始位置存储在某些地址上，就能够提高CPU读取内存的效率，这就是"内存对齐"原则。

例如，假设某类型的计算机总线宽度为32位，它一次能够读取4字节的数据，也就是CPU读取的块的大小是4字节。如果没有内存对齐原则，CPU本来一次读取就可以读完的数据，往往可能需要读取2次。例如存储如下两个变量，

```
short a;
int b;
```

假设从内存地址0处开始存储这两个变量，参见图7.3。

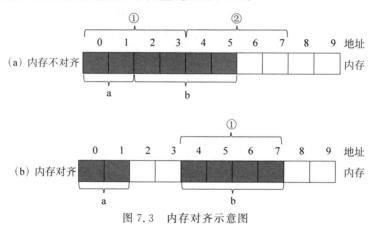

图7.3 内存对齐示意图

如果不采用内存对齐原则，按照a、b两个变量实际占用的空间连续存储，变量a占用2字节，变量b占用4字节，那么变量a和b的内存空间是连续的6字节，参见图7.3(a)。如果CPU要从内存中读取变量b，按照块读取方式，块的大小是4字节，那么它就需要读取两次。在第1次读取中选取所读取4字节中的后两个字节，在第2次读取中选取所读取4字节中的前两个字节，拼凑成变量b的4字节内容。

如果采用内存对齐原则，变量a虽然只需要占用2字节后，但是需要为它分配4字节，让它占用的内存空间和变量b占用的内存空间一样大，然后再为变量b分配4字节的空间，这样CPU只要读取一次就可以读取变量b的4字节，参见图7.3(b)。

为了提高结构体数据的读取效率，对结构体的存储也采用了类似内存对齐的原则。只要掌握以下3条原则，就可以基本准确地计算出结构体数据的实际长度。

原则一：结构体的总长度应该是所有成员类型长度的整数倍[①]。第一个成员存放在

---

① 严格意义上说，是成员数据类型对齐模板长度的整数倍，但是由于在Windows 7操作系统中Visual Studio 2010编程环境下，各数据类型的对齐模板与其本身长度相同，为了使得读者更简单地理解相关知识，简化为数据类型成员长度。

偏移量为 0 的地方，后面每个成员的偏移量应该是自身长度的整数倍。

【例 7.15】 分析结构体 s1 所占用的字节数。

```
struct s1
{
    char a;
    short b;
    char c;
    long long d;
};
```

结构体 s1 的长度是 16 字节，内存分布示意参见图 7.4。

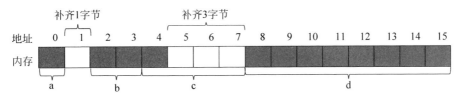

图 7.4　结构体 s1 的内存分布

在计算结构体长度时，需要按照成员在结构体中定义的先后顺序来计算成员占用的字节数。在 s1 中，先计算成员 a 占用的空间。按照内存对齐规则，成员 a 是第一个成员，它的偏移量是 0，它是 char 类型，占用 1 字节。接着计算成员 b 的存储位置，由于 b 的数据类型是 short，占用 2 字节，按照"结构体的总长度应该是所有成员类型长度的整数倍"的原则，在存储 b 时，为了保证结构体的总长度既是成员 a 长度的整数倍，也是成员 b 的长度的整数倍，则必须在 a 的后面空余 1 字节，也称为补齐 1 字节，然后存储 b，才能保证存储 b 后结构体的总长度既是 a 的长度的整数倍，也是 b 的长度的整数倍。

接着计算成员 c 占用的空间，它的类型是 char，需要占用 1 字节，但是按照内存对齐原则，在 c 后需要补齐 1 字节，这样才能保证存储成员 a、b、c 后，结构体的总长度 6 字节同时是结构体成员变量 a、b、c 长度的整数倍。如果后面没有成员 d，那么此时结构体 s1 的总长度是 6。

接着计算成员 d 占用的空间，它的类型是 long long，需要占用 8 字节，在它之前的成员共占用了 6 字节，必须再补齐 2 字节，才能保证结构体 s1 的总长度是成员 d 的长度 8 的倍数，所以需要在成员 c 之后，补齐 3 字节。

从图 7.4 中可以看出，结构体 s1 的总长度是 16，它是所有成员数据类型的整数倍，符合了内存对齐的原则。

原则二：如果一个结构体 B 里面的一个成员的类型是另一个结构体 A，则结构体 A 存储时的偏移量，应该是 A 内部数据类型长度最大的成员长度的整数倍。

【例 7.16】 分析结构体 s3 所占用的字节数。

```
struct s2
{
    int d;
```

```
        int e;
        double f;
};
struct s3
{
        short a;
        short b;
        struct s2 c;
};
```

结构体 s3 数据类型的长度是 24 字节,具体内存分布示意参见图 7.5。

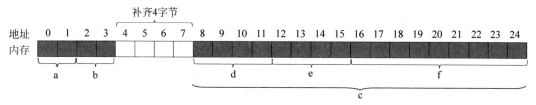

图 7.5　结构体 s3 的内存分布

结构体 s3 的第 1 个成员和第 2 个成员都是 short 类型,它们占用的字节数都是 2,因此成员 a 和成员 b 共占用 4 字节。成员 c 的类型是结构体 s2。在结构体 s2 中,长度最大的成员变量为 f,它的长度为 8 字节,因此在成员 b 后面必须空出 4 字节,这样成员 a 和 b 共计占用 8 字节,就可以满足原则二的规定。根据原则一,可以计算出结构体成员 c 占用的字节数是 16 字节。最后得出结构体 s3 的长度是 24 字节。

原则三:整个结构体的总长度必须是它最大类型长度成员的长度的整数倍,如果不够,则由其最后一个成员负责补齐。

【例 7.17】 分析结构体 s4 所占用的字节数。

```
struct s4
{
        char a;
        long long d;
        short b;
        char c;
};
```

结构体 s4 类型的长度是 24 字节,具体内存分布示意参见图 7.6。

图 7.6　结构体 s4 的内存分布

根据原则一,可以计算出结构体 s4 的成员 a 和成员 d 各需要占用 16 字节。成员 a 需要补齐 7 字节,成员 d 从第 8 字节存储。接着计算成员 b 占用的空间,它的数据类型是 short,占用 2 字节。如果后面没有成员 c,根据原则一,它需要补齐 6 字节。但是它后面有成员 c,根据原则三的规定,由最后一个成员补齐,因此成员 c 接着成员 b 的位置继续存储,成员 c 的类型是 char,它只占用 1 字节,它和成员 b 共占用了 3 字节,整个结构体的长度为 8+8+2+1=19 字节。此时结构体 s4 的长度不是最大长度成员 d 的类型 long long 的倍数,由最后的成员 c 补齐 5 字节,这样结构体 s4 的长度是 24 字节,满足原则一的规定。

7.2.5 定义结构体数组

结构体数组主要用来解决结构体变量的批量定义问题,其定义方法与定义结构体变量的方法基本相同,此处不再赘述。在结构体数组中,每个数组元素都是一个结构体变量,可以按照引用结构体变量的方式来引用它。对于结构体数组元素的某个成员变量,如果其数据类型又是结构体或者是数组,那么只需要在该成员变量的前面加上数组元素作为前缀,按照结构体或者数组的引用方式对成员变量进行引用就可以了。

【例 7.18】 在 main 函数中定义结构体 studentNew 数组 s1 和 s2 来存储全班学生的信息,从键盘将学生信息输入到数组 s1 中并同时复制到数组 s2 中。从键盘输入每名学生信息的数据格式是: 1 Leo M 2009 2 23,用换行符结束输入。

程序代码如下:

```
1   #include <stdio.h>
2   #include <string.h>
    …//在此省略了结构体 birthday 和结构体 studentNew 的声明
3   int main()
4   {
5       struct studentNew s1[50],s2[50];
6       int i;
7       for (i = 0;i < 50;i++)
8       {
9           scanf("%d%s",&s1[i].num,s1[i].name);
10          getchar();                        //读走性别字符前的空格字符
11          scanf("%c",&s1[i].sex);           //读取性别
12          scanf("%hd%hd%hd",&s1[i].birth.year,&s1[i].birth.month,&s1[i].birth.day);
13          s2[i] = s1[i];
14      }
15      return 0;
16  }
```

在第 5 行语句中定义了 studentNew 结构体数组 s1 和 s2,s1 和 s2 均是数组名。通过第 9~12 行语句为结构体数组元素的成员输入数值,这个过程可以使用 1 条或多条

scanf 语句完成。由于输入数据中字符串"Leo"和字符"M"中有一个空格,可以首先使用 getchar 函数读取这个空格,接着使用格式化符"%c"读取字符"M",否则直接使用格式化符"%c"将会把这个空格读取给"s1[i].sex"。也可以将第 9~12 行语句合并成一条 scanf 语句,如下:

```
scanf("%d%s %c",&s1[i].num,s1[i].name,&s1[i].sex);
```

此时,"%s"格式符与"%c"格式符之间一定要加入一个空格,以保证其与实际输入数据的格式相一致。

语句 13 将数组 s1 中数组元素的值逐一赋值给数组 s2 中的数组元素。对于结构体 s1 和 s2,不能使用语句"s2=s1;"进行数组之间的数据赋值。虽然结构体变量之间可以赋值,但是结构体数组之间仍然需要遵守数组的赋值规则:不能对数组名进行赋值操作。

要掌握结构体数组的使用最主要的是要分清结构体和数组之间的包含关系。结构体数组的类型是结构体,即数组元素的类型是结构体,而结构体数组元素的成员的类型又可能是数组或者结构体。

如【例 7.18】中的 s1,它是一个结构体数组的数组名,其存储的是该结构体数组的首地址。对于该数组的每一个元素,可以分别用 s1[0],s1[1],…,s1[49]来进行引用,其中任意一个元素均是类型为 studentNew 的结构体变量。对于结构体数组的每一个元素,如 s1[10],均可以通过结构体成员运算符来引用其成员变量,例如,s1[10].num 表示该结构体数组的第 11 个元素的成员变量 num,它是一个整型数字,而 s1[10].name 则是一个字符数组的数组名,s1[10].name[0]对应该字符数组的第一个元素。

7.2.6 结构体的应用

在 C 语言中,结构体是一种重要的数据类型。它的应用主要有以下 3 个方面:

一是如果函数的类型是结构体,那么就能够实现一次函数调用返回多个数据的效果。这样就不需要使用全局变量或者指针在两个函数之间传递多个数据。这样既能够满足在两个函数之间传递多个数据的需求,又能够保持函数的封闭性。

二是使用结构体描述复杂信息。在很多大型的工程软件中都会使用大量的结构体数据类型进行信息的统一定义和管理。例如,在 Linux 和 Windows 内核中,内存管理、进程管理、文件管理等功能的代码实现中就大量地使用了结构体。

三是可以使用结构体组成堆、栈、队列、树、表等多种高级数据结构,用于处理特定的复杂问题。

1. 结构体作为函数的类型

函数只能通过 return 返回一个类型的数据。如果没有结构体,函数返回数据的类型只能是 char、int、float、double 以及指针等简单数据类型的数据,如果函数的类型是结构体,那么它就可以返回一个结构体数据。由于结构体可以包含多个成员变量,每个成员变量又可以有不同的数据类型,这样就可以实现一次函数调用返回多个数据的功能。

【例 7.19】 编写 average 函数实现输入两个实数并求得最大值、最小值和平均值的功能,最后通过 return 返回数据。

问题分析:如果不使用结构体,一个函数要通过 return 返回 3 个数值是无法实现的。只有通过以下两种方式实现:一种是通过全局变量实现函数间的数据传递。定义两个全局变量用于传递最大值和最小值,通过 average 函数返回平均值,具体见【例 5.15】;另一种是通过指针的方式实现两个函数间的数据传递。在 main 函数中定义数组 float s[3],用 3 个数组元素分别存储最大值、最小值和平均值,然后将数组名 s 作为实参传递给 average 函数,在 average 函数中通过间接访问变量的方式将最大值、最小值和平均值写入到数组 s 里面,此时 average 函数不需要通过 return 返回数据。

下面的代码利用指针在 main 函数和 average 函数之间进行数据传递。

程序代码如下:

```
1    #include <stdio.h>
2    int main()
3    {
4        float a,b;
5        void average(float *t,float a,float b);    //函数声明
6        float s[3];                                  //存储最大值、最小值、平均值
7        scanf("%f%f",&a,&b);
8        average(s,a,b);                              //调用函数
9        printf("max=%f,min=%f,ave=%f\n",s[0],s[1],s[2]);
10       return 0;
11   }
12   void average(float *t,float a,float b)
13   {
14       if (a>b)
15       {
16           t[0]=a;                                  //存储最大值
17           t[1]=b;                                  //存储最小值
18       }
19       else
20       {
21           t[0]=b;                                  //存储最大值
22           t[1]=a;                                  //存储最小值
23       }
24       t[2]=(a+b)/2;                                //存储平均值
25   }
```

在第 6 行语句中定义了数组 s,数组元素 s[0]存储最大值,s[1]存储最小值,s[2]存储平均值。在第 8 行语句中调用函数 average,将数组名 s 作为实参传递到函数的形参变量 t 中,变量 t 的数据类型是 float *。在第 14~24 行语句中,通过指针变量 t 对数组 s 的元素进行间接访问,将最大值、最小值和平均值存储在数组 s 中。在 main 函数中通过语句 9 输出结果数据。

采用这两种方式在函数间传递数据，函数之间的耦合性比较强。有了结构体，函数可以通过结构体返回多个数值，通过函数类型可以显式地明确函数与外部的接口，使得函数对外部的依赖性降到最小，实现函数设计的初衷。

下面的代码是利用结构体在 main 函数和 average 函数之间传递数据。定义结构体 result 存储最大值、最小值和平均值。定义函数 average，它的类型为 struct result。

程序代码如下：

```
1    # include < stdio.h >
2    struct result
3    {
4        float max;                                  //存储最大值
5        float min;                                  //存储最小值
6        float ave;                                  //存储平均值
7    };
8    int main()
9    {
10       struct result s;                            //定义结构体变量 s 接收函数返回值
11       float x,y;
12       struct result average(float,float);         //函数声明
13       scanf(" % f % f ",&x,&y);
14       s = average(x,y);                           //将 average 函数返回值赋值给 s
15       printf("max = % f,min = % f,ave = % f\n",s.max,s.min,s.ave);   //输出变量 s 中的值
16       return 0;
17   }
18   struct result average(float a,float b)
19   {
20       struct result t;                            //定义结构体变量 t,存储函数返回值
21       if (a > b)
22       {
23           t.max = a;                              //存储最大值
24           t.min = b;                              //存储最小值
25       }
26       else
27       {
28           t.max = b;                              //存储最大值
29           t.min = a;                              //存储最小值
30       }
31       t.ave = (a + b)/2;                          //存储平均值
32       return t;                                   //返回结构体变量
33   }
```

在第 14 行语句中，average 函数只通过形参变量 a 和 b 接收 main 函数实参变量 x 和 y 的值，main 函数只通过它的局部变量 s 接收 average 函数的返回值。main 函数和 average 函数之间的数据交互完全符合函数的封闭性、重用性和组合性要求。

2．使用结构体描述复杂关联数据

在程序中，常常会用结构体来描述复杂的关联数据。这些数据之间的关联性非常

强,常常需要一起使用或者一起修改。把它们构造成结构体就能够有效地表示这些数据之间的关系,提高程序代码的可读性。

例如,对文件操作时需要使用 fopen 函数,该函数的类型是 FILE *。FILE 类型就是一个描述文件缓冲区结构的复杂结构体,在 stdio.h 文件中对结构体 FILE 进行了声明。

【例 7.20】 结构体 FILE 的声明代码。

```
1    struct _iobuf
2    {
3        char * _ptr;              //文件输入的下一个位置
4        int    _cnt;              //当前缓冲区的相对位置
5        char * _base;             //文件的起始位置
6        int    _flag;             //文件标志
7        int    _file;             //文件的有效性验证
8        int    _charbuf;          //检查缓冲区状况,若无缓冲区则不读取
9        int    _bufsiz;           //文件的大小
10       char * _tmpfname;         //临时文件名
11   };
12   typedef struct _iobuf FILE;   //为结构体_iobuf 添加一个别名 FILE
```

可以看出,FILE 实际上是结构体_iobuf 的一个别名,该结构体统一存储了文件操作所需要的信息,包括文件输入位置、缓冲区位置、文件起始位置、文件标志等。这些数据通常在文件打开、文件读取、文件写入、文件关闭等过程中同时被修改或被使用,通过一个结构体存储这些数据,可以显式地表示这些数据之间的关联性,有利于简化程序代码。

在了解了 FILE 的意义后,再回顾一下我们在第 3 章学过的文件操作函数,可以发现这些函数实际上都是在对结构体进行操作。例如,fopen 函数的声明是:

FILE * fopen(const char * filename, const char * mode);

在该函数内部,实际上是将名为 filename 的文件,根据 mode 所指定的方式打开后,返回一个 FILE * 指针。在 FILE * 指针指向的内存中存储了大量与文件操作有关的信息,能够为后续的读写操作提供支持。这种操作方法,使得文件操作函数变得简单易用。

7.3 "勤俭节约"的数据类型——共用体

共用体也是一种有结构的用户自己建立的数据类型,它也是由不同类型的成员所组成的。相较于结构体,共用体充分地体现了对内存使用的"勤俭节约"。共用体有一个十分有趣的特征,不同的成员之间可以共享内存空间,并由此产生了一系列奇妙的应用。

7.3.1 存储空间很宝贵

结构体是由不同的成员所组成的。在程序运行过程中,系统会根据结构体变量的每个成员变量的数据类型为它们分配独立

微课 7.3 共用体

的存储空间。但是,有的时候并不是所有的结构体成员都会用到,特别是当使用某一个成员时,一定会不使用另一个成员,这样就会出现不使用的成员变量仍然占用了存储空间的现象。这种现象会造成内存空间的浪费。

例如,一个大学要给教师和学生办理校园卡,校园卡的信息包括卡号、姓名、类别、年级和职称等信息。如果是学生,则使用年级字段存储年级信息,职称字段留空;如果是老师,则使用职称字段存储职称信息,年级字段留空。

【例 7.21】 定义结构体 cardStruct 表示校园卡的信息。

程序代码如下:

```
1    struct cardStruct
2    {
3        int id;                //存储卡号
4        char name[20];         //存储姓名
5        int kind;              //存储类别,用 1 表示老师,0 表示学生
6        int grade;             //存储学生年级信息,用整数 1~4 分别表示大一到大四
7        char title[8];         //存储教师职称信息,教授、副教授、讲师、助教等
8    };
```

显而易见,利用 cardStruct 结构体表示老师或学生的信息时,成员变量 grade 和 title 只会用到一个。如果用一个 cardStruct 的结构体变量来存储老师的信息,那么成员 grade 变量的存储空间浪费了,如果用该变量存储学生的信息,那么成员 title 变量的存储空间就会浪费了。在这种情况下,可以使用共用体来解决这个问题。

7.3.2 能省一点是一点

早期的计算机内存很宝贵,节省每一个字节都会让程序变得高效。如果不同数据类型的变量可以共用一段内存空间,那么可以提高内存的利用效率。相较于结构体,共用体能够有效提升空间的利用效率。

在【例 7.21】中,成员 grade 是 int 类型,它占用了 4 字节。成员 title 是字符数组,它占用了 8 字节。计算机为它们共分配了 12 字节的内存空间,但是在使用时却最多只存储了 8 字节的数据。如果让成员 title 和 grade 共用 8 字节的内存空间,这样就可以节约 4 字节的内存空间。

共用体也由不同数据类型的成员组成,只不过所有成员共同占用一段内存空间。当然这段内存空间的长度必须是所有成员中占用字节数最多的成员的长度。

定义共用体需要使用关键字 union,定义方法与结构体相同,它的一般形式是:

```
union 共用体类型名称
{
    数据类型 成员名称 1;
    数据类型 成员名称 2;
        ...
    数据类型 成员名称 n;
};
```

共用体的使用方式与结构体相同,它们都需要先声明数据类型,再用数据类型定义变量。结构体变量的数据存储在成员变量中,可以对它的任意成员进行引用来访问数据。但是共用体变量在任何时刻都只能存储一个成员变量的数据。也就是说,在使用共用体变量时,由程序员在程序中临时指定用哪一个共用体成员变量来存储数据。

【例7.22】 定义共用体变量来存储老师的职称信息和学生的年级信息。

程序代码如下:

```
1   #include <stdio.h>
2   #include <string.h>
3   union status                            //定义共用体 status
4   {
5       int grade;
6       char title[8];
7   };
8   int main()
9   {
10      union status s1,s2;                 //定义共同体变量 s1,s2
11      s1.grade = 4;                       //对 s1 的成员 grade 赋值
12      printf("%d\n",s1.grade);
13      strcpy(s1.title,"教授");             //对 s1 的成员 title 赋值
14      s2 = s1;                            //将共同体变量 s1 的值赋值给变量 s2
15      printf("%s\n",s2.title);            //输出共同体变量 s2 的值
16      return 0;
17  }
```

在第3～7行语句中声明了status共用体,它的长度是8字节,这是成员title所需要的存储空间,它比成员grade占用的空间大。在第10行语句中,使用status定义了共用体变量s1和s2。在第11行语句中,对共用体变量s1的成员变量grade赋值"4",此时变量s1就存储了4字节的整数"4"。在第13行语句中,通过strcpy函数对共用体变量s1的成员变量title赋值,向s1的成员变量title中复制字符串"教授",它会覆盖共用体变量s1中的数值"4"。因为在任何一个时刻,s1只能存储一个成员变量的值。在第14行语句中,将变量s1的值赋给变量s2,这种赋值方式与结构体变量的赋值方法相同。语句执行后,s2就存储了s1中的字符串"教授"。只有通过引用成员变量s2.title才能实现对s2中存储内容的正确引用。当然也可以通过语句"strcpy(s2.title,s1.title);"完成相同的功能,但是不可以使用语句"s2.title=s1.title;",因为成员title是字符数组名,需要使用字符串函数完成内容复制。

在完成共用体数据status的声明之后,接下来就可以对cardStruct结构体进行改造,构建新的结构体card,既能满足存储学生和老师信息的需求,又可以节约系统的内存资源。

【例7.23】 使用共用体成员变量来定义新结构体card。

程序代码如下:

```
1   #include <stdio.h>
2   union status                            //定义共用体 status
```

```
3   {
4       int grade;
5       char title[8];
6   };
7   struct card
8   {
9       int id;
10      char name[20];
11      int kind;
12      union status s;                          //定义共用体成员变量
13  };
14  int main()
15  {
16      struct card cd;                          //定义结构体变量
17      scanf("%d%s%d%d",&cd.id,cd.name,&cd.kind,&cd.s.grade);   //输入学生数据
18      printf("%d%s%d%d\n",cd.id,cd.name,cd.kind,cd.s.grade);   //输出学生数据
19      scanf("%d%s%d%s",&cd.id,cd.name,&cd.kind,cd.s.title);    //输入老师数据
20      printf("%d%s%d%s\n",cd.id,cd.name,cd.kind,cd.s.title);   //输出老师数据
21      return 0;
22  }
```

在第17行语句中输入学生数据,此时要选择结构体变量cd的共同体成员变量s的成员变量grade输入年级数据。在第19行语句中输入老师数据,此时要选择结构体变量cd的共同体成员变量s的成员变量title输入职称数据。

7.3.3 正确区分结构体与共用体

共用体与结构体有很多相似的地方,从定义数据类型和变量的形式来看,除了关键字 union 和 struct 不同以外,其他内容完全相同,因此很容易产生混淆。共用体与结构体的相同之处主要表现在:

(1) 它们都是由一些成员组成;
(2) 它们都需要先声明数据类型,再用数据类型定义变量;
(3) 共用体变量的引用方式与结构体变量的引用方式完全相同。

它们之间的区别主要表现在:共用体的成员共享同一个存储空间,而结构体的成员各自有独立的存储空间。在一个特定的时刻,共同体变量只有一个成员变量可以存储数据,而结构体变量的成员变量都可以同时存储数据。一般来说,结构体的存储空间是所有成员的存储空间之和(当然,要考虑内存对齐的问题),而共用体所占用的存储空间是所有成员中存储空间的最大值。

【例7.24】 比较成员相同的结构体变量 s1 和共用体变量 s2 所占用的内存空间的大小。
程序代码如下:

```
1   #include<stdio.h>
2   struct s_student                             //定义结构体 s_student
```

```
 3   {
 4       int num;
 5       char name[20];
 6       char sex;
 7   } s1;
 8   union u_student                    //定义共用体 u_student
 9   {
10       int num;
11       char name[20];
12       char sex;
13   } s2;
14   int main()
15   {
16       printf("%d,%d",sizeof(s1),sizeof(s2));
17       return 0;
18   }
```

该程序输出为"28,20",也就是说,虽然结构体 s_student 和共用体 u_student 的成员相同,但是用它们分别定义的结构体变量 s1 和共用体 s2,大小存在 8 字节的差异。这是由于结构体变量 s1 可以同时存储学生的学号、姓名和性别数据,而共用体变量 s2 只能存储学号、姓名和性别中的某一个数据。

在学习用户自己建立的数据类型时,只要先掌握了结构体的概念,再理解共用体与结构体的唯一不同点,就能够很容易地掌握共用体的使用。

7.4 "有限取值"的数据类型——枚举类型

在解决实际问题时,当某个变量的取值范围是有限的几个值时,就可以把变量的数据类型定义成枚举类型,然后把它的取值一一列举出来。例如一年只有 12 个月,从一月到十二月,一周只有 7 天,从星期一到星期日。无论是一年的 12 个月,还是一周的 7 天,如果使用某个变量来表示它,那么这个变量只能取有限的值。其实不光是这些场合,程序员在编写程序时,经常会遇到一些有限值的表示问题,如果这些值不能事先约定好,那么在编写和阅读程序时就可能会产生混乱。

微课 7.4 枚举类型

7.4.1 事先约定好处多

让我们想象一个应用场景,一个超市要开发一个结算系统软件。商场和餐饮店经常会在节假日开展促销活动,该超市决定每周五会对所有商品打八折销售。现在需要在程序中定义一个打折函数 discount,每当顾客结算时,均会调用 discount 函数计算最终购物款。在 discount 函数中,判断当日是否是周五,如果是周五,则对购物款打八折,否则按照原价格执行。

【例 7.25】 定义 discount 函数实现每周五对顾客的购物款打八折。

程序代码如下：

```
1    float discount(float count)
2    {
3        char today[20] = {'\0'};
4        scanf("%s",today);
5        if (!strcmp(today,"Friday")) count = count * 0.8;
6        return count;
7    }
```

discount 函数的输入数据有两个：一个是通过函数参数输入的原始购物款 count，另一个是通过标准输入函数输入变量 today，表示当天是星期几。函数的返回值是最终的购物款。乍一看，discount 函数功能正确、结构良好，似乎并没有什么问题。但是随着结算系统的应用，直接使用字符串"Friday"的缺点会逐渐暴露出来。该函数是否能够正确运行依赖于销售员和程序员的事先约定。当星期五到来时，销售员应该输入字符串"Friday"，而不是"周五"、"星期五"或"FRI"。如果在该软件的开发过程中，这种约定被多次修改，很有可能程序员在编写程序的时候，会将第 3 行语句中的"Friday"字符串常量写成了"周五"、"星期五"或"FRI"。此时，该函数的功能无法正常实现，它也不会提示错误信息，但会造成星期五没有给顾客打折的问题。

究其根本，问题产生的原因是能够表示"星期五"含义的字符串太多了，可以是"Friday"，也可以是"周五"、"星期五"或"FRI"，并且编译系统也无法检测字符串常量的内容是否准确，所以需要找到一种能够通过程序代码本身对"星期五"的表示进行约束的方法，强制程序员按照事先约定的方式来表示星期五，如果不这样表示，系统将会给出相应的错误提示。

我们可以使用符号常量，将星期日到星期五都用符号常量的方式定义出来。例如，

```
#define Monday 0
#define Tuesday 1
#define Wednesday 2
#define Thursday 3
#define Friday 4
#define Saturday 5
#define Sunday 6
```

在程序中，程序员可以直接写符号常量 Friday，而不需要再写成字符串"Friday"。例如，【例 7.25】中的第 5 行语句

```
if (!strcmp(today,"Friday"))
```

可以修改为

```
if (today == Friday)
```

如果程序员没有把符号常量 Friday 写正确,那么编译系统会提示错误信息。当然,today 的类型也不能再是字符数组,而是需要与符号常量 Friday 的类型相匹配。

除了使用符号常量外,C 语言还为我们提供了一种特殊的数据类型来解决这个问题,即枚举类型,它可以表示由用户自行定义的一系列常量的集合。枚举类型可以实现批量符号常量的定义,并且能够对符号常量的取值进行限定。枚举类型和枚举类型变量的定义方式与结构体和共用体相同,声明枚举类型的一般形式是:

enum 枚举类型名称 {枚举元素 1,枚举元素 2,…,枚举元素 n};

例如,可以声明枚举类型 week,它的元素是一周七天,即,

enum week { Monday, Tuesday, Wednesday, Thursday, Friday, Saturday, Sunday};

之后,可以用枚举类型 week 定义枚举变量 today,如,

enum week today;

对于变量 today 来说,它的值只能是这 7 个枚举元素中的一个,例如,

today = Friday;

此时如果程序员不小心把 Friday 换成 Fri、星期五、周五等,那么程序编译系统会提示编译错误,从程序代码本身来避免产生类似的错误。

从本质上说,枚举元素实际就是一种符号常量。用户可以根据自己的需要定义这些元素的名称和它们对应的整数值。如果不指定这些符号常量对应的整数值,那么 C 语言的编译系统会按照枚举元素定义时候的顺序默认分别给它们赋值 0,1,2,…。

在对枚举类型进行定义时,允许直接给枚举元素指定整数值。例如,可以进行如下声明:

enum week {Monday = 1, Tuesday, Wednesday, Thursday, Friday, Saturday = 9, Sunday };

此时枚举元素 Monday 的值是 1,后面枚举元素的值会递增 1,这样 Friday 的值就是 5。由于枚举元素 Saturday 的值是 9,因此 Sunday 的值是 10。

实际上,在大多数时候我们并不需要知道这些枚举元素对应的整数值,我们只是使用它们的名称来区别它们,但计算机需要用整数值来区别这些枚举元素。

【例 7.26】 某商场开展促销活动,所有商品周一到周四打九折,周五打八折,周六到周日打七折,定义 discount 函数实现对顾客的购物款进行打折计算。

问题分析:定义枚举类型 week 对一周 7 天的日期进行约定。利用 switch 语句的多分支选择功能实现一周 7 天的不同打折规定。

程序代码如下:

```
1   # include < stdio.h >
2   enum week{Monday = 1, Tuesday, Wednesday, Thursday, Friday, Saturday, Sunday};
                                                    //定义枚举类型 week
3   float discount(enum week today, float count)    //定义打折函数
```

```
4   {
5       switch(today)                                   //switch实现多分支选择
6       {
7           case Monday:
8           case Tuesday:
9           case Wednesday:
10          case Thursday: count = count * 0.9;break;   //星期一到星期四打九折
11          case Friday: count = count * 0.8;break;     //星期五打八折
12          case Saturday:
13          case Sunday: count = count * 0.7;break;     //星期六和星期日打七折
14          default: printf("输入星期%d错误!\n",today);//提示输入日期错误
15      }
16      return count;
17  }
18  int main()
19  {
20      enum week today;
21      float count = 100;                              //顾客的购物款是100元
22      today = Monday;                                 //用枚举元素对枚举变量赋值
23      printf("原价是%.2f元,打折后的价格是%.2f元\n",count,discount(today,count));
24      today = (enum week)8;                           //用整数值对枚举变量赋值
25      printf("原价是%.2f元,打折后的价格是%.2f元\n",count,discount(today,count));
26      return 0;
27  }
```

程序运行结果参见图 7.7。

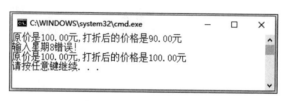

图 7.7　程序运行结果

语句 1 定义了一个名为 week 的枚举类型，它包括了 7 个枚举元素，这 7 个枚举元素的值分别是 1~7。在第 14 行语句中，对枚举变量 today 的取值超过了 week 枚举类型的取值范围进行了错误提示，此时在 printf 语句中，对变量 today 输出的格式符号是"%d"，因为枚举元素的值是整数值。

在 main 函数中，通过第 22 行语句为枚举变量 today 赋值 Monday，也可以赋枚举元素 Monday 的整数值 1，但是不提倡这样做，这样做就失去了枚举元素符号化提示信息的作用。在第 23 语句中，对枚举变量 today 赋值 8，整数 8 不是 week 枚举类型中枚举元素的值，因此在调用 discount 函数时，第 14 行语句会提示"输入星期 8 错误"信息。

枚举元素的值是整数值，因此可以将整数值强制转换为枚举变量。例如，第 24 行语句"today=(enum week)8;"，是将 8 转化为 week 枚举变量，然后将其赋值给 today。虽然此时整数 8 并不是枚举类型的一个有效取值，但是该语句却不会报任何语法错误。但是如果将该句直接改为"today=8;"，则编译系统会提示：无法从"int"转换为"week"。

如果把枚举变量看作是整型变量，则可以使用 scanf 和 printf 等函数为它们输入输出函数，但只能输入和输出枚举元素的整数值，无法输出这些枚举元素的名称。这一点与能够输出符号常量的值，而无法输出符号常量的名称相类似。

总之，使用枚举类型的最大好处在于程序员能够在编写代码时，通过枚举元素的名称知道这些枚举元素的含义，并且通过对枚举类型取值空间的约束，规避可能的潜在错误风险。

7.4.2 * 无穷无尽莫找我

在计算机中，由于硬件存储资源的空间是有限的，因此 C 语言中所有的数据类型的取值范围都是有限的。在枚举类型中枚举元素的数量也是有限的，不能枚举无限多个元素。

一般情况下，枚举类型中的枚举元素数量都不多。如果一定要给出一个极限，想定义一个具有最大数量枚举元素的枚举类型，那么它最多能够包含多少个枚举元素呢？另外，枚举元素的最大值可以定义为多少？枚举类型又会占用多少字节的存储空间呢？下面就来讨论一下这些问题。

C 语言规定了枚举元素的数据类型是 int。如果 int 为 4 字节，那么枚举元素个数最多应该是 2^{32} 个，取值范围为 $-2^{31} \sim 2^{31}-1$，即 $-2\,147\,483\,648 \sim 2\,147\,483\,647$。枚举元素的最大取值是 2147483647。

定义枚举类型 week 如下：

enum week{Monday = 2147483647,Tuesday,Wednesday,Thursday,Friday,Saturday,Sunday};

枚举元素 Monday 的值是 int 可以表示的最大值，枚举元素 Tuesday 的值比 Monday 大 1，即 $2147483648=2^{32}$，用二进制表示为 10000000 000000000 000000000 000000000，由于 int 的首位是符号位，这正是负数 -2147483648 的补码，因此枚举元素 Tuesday 的值是 -2147483648，后续的枚举元素的数值都顺序增加 1。

7.5 * 用户自己建立数据类型的综合应用

在计算机领域中，有一个经典问题，即如何维护有序的数据，这些有序的数据可以是整型、浮点型等简单数据类型，也可以是同时包含多个属性的结构体等复杂数据类型。比如说，将一批学生的成绩数据按照从高到低的顺序存储起来，要能够实现快速地插入与删除成绩数据，这是有序数据维护和应用的一个典型例子。

对有序数据进行存储，其本质上是建立一个有序的数据"队伍"。在数据结构上，根据有序数据的不同存储方式，可分为表、队列、树等多种结构。在本书中，不详细介绍这些高级概念，而是以最直观的形式，向大家展示如何使用用户自己建立的数据类型，构建和管理这个特殊的数据"队伍"。特别是当一个新的数据出现时，将其插入"队伍"后，如何能够使所有的数据依旧保持有序。

7.5.1 用数组维护有序数据很烦琐

我们能够想到建立有序数据"队伍"的最简单的方法就是使用数组。如果在一个数组中所有的数据均以一定的顺序排列，那么这些数据就构成了一个最简单的有序数据"队伍"。第 6 章介绍了利用数组存储学生的课程成绩并根据学生成绩高低进行排序的问题。如果将该数组扩展为一个结构体数组，每一个数组元素是一个结构体变量，则可以实现按照学生成绩对学生信息进行排序的功能。

微课 7.5　数组与有序队伍

1. 建立结构体数组队伍

一个班级的学生考试成绩存储在文本文件"学生成绩.txt"中，参见图 7.8。在该文件中，存储了每个学生的学号、姓名、性别、英语成绩和数学成绩 5 个字段。所有的学生成绩记录是根据学生的学号进行了排序。现要求修改"学生成绩.txt"文件，根据课程成绩按照从高到低的顺序，对学生记录数据重新进行排序。

【**例 7.27**】　根据英语成绩或数学成绩，按照由高到低的顺序对"学生成绩.txt"文件中的学生成绩记录重新排序，依旧保存在原文件中。

问题分析：在"学生成绩.txt"文件中，一个学生的信息是一行数据。它包括学号、姓名、性别、英语成绩和数学成绩。这些都是学生的属性，它们的数

图 7.8　学生成绩.txt 文件

据类型都不相同，可以先声明 student 结构体来表示学生的信息，再定义 student 结构体数组存储全班学生的信息。

student 结构体声明如下：

```
1    struct student
2    {
3        int num;                    //学号
4        char name[20];              //姓名
5        char sex;                   //性别
6        float eScore;               //英语成绩
7        float mScore;               //数学成绩
8    };
```

学生的成绩包括英语成绩和数学成绩，可以定义枚举类型 course 来表示课程名称。例如，

```
enum course {English, Math};
```

程序需要完成从文件中将学生的信息读到结构体 student 数组中，然后根据学生的数学成绩或者英语成绩从高到低对结构体 student 数组进行排序，最后将排好序的结构体数组元素写到文件中。程序的功能可以分解为 3 个子功能：读取数据、排序和写入数据，分别由函数 getData、函数 sort 和函数 putData 来实现。getData 函数实现从文件中将学生的数据读取到结构体数组中。sort 函数实现对结构体数组的排序，排序的方法可以选用打擂台法。putData 函数将排序后的结构体数组重新写入文件中。在 main 函数中定义结构体 student 数组 s，getData 函数、sort 函数和 putData 函数分别访问数组 s 对学生数据进行处理。

getData 函数的输入数据是结构体数组 s 的地址和学生的人数，因此它的形参定义为 struct student * s 和 int n。如果 getData 函数读取学生数据成功，则返回 1；如果失败，则返回 0。

getData 函数的定义如下：

```
1    int getData(struct student * s, int n)
2    {
3        FILE * fp;
4        int i;
         //假设学生成绩存储在 C 盘下"程序"文件夹下的"学生成绩.txt"文件内
5        fp = fopen("c:\\程序\\学生成绩.txt","r");
6        if (fp == NULL)
7        {
8            printf("打开文件失败!\n");
9            return 0;
10       }
         //利用循环语句，从文件中读取学生的数据
11       for(i = 0;i < n;i++)
12           fscanf(fp," % d % s % c % f % f",&s[i].num,s[i].name,&s[i].sex,&s[i].eScore,
             &s[i].mScore);
13       fclose(fp);
14       return 1;
15   }
```

sort 函数的输入数据是结构体数组 s 的地址、学生的人数和课程名称，因此它的形参定义为 struct student * s，int n 和 enum course c。根据枚举类型变量 c 的值选择依据学生的数学成绩还是英语成绩进行排序。函数不需要通过 return 返回数据，因此函数的类型是 void。

sort 函数的定义如下：

```
1    void sort(struct student * s, int n, enum course c)
2    {
3        int i,j;
4        struct student t;
5        switch (c)
```

```
6      {
7          case English:
8              for(i = 0;i < n - 1;i++)
9                  for(j = i + 1;j < n;j++)
10                     if(s[i].eScore < s[j].eScore)
11                     {
12                         t = s[i];
13                         s[i] = s[j];
14                         s[j] = t;
15                     }
16             break;
17         case Math:
18             for(i = 0;i < n - 1;i++)
19                 for(j = i + 1;j < n;j++)
20                     if(s[i].mScore < s[j].mScore)
21                     {
22                         t = s[i];
23                         s[i] = s[j];
24                         s[j] = t;
25                     }
26             break;
27         default: printf("输入的课程信息错误!\n");
28     }
29 }
```

putData 函数的形参和函数类型与 getData 函数相同,它的函数定义如下:

```
1  int putData(struct student * s,int n)
2  {
3      int i;
4      FILE * fp;
       //以创建新文件的方式打开文件,清除原来的数据
5      fp = fopen("c:\\程序\\学生成绩.txt","w");
6      if(fp == NULL)
7      {
8          printf("打开文件失败!\n");
9          return 0;
10     }
       //将排好序的数组中的学生信息写入文件中
11     for(i = 0;i < n;i++)
12         fprintf(fp," % d % s % c % f % f\n",s[i].num, s[i].name, s[i].sex, s[i].eScore, s[i].mScore);
13     fclose(fp);
14     return 1;
15 }
```

在 main 函数中对 getData、sort 和 putData 函数进行调用。

程序代码如下：

```
1   #include <stdio.h>
2   #define M 50
    …//省略结构体 student 声明
    …//省略枚举类型 course 声明
3   int main()
4   {
5       int getData(struct student *, int);              //函数声明
6       void sort(struct student *, int, enum course);   //函数声明
7       int putData(struct student *, int);              //函数声明
8       struct student s[M];                             //定义结构体数组
9       int n;
10      printf("输入学生的人数：");
11      scanf("%d", &n);                                 //输入人数 10
12      if(getData(s,n)) printf("成功读取学生的信息!\n"); //从文件读取数据
13      sort(s,n,Math);                                  //按数学成绩排序
14      if(putData(s,n)) printf("成功写入学生的排序信息!\n"); //将数组写入文件
15      return 0;
16  }
```

为了简化代码展示，在上面的代码中没有加入结构体 student、枚举类型 course 以及 getData、sort 和 putData 函数的定义，上述定义应加在第 2 行语句后面。

程序运行后，"学生成绩.txt"文件中的内容参见图 7.9。

图 7.9 排序后的学生信息

2. 在结构体数组中"插队"

如果从隔壁班级又来了一个新同学 Miya，她的信息是"11 Miya F 95.5 95.5"。现在要将她的信息同样写入"学生成绩.txt"文件中。因为现在"学生成绩.txt"文件中的学生信息，已经按照数学课程成绩进行了排序，所以 Miya 同学的数据也需要根据数学课程成绩插入相应的位置。形象地说，就是在一个结构体数组中进行"插队"。

【例 7.28】 编写程序将 Miya 同学的信息插入"学生成绩.txt"文件中。在文件中学生记录已经按照数学成绩由高到低进行了排序。

问题分析：从图 7.9 中可以看出 Miya 同学应该插在 Lisa 同学和 Leo 同学之间，也就是说，Miya 同学要占用 Leo 同学的位置，Leo 同学以及排在他之后的所有同学都需要顺序向后移动一个位置。因此需要定义一个 insertData 函数来解决插入 Miya 同学数据的问题。

我们仍然需要先从文件中把学生的信息读到结构体数组 s 里面，再把 Miya 同学的数据插入在数组 s 中，最后把数组 s 中的数据写入文件中，因此 insertData 函数的形参是结构体 student 数组 s 的地址、学生的人数 n 和要插入的学生结构体数据 new_s。

向一个数组中插入一个数组元素，也需要设计一个算法。在算法设计层面，其基本思

路是先找到新学生要插入的数组元素位置i,然后将该数组元素i及i之后的数组元素顺序向后移动一个位置。在数组元素移动时,为了减少数据交换的次数,可以从最后一个数组元素开始向后移动,直到完成数组元素i的后移。最后将新学生的数据写入数组元素i中。

算法设计:学生插队的算法流程图参见图7.10。

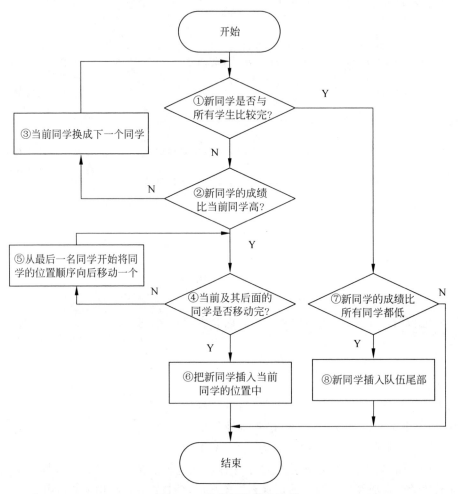

图7.10 数组插队算法流程

插队算法的关键是找到插队的位置。新同学插入的位置可能在数组的首部、中间和末尾。由于学生数组已经是有序的数组,需要从数组第一个元素开始,将新同学的数学成绩与当前数组中同学的成绩进行比较,如果新同学的成绩比当前同学高,那么当前同学的位置就是新同学要插入的位置。如果该位置是数组的首部或中间,则需要将当前同学及其后面的同学顺序向后移动一个位置,然后将新同学插入当前同学的位置中,如流程图中①②③④⑤⑥的过程。如果新同学的成绩比所有同学的成绩都要低,那么新同学插队的位置在队尾,直接将新同学插入队伍的尾部,如图7.10中①②③⑦⑧的过程。

定义insertData函数的代码如下:

```
1   void insertData(struct student * s,int n,struct student new_s)
2   {
3       int i,j;
4       for(i = 0;i < n;i++)                          //①③
5       {
6           if(s[i].mScore < new_s.mScore)            //②
7           {
8               for(j = n;j > i;j -- ) s[j] = s[j - 1];   //④⑤
9               s[i] = new_s;                         //⑥
10              break;                                //中断流程图①的循环
11          }
12      }
13      if(i == n) s[i] = new_s;                      //⑦⑧
14  }
```

在 main 函数中对 insertData 函数进行调用。main 函数的代码如下：

```
15  # include < stdio.h >
16  # define M 50
    …//省略 student 结构体声明
    …//省略 course 共用体声明
17  int main()
18  {
19      int getData(struct student * ,int);           //函数声明
20      int putData(struct student * ,int);           //函数声明
21      void insertData(struct student * ,int n,struct student);
22      struct student s[M],new_s = {11, "Miya",'F',95.5,95.5};
23      int n;
24      printf("输入学生的人数:");
25      scanf(" % d",&n);                             //输入人数 10
26      if(getData(s,n)) printf("成功读取学生的信息!\n");   //从文件读数据
27      insertData(s,n,new_s); //插入新学生
28      if(putData(s,n + 1)) printf("成功插入学生的排序信息!\n");  //写入文件
29      return 0;
30  }
```

在第 27 行语句中，通过函数调用 insertData(s,n, new_s)将结构体变量 new_s 中新学生信息插入数组 s 中。在第 28 行语句中，通过函数调用 putData(s,n+1) 将数组 s 的数据写入文件中，此时学生的数量增加 1。程序运行后，"学生成绩.txt"的内容参见图 7.11。

对一个有序数据"队伍"来说，有"插队"问题，相应地也会有"离队"问题。将一个成员插入"队伍"中或者将一个成员从"队伍"中移出，在插入点或者删除点位置之后的成员都要进行移动。对一个有序的数组来说，如果要向其中插入或者删除数据，就需要移动插入点或删除点之后的数组元素数据。当数组

```
10 kaya F 91.000000 100.000000
9 Roj M 92.000000 99.000000
8 Wendy F 93.000000 98.000000
7 Sam M 94.000000 97.000000
6 Lisa F 95.000000 96.000000
11 Miya F 95.500000 95.500000
5 Leo M 96.000000 95.000000
4 Kite F 97.000000 94.000000
3 Rose F 98.000000 93.000000
2 Tom M 99.000000 92.000000
1 Jack M 100.000000 91.000000
```

图 7.11　插入数据后学生成绩数据

的规模很大时，频繁地插入或者删除数据，将会极大地耗费计算资源。有没有办法解决这样的问题呢？有，我们利用结构体来构造一种适合插队的"队伍"——链表。

7.5.2 适合描述有序数据的结构——链表

在内存中，数组的存储空间是连续的，每个数组元素的相对位置是有规律的。通过"数组名＋元素序号"的方式可以获得每个数组元素的存储地址，从而实现对数组元素数据的访问。如果要在两个数组元素之间插入一个元素，那么在插入点之后的数组元素都需要移动位置。这种现象也可以类比生活中的插队现象。当人们排成队列时，如果有人要挤进队伍来，那么他必然要占据队伍的一个位置，排在他前面的人不需要移动，而排在他后面的人却都要向后移动一个位置。可以看出，数组的结构不适合用来存储位置会频繁变化的数据"队伍"。

那有没有什么好办法呢？我们在排队时不仅可以排成有形的队伍，也可以排成"无形"的队伍。当排成"无形"队伍时，所有的人不需要排成整齐的一列，可以坐在任意的座位上，排在队伍前面的人只需要记住排在他后面的人的座位号，这样就构建了一个看似无序实际有序的队列。如果有人要插队，那么只需要让插队的人接替排在他前面的人记住排在他后面的人的座位号，让排在他前面的人记住插队人的座位号，而其他人不需要做任何的改变。这种队伍可以用数据结构中的链表来表示。**链表是一种在物理存储单元上非连续、非顺序的存储结构。链表中的数据元素的逻辑顺序通过指针链接次序来实现。**利用结构体可以建立链表。

微课 7.6　静态链表

1. 建立结构体链表

在链表中的数据元素是一个个结构体变量，每一个结构体变量被称为链表的节点，也称为成员，它们可以存储在内存中的任意位置，而不必像数组那样占用连续的内存空间。每一个链表的节点，除了需要存储数据"队伍"中的一个数据以外，还需要存储排在它后面的节点的地址。

例如，用结构体 nodeStudent 来表示学生链表队列成员。

```
1    struct nodeStudent
2    {
3        int num;                          //学生学号
4        float eScore;                     //英语成绩
5        struct nodeStudent * next;        //存储队列中下一个学生的地址
6    };
```

在结构体 nodeStudent 中定义了 nodeStudent 结构体指针成员 next，用于存储 nodeStudent 结构体变量的地址。结构体是不允许自嵌套的，但是在结构体中可以定义自身类型的结构体指针变量。struct nodeStudent * 是一种指针类型，指针类型的大小是确定的 4 字节，因此不存在结构体嵌套定义的问题。

【例 7.29】 用 nodeStudent 结构体构建一个学生链表,包含 3 个 nodeStudent 结构体成员 a1、a2 和 a3。

问题分析:用数组存储有序数据时,数据"队伍"的首地址是数组名,通过数组名可以找到之后的每一个数据。对一个链表来说,也必须要记住链表中第一个数据元素的位置,对于每一个有效存储数据的节点,其类型均为 struct nodeStudent,所以需要设置一个 struct nodeStudent * phead 指针变量来存储第一个数据元素的地址,这个指针被称为"首节点"。需要注意的是,首节点并不存放实际数据,仅仅是为了方便对链表的操作。定义了首节点之后,可以用首节点 phead 指针变量存储 a1 的地址,用结构体变量 a1 的成员变量 next 存储结构体变量 a2 的地址,最后通过变量 a2 的成员 next 存储变量 a3 的地址。变量 a3 是"队伍"中最后一个成员,则设置它的成员 next 的值为 NULL,表示"队伍"已经结束,该节点被称为"尾节点"。

程序代码如下:

```
1    #include <stdio.h>
     …//省略 nodeStudent 结构体声明
2    int main()
3    {
4        struct nodeStudent a1 = {1,99},a2 = {2,95},a3 = {3,90}, * phead = NULL;
5        phead = &a1;                    //建立首节点
6        a1.next = &a2;                  //通过变量 a1 连接变量 a2
7        a2.next = &a3;                  //通过变量 a2 连接变量 a3
8        a3.next = NULL;                 //建立尾节点,NULL 代表一个非法地址 0
9        return 0;
10   }
```

假设变量 a1、a2、a3 的地址分别是 6000、7000、8000,则程序执行后学生链表的内存示意图参见图 7.12。

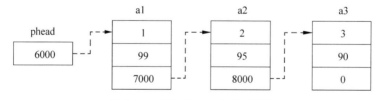

图 7.12 初始化后的链表示意图

在第 5 行语句执行后,首节点 phead 存储了变量 a1 的地址 6000,这样相当于记住了第一个学生的位置信息。在第 6 行语句执行后,a1.next 存储了 a2 的地址 7000。同理,在第 7 行语句执行后,a2.next 存储了 a3 的地址 8000。在第 8 行语句执行后 a3.next 的值是空指针,表示 a3 是队尾,后面不再有其他成员了。

在链表中,学生是按照成绩由高到低进行排序的。现在如果有一个学生的信息"struct nodeStudent a4={4,96};"要插入这个链表,从图 7.12 中可以看出,变量 a4 应该插入变量 a2 的前面。在第 8 行语句后面增加插入变量 a4 的程序代码如下:

```
a4.next = a1.next;
a1.next = &a4;
```

a4.next 获得 a1.next 的值,即 a2 的地址值 7000,然后将 a1.next 的值修改为 a4 的地址 9000,执行后学生链表的内存关系示意参见图 7.13。

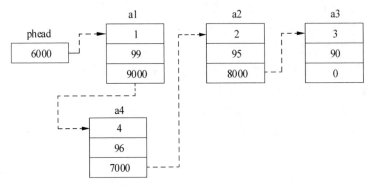

图 7.13 在链表中间插入成员 a4 后的内存状态

2. 在结构体链表中"插队"

成员 a4 的插入位置是通过人工观察图 7.12 的方式确定的。在程序中,我们需要自动地找到这个插入位置。为了达到这个目的,可以从首节点开始遍历整个链表,将每一个链表成员的成绩与要插入的队员的成绩进行比较,从而得出插入点的位置。

在遍历链表时,我们不可能记住每个节点所存储的成员的名称,因此无法通过成员的名称来直接访问成员变量。这时需要定义一个与链表节点数据类型相同的指针变量,通过该指针变量来间接访问链表中的每一个节点,从而实现遍历整个链表。

例如,定义 nodeStudent 结构体指针变量 sp,通过 sp 来遍历学生链表。

```
struct nodeStudent * sp;
```

在向链表中插入成员时,成员的插入位置可能在链表首部,也可能在链表中间或者链表尾部,这 3 种位置的插入方法稍有差别。

1) 插入位置在链表的首部

如果一个成员的插入位置在链表的首部,一般会有两种情况:第一种链表是空链表,其中还没有成员,那么待插入的成员就直接插入在链表的首节点之后;第二种是链表不是空链表,那么应根据条件判断该成员是否需要插入在链表首节点之后。

如果成员插入的位置在链表的首部,那么先让该成员变量记住首节点地址,再让首节点记住该成员变量的地址。

【例 7.30】 在结构体 nodeStudent 链表首部插入成员 a4 学生信息。

程序代码如下:

```
1    if(phead == NULL||( * phead).eScore < a4.eScore)
2    {
```

```
3        a4.next = phead;
4        phead = &a4;
5    }
```

在第 1 条语句中,if 语句中的表达式"phead==NULL"是判断该链表是空链表的表达式,表达式"(*phead).eScore<a4.eScore"是判断链表中要插入的成员的成绩比队首成员的成绩高的表达式,在上述两种条件成立时该成员都要插入队首。其中,"*phead"是根据 phead 中存储的队首结构体成员地址间接访问结构体成员变量的表达式,".eScore"是对该结构体成员的引用,由于"."运算符优先级要高于"*"运算符,因此需要加入括号,表示为"(*phead).eScore"。

如果变量 a4 中学生的成绩是 100,即"struct student a4={4,100};",那么变量 a4 将插入在队首,假设 a4 的地址仍然是 9000。此时应该令 a4.next 的值等于 phead 的值,让 phead 的值等于 a4 的地址 &a4,插入后的链表示意参见图 7.14。

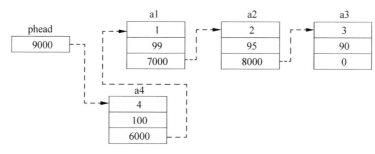

图 7.14 在链表首插入成员 a4 后的内存状态

2) 插入位置在链表的中间和尾部

如果成员的插入位置不在链表的首部,那么就会在链表的中间或者尾部。在一个有序的链表中,要在链表中间找到插入点,首先将要插入的成员与其他成员进行比较,当它与插入点后面一个成员比较的条件满足以后,才能够确定插入点。此时,让它记住插入点之后成员的地址,然后让插入点之前成员记住它的地址,这样仍然能够保证一个完整的链表。这一点与数组不同,在数组中,只要找到插入点之后的成员就可以了。在链表中,插入点前后两个节点都需要找到。

如果遍历整个链表后发现待插入成员需要插入在链表尾部,插入方法与在中间插入的方法相同,只是判断插入点在链表中间和链表尾部的方法不同。

【例 7.31】 在结构体链表首部、中部或尾部插入成员 a4 学生信息。

```
1    #include <stdio.h>
     …//省略 nodeStudent 结构体声明
2    int main()
3    {
4        struct nodeStudent a1={1,99},a2={2,95},a3={3,90},a4={4,94}, *sp, *phead=NULL;
5        phead = &a1;                                    //建立链表首节点
6        a1.next = &a2;                                  //通过变量 a1 连接变量 a2
7        a2.next = &a3;                                  //通过变量 a2 连接变量 a3
```

```
8        a3.next = NULL;                                    //建立链表尾节点
9        if (phead == NULL||( * phead).eScore < a4.eScore)  //判断在链表首部插入 a4
10       {
11          a4.next = phead;
12          phead = &a4;
13       }
14       else                                               //在链表中部或尾部插入
15          for(sp = phead;sp!= NULL;sp = ( * sp).next)     //从首节点开始遍历
16             if (( * sp).next == NULL)                    //判断 a4 插入尾部
17             {
18                a4.next = NULL;
19                ( * sp).next = &a4;
20                break;                                    //插入成员后中断循环
21             }
22             else if (( * (( * sp).next)).eScore < a4.eScore)  //判断 a4 插入链表中部
23             {
24                a4.next = ( * sp).next;
25                ( * sp).next = &a4;
26                break;                                    //插入成员完后中断循环
27             }
28       for(sp = phead;sp!= NULL;sp = ( * sp).next)        //输出链表中的成员数据
29          printf(" % f\n",( * sp).eScore);
30       return 0;
31    }
```

  为了完整展示结构体链表的插队过程,将【例 7.29】建立链表和【例 7.30】在链表首部插入成员的代码合并到【例 7.31】的代码中,即第 1~13 行语句。

  第 15 行语句是一个循环语句,循环语句的初始条件是遍历链表的指针变量 sp 的值等于首节点 phead 的值。循环进入条件是 sp 的值非空。一次循环结束后,sp 的值将换做下一个成员的地址,当 sp 的值等于 NULL 时意味着它获得了尾节点的 next 值,此时循环结束。

  从第 16~21 行语句是在链表尾部插入数据的操作。当 sp.next 值是空时,意味着已经遍历到尾节点,但是仍然没有找到比要插入学生成绩低的链表成员,待插入的学生应该被插入链表尾部成为新的尾节点。

  从第 22~27 行语句是在链表中部插入数据的操作。如果 sp 的值不是尾节点学生的地址,那么就需要将下一个学生的成绩"(* ((* sp).next)).eScore"与待插入的学生的成绩 a4.eScore 进行比较。为什么不是当前的学生成绩"(* sp).eScore"与待插入的学生的成绩 a4.eScore 进行比较呢? 有两个原因:第一个原因是在链表首部插入数据的处理代码中已经对第一个成员进行比较过了,没有必要再比较一次;第二个原因也是最重要的原因,假设 sp 中存储的是当前学生的地址,如果要在当前学生的前面插入新学生的信息,由于 sp 中存储的是当前学生的地址,无法让当前学生的前面一个学生的 next 变量存储待插入学生的地址,也就无法保持链表的连续性了。

  假设要插入的学生的成绩是 94,即"struct nodeStudent a4={4,94};",那么 a4 将插

入链表的中间。下面跟踪【例 7.31】代码的执行过程,执行第 9 行语句,因为该学生成绩比排在队首的学生的成绩低,if 语句条件"phead==NULL||(*phead).eScore<a4.eScore"不成立,因此进入了 else 分支中的循环语句(第 15 行),程序进入第一次循环。当第 15 行语句执行时链表的内存示意参见图 7.15。

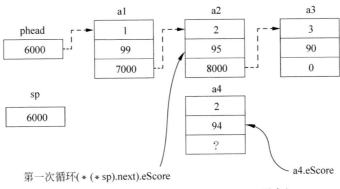

图 7.15　第一次循环时链表的内存状态

此时指针变量 sp 的值等于链表头指针 phead 的值 6000。在语句 16 中,由于"(*sp).next"的值是 7000,if 语句的条件"(*sp).next==NULL"不成立,因此执行第 22 行语句。显然,第 22 行语句中 if 语句的条件"(*((*sp).next)).eScore<a4.eScore"也不成立。程序进入第 15 语句的第二次循环,此时 sp 值已经修改为"(*sp).next"的值 7000,参见图 7.16。

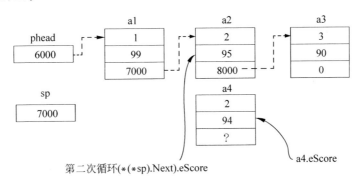

图 7.16　第二次循环时链表的内存状态

在第二次循环时,在执行语句 16 时"(*sp).next"的值是 8000,if 语句的条件仍不成立,因此执行第 22 行语句,此次 if 语句的条件"(*((*sp).next)).eScore<a4.eScore"成立,执行第 24 行语句将 a4.next 的值设置为"(*sp).next",即 8000,执行第 25 行语句将"(*sp).next"的值设置为"&a4",假设 a4 的地址仍是 9000,参见图 7.17。最后执行 break 语句,程序退出循环。从图 7.17 中可以看出,a4 被正确地插入了链表中。

如果学生的成绩是 89,即"struct student a4={4,89};",可以看出此时该学生信息将插

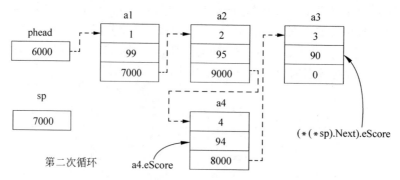

图 7.17 插入节点后链表的内存状态

入到队尾。此时,第 15 行语句中的循环会执行 3 次,前两次循环的执行过程类似图 7.16,两次循环执行后的结果参见图 7.18。

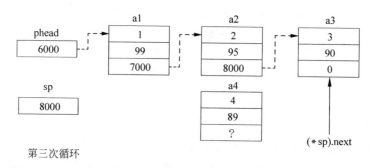

图 7.18 第三次循环时链表的内存状态

进入第三次循环后,"(*sp).next"的值是 NULL,即 0,语句 16 中 if 语句的条件成立。执行第 18 行语句后 a4.next 的值等于 0,a4 就是队尾成员了,执行第 19 行语句后,"(*sp).next"的值等于 a4 的地址值即 9000,将 a4 连接到链表中,参见图 7.19。

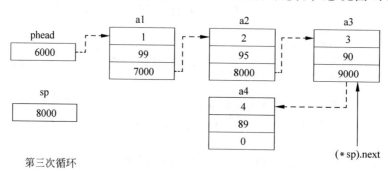

图 7.19 在队伍尾插入节点后链表的内存状态

与数组相比,链表结构中的成员比数组元素成员多了一个存储队列成员地址的成员。虽然链表比数组付出了更多的存储空间代价,但是在插入和删除成员数据时,链表不需要频繁地移动成员数据,极大地减少了计算量。这是利用存储"空间"换取计算"时间"的一种思想体现。

在程序中,通过结构体指针间接访问结构体成员变量的表达方式很烦琐。例如,上面代码中的"(*sp).next"、"(*((*sp).next)).eScore"等,可以利用C语言提供的结构体指针运算符"->"简化程序代码的书写。例如,"(*sp).next"等价于"sp->next","(*((*sp).next)).eScore"等价于"sp->next->eScore"。

7.5.3 数据再多也不怕

在【例7.31】中,利用a1、a2、a3、a4这4个结构体变量建立了一条链表。这种链表中的每一个节点的内存空间都是在程序中预先分配的,这种链表称为静态链表。静态链表的最大缺点在于链表内节点的数量是预先确定的,无法动态增加,而我们常常会遇到无法预先判断节点数量的排队问题。例如,在【例7.31】中,如果要存储的学生信息的个数是不确定的,则无法预先定义数量不确定的结构体变量,这该怎么办?

微课7.7 动态链表

C语言提供了动态内存分配机制来解决这个问题。**所谓动态内存分配,就是指在程序执行的过程中动态地分配或者回收存储空间的内存管理方法**。在此之前,我们使用的都是通过定义变量的方式获得内存空间的方法,该方法称为静态内存分配,即系统根据指定的数据类型为变量分配所需要的内存空间。

利用动态内存分配机制可以动态申请结构体变量所需要的存储空间,然后将这些存储空间连接起来从而建立任意长度的有序链表,这种链表又称为动态链表。在C语言的标准库中,提供了malloc函数、free函数、realloc函数和calloc函数等来实现动态内存分配,这些库函数的头文件是stdlib.h。

1. malloc函数

malloc函数的作用是在内存分配一个size字节大小的连续空间。它的函数声明为:

```
void * malloc(unsigned int size);
```

函数的返回值是无类型指针类型,它并不是无返回值函数。它的返回值是所分配内存区域的第一个字节的地址。如果动态内存申请失败,函数则返回空指针NULL。

无类型指针类型是指现在还不知道这段内存要存储什么类型的数据,它就像一张空白的纸。当用户使用它存储数据时,再根据所存储数据的类型来指定它的指针类型。动态内存分配为程序从内存中申请了一段空间,由于没有指定使用这段空间的变量名称,因此必须使用指针变量记住这段内存的地址,否则就无法再找到并使用这段内存空间了。

【例7.32】 使用malloc函数动态分配结构体nodeStudent大小的内存空间。

```
    ...//省略头文件、nodeStudent结构体的声明及main函数
1   struct nodeStudent * sp;        //结构体指针sp用于存储动态分配内存的地址
2   void * m;                       //定义无类型指针变量
```

```
3    m = malloc(sizeof(struct nodeStudent));//调用 malloc 函数
4    sp = (struct nodeStudent * )m;        //将无类型指针转换成 nodeStudent 结构体指针
     …//省略后续处理
```

在第 3 行语句中，使用了 sizeof 函数获得 nodeStudent 结构体的大小，并将 sizeof 函数的返回值作为 malloc 函数的实参，申请用于存储 struct nodeStudent 数据类型的内存空间。由于 malloc 函数的返回值是无类型指针，因此需要在第 4 行语句中使用"（struct nodeStudent * ）"进行强制类型转换，将返回值的"void * "转换成"struct nodeStudent * "类型并赋值给指针变量 sp。现在通过指针变量 sp 可以使用这段内存空间了。需要注意的是，当指针变量 sp 获得这段内存空间的地址后，不要轻易改变 sp 的值，一旦改变而又没有其他指针变量存储该地址，这段内存空间就无法再被程序使用了。

2. free 函数

free 函数的作用是释放掉动态内存申请所分配的空间。它的函数声明为：

void free(void * p);

例如，释放上面例子中 void * m 指向的内存空间。

```
free(m);
```

需要注意的是，以动态方式申请的内存空间在使用完后都必须使用 free 函数进行内存空间释放，否则这块内存在该程序退出前将永远不能被其他程序所使用。这种浪费内存的情形称为"内存泄漏"。

3. realloc 函数

如果想改变已经分配的动态存储空间的大小，那么可以使用 realloc 函数对动态内存的大小进行调整。它的函数声明为：

void * realloc (void * p, unsigned int size);

将指针 p 所指向的动态空间大小调整为 size 字节，并返回调整后的内存空间的首地址。如果调整不成功，则返回 NULL。在上面的例子中，如果想将 malloc 函数已经分配给 void * m 所指向的内存空间大小调整为 4 字节，可以这样写

```
m = realloc(m,4);
```

4. calloc 函数

如果想分配多个固定长度的连续内存空间，可以使用 calloc 函数，它的函数声明为：

void * calloc(unsigned int n, unsigned int size);

这种动态内存分配方式是在内存中动态地产生了一个类似数组的存储空间。其实用 malloc 函数也可以实现这样的功能，只需要在 malloc 函数调用的时候将 calloc 函数的两

个实参 n 和 size 作为 malloc 函数的一个实参。例如，

```
m = malloc(n * size);
```

利用 malloc、free、realloc 和 calloc 等函数，程序可以在内存的动态存储区域内申请、调整和释放任意大小的内存块。通过使用这些内存块可以组成任意长度的链表来解决"插队"问题。

7.5.4 动态链表更灵活

我们可以尝试使用动态内存分配函数来建立一个动态链表，实现对学生信息的动态管理。

【例 7.33】 某学校一班和二班学生的信息分别存储在文本文件"一班学生成绩.txt"和"二班学生成绩.txt"中，参见图 7.20。一班学生的成绩已经按照英语课程的成绩由高到低进行了排序，二班学生的成绩没有按照英语课程的成绩排序。现在要求将二班学生的信息合并到一班并存储在"一二班合班学生成绩.txt"文件中，并且按英语课程的成绩排序。假设事先不知道两个班级学生的人数。

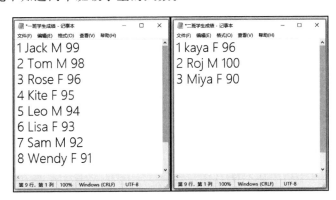

图 7.20　合并前数据格式

问题分析：

由于学生的人数未知，可以采用构建动态链表的方法来构建存储学生信息的有序队列。在文件中，一班学生的成绩已经排序，先将一班学生的成绩从"一班学生成绩.txt"文件中顺序读入并构建学生信息动态链表，然后再从"二班学生成绩.txt"文件中读取学生信息，每读取一个学生信息后，根据学生的成绩高低插入动态链表队列中。接着将动态链表队列中的学生信息写入"一二合班学生成绩.txt"文件中。最后释放所有动态申请的内存空间。

程序的功能模块可以划分为读入一班学生信息并建立链表、读取二班学生信息、将二班学生信息插入链表、将合并后学生的信息输出到文件和释放内存 5 个模块，分别用函数 getGrade1、getGrade2、insertData、putData 和 freeMemory 实现。

1. 建立动态链表

在建立动态链表的过程中，一般需要定义存储链表头指针、尾指针和待插入成员指针 3 个指针变量。链表的建立过程可以分为两个阶段：

第一阶段，建立链表头。为第一个成员动态申请内存空间，并把它插入链表中。当插入第一个成员的时候，需要让链表头指针变量和尾指针变量获得第一个成员的地址，同时把第一个成员设置成队尾成员，即让它指向的下一个成员的地址为 NULL。

第二阶段，建立链表体。为第 N(N>=2) 个成员动态申请内存空间，并把它插入到链表中。此时，需要让尾指针变量所指向的成员变量（即第 N-1 个成员）指向第 N 个成员，同时把第 N 个成员设置成队尾成员。

当所有的成员插入到链表中之后，动态链表的建立过程结束。只要通过动态链表的首指针就可以对整个链表进行遍历访问。

下面通过 getGrade1 函数展示动态链表的建立过程。该函数实现从"一班学生成绩.txt"文件中读取学生的信息并存储到一个动态链表中，它的返回值是动态链表的首指针。

用结构体 nodeStudentNew 来表示学生链表队列成员，结构体声明代码如下：

```
struct nodeStudentNew
{
    int num;                              //学生学号
    char name[20];                        //学生姓名
    char sex;                             //学生性别
    float eScore;                         //英语成绩
    struct nodeStudentNew * next;         //存储队列中下一个学生的地址
};
```

定义 getGrade1 函数的代码如下：

```
1   struct nodeStudentNew * getGrade1()
2   {
3       FILE * fp;
4       struct nodeStudentNew s, * phead = NULL, * sp, * ptail = NULL;
5       fp = fopen("c:\\程序\\一班学生成绩.txt","r");          //以只读方式打开文本文件
6       if(fp!= NULL)                                          //如果打开文件成功,则读取文件中的数据
7       {
8           if(fscanf(fp,"%d %s %c %f",&s.num,s.name,&s.sex,&s.eScore)!= EOF)
9           {
10              sp = (struct nodeStudentNew * )malloc(sizeof(struct nodeStudentNew));
                                                               //动态内存申请
11              * sp = s;                  //将第 1 个学生数据存储到新申请的内存空间
12              sp -> next = NULL;         //将第 1 个学生设置成队尾
13              phead = sp;                //队列头部指针获得第 1 个学生数据的内存地址
14              ptail = sp;                //队列尾部指针获得第 1 个学生数据的内存地址
15          }                              //建立链表体
```

```
16      while(fscanf(fp,"%d %s %c %f",&s.num,s.name,&s.sex,&s.eScore)!= EOF)
17      {
18          sp = (struct nodeStudentNew * )malloc(sizeof(struct nodeStudentNew));
19          * sp = s;                       //将第 n 个学生数据存储到新申请的内存空间
20          sp -> next = NULL;              //将第 n 个学生设置成队尾
21          ptail -> next = sp;             //将第 n-1 个学生指向第 n 个学生
22          ptail = sp;                     //将队尾指针指向第 n 个学生
23      }
24      fclose(fp);                         //关闭文件
25      return phead;                       //返回存储学生信息动态链表的首地址
26    }
27    else printf("打开一班学生成绩.txt 文件失败!\n");
28    return NULL;                          //返回空指针
29 }
```

在链表中插入第一个链表成员与插入其他链表成员的处理不同。第 8~15 行语句是对第一个链表成员插入链表的处置。将第一个链表成员的地址队列赋值给首指针变量 phead 和队尾指针变量 ptail。第 16~23 行语句实现了对后续链表成员的处置,此时只需要利用 ptail 指针就可以将新成员依次插到链表尾部。

2. 在动态链表中"插队"

在动态链表中插队的方法与在静态链表中插队的方法相同,也需要先找到插入的位置,也要区分成员的插入位置是在链表的首部还是在链表的中间或者尾部 3 种情况,参见 7.5.2 节。

下面通过 insertData 函数展示向已经建好的动态链表中插入成员的过程。insertData 函数需要先获得动态链表的首地址,接着遍历整个链表,将链表中学生成员的英语成绩与要插入的学生的英语成绩逐个进行对比,从而确定插入位置。因此 insertData 函数需要两个形参:链表首地址"struct nodeStudentNew * phead"和待插入的学生数据的动态空间地址"struct nodeStudentNew * s"。如果学生信息插入在链表的首部,那么需要将链表首指针的值更改为待插入学生的地址。由于链表首指针的值有可能会修改,因此 insertData 函数调用后需要返回链表首指针的值,即 insertData 函数的类型是"struct nodeStudentNew * "。

下面 insertData 函数的代码与 7.5.2 节中【例 7.31】插入成员的代码是相同的,只是这里使用结构体指针运算符"->"替代了"*"和"."两个运算符。

定义 insertData 函数的代码如下:

```
1  struct nodeStudentNew * insertData(struct nodeStudentNew * phead,struct nodeStudentNew * s)
2  {
3      struct nodeStudentNew * sp;         //指针 sp 用于指向当前队列成员
4      if(phead -> eScore < s -> eScore)   //在队首插入成员
5      {
6          s -> next = phead;              //待插入成员指向第 1 个成员
7          phead = s;                      //队首指针指向待插入成员
```

```
8        }
9        else                                    //在队伍中间或者尾部插入成员
10           for(sp = phead;sp!= NULL;sp = sp -> next)
11              if(sp -> next == NULL)            //在队尾插入成员
12              {
13                 sp -> next = s;                //将队尾成员指向待插入的成员
14                 s -> next = NULL;              //设置待插入成员为队尾成员
15                 break;                         //结束循环
16              }
17              else
18                 if(sp -> next -> eScore < s -> eScore)    //在队中插入成员
19                 {
20                    s -> next = sp -> next;     //待插入成员指向当前成员所指向的成员
21                    sp -> next = s;             //当前成员指向待插入成员
22                    break;                      //结束循环
23                 }
24              }
25        return phead;                           //返回队列首部指针值
26    }
```

在insertData函数的输入数据中,待插入的学生信息需要从"二班学生成绩.txt"中读取,可以在getGrade2函数中读取待插入学生的信息后调用insertData函数将二班学生信息插入动态链表中。在调用insertData函数时,getGrade2函数需要为insertData函数提供动态链表的首地址,它需要从main函数中获得动态链表的首地址,因此,getGrade2函数的形参类型定义为"struct student *"。getGrade2函数调用后需要返回动态链表的首地址,因此它的函数类型也是"struct student *"。

定义getGrade2函数的代码如下:

```
1     struct nodeStudentNew * getGrade2(struct nodeStudentNew * phead)
2     {
3        FILE * fp;
4        struct nodeStudentNew s, * sp;
5        fp = fopen("c:\\程序\\二班学生成绩.txt","r");
6        if(fp!= NULL)
7        {
         //从文件中读取二班学生的信息到结构体变量s中
8           while(fscanf(fp," % d % s % c % f",&s.num,s.name,&s.sex,&s.eScore)!= EOF)
9           {
            //动态内存申请
10             sp = (struct nodeStudentNew * )malloc(sizeof(struct nodeStudentNew));
11             * sp = s;                         //将结构体变量s的值赋值到动态内存空间中
12             phead = insertData(phead,sp);     //调用insert函数将学生信息插入到链表中
13          }
14          fclose(fp);                          //关闭文件
15       }
16       return phead;                           //返回链表首指针
17    }
```

第 8~13 行语句实现了将二班学生的信息插入到一班学生的动态链表中,其中第 8 行语句利用了循环语句从文件中读取二班学生记录到结构体变量 s 中,第 10 行语句完成动态内存申请,第 11 行语句将变量 s 中的学生信息复制到指针 sp 指向的动态内存空间中,第 12 行语句调用了 insert 函数,将 sp 指向的动态内存空间插入到动态链表中。

putData 函数只需要得到链表的首地址就可以将动态链表中的学生信息写入"一二合班学生成绩.txt"文件,因此它的形参类型是"struct nodeStudentNew *"。

定义 putData 函数的代码如下:

```
1   void putData (struct nodeStudentNew * phead)
2   {
3     struct nodeStudentNew * sp;
4     FILE * fp;
5     fp = fopen("c:\\程序\\一二班合班学生成绩.txt","w");
6     if(fp!= NULL)
7     {
8       for(sp = phead;sp!= NULL;sp = sp -> next)
9         fprintf(fp,"%d %s %c %.0f\n",sp -> num,sp -> name,sp -> sex,sp -> eScore);
10    }
11    fclose(fp);
12  }
```

第 8 行语句通过循环实现遍历动态链表,第 9 行语句将链表中成员的信息写入文件中。

freeMemory 函数负责对整个动态链表中的内存空间进行释放,因此它的形参变量是动态链表的首地址。

定义 freeMemory 函数的代码如下:

```
1   void freeMemory (struct nodeStudentNew * phead)
2   {
3     struct nodeStudentNew * sp, * next;
4     if (phead!== NULL)              //动态链表不为空,需要释放内存
5     {
6       sp = phead;                   //指针变量 sp 指向队首
7       do                            //遍历动态链表,释放每个成员
8       {
9         next = sp -> next;          //记住下一个成员的地址
10        free(sp);                   //释放队首的成员
11        sp = next;                  //下一个成员成为新的队首
12      }while(next!= NULL);
13    }
14  }
```

第 4 行语句用于判断链表是否不为空,如果不为空,则需要释放动态内存。通过第 5~13 行语句完成对链表中所有成员内存空间的释放。

main 函数的代码如下:

```
1   #include <stdlib.h>              //包含malloc函数和free函数的声明
2   #include <stdio.h>
    …//此处省略了结构体nodeStudentNew的定义
    …//此处省略getGrade1的函数定义
    …//此处省略insertData的函数定义
    …//此处省略getGrade2的函数定义
    …//此处省略putData的函数定义
    …//此处省略freeMemory的函数定义
3   int main()
4   {
5       struct nodeStudentNew * phead = NULL;//定义链表首指针变量
6       phead = getGrade1();              //读取一班学生信息建立动态链表
7       phead = getGrade2(phead);         //读取二班学生信息并插入动态链表
8       putData(phead);                   //将一班和二班学生信息写入文件中
9       freeMemory(phead);                //释放动态内存
10      return 0;
11  }
```

通过第5行语句定义用于存储动态链表首地址的指针变量"struct nodeStudentNew * phead"，用于在函数之间传递动态链表的首地址实现对动态链表的访问操作。程序执行结果参见图7.21。

3. 从动态链表中移除成员

除了构建链表和插入成员的操作以外，还有从链表中移除某个成员的操作，即从链表中删除成员。删除操作是插入操作的逆过程，也需要先找到待删除成员位置，然后再执行从链表中删除成员的操作。

与在链表中插入成员相比，从链表中删除成员的处理更为复杂。这是因为满足删除条件的成员可

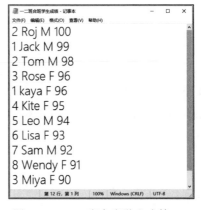

图7.21　一二班合班学生成绩.txt

能有多个。在删除成员时，也可能出现当前节点和下一个节点均需要删除的情况，这无形中增加了删除成员的难度。

在删除成员时，也需要区分在链表队首部、在链表中部或者链表尾部删除成员3种情况。基本思想是从第一个成员开始遍历，判断当前节点是否应该被删除，如果需要被删除，则将当前节点的前一个节点直接与其后一个节点相连接，遍历整个链表直至最后一个成员结束。

1) 删除链表首部成员

当链表首部成员满足删除条件时，则需要删除链表首部成员，并使其后的成员成为新的首部成员。如果新的首部成员也满足删除条件，则再删除此首部成员并将下一个成员设置为首部成员，直至新的首部成员不再满足删除条件。

例如，对于图7.22所示的链表，如果需要删除所有性别为M的节点，其基本过程为：

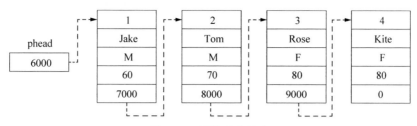

图 7.22　原始动态链表

引入一个当前节点指针 sNow，令它指向第一个节点，如图 7.23 所示，此时因为该节点的性别为 M，所以需要被删除。

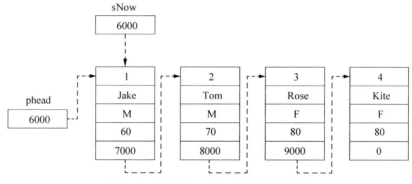

图 7.23　判断第一个节点是否需要删除

在删除第一个节点时，需要首先将原 phead 指针指向第二个节点，再将第一个节点删除，如图 7.24 所示。

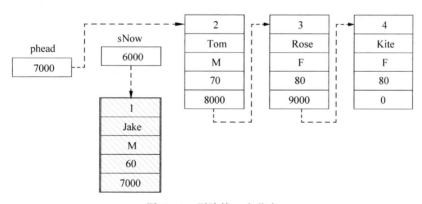

图 7.24　删除第一个节点

然后重复上述过程，判断第二个节点是否需要被删除，直至 phead 指向的节点不需要被删除为止。最后进入删除链表中间或者队尾成员的操作。

2）删除链表中部或者尾部成员

删除链表中部或者尾部成员的方法是相同的。如果链表中部或者尾部成员满足删除条件,那么可以将该成员前面一个成员直接指向其后面的成员,从而实现删除当前成员的目的。

例如,对于如图 7.22 所示的链表,如果需要删除所有成绩为 80 分的成员节点,那么其基本过程可以分为两个部分:首先判断链表的首节点是否需要被删除,这个过程在前面已经介绍过;其次,需要判断后续的成员是否需要被删除。

第一个应该判断的节点是 Tom 节点,在这个过程中,需要引入两个指针变量 sPre 和 sNow,分别指向当前节点的前一个节点和当前节点,如图 7.25 所示。因为此时 Tom 节点不需要被删除,所以直接将 sPre 和 sNow 分别指向它们的下一个节点,如图 7.26 所示。

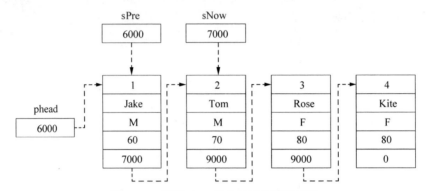

图 7.25 判断 Tom 节点是否需要被删除

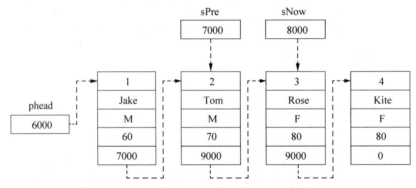

图 7.26 判断 Rose 节点是否需要被删除

因为 Rose 节点满足条件需要被删除,所以需要将 sPre 的后续节点直接指向 sNow 节点的后续节点,然后删除 sNow 节点,如图 7.27 所示。之后,将 sNow 节点指向其后续节点,循环进行判断该节点是否需要删除,如图 7.28 所示。

【例 7.34】 定义 delete_data 函数实现从一二班合班学生的链表中删除指定性别学生的信息,并将剩下学生的信息写入"一二班合班学生成绩.txt"文件中。

问题分析:delete_data 函数需要获得动态链表的首地址和待删除学生的性别信息,因此 delete 函数的形参类型是"struct student *"和"char",函数的返回值是动态链表的首地址。

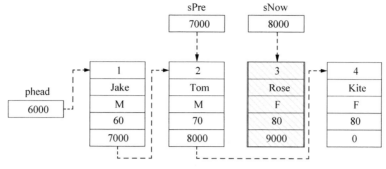

图 7.27 删除 Rose 节点

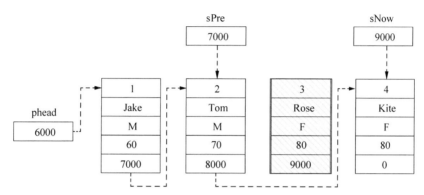

图 7.28 判断 Kite 节点是否需要被删除

下面给出定义 delete_data 函数的代码：

```
1    struct nodeStudentNew * delete_data(struct nodeStudentNew * phead,char sex)
2    {
3      struct nodeStudentNew * sNow, * sPre;   //指向当前节点和其前一个节点的指针
4      while(phead -> sex == sex)              //在队首删除成员
5      {
6        sNow = phead;                         //获得队首成员的地址
7        phead = phead -> next;                //队首指针指向下一个成员
8        free(sNow);                           //释放队首成员的动态存储空间
9      }
10     sNow = phead -> next;        //在队伍中间或者尾部删除成员,当前节点为 phead 后节点
11     sPre = phead;                //在队伍中间或者尾部删除成员,当前节点的前一个节点为 phead
12     while(sNow!= NULL)                      //如果当前成员还没有超出链表尾部
13     {
14       if(sNow -> sex == sex)                //如果满足删除条件
15       {
16         sPre -> next = sNow -> next;        //从链表中删除成员
17         free(sNow);                         //释放要删除成员的存储空间
18         sNow = sPre -> next;                //移动到下一个节点,此时 sPre 值不需要变化
19       }
20       else                                  //如果不满足删除条件
```

```
21      {
22          sPre = sNow;              //将 sPre 变更为其下一个节点,即 sNow
23          sNow = sNow -> next;      //将 sNow 变更为其下一个节点
24      }
25  }
26  return phead;                     //返回队首指针值
27 }
```

第 4~9 行语句实现对满足删除条件的队首成员的删除操作。第 10~19 行语句实现对满足删除条件的队伍中间或者尾部成员的删除操作。

定义 main 函数实现删除所有女学生的信息,它的代码如下:

```
1   #include <stdlib.h>
2   #include <stdio.h>
                                    …//此处省略结构体 nodeStudentNew 的定义
                                    …//此处省略 getGrade1 的函数定义
                                    …//此处省略 insertData 的函数定义
                                    …//此处省略 getGrade2 的函数定义
                                    …//此处省略 putData 的函数定义
                                    …//此处省略 freeMemory 的函数定义
                                    …//此处省略 delete_data 的函数定义
3   int main()
4   {
5       struct nodeStudentNew * phead = NULL;   //定义链表首指针变量
6       phead = getGrade1();                    //读取一班学生信息,建立动态链表
7       phead = getGrade2(phead);               //读取二班学生信息,并插入动态链表
8       phead = delete_data(phead, 'F');        //删除女学生信息
9       putData(phead);                         //将剩余同学信息写入文件中
10      freeMemory(phead);                      //释放动态内存
11      return 0;
12  }
```

第 8 行语句调用 delete_data 函数删除一二班学生动态链表中所有女学生的信息。程序运行结果参见图 7.29。

利用结构体构建动态链表并实现对动态链表的查询、插入和删除操作是 C 语言中较难的知识内容,也是对 C 语言综合知识掌握与运用能力的最好检验。

图 7.29　一二班合班学生成绩.txt

7.6　本章小结

结构体、共用体和枚举类型是 3 种用户自己建立的数据类型,这 3 种数据类型都需要先声明数据类型,再用数据类型定义变量。这些数据类型也可以像 int、float 等基本数据类型一样用于定义数组或指针。结构体是将有限个基本数据类型或者用户自己建立的数据类型组合而成的数据类型;共用体的定义与引用方式与结构体基本相同,它们之

间唯一的不同点是结构体的成员都有自己独立的存储空间,而共用体的成员共同使用一段内存空间。在程序中通过定义枚举类型,利用符号常量对一些变量的取值进行约定,可以提高程序的可读性和减少错误的产生。

利用数组和结构体都可以构建有序的数据"队伍",但是利用结构体构建的链表可以更有效地解决"插队"问题。

本章的知识点参见图 7.30。

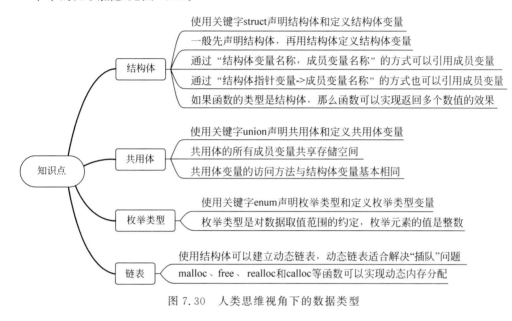

图 7.30 人类思维视角下的数据类型

7.7 习题

1. 简述用户自己建立数据类型的原因。
2. 使用 typedef 为数据类型定义别名有什么优缺点?
3. 假设顾客的银行账户包含账号、姓名、身份证号码、家庭地址、账户金额等信息,请声明一个结构体类型来表示银行账户信息,例如,

账号:62220845019806
姓名:张三
身份证号码:390103200510010795
家庭住址:江苏省南京市后标营 100 号
账户金额:100.00 元

请编写一个程序,利用该结构体,完成某个顾客数据的输入和输出操作。

4. 编程计算一个学生 5 门课程成绩的最高分、最低分和平均分。要求利用结构体表示学生的课程成绩,并设计函数 calculate 分别计算最高分、最低分和平均分,在 main 函数中输入数据并调用 calculate 函数,最后输出结果数据。所有课程成绩为 0~100,并保

留两位小数。

5. 编写如下程序：首先声明一个结构体 fraction 来表示分数，然后编写两个函数 add 和 multiply，分别实现分数的加法和乘法运算，最后编写一个主程序，实现输入两个分数，调用函数 add 和 multiply 计算其和与乘积，并输出计算结果的功能。

6. 声明一个结构体用于表示三维空间里面点的坐标，然后编写一个程序，接收从键盘输入的两个点的坐标数据，计算两点之间距离并输出。

7. 在本地磁盘上建立一个文本文件，分别存储 10 个市场的名称、地址、联系人，以及该市场内 5 种水果(苹果、香蕉、菠萝、葡萄和芒果)的价格。例如，

南京银桥市场 秦淮区应天大街 588 号 52419019 张三 2.5 3.5 3.0 6.0 11.0
金宝天印山农副产品批发大市场 江宁区天印大道 1288 号 84696880 李四 2.8 3.0 2.8 5.5 12.6

编程读取文件中的数据，并输出水果平均价格最高的市场的信息。

8. 分别建立表示学生银行卡信息和教师银行卡信息的结构体。学生银行卡包括开户行、卡号、姓名、年级、余额等信息，教师银行卡包括开户行、卡号、姓名、职称、余额等信息，其中，要求学生银行卡中的年级信息和教师银行卡中的职称信息使用共用体类型表示。之后编写一个程序，实现输入 5 个学生和 5 个教师的信息，分别统计不同年级(共分为 4 个年级)和不同职称(共分为教授、副教授、讲师和助教 4 个等级)的老师和学生的银行卡余额并输出。

9. 声明一个表示所有星期的枚举类型，然后利用其编写一个程序，能够根据用户输入的数字信息(1～7)，输出其对应星期几。

10. 声明一个表示所有月份的枚举类型，编写一个程序，能够根据用户输入年份和月份，输出该月份的对应天数。

11. 建立一个文本文件，存储 10 个工人的姓名以及 2021 年上半年 6 个月的工作量。例如，

张三 350 387 402 429 530 560
李四 367 357 409 444 239 207

编写一个程序，从该文本文件中读取出所有工人的工作量，并建立一个静态链表，将所有工人按照 2021 年 3 月的工作量的多少进行排序，最后按照排序顺序输出这个列表。

12. 编写一个程序，完成下述功能：实现首先从键盘上输入 5 个学生的学号、姓名和成绩信息，同步建立动态链表存储这些信息，接着从中查找并删除最高分学生信息，最后输出剩下学生的信息。

第 8 章 程序写得好关键在算法

前面章节介绍了程序的基础知识和编写程序的常见方法和技巧,为了使程序更加高效,我们需要设计出一些好的算法来解决问题。在第 1 章中我们已经学习了算法的基本概念,通过学习和编程实践,我们知道算法是程序最重要的部分,它是程序的灵魂。一个好的算法不但可以解决实际问题,而且可以使程序运行的时间短,占用系统的存储资源少。

一些算法是直观易懂的,这会让你觉得这种逻辑思维能力和解决问题的能力是我们与生俱来的。然而,算法研究爱好者们需要花费大量的时间和精力去研究算法,以期设计出更好的算法来有效地解决问题。事实上,当你每天在自己的计算机上查看邮件或听歌或者做一些其他事情时,你是否会想知道自己每天会用到多少种算法?基于此,本章介绍了算法性能的评价方法,以及素数的求解、大数求和、排序问题、查找问题和递归法求数列等常见问题的解决方法,通过一些实际的例子说明算法为什么是重要的。

8.1 算法的性能评价

对于同一个问题有很多种解决方法,比如从城市 A 去城市 B,可以选择不同的出行方式。例如,可以坐高铁也可以坐飞机,还可以选择骑自行或者徒步。类似地,在计算机领域,对同一个问题也会有多个不同算法来解决它。那么,如何来评价一个算法的性能优劣呢?

一个算法的性能优劣往往通过算法复杂度来衡量。算法的复杂度体现在运行该算法时计算机所需资源的多少上。在计算机中最重要的资源是计算资源和空间资源。因此,算法复杂度包括时间复杂度和空间复杂度两个方面。时间复杂度是指执行算法所需要的计算工作量,计算工作量通常指算法执行所需要耗费的时间,时间越短,算法效率越高。而空间复杂度是指执行这个算法所需要的存储空间。

1. 时间复杂度

一个算法用高级语言实现后,在计算机上运行时所消耗的时间与很多因素有关,如计算机的运行速度、编写程序的语言、编译产生的机器语言代码质量以及问题的规模等。在这些因素中,前 3 个都与具体的计算机有关。如果不讨论这些与计算机硬件、软件有关的因素,仅考虑算法本身的效率高低,可以认为一个特定算法的"运行工作量"的大小只依赖于问题的规模,通常用整数 n 表示。在这里问题的规模 n,一般指输入规模,也就是输入元素的个数。当问题的类型不同时,输入的类型可能也会不同。常见的输入类型有数组的大小、多项式的次数、矩阵中元素的个数等。

显然,在一个算法中,执行基本运算的次数越少,其运行时间也就越少;执行基本运算的次数越多,其运行时间也就越多。也就是说,一个算法的执行时间可以由程序中基本运算的执行次数来计量。基本运算执行次数 T(n) 是问题规模 n 的某个函数 f(n),记作:

$$T(n) = O(f(n))$$

记号"O"读作"大 O"(Order 的简写,指数量级),它表示随问题规模 n 的增大,算法执行时间的增长率和 f(n)的增长率相同。对于一个给定的函数 f(n),当输入规模 n 很大时,我们可以忽略它的一些低阶项。

例如,函数 $f(n)$ 由 $4n^6$、$3n^2$、$2n$ 和 1 相加组成,当 n 很大的时候其函数值近似为 n^6,
$$f(n) = 4n^6 + 3n^2 + 2n + 1 \approx n^6$$

一般情况下,在一个没有循环的算法中基本运算次数与问题规模 n 无关,记作 O(1),也称作常数阶。在一个只有一重循环的算法中,基本运算次数与问题规模 n 呈线性关系,记作 O(n),也称线性阶,其余常用的还有平方阶 $O(n^2)$、立方阶 $O(n^3)$、对数阶 $O(\log_2 n)$、指数阶 $O(2^n)$ 等。各种不同数量级对应的复杂度存在着如下关系:

$$O(1) < O(\log_2 n) < O(n) < O(n\log_2 n) < O(n^2) < O(n^3) < O(2^n) < O(n!)$$

算法的时间复杂度采用这种数量级的形式表示后,只需要分析算法中影响算法执行时间的主要部分即可,不必对每一步都进行详细分析。

【例 8.1】 分析下面循环程序代码的算法时间复杂度。

程序代码如下:

```
1   for(i = 1;i <= n;i++)                    //频度 n
2   {
3       for(j = 1;j <= n;j++)                //频度 n*n
4       {
5           c[i][j] = 0;                     //频度 n*n
6           for(k = 1;k <= n;k++)            //频度 n*n*n
7               c[i][j] += a[i][k] * b[k][j];//频度 n*n*n
8       }
9   }
```

问题分析: 为了简化分析,假定一条语句就是一次基本运算,每条语句执行一次所需的时间均是单位时间,一个算法的时间耗费就是该算法中所有语句的执行次数之和。语句的执行次数之和,又称为语句的执行频度。

在该算法中,语句 1 的频度是 n,语句 3 和语句 5 由两重循环控制,分别执行了 n*n 次,语句 6 和语句 7 由三重循环控制,执行了 n*n*n 次,那么该算法的执行次数 $f(n) = n + 2n^2 + 2n^3$,忽略掉低阶项后,$f(n) = 2n^3$,则该算法的时间复杂度:$T(n) = O(n^3)$。

2. 空间复杂度

在程序中一个算法所占用的存储空间包括输入数据所占空间,程序本身所占空间和辅助变量所占空间。一般情况下,一个程序在机器上执行时,除了需要存储程序本身的指令、常数、变量和输入数据以外,还需要存储对数据操作的存储单元。如果输入数据所占空间只取决于问题本身而与算法无关,那么只要分析该算法所需的临时存储单元即可。因此,空间复杂度是对一个算法在运行过程中临时占用的存储空间大小的度量,一般也作为问题规模 n 的函数。

算法空间复杂度的计算公式记作:S(n) = O(f(n)),其中 n 为问题的规模,f(n)为语句关于 n 所占存储空间的函数。

【例 8.2】 分析下面递归函数的空间复杂度。

```
1    int fun(n)                          //占用空间 1
2    {
3        int k = 10;                     //占用空间 1
4        if(n == k) return n;
5        else return fun(n++);
6    }
```

问题分析：递归算法的空间复杂度＝递归深度 n * 每次递归所要的辅助空间。调用 fun 函数，每次都创建 1 个变量 k 和 1 个变量 n。如果调用 n 次，那么 f(n)＝2n，其空间复杂度为 S(n)＝O(n)。

8.2 用试商法求解素数

素数又称质数。一个大于 1 的自然数，除了 1 和它自身外，不能被其他自然数整除的数叫作素数，否则称为合数。如 2、3、5、7、11、13、17 都是素数，其中 2 为唯一的偶素数。素数是数论中探讨最多也是难度最大的一类整数。RSA[①] 算法在数据加密领域被广泛使用，它就是基于素数性质的加密算法。在大自然中，某些物种的生存和繁衍也体现了素数特性，使得自身种群在竞争中处于优势。比如，北美洲有一类特殊的"周期蝉"，它们在地下生活的时间为 13 年或 17 年，破土出后在地面上只生活 4～6 周，这种蝉的寿命呈现出素数的周期，有效地降低了遭遇天敌的概率，可以帮助它们保存更多的后代。此外，农业中喷洒农药的相隔天数一般都是素数，机械齿轮的齿数量也都是素数。在 C 语言学习中，素数的求解也是一个经典的问题。求素数的方法有很多，常用方法有试商法和筛选法两种。

8.2.1 试商法判定素数

【例 8.3】 给定一个正整数，用试商法判定该整数是否为素数，将结果输出到屏幕。

问题分析：

计算机的优势在于可以"不知疲倦"的计算。试商法的基本思想也是利用了这个特点。顾名思义，试商法就是用一个个大于 2 但小于被除数的整数去做除数，对这个给定的被除数做除法运算，"测试"其能否被整除。假设给定的正整数为 num，如果对 2～num－1 所有的整数做试商求余计算，发现都不能整除

微课 8.1 试商法求解素数

---

① 该算法 1977 年由罗纳德·李维斯特(Ron Rivest)、阿迪·萨莫尔(Adi Shamir)和伦纳德·阿德曼(Leonard Adleman)一起提出，利用了超大素数的分解来实现数据加密。

num,那么就能判定 num 是素数；否则,只要有一个整数能整除,即余数是 0,则 num 是合数。

算法设计:

有了这样的求解思路后,可以确定算法的流程如图 8.1 所示。

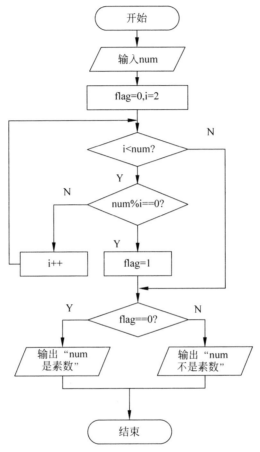

图 8.1 试商法判定素数流程图

它主要包括以下 3 个步骤:

步骤 1,定义一个素数判断标志变量 flag 和循环变量 i。初始化 flag 为 0,i 为 2。程序中使用变量 i 作为试商的除数。由于只要有一次试商取余的结果为 0 就能判断它不是素数,因此可以默认初始情况下,待判断的数就是素数,可以设置标志 flag 的值为 0 表示此时它是素数,当 flag 的值为 1 时表示它是合数。

步骤 2,循环操作,在将 i 从 2 增大到 num－1 的过程中,不断尝试"num%i",如果结果为 0,说明 num 为合数,设置变量 flag 为 1。此时判定过程已结束,利用 break 语句跳出循环。

步骤 3,输出判定结果。当 flag 为 0 时 num 为素数,为 1 时 num 为合数。

程序代码如下

```
1   #include<stdio.h>
2   #include<math.h>
3   int main()
4   {
5       int num,i,flag=0;                               //flag值为0,默认是素数
6       scanf("%d",&num);                               //读入需要判定的数字
7       for (i=2;i<num;i++)                             //设置除数i的取值范围
8       {
9           if (num%i==0)                               //判定num是不是合数
10          {
11              flag=1;                                 //num能整除,标志位flag置1
12              break;                                  //不是素数,结束循环
13          }
14      }
15      if (flag==0) printf("%d是素数。\n",num);        //flag值为0,num为素数
16      else printf("%d不是素数。\n",num);
17      return 0;
18  }
```

根据第 7 行语句,可以判断该算法的时间复杂度 $T(n)=O(n)$。利用数学知识,我们可以进一步优化算法,降低算法的时间复杂度。第 7 行语句中的循环条件"i<num"可以调整为"i<=num/2"。因为当 i>num/2 时,num 对 i 一定不能整除。这样处理后,循环体的执行次数减少了一半。num/2 还进一步调整为 $\sqrt{num}$,这样算法的复杂度是 $T(n)=O(\sqrt{n})$。试商法与第 4 章介绍的枚举法的思想相同,只不过在实现的过程中,我们又利用了一些素数的基本性质简化了代码的同时又提高了效率。在程序代码修改前,判定一个素数的时间复杂度为 $O(n)$,而修改为 $\sqrt{num}$ 后算法的时间复杂度是 $O(\sqrt{n})$。随着 n 的增大,两种算法的效率差异会逐渐显现出来。

8.2.2 试商法搜索素数

利用试商法可以判定某个正整数是否是素数,如果要在一个区间内搜索所有的素数,有什么巧妙的方法吗?到目前为止,还没有一个通用的素数表达形式,因此求素数还是可以使用枚举法的思想在求解区间中逐个判定每个正整数是否是素数。

【例 8.4】 求 100~200 的所有素数,要求用试商法计算,并将结果输出到屏幕。

在【例 8.3】对 1 个素数判定的基础上,对 100~200 的每个数使用试商法来判定它们是否是素数。需要构建两个循环结构:一个是在给定的范围 100~200 内遍历每个整数,另一个是对每个整数遍历必需的试商范围。它们分别对应算法流程图 8.2 中的外层循环和内层循环,其中用虚线框标出的是内层循环,它是判定某个数是否是素数的过程。

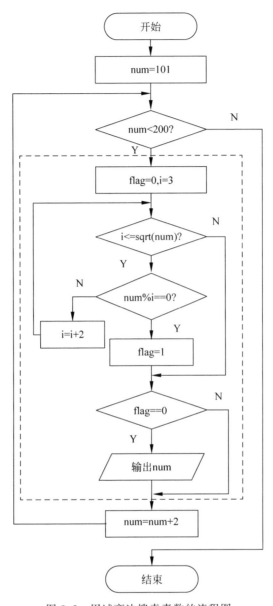

图 8.2 用试商法搜索素数的流程图

程序代码如下：

```
1    #include<stdio.h>
2    #include<math.h>
3    int main()
4    {
5        int num,i,flag;
6        for(num = 101;num < 200;num += 2)              //设置 num 的范围,排除偶数情况
7        {
```

```
8           flag = 0;                          //初始化标志变量默认为素数
9           for(i = 3;i < = sqrt(num);i += 2)  //设置除数 i 的范围,排除偶数情况
10          {
11              if(num % i == 0)               //判定 num 是否是合数
12              {
13                  flag = 1;                  //num 能整除,标志位 flag 置 1
14                  break;
15              }
16          }
17          if(flag == 0) printf(" % d ",num); //flag 值为 0 则 num 为素数
18      }
19      return 0;
20  }
```

上述代码利用了素数的基本性质来降低算法的时间复杂度。由于素数中只有一个偶数 2,因此在待求解的数据范围 100～200 内,所有偶数都不可能是素数。利用这个性质,可以在语句 6 中设置"num＋=2",将外层循环的搜索空间缩小。同时,在试商的过程中,对语句 9 中的 i 的遍历范围也做了"num＋=2"调整,排除了偶数的情况,从 i=3 开始,直到 $\sqrt{num}$ 结束。

求素数的方法还有很多。相传古希腊人埃拉托斯特尼把数写在涂蜡的板上,每要舍去一个数,就在上面记以小点,寻求素数的工作完毕后,这许多小点就像一个筛子,所以又称这种方法叫作"埃拉托斯特尼筛",简称"筛法"。比如,接着刚才的思路,在将偶数排除在搜索范围之外的基础上,继续利用已求解的小素数去筛除大数,将 3 的倍数,5 的倍数,7 的倍数,11 的倍数……这些不是素数的结果都筛除掉,剩下的数就一定是素数了。这种方法就称为"筛选法"。大家也可以尝试用"筛选法"来求解素数。

8.3 用数组实现大数求和

计算机内数据存储的最大值都是有限的,比如 long long 类型是 8 字节,它能表示的整数范围为－9223372036854775808～9223372036854775807。如果需要计算的数据继续增大,我们该怎么办呢?这种问题属于大数求和问题。所谓大数,是指数的位数超过了计算机中基本数据类型的表示范围。大数运算就是大数进行加、减、乘、除等一系列的运算。

微课 8.2 数组法求大数和

8.3.1 "列竖式"实现大数求和

在小学我们就学过通过列竖式求两个数的和。例如,列竖式计算整数 9 223 372 036 854 775 808＋1234 的值,参见图 8.3。

我们首先需要将被加数和加数的数位靠右对齐,然后由右至左依次计算每个数位,如果超过 10 就产生进位。

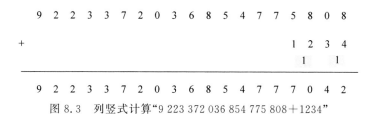

```
  9 2 2 3 3 7 2 0 3 6 8 5 4 7 7 5 8 0 8
+                                 1 2 3 4
                                1 1
  ─────────────────────────────────────
  9 2 2 3 3 7 2 0 3 6 8 5 4 7 7 7 0 4 2
```

图 8.3　列竖式计算 "9 223 372 036 854 775 808＋1234"

如果将两个整数逆序书写，然后列竖式计算，得到的结果也是逆序的，参见图 8.4。

```
  8 0 8 5 7 7 4 5 8 6 3 0 2 7 3 3 2 2 9
+ 4 3 2 1
  1 1
  ─────────────────────────────────────
  2 4 0 7 7 7 4 5 8 6 3 0 2 7 3 3 2 2 9
```

图 8.4　列竖式逆序计算 "9 223 372 036 854 775 808＋1234"

如果把这两个整数的每个数位按照字符逆序存储在两个数组中，然后让这两个数组对应的数位进行累加计算，并将结果存储在第 3 个数组中，那么逆序输出第 3 个数组中的字符就可以得到大数计算的结果。

例如，分别用字符数组 a、b、c 逆序存储被加数 9 223 372 036 854 775 808、加数 1234、和，参见图 8.5。

```
a │8│0│8│5│7│7│4│5│8│6│3│0│2│7│3│3│2│2│9│
b │4│3│2│1│
c │2│1│0│0│0│0│0│0│0│0│0│0│0│0│0│0│0│0│0│
```

图 8.5　用数组存储被加数、加数与和

数组 c 中每个元素的初始值为 0，如果 $a[i]+b[i]+c[i]$ 的值小于 10，那么 $c[i]=a[i]+b[i]+c[i]$，否则 $c[i]=a[i]+b[i]+c[i]-10$，同时 $c[i+1]=1$，用于保存进位。

在图 8.5 中，$a[0]+b[0]+c[0]=8+4+0=12$，结果大于 10，因此 $c[0]=12-10=2$，同时 $c[1]=1$。依次计算出数组 c 中所有元素的值，参见图 8.6。

```
a │8│0│8│5│7│7│4│5│8│6│3│0│2│7│3│3│2│2│9│
b │4│3│2│1│
c │2│4│0│7│7│7│4│5│8│6│3│0│2│7│3│3│2│2│9│
```

图 8.6　用数组实现大数计算

利用数组来实现两个大数求和运算的方法称为数组法。大数求和的基本思想是：使用字符数组来保存用户的输入数字和运算结果，将两个大数的每一位数字分别存储在两个数组中，然后模拟人工列竖式算加法的方式，对两个数组的数组元素从最低位开始相加，并判断是否进位，一直到最高位结束。

8.3.2 大数求和的程序实现

【例 8.5】 数组法求两个大整数的和。

问题分析：从键盘以字符串的方式将两个大数读入数组 a 和数组 b 中。设计一个逆序函数 reverse 对数组 a 和数组 b 中的字符串进行逆序排列。设计一个 bigDataSum 函数完成"列竖式"计算。

算法设计：算法描述参见图 8.7。假设数组 a 中的数字位数多，位数为 n，数组 b 中的数字位数少，位数为 m。

如果要将数组中元素的排列由正序变为逆序，那么只要将首尾相对应位置的数组元素位置对调就可以实现。函数 reverse 的代码实现如下：

```
int reverse(char a[N])
{
    int i,temp,len = strlen(a);   /*调用 strlen 函数获得大数
                                     的位数*/
    for (i = 0;i < len/2;i++)     /*将数组 a 中的数组元素按
                                     照首尾相对应位置做对调*/
    {
        temp = a[i];              /*从首部 0 开始第 i 个元素
                                     与从尾部 len-1 倒数第 i 个
                                     元素 len-1-i 的位置对调*/
        a[i] = a[len - 1 - i];
        a[len - 1 - i] = temp;
    }
    return len;
}
```

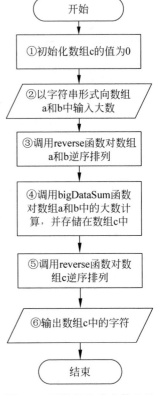

图 8.7 用数组法求大数和的流程图

数组 a 和数组 b 中存储的大数的字符串长度可能是不同的，也就是说，两个进行计算的大数的数位长度可能是不同的。在"列竖式"计算时，两个数组元素中的字符数字需要先转换成整数，然后再求和，最后判断是否需要进位。另外，两个数组的数位对齐后，非对齐数位和对齐数位的处理方法是不同的，因此需要先判断数组 a 和数组 b 中大数数位的长短。

bigDataSum 函数有 4 个输入数据：数位较长数组的地址 char * l，数位较短数组的地址 char * s，数位较长的大数的长度 n，数位较短的大数的长度 m。bigDataSum 函数的算法描述参见图 8.8。

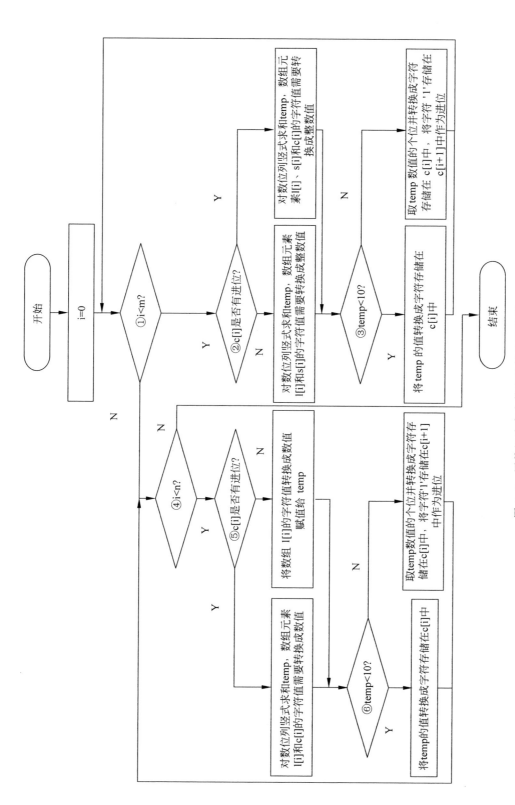

图 8.8 用数组法求大数和的算法流程图

函数 bigDataSum 的代码如下：

```c
void bigDataSum(char * l,char * s,char * c,int n,int m)
{
    int i,temp;
    for(i = 0;i < m;i++)                //先用"列竖式"计算对齐数位,m 是较短数位大数的长度
    {
        if(c[i] == 0) temp = l[i] + s[i] - 2 * '0';
                                        //没有进位,将 l[i]和 s[i]中的字符值转换成整数值后求和
        else temp = l[i] + s[i] + c[i] - 3 * '0';
                                        //有进位,将 l[i],s[i]和 c[i]中的字符值转换成整数值后求和
        if(temp < 10) c[i] = temp + '0';
                                        //数位求和后,若未超过 10,直接将 temp 中转换成字符存储 c[i]中
        else
        {
            c[i] = temp - 10 + '0';     //超过 10,将 temp 中数值的各位转换成字符后,存储在 c[i]中
            c[i + 1] = 1 + '0';         //保存进位字符'1'到 c[i+1]中,参与下一个数位的计算
        }
    }
    for(;i < n;i++)
                                        //继续"列竖式"计算未对齐数位,n 是较长数位大数的长度,
    {
        if(c[i] == 0) temp = l[i] - '0';
                                        //没有进位,将 l[i]中的字符值转换成整数值后存储到 temp 中
        else temp = l[i] + c[i] - 2 * '0';
                                        //有进位,将 l[i],s[i]和 c[i]中的字符值转换成整数值后求和
        if(temp < 10) c[i] = temp + '0'; //无进位的处理,与上同
        else                             //有进位的处理,与上同
        {
            c[i] = temp - 10 + '0';
            c[i + 1] = 1 + '0';
        }
    }
}
```

在 main 函数中,调用 inverse 函数和 bigDataSum 函数。

程序代码如下：

```
1    # include < stdio.h >
2    # include < string.h >
3    # define N 100                                           //假设大数和不超过 100 位
4    int main()
5    {
6        int n,m;
7        int reverse(char a[N]);                              //函数声明
8        void bigDataSum(char * l,char * s,char * c,int n,int m);  //函数声明
9        char a[N],b[N],c[N] = {0};                           //默认无进位
10       scanf("%s%s",a,b);                                   //输入大数
11       n = reverse(a);                                      //逆序排列
```

```
12        m = reverse(b);                        //逆序排列
13        if (n<m) bigDataSum(b,a,c,m,n);        //大数求和
14        else bigDataSum(a,b,c,n,m);            //大数求和
15        reverse(c);                            //逆序排列
16        printf("%s",c);                        //输出大数和
17        return 0;
18    }
```

8.4 用冒泡法实现排序

排序是计算机科学领域的一种基础应用。在我们的生活中，到处都存在着排序问题。尤其在交通、通信、工业生产、管理等领域，排序算法尤为重要。所谓排序，就是将一组纪录按照记录的某个或某些关键字的大小，按照递增或递减排列起来的操作。排序算法就是使记录按照特定要求排列的方法。

例如，在城市中找到最拥堵的 N 个路段，在电商平台上找出最热销的 N 个商品，在生产中找到性价比最高的生产方案等，这些都需要用到排序算法。由于这些问题的场景、规模、限制条件

微课 8.3　冒泡排序

各不相同，在排序算法的发展过程中，逐渐衍生出了种类繁多的算法。常见的排序算法包括插入排序、选择排序、冒泡排序、快速排序、归并排序、希尔排序、堆排序等。

每种算法都有它特定的使用场合。例如，在第 6 章中介绍了一种基于"打擂台法"的排序方法。本节将介绍另外一种常用的排序算法——冒泡排序法。

8.4.1 冒泡排序的思想

冒泡排序(Bubble Sort)是一种简单实用的排序算法。它是从队列首部开始，依次比较两个相邻的数据，如果顺序错误就把它们进行交换，直至没有数据可以交换为止。在这个过程中，待排序的元素会经由交换慢慢"浮"到数列的顶端，就如同水池中的气泡最终会上浮到顶端一样，故名"冒泡排序"。

在使用冒泡排序时，首先应该确定是进行升序排序还是降序排序。升序排序就是将待排列的数据按照从小到大的顺序排序，当升序排序时，需要较大的数向后"沉"，而将较小的数向前"冒"。降序排序则正好相反，它是将待排列得数据按照从大到小的顺序排序，它需要较小的数向后"沉"，而将较大的数向前"冒"。

例如，将序列"5,4,3,2,1"变成升序"1,2,3,4,5"的"冒泡排序"的示意图参见图 8.9。可以看到，随着"5"逐渐"沉"下去，"1"逐渐"冒"了上来。重复沉下"4""3""2"，"1"就会冒到最顶上。

【例 8.6】　原始待排序序列为[10,1,35,61,0]，采用冒泡法对其进行升序排序，给出手工排序过程。

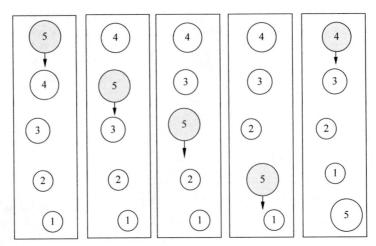

图 8.9 冒泡原理示意

问题分析：原数据中有 5 个数，采用冒泡法对其进行排序，需要进行 4 轮比较。每一轮，均需要从头开始，对相邻的两个数进行比较。另外，由于需要进行升序排序，所以在对相邻的数进行比较时，如果前面的数大于后面的数，则进行交；否则，不进行交换。

具体过程如下：

(1) 第一轮

第一次比较：10 和 1 比较，10 大于 1，交换位置。比较后序列为：[1,10,35,61,0]。
第二次比较：10 和 35 比较，10 小于 35，不交换位置。比较后序列为：[1,10,35,61,0]。
第三次比较：35 和 61 比较，35 小于 61，不交换位置。比较后序列为：[1,10,35,61,0]。
第四次比较：61 和 0 比较，61 大于 0，交换位置。比较后序列为：[1,10,35,0,61]。
第一轮总共进行了 4 次比较，交换了 2 次位置，排序结果：[1,10,35,0,61]。

(2) 第二轮

第一次比较：1 和 10 比较，1 小于 10，不交换位置。比较后序列为：[1,10,35,0,61]。
第二次比较：10 和 35 比较，10 小于 35，不交换位置。比较后序列为：[1,10,35,0,61]。
第三次比较：35 和 0 比较，35 大于 0，交换位置。比较后序列为：[1,10,0,35,61]。
第二轮总共进行了 3 次比较，交换了 1 次位置，排序结果：[1,10,0,35,61]。

(3) 第三轮

第一次比较：1 和 10 比较，1 小于 10，不交换位置。比较后序列为：[1,10,0,35,61]
第二次比较：10 和 0 比较，10 大于 0，交换位置。比较后序列为：[1,0,10,35,61]
第三轮总共进行了 2 次比较，交换了 1 次位置，排序结果：[1,0,10,35,61]。

(4) 第四轮

第一次比较：1 和 0 比较，1 大于 0，交换位置。比较后序列为：[0,1,10,35,61]
第四轮总共进行了 1 次比较，交换了 1 次位置，排序结果：[0,1,10,35,61]。

至此排序结束，原序列经过冒泡排序变成了升序序列。上面是对 5 个数的序列进行排序，它可以推广到对任意长度的序列进行排序。

对于一个由 n 个数据组成的序列,在排序时,按照数据顺序,从前至后依次比较相邻的两个数。当进行升序排序时,如果前面的数大于后面的数,则交换这两个数;当进行降序排序时,如果前面的数小于后面的数,则交换这两个数。重复这个过程,当比较完最后一个数时,称为第一轮结束。此时可以发现,在进行升序排序时,最大的数已经被交换到最后一个数,而在进行降序排序时,最小的数已经被交换到最后一个数。这就意味着,在下一轮,只需要对原序列中前 n−1 个数进行排序就可以了。

接着进行第二轮,再从头开始,从前至后依次比较相邻的两个数,直至前 n−1 个数比较完毕,此时可以发现,在进行升序排序时,次大的数已经被交换成第 n−1 个数,而在进行降序排序时,次小的数已经被交换成第 n−1 个数。此时,结束第二轮。

按照这个方式需要进行 n−1 轮排序。在这个过程中,对于第 i 轮,仅需要比较数据序列的前 n−i+1 个数。到第 n−1 轮,即最后 1 轮时,只需要比较最前面的两个数的大小并决定是否进行交换,算法结束。

8.4.2 冒泡排序的程序实现

【例 8.7】 编写一个程序:从键盘上输入整数个数 n(n<255),然后输入 n 个整数,接着使用冒泡法对 n 个整数进行升序排序,最后输出排序结果。

问题分析:首先需要建立一个 int 类型的数组 arr 存储待排序数据,然后利用冒泡排序对数组中的数据进行排序。如果是 n 个数排序,共需要 n−1 轮排序。这就需要建立一个循环结构。设置一个循环控制变量 i,通过控制变量 i 实现 n−1 轮排序。令 i=1 作为循环的初始条件,用"i<=n−1"作为循环控制表达式,用"i++"作为循环控制变量的改变。循环体完成数组的每轮排序比较。循环语句如下:

```
for (i = 1;i <= n - 1;i++)
{
    //每轮比较的程序代码
}
```

每轮排序都是数组的前后两个元素的大小比较,这需要建立一个循环结构。每轮需要比较的次数也是有规律的,例如,第一轮需要比较 n−1 次,比较到第 n 个数(数组 arr 的最后一个元素序号是 n−1)结束,即 arr[n−2]与 arr[n−1]比较。第 i 轮需要比较 n−i 次,比较到第 n−i+1 个数,即 arr[n−i−1]与 arr[n−i]比较。第 n−1 轮需要比较 1 次,比较到第二个数,即 arr[0]和 arr[1]比较。设置每轮比较的循环控制变量 j,令 j=0 作为循环的初始条件比较方便,因为数组的第一个元素的序号是 0。用"j<n−i"作为循环控制表达式,这个条件表达式并不是唯一的,要注意访问数组元素时不要越界访问。用"j++"作为循环控制变量的改变。循环体完成数组 arr 前后两个元素的比较。循环语句如下:

```
int temp;
for (j = 0;j < n - i;j++)
```

```
        {
            if (arr[j]> arr[j + 1])
            {
                temp = arr[j];
                arr[j] = arr[j + 1];
                arr[j + 1] = temp;
            }
        }
```

也可以设置控制变量 j 的初始值是 1,但是循环控制条件表达式与循环体中的代码也要做相应的修改,代码如下:

```
int temp;
for (j = 1;j <= n - i;j++)
{
    if (arr[j - 1]> arr[j])
    {
        temp = arr[j - 1];
        arr[j - 1] = arr[j];
        arr[j] = temp;
    }
}
```

将外层循环与内存循环嵌套在一起就可以完成冒泡排序程序。设计函数 bubbleSort 实现冒泡排序算法,它的输入数据是待排序数组名和待排序数据的个数。

程序代码如下:

```
1   #include <stdio.h>
2   #define MAX_LEN 255                              //设置数组的长度是 255
3   void bubbleSort(int arr[], int n)
4   {
5       int temp;
6       int i,j;
7       for(i = 1;i <= n - 1;i++)                    //i 为比较的轮次,从 1 开始
8           for(j = 0;j < n - i;j++)                 //第 i 轮只需要比较前 n - i + 1 个数据
9               if(arr[j]> arr[j + 1])               //如果前面元素小于后面元素则交换
10              {
11                  temp = arr[j];                   //交换元素 arr[j]和 arr[j + 1]
12                  arr[j] = arr[j + 1];
13                  arr[j + 1] = temp;
14              }
15  }
16  int main()
17  {
18      int arr[MAX_LEN],n,i;
19      printf("请输入排序数据的个数:\n");              //提示信息
20      scanf(" %d",&n);                             //输入待排序数据的个数
21      printf("请输入待排序数据:\n");                 //提示信息
22      for(i = 0;i < n;i++) scanf(" %d",&arr[i]);   //输入待排序数据
```

```
23      bubbleSort(arr,n);                          //调用冒泡排序函数
24      printf("升序排序后的数据:\n");              //提示信息
25      for(i = 0;i < n;i++) printf(" % d ",arr[i]); //显示排序后的数据序列
26      putchar('\n');
27      return 0;
28  }
```

程序用到了我们之前学习过的选择、循环、函数、数组等知识点。在 main 函数里定义了 arr 数组,用来存放待排序的数据。通过一个 for 循环语句,利用 scanf 语句将所有待排序数据读入数组,然后利用 bubbleSort 函数对数组进行排序操作。bubbleSort 函数包括两个参数:一个参数为数组地址,另一个为数组的长度。通过第 6 章的内容,我们知道利用数组名传递参数,相当于利用指针在被调函数内访问主调函数内的数组元素。

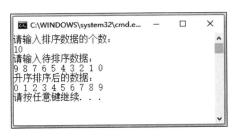

图 8.10 冒泡排序的运行结果

bubbleSort 函数利用一个双重循环来实现,在内循环中利用分支语句对相邻数组元素的数值进行比较,对不满足排序规则的数组元素的数值进行了交换。

程序的运行结果如图 8.10 所示。

冒泡排序使用了两层循环嵌套,语句 9 执行的次数是 $1+2+\cdots+n-1=n(n-1)/2$,因此它的时间复杂度 $T(n)=O(n^2)$。

8.5 用二分法实现查找

通过排序算法可以得到一个从小到大或者从大到小排列的有序序列。这种有序序列有什么用处呢?关于这个问题的回答,我们先来看一个例子。

在中央电视台《幸运 52》节目中有一个猜商品价格的游戏,如果参与者在一定时间内猜中商品的价格就可以免费获得该商品。在竞猜的过程中,参与者每报一个价格,主持人会告诉他报高了或者报低了,参与者必须根据主持人的提示快速地报出下一个可能的价格。很多参与者每次报价都是随便上调或下调价格,那怎么才能够快速地猜中价格呢?

微课 8.4 二分法实现查找

比如让我们猜一台空调的价格(谜底价格是 3850 元),通常空调都不超过 5000 元,因此报价过程可以如下进行:

参与者:2500
主持人:低了(可以推定商品价格在[2500,5000]区间)
参与者:3750(报 2500 和 5000 的中间值)
主持人:低了(可以推定商品价格在[3750,5000]区间)
           ...
参与者:3954(报 3945 和 3964 的中间值)

主持人:高了(可以推定商品价格在[3945,3954]区间)
参与者:3850(报 3945 和 3954 的中间值)
主持人:恭喜你!这台空调属于你了!

在上面的报价过程中,参与者最多需要 10 次即可猜中价格。仔细观察上面报价还可以发现,当知道商品价格范围时,参与者每次都是以价格范围的中间值进行报价,一次报价相当于排除其中约一半的待搜索范围,因此这种每次对搜索范围进行折半的查找算法被称为折半查找算法,也称"二分查找"(Binary Search)算法。猜价格游戏展现了二分查找的魅力所在,但是我们该怎么通过计算机编程实现二分查找呢?

8.5.1 二分查找的思想

二分查找算法使用的前提条件是待查找的数据必须是有序排列的。比如,一个班级的学生的信息按照学号从小到大排好序后存储在一个数组中。如果我们要根据某个学生的学号查找该学生的信息,那么每次查找时将待查找学生的学号与数组中间位置的学生学号进行比较,如果两者相等,则查找成功。否则,利用中间位置将数组分成前、后两个子数组,如果中间位置学生的学号大于待查找的学号,则进一步在前一子数组中进行查找;否则在后一子数组中进行查找。重复以上过程,直到找到满足条件的学生,此时查找成功。或者直到子数组不存在为止,此时表示数组中没有待查找的学生,查找失败。

二分查找算法有两个必要的前提条件:

(1) 数据是存储在类似数组的结构中;

(2) 数据是按待查找的属性有序排列的。

其中,第(1)点要求保证了数据在内存中是连续存储的,可以使用下标索引进行直接定位。第(2)点要求则保证了二分查找每次搜索时都可以排除一半的搜索空间,极大地缩小了搜索空间。

8.5.2 二分查找的程序实现

【例 8.8】 采用二分查找算法在整型数组 a[11]={1,3,6,9,10,13,16,17,19,22,25}中查找值为 16 的数组元素下标。

问题分析:观察这个数组中的 11 个数据,可以发现这些数据是存放在数组中,且数组元素是由小到大按升序排列的,因此满足二分查找的两个必要前提条件。

算法设计:按照二分查找算法思想,给定一个长度为 n 的数组 a,通过计算 n/2 找到中间位置,即可将 n 个数据分成个数大致相同的前后两半;然后将 a[n/2]与待查找的数值 x 做比较,如果 x 与 a[n/2]数值相等则找到 x,算法终止;如果 x 小于 a[n/2],则在数组 a 的前半部分继续搜索 x;如果 x 大于 a[n/2],则在数组 a 的后半部继续搜索 x。在前半部分或后半部分搜索时,可以将该半部分视为一个新的数组,重复上述搜索过程。在搜索过程中,一旦找到匹配的数组元素则算法终止;否则直至搜索到没有数组元素可找时算法终止。

具体执行步骤如图 8.11 所示。

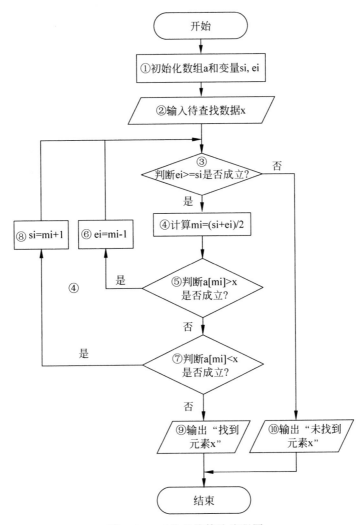

图 8.11 二分查找算法流程图

步骤 1,定义并初始化长度为 n 的数组 a 和 si、ei、mi 3 个整型变量(①),其中 si、ei、mi 分别存储搜索区间的起始、结束和中间位置下标。开始时,起始和结束位置对应就是数组 a 的第一个元素和最后一个元素的下标,即 si=0、ei=n−1;

步骤 2,输入待查找数据 x(②);

步骤 3,判断 ei>=si 是否成立(③),若成立转步骤 4;否则,输出未找到 x,程序结束(⑩);

步骤 4,计算中间位置下标 mi=(si+ei)/2(④),转到步骤 5;

步骤 5,比较 a[mi] 与 x 的大小(⑤),若 a[mi] 大于 x,故应该排除后半部分,在前半部分搜索,此时下标 ei 应为 mi 左侧一位,ei=mi−1(⑥),然后转步骤 3;否则若 a[mi] 小于 x(⑦),则排除前半部分,在后半部分搜索,此时下标 si 应为 mi 右侧一位,si=mi+1(⑧),然后转步骤 3;否则若 a[mi]等于 x,则搜索到 x,输出 x(⑨),程序结束。

设计函数 BinSearch 实现二分查找算法,函数的输入数据是有序数组 arr、起始下标 si、结束下标 ei 和待查找数值 x。函数的类型是 int,返回值是数组元素的下标或者 −1,−1 表示未找到。

程序代码如下:

```
1    #include <stdio.h>
2    int BinSearch(int arr[], int si, int ei, int x)
3    {
4        int mi;
5        while(ei >= si)
6        {
7            mi = (si + ei)/2;                    //折半
8            if(arr[mi] > x) ei = mi - 1;         //右侧减半
9            else if(arr[mi] < x) si = mi + 1;    //左侧减半
10                else return mi;                 //查找成功
11       }
12       return -1;                               //未找到
13   }
14   int main()
15   {
16       int a[11] = {1,3,6,9,10,13,16,17,19,22,25},x,idx;   //idx 存储下标标号
17       printf("请输入期望查找的数:\n");                      //提示信息
18       scanf("%d",&x);                                     //输入查找数值
19       idx = BinSearch(a,0,10,x);                          //调用二分查找算法
20       if(idx < 0) printf("未找到数值%d。\n",x);             //输出查找结果
21       else printf("找到数值%d,对应数组下标为%d。\n",x,idx);
22       return 0;
23   }
```

假设通过语句 18 输入待查找数据"16",执行语句 19 调用函数 BinSearch(a,0,10,x),此时函数形参 si=0,ei=10,x=16。while 语句经过 3 次循环就可以查到数组中数组元素 a[6]的值是"16",3 次循环查找过程中下标 si、ei、mi 值的变化过程参见图 8.12。

	si=0					mi=5					ei=10
第一次循环	1	3	6	9	10	13	16	17	19	22	25

						si=6			mi=8		ei=10
第二次循环	1	3	6	9	10	13	16	17	19	22	25

							mi=si=6	ei=7			
第三次循环	1	3	6	9	10	13	16	17	19	22	25

图 8.12 3 次循环过程中 si、ei、mi 变换示意图

执行语句5,判断"ei>=si"是成立的,执行第一次循环:计算 mi=(si+ei)/2=(0+10)/2=5,比较 a[mi]与 x 的大小,因为 a[mi]=a[5]=13,a[mi]<16,因此排除前半部分,应该在后半部分搜索,此时开始下标 si=mi+1=6。

继续执行语句5,判断"ei>=si"是成立的,执行第二次循环:计算 mi=(si+ei)/2=(6+10)/2=8,比较 a[mi]与 x 的大小,因为 a[mi]=a[8]=19,a[mi]>16,因此排除后半部分,应该在前半部分搜索,此时下标 ei=mi-1=7。

继续执行语句5,判断"ei>=si"是成立的,执行第三次循环:计算 mi=(si+ei)/2=(6+7)/2=6,比较 a[mi]与 x 的大小,因为 a[mi]=a[6]=16,此时 a[mi]==16,故查找到 x,输出数组元素下标值6,算法结束。

根据上例可以发现,二分查找将 n 个元素分成大致相等的两部分,取 a[n/2]与某一目标 x 做比较,如果 x=a[n/2],则找到 x,算法中止;如果 x<a[n/2],则只要在数组 a 的左半部分继续搜索 x;如果 x>a[n/2],则只要在数组 a 的右半部搜索 x。对于包含 n 个元素的数组,第一次待搜索的数据有 n 个,第二次有 n/2 个,第三次有 n/4 个,以此类推,第 k 次有 $n/2^{k-1}$ 个。当 $n/2^{k-1}$ 取整等于1时表示仅一个数据待搜索,此时搜索结束。因此,令 $n/2^{k-1}=1$,可计算得到 $k=\log_2 n+1$,故时间复杂度为 $O(\log_2 n)$。

当 n=1000 时,二分查找的循环比较次数为10;当 n=1 000 000 000 时,二分查找的循环比较次数也仅需30,可见,当问题规模 n 越大时,更加能够体现二分查找算法的高效。二分查找算法充分利用了数组元素间的次序关系,采用分治策略,可在最坏的情况下按线性搜索完成任务。

8.6 * 用递归优化求数列

在利用程序解决问题的时候,有些方法非常巧妙,但是它却非常耗费时间。例如第5章介绍的递归算法,它的基本思想和实现方法都很巧妙,代码也非常简洁,但是它的算法复杂度并不一定低。

8.6.1 "暴力递归"问题

微课 8.5 递归优化求数列

【例 8.9】 用递归法求斐波那契数列,对比前 10 项和前 50 项的运行时间。

```
1    #include<stdio.h>
2    #include<math.h>
3    int main()
4    {
5        long long fib(int n);        //对函数 fib 进行声明
6        int n;
7        scanf("%d",&n);
```

```
 8        printf(" %lld",fib(n));              //输出格式为lld
 9        return 0;
10    }
11    long long fib(int n)                     //定义函数 fib 的类型为 long long
12    {
13        if(n == 1 || n == 2) return 1;
14        return fib(n - 1) + fib(n - 2);
15    }
```

当键盘输入 10,运行结果如图 8.13 所示,运行时间是 3.558s。

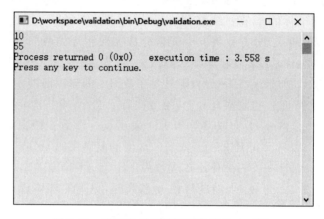

图 8.13　递归法求斐波那契数列前 10 项和

当从键盘输入 50,运行时间已经高达 54.263s,参见图 8.14。随着输入规模 n 的增大,时间消耗急剧增加,时间复杂度达到了指数级别 $O(2^n)$。【例 8.9】中的递归算法常常被称为"暴力递归"。

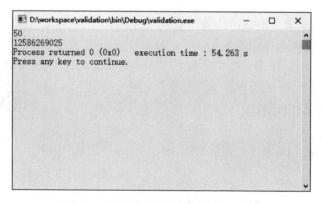

图 8.14　递归法求斐波拉数列前 50 项和

问题分析:在斐波那契数列中,从第三项开始,每一项都等于前两项之和。

f(1) = f(2) = 1
f(n) = f(n - 1) + f(n - 2)

如果要想解出 f(n)，则需要先解出 f(n−1)和 f(n−2)，但是 f(n−1)又需要 f(n−2)和 f(n−3)，可以看出，f(n−2)被重复求解，这种现象属于重叠子问题。f(5)的递归树参见图 8.15。

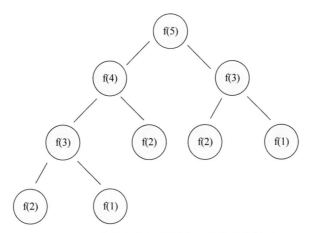

图 8.15　求斐波那契数列前 5 项的递归树

观察求斐波那契前 5 项的递归树，想要计算 f(5)，要先计算出子问题 f(4)和 f(3)；然后要计算 f(4)，就必须先计算出子问题 f(3)和 f(2)，以此类推，最后遇到 f(2)或者 f(1)时才返回结果，递归树也不再"生长"。我们可以看出节点 f(3)被计算了两次，而且随着 n 规模增大，会有越来越多这样的节点被重复计算，造成时间上的巨大浪费，所以该算法是极其低效的。

8.6.2　利用"备忘录"优化递归

我们该如何解决指数级别的时间复杂度问题呢？既然暴力递归方法中有一个最重要的问题就是重复计算，那么可以将之前已经计算过的值保存下来，避免重复计算求解同一个子问题所带来的时间开销，从而降低算法的复杂度。我们可以构造一个"备忘录"，每次递归算出某个子问题的结果后先存到"备忘录"里面，然后再返回。当每次递归遇到一个子问题时先去"备忘录"里查一查，如果发现之前的递归已经解决过这个问题了，则直接把答案拿出来用，这样就节省了大量的计算时间。其实，这也是以"空间"换"时间"思想的又一体现。一般使用一个数组来实现这个"备忘录"的功能。

【例 8.10】　用数组建立"备忘录"降低递归法求斐波那契数列的时间复杂度。

```
1     # include < stdio.h >
2     # include < math.h >
3     # define N 1000                    //假设项数不超过 1000 项
4     int main()
5     {
6         long long fib(int n);
7         int n;
```

```
8       scanf(" % d",&n);
9       printf(" % lld",fib(n));
10      return 0;
11  }
12  long long sum[N] = {0};              //定义备忘录数组 sum
13  long long fib(int n)
14  {
15      if(n == 1||n == 2) return 1;
16      if(sum[n]!= 0) return sum[n];     //数组元素里面值不为 0,说明有解
17      return sum[n] = fib(n - 1) + fib(n - 2); //得到子问题的解存到对应的数组元素中
18  }
```

这时候,从键盘输入 50,运行结果如图 8.16 所示,运行时间已经降低到 2.193s。

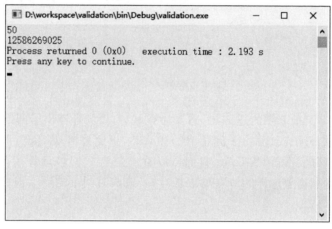

图 8.16　带"备忘录"的递归法求斐波拉数列前 50 项和

带"备忘录"的递归算法就是把大量的重复计算"剪枝"了,优化成了不存在冗余的方法,极大地减少了子问题的个数。那算法的时间复杂度怎么算? 子问题个数乘以解决一个子问题所需要的时间就是该算法的时间复杂度。由于该算法不存在冗余计算,子问题就是 f(1),f(2),f(3),…,f(n),子问题的数量和输入规模 n 成正比,因此子问题个数为 n。解决一个子问题的时间,因为没有循环,时间复杂度为 O(1)。因此该算法的时间复杂度 T(n)= n * O(1)= O(n)。与暴力递归相比,该算法的计算效率得到了显著提高,而且输入规模越大越明显。

8.7　本章小结

算法最重要的方面之一就是它运行起来有多快。当遇到某个问题时,我们可能会很快地想出解决该问题的算法,但是如果这个算法执行起来太慢,就要重新设计了。算法的空间复杂度则重点考虑算法在实现时所需的辅助单元的大小。

然而,许多复杂算法的运行时间是受其他因素影响的,而不是输入值的大小。比如,对于排序算法,一组有序的整数要比一组随机整数运行起来快得多。结果呢,你会经常

听到人们谈论最坏情况下的运行时间,或者平均情况运行时间。对于最坏情况下的运行时间我们往往容易了解其产生的原因,因此常用它来作为算法的一个基准。

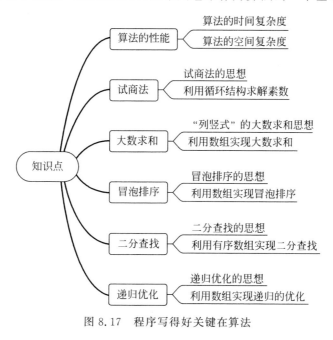

图 8.17 程序写得好关键在算法

8.8 习题

8.1 什么是算法的时间复杂度和空间复杂度?

8.2 孪生素数就是指相差 2 的素数对,例如,3 和 5、5 和 7、11 和 13,用试商法求 100~200 的所有孪生素数,并将结果输出到屏幕。

8.3 求 1 000 000~2 000 000 的所有素数,并将结果输出到屏幕。

8.4 现有待排序列为:2,44,38,5,47,36,26,19,55,88,4。请使用冒泡排序算法编写一个程序实现对该序列按照降序排序。

8.5 简述二分查找算法的两个必要前提。

8.6 假设一个学生信息包括学号、性别、年龄和成绩四个属性,请定义并初始化一个学生信息结构体数组,其中初始化时按学号从小到大进行排序输入。然后,编程实现一个二分查找算法,实现给定一个学号,查找输出对应学生相关所有属性信息。若学生学号不存在,则提示未找到。

8.7 小张是个喜欢思考的人,他在爬楼梯的时候想,如果每次可以上一级台阶或者两级台阶,那么上 n 级台阶一共有多少种方案?请你设计一个程序来计算到底有多少种方案。

8.8 请用带备忘录的递归法求解 N!。

附录 A

C 语言中的关键字

关键字类别	名称	意义	名称	意义
数据类型关键字	char	定义字符型变量或函数	int	定义整型变量或函数
	float	定义浮点型变量或函数	double	定义双精度型变量或函数
	long	定义长整型变量或函数	short	定义短整型变量或函数
	signed	定义有符号类型变量或函数	unsigned	定义无符号类型变量或函数
	struct	声明结构体类型	enum	声明枚举类型
	union	声明共用体类型	void	定义函数无返回值或无参数,声明无类型指针
控制语句关键字	for	循环语句	do	循环语句
	while	循环语句	break	跳出当前循环
	continue	结束当前循环,开始下一轮循环	if	条件语句
	else	条件语句否定分支	goto	无条件跳转语句
	switch	开关语句	case	开关语句分支
	default	开关语句中的"其他"分支	return	子程序返回语句
存储类型关键字	auto	定义自动变量	extern	定义外部变量
	register	定义寄存器变量	static	定义静态变量
其他关键字	const	定义只读变量	sizeof	计算指定对象所占存储单元长度
	typedef	给数据类型取别名	volatile	说明变量在程序执行中可被隐含地改变

附录 B 常用字符与ASCII代码对照表

码值	字符	码值	字符	码值	字符	码值	字符	码值	字符	码值	字符	码值	字符	码值	字符
000	null	032	(space)	064	@	096	`	128	Ç	160	á	192	└	224	α
001	☺	033	!	065	A	097	a	129	ü	161	í	193	┴	225	β
002	●	034	"	066	B	098	b	130	é	162	ó	194	┬	226	Γ
003	♥	035	#	067	C	099	c	131	â	163	ú	195	├	227	π
004	♦	036	$	068	D	100	d	132	ä	164	ñ	196	─	228	Σ
005	♣	037	%	069	E	101	e	133	à	165	Ñ	197	┼	229	σ
006	♠	038	&	070	F	102	f	134	å	166	ª	198	╞	230	μ
007	(beep)	039	'	071	G	103	g	135	ç	167	º	199	╟	231	τ
008	(backspace)	040	(	072	H	104	h	136	ê	168	¿	200	╚	232	Φ
009	(tab)	041	)	073	I	105	i	137	ë	169	⌐	201	╔	233	Θ
010	(line feed)	042	*	074	J	106	j	138	è	170	¬	202	╩	234	Ω
011	(home)	043	+	075	K	107	k	139	ï	171	½	203	╦	235	δ
012	(home feed)	044	,	076	L	108	l	140	î	172	¼	204	╠	236	∞
013	(carriage return)	045	-	077	M	109	m	141	ì	173	¡	205	═	237	φ
014	♪	046	.	078	N	110	n	142	Ä	174	«	206	╬	238	ε
015	☼	047	/	079	O	111	o	143	Å	175	»	207	╧	239	∩
016	►	048	0	080	P	112	p	144	É	176	░	208	╨	240	≡
017	◄	049	1	081	Q	113	q	145	æ	177	▒	209	╤	241	±
018	↕	050	2	082	R	114	r	146	Æ	178	▓	210	╥	242	≥
019	‼	051	3	083	S	115	s	147	ô	179	│	211	╙	243	≤
020	¶	052	4	084	T	116	t	148	ö	180	┤	212	╘	244	⌠
021	§	053	5	085	U	117	u	149	ò	181	╡	213	╒	245	⌡
022	▬	054	6	086	V	118	v	150	û	182	╢	214	╓	246	÷
023	↨	055	7	087	W	119	w	151	ù	183	╖	215	╫	247	≈
024	↑	056	8	088	X	120	x	152	ÿ	184	╕	216	╪	248	°
025	↓	057	9	089	Y	121	y	153	Ö	185	╣	217	┘	249	·
026	→	058	:	090	Z	122	z	154	Ü	186	║	218	┌	250	∘
027	←	059	;	091	[	123	{	155	¢	187	╗	219	█	251	√
028	∟	060	<	092	\	124	|	156	£	188	╝	220	▄	252	ⁿ
029	↔	061	=	093	]	125	}	157	¥	189	╜	221	▌	253	²
030	▲	062	>	094	^	126	~	158	Pts	190	╛	222	▐	254	■
031	▼	063	?	095	_	127	⌂	159	ƒ	191	┐	223	▀	255	ÿ

注：1. 码值指 ASCII 码的十进制数值。

2. 码值 000～127 对应的是标准 ASCII 字符，码值 128～255 对应的是扩展 ASCII 字符。

附录 C 运算符的优先级和结合性

优先级	运算符	名称或含义	使用形式	要求运算对象个数	结合方向
1	( )	小括号	(表达式)/函数名(形参表)		自左至右
	[ ]	下标运算符	数组名[常量表达式]		
	->	指向结构体成员运算符	对象指针->成员名		
	.	结构体成员运算符	对象.成员名		
2	!	逻辑非运算符	!表达式	1（单目运算符）	自右至左
	~	按位取反运算符	~表达式		
	++	自增运算符	++变量名/变量名++		
	--	自减运算符	--变量名/变量名--		
	-	负号运算符	-表达式		
	(类型)	强制类型转换运算符	(数据类型)表达式		
	*	指针运算符	*指针变量		
	&	取地址运算符	&变量名		
	sizeof	长度运算符	sizeof(表达式)		
3	*	乘法运算符	表达式*表达式	2（双目运算符）	自左至右
	/	除法运算符	表达式/表达式		
	%	求余(取模)运算符	整型表达式%整型表达式		
4	+	加法运算符	表达式+表达式	2（双目运算符）	自左至右
	-	减法运算符	表达式-表达式		
5	<<	左移运算符	变量<<表达式	2（双目运算符）	自左至右
	>>	右移运算符	变量>>表达式		
6	>	大于运算符	表达式>表达式	2（双目运算符）	自左至右
	>=	大于或等于运算符	表达式>=表达式		
	<	小于运算符	表达式<表达式		
	<=	小于或等于运算符	表达式<=表达式		
7	==	等于运算符	表达式==表达式	2（双目运算符）	自左至右
	!=	不等于运算符	表达式!=表达式		
8	&	按位与运算符	表达式&表达式	2（双目运算符）	自左至右
9	^	按位异或运算符	表达式^表达式	2（双目运算符）	自左至右
10	|	按位或运算符	表达式|表达式	2（双目运算符）	自左至右
11	&&	逻辑与运算符	表达式&&表达式	2（双目运算符）	自左至右
12	||	逻辑或运算符	表达式||表达式	2（双目运算符）	自左至右
13	? :	条件运算符	表达式1?表达式2：表达式3	3（三目运算符）	自右至左

续表

优先级	运算符	名称或含义	使用形式	要求运算对象个数	结合方向
14	=	赋值运算符	变量=表达式	2（双目运算符）	自右至左
	*=	乘后赋值运算符	变量*=表达式		
	/=	除后赋值运算符	变量/=表达式		
	%=	取模后赋值运算符	变量%=表达式		
	+=	加后赋值运算符	变量+=表达式		
	-=	减后赋值运算符	变量-=表达式		
	<<=	左移后赋值运算符	变量<<=表达式		
	>>=	右移后赋值运算符	变量>>=表达式		
	&=	按位与后赋值运算符	变量&=表达式		
	∧=	按位异或后赋值运算符	变量∧=表达式		
	|=	按位或后赋值运算符	变量|=表达式		
15	,	逗号运算符	表达式,表达式,…,表达式		自左至右

注：

1. 同一优先级的运算符，运算次序由结合方向所决定。
2. 不同的运算符要求有不同个数的运算对象，条件运算符是 C 语言中唯一的三目运算符。
3. 各类运算符的大致优先级(按由高到低顺序)为：

{初等运算符( ) [ ] -> .} → {单目运算符} → {算术运算符(先乘除后加减)} → {关系运算符} → {逻辑运算符(不包括!)} → {条件运算符} → {赋值运算符} → {逗号运算符}

附录 D 常用库函数

1. 数学函数

调用数学函数时,要求在源文件中包含以下命令行:

#include <math.h>

函数名	函数原型说明	功　能	返　回　值
abs	int abs(int x)	求整数 x 的绝对值	计算结果
acos	double acos(double x)	计算 $\cos^{-1}(x)$ 的值,x 为 $-1\sim 1$	计算结果
asin	double asin(double x)	计算 $\sin^{-1}(x)$ 的值,x 为 $-1\sim 1$	计算结果
atan	double atan(double x)	计算 $\tan^{-1}(x)$ 的值	计算结果
atan2	double atan2(double x, double y)	计算 $\tan^{-1}(x/y)$ 的值	计算结果
cos	double cos(double x)	计算 $\cos(x)$ 的值,x 为 $-1\sim 1$,x 的单位为弧度	计算结果
cosh	double cosh(double x)	计算双曲余弦 $\cosh(x)$ 的值	计算结果
exp	double exp(double x)	求 e^x 的值	计算结果
fabs	double fabs(double x)	求双精度实数 x 的绝对值	计算结果
floor	double floor(double x)	求不大于双精度实数 x 的最大整数	计算结果
fmod	double fmod(double x,double y)	求 x/y 整除后的双精度余数	计算结果
frexp	double frexp(double val,int *exp)	把双精度 val 分解尾数和以 2 为底的指数 n,即 $val=x*2^n$,n 存放在 exp 所指的变量中,返回位数 x,$0.5\leqslant x<1$	计算结果
log	double log(double x)	求 $\ln x$,$x>0$	计算结果
log10	double log10(double x)	求 $\lg x$,$x>0$	计算结果
modf	double modf(double val,double *ip)	把双精度 val 分解成整数部分和小数部分,整数部分存放在 ip 所指的变量中,返回小数部分	返回小数部分
pow	double pow(double x,double y)	计算 x^y 的值	计算结果
sin	double sin(double x)	计算 $\sin(x)$ 的值,x 的单位为弧度	计算结果
sinh	double sinh(double x)	计算 x 的双曲正弦函数 $\sinh(x)$ 的值	计算结果
sqrt	double sqrt(double x)	计算 x 的开方,$x\geqslant 0$	计算结果
tan	double tan(double x)	计算 $\tan(x)$	计算结果
tanh	double tanh(double x)	计算 x 的双曲正切函数 $\tanh(x)$ 的值	计算结果

2. 字符函数

调用字符函数时,要求在源文件中包含以下命令行:

#include <ctype.h>

函数名	函数原型说明	功　能	返　回　值
isalnum	int isalnum(int ch)	检查 ch 是否为字母或数字	是,返回 1；否则返回 0
isalpha	int isalpha(int ch)	检查 ch 是否为字母	是,返回 1；否则返回 0
iscntrl	int iscntrl(int ch)	检查 ch 是否为控制字符	是,返回 1；否则返回 0
isdigit	int isdigit(int ch)	检查 ch 是否为数字	是,返回 1；否则返回 0
isgraph	int isgraph(int ch)	检查 ch 是否为 ASCII 码值在 0x21 到 0x7e 的可输出字符(即不包含空格字符)	是,返回 1；否则返回 0
islower	int islower(int ch)	检查 ch 是否为小写字母	是,返回 1；否则返回 0
isprint	int isprint(int ch)	检查 ch 是否为包含空格符在内的可输出字符	是,返回 1；否则返回 0
ispunct	int ispunct(int ch)	检查 ch 是否为除了空格、字母、数字之外的可输出字符	是,返回 1；否则返回 0
isspace	int isspace(int ch)	检查 ch 是否为空格、制表或换行符	是,返回 1；否则返回 0
isupper	int isupper(int ch)	检查 ch 是否为大写字母	是,返回 1；否则返回 0
isxdigit	int isxdigit(int ch)	检查 ch 是否为十六进制数	是,返回 1；否则返回 0
tolower	int tolower(int ch)	把 ch 中的字母转换成小写字母	返回对应的小写字母
toupper	int toupper(int ch)	把 ch 中的字母转换成大写字母	返回对应的大写字母

3. 字符串函数

调用字符串函数时,要求在源文件中包含以下命令行:

＃include <string.h>

函数名	函数原型说明	功　能	返　回　值
strcat	char * strcat(char * s1, char * s2)	把字符串 s2 接到 s1 后面	s1 所指地址
strchr	char * strchr(char * s, int ch)	在 s 所指字符串中,找出第一次出现字符 ch 的位置	返回找到的字符的地址,找不到返回 NULL
strcmp	int strcmp(char * s1, char * s2)	对 s1 和 s2 所指字符串进行比较	s1<s2,返回负数；s1==s2,返回 0；s1>s2,返回正数
strcpy	char * strcpy(char * s1, char * s2)	把 s2 指向的串复制到 s1 指向的空间	s1 所指地址
strlen	unsigned strlen(char * s)	求字符串 s 的长度	返回串中字符(不计最后的'\0')个数
strstr	char * strstr(char * s1, char * s2)	在 s1 所指字符串中,找出字符串 s2 第一次出现的位置	返回找到的字符串的地址,找不到返回 NULL

4. 输入输出函数

调用字符函数时,要求在源文件中包含以下命令行:

＃include＜stdio.h＞

函数名	函数原型说明	功　　能	返　回　值
clearer	void clearer(FILE * fp)	清除与文件指针 fp 有关的所有出错信息	无
fclose	int fclose(FILE * fp)	关闭 fp 所指的文件,释放文件缓冲区	出错返回非 0,否则返回 0
feof	int feof (FILE * fp)	检查文件是否结束	遇文件结束返回非 0,否则返回 0
fgetc	int fgetc (FILE * fp)	从 fp 所指的文件中取得下一个字符	出错返回 EOF,否则返回所读字符
fgets	char * fgets(char * buf,int n, FILE * fp)	从 fp 所指的文件中读取一个长度为 n−1 的字符串,将其存入 buf 所指存储区	返回 buf 所指地址,若遇文件结束或出错返回 NULL
fopen	FILE * fopen(char * filename, char * mode)	以 mode 指定的方式打开名为 filename 的文件	成功,返回文件指针(文件信息区的起始地址),否则返回 NULL
fprintf	int fprintf(FILE * fp, char * format, args,…)	把 args,…的值以 format 指定的格式输出到 fp 指定的文件中	实际输出的字符数
fputc	int fputc(char ch,FILE * fp)	把 ch 中字符输出到 fp 指定的文件中	成功返回该字符,否则返回 EOF
fputs	int fputs(char * str, FILE * fp)	把 str 所指字符串输出到 fp 所指文件	成功返回非负整数,否则返回−1(EOF)
fread	int fread(char * pt,unsigned size,unsigned n, FILE * fp)	从 fp 所指文件中读取长度 size 为 n 个数据项存到 pt 所指向的内存区	读取的数据项个数
fscanf	int fscanf (FILE * fp, char * format,args,…)	从 fp 所指的文件中按 format 指定的格式把输入数据存入到 args,…所指的内存中	已输入的数据个数,遇文件结束或出错返回 0
fseek	int fseek (FILE * fp, long offer,int base)	移动 fp 所指文件的位置指针	成功返回当前位置,否则返回非 0
ftell	long ftell (FILE * fp)	求出 fp 所指文件当前的读写位置	读写位置,出错返回 −1L
fwrite	int fwrite(char * pt,unsigned size,unsigned n, FILE * fp)	把 pt 所指向的 n * size 个字节输入到 fp 所指文件	输出的数据项个数

续表

函数名	函数原型说明	功能	返回值
getc	int getc(FILE * fp)	从 fp 所指文件中读取一个字符	返回所读字符,若出错或文件结束返回 EOF
getchar	int getchar(void)	从标准输入设备读取下一个字符	返回所读字符,若出错或文件结束返回 -1
gets	char * gets(char * s)	从标准设备读取一行字符串放入 s 所指存储区,用'\0'替换读入的换行符	返回 s,出错返回 NULL
printf	int printf(char * format, args,…)	把 args,…的值以 format 指定的格式输出到标准输出设备	输出字符的个数
putc	int putc(int ch, FILE * fp)	同 fputc	同 fputc
putchar	int putchar(char ch)	把 ch 输出到标准输出设备	返回输出的字符,若出错则返回 EOF
puts	int puts(char * str)	把 str 所指字符串输出到标准设备,将'\0'转成回车换行符	返回换行符,若出错,返回 EOF
rename	int rename(char * oldname, char * newname)	把 oldname 所指文件名改为 newname 所指文件名	成功返回 0,出错返回 -1
rewind	void rewind(FILE * fp)	将文件位置指针置于文件开头	无
scanf	int scanf(char * format, args,…)	从标准输入设备按 format 指定的格式把输入数据存入 args,…所指的内存中	已输入的数据的个数

5. 动态分配函数和随机函数

调用字符函数时,要求在源文件中包含以下命令行:

＃include <stdlib.h>

函数名	函数原型说明	功能	返回值
calloc	void * calloc(unsigned n, unsigned size)	分配 n 个数据项的内存空间,每个数据项的大小为 size 个字节	分配内存单元的起始地址;如不成功,返回 0
free	void * free(void * p)	释放 p 所指的内存区	无
malloc	void * malloc(unsigned size)	分配 size 个字节的存储空间	分配内存空间的地址;如不成功,返回 0
realloc	void * realloc(void * p, unsigned size)	把 p 所指内存区的大小改为 size 个字节	新分配内存空间的地址;如不成功,返回 0
rand	int rand(void)	产生 0~32767 的随机整数	返回一个随机整数
exit	void exit(int state)	程序终止执行,返回调用过程,state 为 0 正常终止,非 0 非正常终止	无

参 考 文 献

[1] KERNIGHAN B W,RITCHIE D M. The C Programming Language[M]. 2nd ed. 北京:清华大学出版社,1996.
[2] T W Pratt and M V Zelkovitz. Programming Languages:Design and Implementation[M]. 3rd ed. Prentice Hall,1996.
[3] Deitel H M,等.C程序设计经典教程[M].聂雪军,等,译.北京:清华大学出版社,2006.
[4] 谭浩强.C程序设计[M].5版.北京:清华大学出版社,2017.
[5] 苏小红,赵玲玲,孙志岗,等.C语言程序设计[M].4版.北京:高等教育出版社,2019.
[6] 陈卫卫,王庆瑞.C/C++程序设计[M].3版.北京:电子工业出版社,2019.
[7] 周幸妮.C语言程序设计——程序思维与代码调试[M].北京:电子工业出版社,2019.
[8] 李春葆.数据结构教程[M].北京:清华大学出版社,2013.
[9] Heineman G T,等.算法技术手册[M].杨晨,李明,译.北京:机械工业出版社,2009.
[10] Karumanch N.数据结构与算法经典问题解析 Java语言描述[M].骆嘉伟,李晓鸿,肖正,等,译.北京:机械工业出版社,2016.